KB253741

영상조명의 미학적 **원리**와 **방법**

영상조명의 미학적 원리와 방법 

2014. 5. 21. 초 판 1쇄 발행
2017. 11. 3. 개정증보 1판 1쇄 발행

저자와의
협의하에
검인생략

지은이 | 김영진
펴낸이 | 이종춘
펴낸곳 | BM 주식회사 성안당

주소 | 04032 서울시 마포구 양화로 127 첨단빌딩 5층(출판기획 R&D 센터)
     | 10881 경기도 파주시 문발로 112 출판문화정보산업단지(제작 및 물류)
전화 | 02) 3142-0036
     | 031) 950-6300
팩스 | 031) 955-0510
등록 | 1973. 2. 1. 제406-2005-000046호
출판사 홈페이지 | www.cyber.co.kr
ISBN | 978-89-315-8153-9 (13560)
정가 | 35,000원

이 책을 만든 사람들
기획 | 최옥현
진행 | 최창동
교정 · 교열 | 안종군
본문 · 표지 디자인 | 앤미디어
홍보 | 박연주
국제부 | 이선민, 조혜란, 김해영
마케팅 | 구본철, 차정욱, 나진호, 이동후, 강호묵
제작 | 김유석

■ 도서 A/S 안내

성안당에서 발행하는 모든 도서는 저자와 출판사, 그리고 독자가 함께 만들어 나갑니다.
좋은 책을 펴내기 위해 많은 노력을 기울이고 있습니다. 혹시라도 내용상의 오류나 오탈자 등이 발견되면 **"좋은 책은 나라의 보배"**로서 우리 모두가 함께 만들어 간다는 마음으로 연락주시기 바랍니다. 수정 보완하여 더 나은 책이 되도록 최선을 다하겠습니다.
성안당은 늘 독자 여러분들의 소중한 의견을 기다리고 있습니다. 좋은 의견을 보내주시는 분께는 성안당 쇼핑몰의 포인트(3,000포인트)를 적립해 드립니다.

잘못 만들어진 책이나 부록 등이 파손된 경우에는 교환해 드립니다.

영상조명의 미학적 원리와 방법

김영진 지음

BM 성안당

추천의 글

활기찬 아침을 여는 토크쇼, 화려한 무대를 뽐내는 쇼, 아름다운 영상미를 자랑하는 드라마. 그 뒤에는 모두 조명이 있습니다. 텔레비전 화면을 만드는 숨은 주인공, 조명! 이 책에는 그 조명을 설계하고 설치해온 저자의 숱한 시간과 노력이 담겨 있습니다. 제대로 된 조명 전문 서적을 찾아보기 힘든 우리 방송 현실에서 이 책이 한줄기 빛이 되기를 바랍니다.

방송인 이금희

나는 종종 필자와 함께 만들었던 KBS '열린 음악회'의 동영상을 '다시 보기'한다. 그리고 행복한 몰입에 빠진다. 자칫 과하게 남발되어 음악 자체의 감성을 잠식해 버리기 쉬운 '쇼 조명'의 영역에서 다른 구성 요소들과 적절히 조화시키면서 편안하고도 몰입도 높은 '빛 그림'을 보여주는 것은 필자의 탁월한 능력 때문이라고 생각한다. 이 책에는 필자의 전문성이 그대로 녹아 있기 때문에 프로듀서에게 많은 도움이 되리라고 믿는다.

KBS 예능국 프로듀서 허주영

이 책은 빛이 만들어 내는 희망과 기쁨, 슬픔과 고통, 애증, 강인한 생명력 등 다양한 표출이 가능한 조명 세계의 구성적 이미지 표현 방법을 느끼게 해주는 교양, 드라마, 쇼 프로그램의 장르별 조명에 대한 입체적 TV 조명 기술 전문 서적이라 할 수 있다. 이 책이 좋은 영상 이미지 표현에 많은 도움이 되리라 믿는다.

KBS TV 기술국 영상 총감독 김남수

마침내 현장 경험을 바탕으로 쓴 조명인들의 필수 지침서가 발간되었다. 이 책은 조명이 어떻게 프로그램의 완성도를 높이는 데 효과적으로 영향을 미치는지를 배우고 싶어 하는 학생들에게 유익한 책이다. 우리 주변에는 조명 이론만을 중심으로 구성된 책들이 많은데, 이 책은 방송 조명에 대한 이론을 좀 더 쉽게 이해할 수 있도록 구성되어 있다. 독자들은 이 책을 통해 조명 세팅 과정과 TV 조명을 좀 더 쉽게 이해할 수 있을 것이다.

KBS TV 기술국 기술 감독 염장철

저자 특유의 설명 방식은 현장에서의 다양한 경험에서 우러나온 것이다. 조명과 카메라 영상은 불가분의 관계에 있다. 빛이 있어야 아름다운 영상을 담을 수 있기 때문이다. 이 책은 영상 업무에 종사하는 분들에게 좋은 이론서가 될 것이다. 특히 영상의 기본이 되는 조명을 깊이 있게 이해하고자 하는 카메라 감독에게 많은 도움이 될 것이다.

KBS 카메라 감독 이학수

필자는 공영 방송 KBS의 다양한 프로그램을 두루 경험한 최고의 전문가이다. 필자는 전문가이기 전에 진정한 휴머니스트이다. 필자의 해박한 조명 지식이 잘 정리되어 있는 이 책은 조명계의 큰 성과라고 할 수 있다. 전문가와 조명을 배우는 사람들에게 훌륭한 지침서가 되리라 확신한다.

KBS 촬영 기자 박진경

필자가 KBS 홀에서 처음 조명을 시작했을 때의 첫 업무는 컬러 필터를 정리하고 관리하는 일이었다. 그 당시의 조명 감독은 필자에게 다른 일은 시키지 않고 오로지 컬러 필터의 번호에 따른 색의 차이를 외우게 하였다. 컬러 필터를 정리하고 관리하면서 필자는 자신도 모르는 사이에 컬러의 미묘한 차이를 습득하게 되었다. 그때 익힌 색 감각은 필자가 오랜 세월이 지난 지금까지 조명 이미지를 표현하는 데 많은 도움이 되고 있다.

빛이 사물의 어떤 면을 비추는지에 따라 사물의 형태가 다르게 표현되듯이 조명을 배우는 방법에 따라 체득하는 효과는 다르게 나타난다. 필자가 생각하는 조명 습득 과정은 다음과 같다.

첫 번째 단계는 '따라 하기'이다. 처음 조명을 배울 때 선배들의 조명 기법을 똑같이 따라 하는 것이다. 선배들의 조명 기법을 머릿속에 기억해두었다가 기회가 주어졌을 때 그들과 똑같이 해보면서 선배들과의 차이점을 발견해 나가는 것이다. 모방은 창조의 또 다른 방식이다.

두 번째 단계는 '따라 하기'와 '이론 공부'를 병행하면서 '실제와 이론을 접목해 나가는 것'이다. 선배들의 조명 기법에서 얻은 실전 경험과 책에서 배운 이론의 공통점과 차이점을 비교해보면 좀 더 쉽고 빠르게 조명을 배울 수 있을 것이다.

세 번째 단계는 그동안의 경험과 이론을 바탕으로 자기만의 조명 기법을 개발하는 것이다. 이 방법은 창조적인 단계이자, 자기만의 독특한 조명 이미지 표현 방법을 구축해 나가는 과정이다.

조명은 다양하고 복잡한 빛과 색의 결합이다. 조명 이미지의 구성 요소인 빛과 색의 구성적인 측면, 즉 시각 요소들의 구성에 따른 다양한 감성과 미적 특성들을 분석하고 통합하는 것은 무엇보다 중요하다.

이 책은 TV 프로그램에서 '주제를 표현하는 조명 이미지를 어떻게 구성하고 표현할 것인가?'라는 원론적이면서 실용적인 문제 제기로부터 출발하였다. 이 책에는 조명에 관련된 이론뿐만 아니라 조명 이론이 현장에서 어떻게 접목되고 활용되는지에 대한 내용이 담겨 있다.

프로그램이 HD로 제작되면서 빛과 색의 표현 범위가 확대되고, TV 수상기가 대형화되면서 조명 이미지의 빛과 색을 표현하는 방법이 다양해졌으며, 이로 인해 회화적이고 미학적인 표현이 더욱 중요해졌다. 조명에 있어서 빛과 색의 조형적 표현 원리와 방법론적인 접근이 필요한 이유는 바로 이 때문이다. 이 책은 기존의 책에서 볼 수 없었던 빛과 색의 조형적 요소가 조명 이미지를 어떻게 구성하고, 어떻게 표현되는지에 대해 자세하게 설명하였다.

가끔 KBS에 견학을 오는 영상학과 학생들이 '조명을 하려면 무엇이 필요합니까?'라는 질문을 한다. 필자는 한 치의 망설임도 없이 "땀과 눈"이라고 답한다. '땀'은 조명 기술을 습득하고자 하는 노력이고, '눈'은 미(美)를 바라보는 마음이다. 맛있는 음식을 먹어 본 사람만이 음식의 맛을 아는 것처럼 회화, 건축, 영상물 등을 접하면서 예술의 다양성과 아름다움을 눈으로 느껴본 사람만이 빛과 색을 제대로 표현할 수 있는 것이다.

이 책이 나올 수 있도록 물심양면으로 도와준 성안당 출판사 관계자와 이 책을 집필하는 데 많은 도움을 준 염장철 선배님, 강연정 후배, 독수리 오형제에게 감사의 말을 전한다. 그리고 항상 조언을 아끼지 않으셨던 서울과학기술대학교의 이광직 교수님, 이선희 교수님, 최성진 교수님, 김광호 교수님, 박구만 교수님, 이영주 교수님, 은혜정 교수님, 김현경 교수님께 감사드린다. 집필 기간 동안 많은 관심을 보여준 덕성여자대학교 임양미 교수에게도 감사의 말을 전한다. 끝으로 힘든 일상 속에서 항상 든든한 버팀목이 되어 주고 있는 사랑하는 아내와 딸에게 고맙다는 말을 전하고 싶다.

이 책을 조명에 눈을 뜨게 해준 故 이창근 선배님에게 바친다.

김영진

목차 Contents

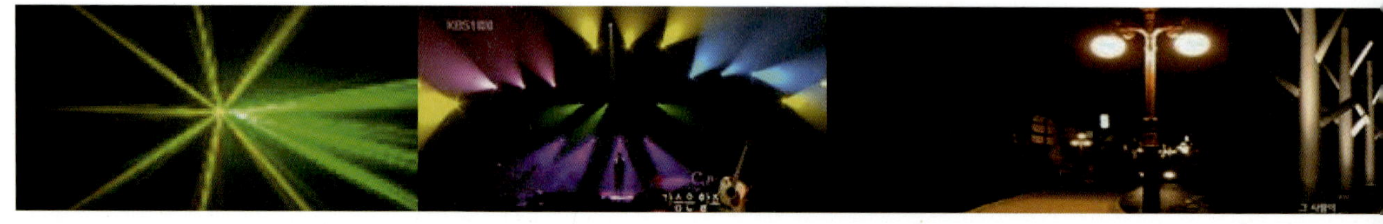

조명 이미지를 만드는 재료들

이미지는 우리 마음속에 내재된 의식에 비친 대상이며, 우리의 마음은 어떠한 형태를 지각함에 있어서 이미지를 형성하는 중요한 주체가 된다. 따라서 이미지란, '시각적 감각에 의미를 부여함으로써 나타나는 하나의 심상'을 말한다. 이렇게 형상화된 이미지는 단순히 2차원의 화면에 표현되는 것 이상의 의미를 가지며, 이미지에는 시각적 인상뿐만 아니라 전달할 메시지나 의미가 포함되어 있다.

조명 이미지란, 시각적 요소인 빛과 색으로 표현된 시각 이미지를 말한다. 조명 디자이너는 빛과 색을 선택, 간섭, 통제, 재창조하여 주제를 풀어 나가는 조명 이미지를 만든다.

조명 이미지의 생성은 이러한 시각 요소의 재료인 빛과 색의 특성을 이해하는 것에서부터 출발한다. 빛과 색의 본질과 표현적 특성에 대한 이해는 빛과 색이 조명 이미지를 생성하는 데 있어서 어떻게 작용하고 표현될 것인지를 예측하게 해준다.

Chapter 01

Section 01 | 조명 이미지 재료들의 구성 및 특성

[그림 1-1]은 KBS 프로그램인 '국악 무대'의 조명 이미지로, 화풍병(花風病)이라는 음악을 미학적이고 회화적인 조명 이미지로 시각화하였다. 화풍병은 '상사병(相思病)'이라는 뜻으로, 상사병의 고통을 시각 요소인 붉은색과 백광의 구성으로 표현하였다.

방송 · 영화 · 연극의 콘텐츠는 '내용(content)'과 '형식(form)'이라는 2가지 측면으로 나누어진다. 내용은 연출자가 전달하고자 하는 주제나 스토리 또는 정보 등을 의미한다. 이에 반해 형식은 시각적으로서 조명 디자인의 다양한 원리와 요소들의 구성에 의해 표현된 조명 이미지이다. 내용은 연출자가 말하고자 하는 것에 관계된 것이지만 형식은 말하는 방식에 관한 것이다. 형식은 내용을 전달하는 조명 이미지이다. 조명 이미지는 빛과 색으로 구성된 종합 예술로서, 복잡하고 다양한 빛과 색 요소들의 상호작용과 결합에 의해 주제 또는 스토리를 이야기하듯이 표현한다.

▲ 그림 1-1 '국악 무대'의 '화풍병' 조명 이미지

이러한 면에서 볼 때 조명 이미지는 '주제(의미, 내용)와 형식(조형적 표현)의 내면적 통일'이라고 할 수 있다. 형식을 표현하는 모든 시각 예술에는 '재료'와 그 재료를 주어진 예술에 맞게 구성하는 '방법'이 있다. 예를 들어 음악가는 음을 재료로 삼아 그것을 시간적으로 구성하는 것이며, 화가는 붓과 물감을 재료로 삼아 그것을 캠퍼스 표면 위에 공간적으로 결합하는 것이다. 조명 디자이너도 2차원의 평면 화면을 빛과 색을 재료로 삼아 미학적이고 회화적인 3차원 공간으로 내용을 전달한다. 즉, 조명 이미지는 이러한 도구들을 이용하여 스토리텔링을 풀어나가는 환경적 정서이다.

각 장르별 조명 이미지 구성에 사용하는 시각 요소인 재료는 매우 다양하며, 각각의 재료가 발휘하는 효과와 질감 역시 다양하다. 드라마는 일반적인 조명기구로 단지 빛의 밝음과 어둠의 대비로 드라마의 갈등 구조를 해결해나가는 각 장면의 환경적 정서를 창조할 수 있다. 음악 콘텐츠는 이펙트 조명기구로 빛과 색채를 이용하여 음악 속에 내포된 그림 요소를 이끌어내고, 다시 그 그림 속에서 음악이 표출되도록 하는 것, 즉 음악의 감성이 빛과 색채의 감성을 불러일으키고 다시 빛과 색채의 감성은 음향의 울림으로써 관객의 감성에 작용할 수 있도록 분위기를 고양시킬 수 있다. 정보 콘텐츠는 시청자가 편안하고 효과적으로 정보를 수용할 수 있도록 이펙트 조명기구의 조명 효과를 자제하고 조명으로 인해 발생할 수 있는 방해요소를 제거하기 위하여 콘트라스트가 강한 조명보다는 부드러운 조명이 되도록 노력한다.

조명 디자이너는 단순히 이미지의 형태를 디자인하는 것이 아니라 콘텐츠가 전달하고자 하는 의미를 디자인하게 되며, 조명 이미지들은 시각 언어의 의미를 가진 시각 커뮤니케이션으로 존재한다. 조명의 원리와 방법은 시각 재료들이 어떤 방식으로 언어적 의미를 가지고 어떤 방식으로 결합되고 구성되는지 설명해주는 규칙들이다. 우리는 이 책에서 콘텐츠의 정보를 시각 재료들을 이용하여 라이팅(lighting)하기 위해서 조명 이미지의 리터러시(literacy)를 하는 방법을 이야기 할 것이다.

조명 이미지를 만드는 1차적인 재료는 '빛'이다. 빛은 조명 이미지에 있어서 제일 중요한 구성 요소이자 시각 요소이다. 빛은 그 자체가 시각적인 요소이기도 하지만, 다른 시각적 요소에 영향을 미치거나 복합적으로 사용된다. 시각적 요소로서의 빛은 화면 내에서 주된 대상을 밝게 표현하는 기능을 가지고 있을 뿐만 아니라 질감과 깊이감을 표현하여 대상의 형태를 더욱 자세하게 묘사하는 기능도 가지고 있다. 또 다른 빛의 중요한 특성으로는 '성격의 표현'을 들 수 있다. 밝음과 어둠의 톤 차이를 통해 시각적 언어를 만들어 장면의 분위기를 형성하는 도구로 사용되는 것이다. 이들은 조명 이미지의 표현에 있어서 가장 중요한 도구이자 방법이다.

01 광원(光源, light source)

광원은 햇빛, 모닥불, 촛불, 호롱불, 전구 등과 같이 조명의 재료가 되는 빛의 원천을 말한다. 조명은 빛이 광원에서 방사되는 순간부터 시작된다. 빛이 없으면 아무것도 볼 수 없듯이 TV 영상도 빛이 없으면 아무것도 표현할 수 없다. 빛은 TV 영상의 대부분을 차지하는 조명 이미지를 만드는 기본이기 때문이다. 빛은 자체의 변화만으로도 다른 세계를 창조해낼 수 있다. 밝고 따뜻한 빛은 편안하고 즐거운 분위기를 느끼게 하고, 어둡고 차가운 빛은 억압과 비애를 느끼게 한다. 특수한 빛을 사용하면 쇼 프로그램의 조명과 같은 아름답고 화려한 분위기를 만들어 낼 수 있다. 이와 같이 조명 디자이너는 조명 이미지를 표현할 때 만족할 만한 결과를 얻기 위하여 어떤 광원을 선택할 것인지를 고민하게 된다. 빛의 강도, 스펙트럼에 따른 빛의 색과 같은 광원의 질이 이미지 표현에 많은 영향을 미치기 때문이다.

조명의 재료가 되는 광원은 분류하는 방식에 따라 다양한 종류로 나누어진다. 하지만 가장 대표적인 분류 방법은 '자연광'과 '인공광'으로 나누는 것이다. 모든 종류의 광원은 자연광을 목표로 하여 개발되고 있다. 그러나 아쉽게도 현재까지는 자연광과 같은 광원은 개발되어 있지 않기 때문에 자연광과 인간이 만들어 낸 인공광으로 나누는 것이 적절하다고 생각한다.

1 자연광

자연광은 빛을 다루는 조명 디자이너가 아무 부담 없이 이용할 수 있는 매우 중요한 광원이다. 태양은 언제, 어디서나 우리에게 풍부한 빛을 제공한다. 태양은 맑은 오후에는 입체감과 질감을 만들기도 하고, 구름이 낀 날은 부드러운 빛을 만들기도 하는 등 시간, 날씨, 계절, 환경에 따라 수만 가지의 모습을 보여준다.

▲ 그림 1-2 자연광이 만들어 낸 이미지

자연광은 자연적인 빛의 미묘한 차이를 탐색하여 빛의 잠재적인 의미와 자연적인 아름다움을 기록하는 데 도움을 준다. 차갑고 쓸쓸한 현실을 묘사하기 위한 이미지를 만들기 위해서는 아침 해가 뜨기 전의 자연광이 좋고, 과장된 현실을 입체적으로 묘사하고자 할 때에는 순수한 색조와 강한 콘트라스트를 만드는 밝은 대낮의 강렬한 자연광이 좋다.

자연광인 태양빛은 있는 그대로의 빛으로 다양한 변화나 우연적인 변형을 간직하고 있지만, 인공광처럼 만들어지고, 가꾸어지고, 다듬어진 의미나 아름다움은 존재하지 않는다.

❷ 인공광

야외 촬영을 할 때 자연광이 일정한 빛을 제공해주고 촬영 조건에 따라 강한 빛이 되기도 하고 부드러운 빛이 되기도 한다면, 자연환경 변화-비 또는 시간의 변화 등- 때문에 촬영분을 실내 촬영 장소로 옮겨야 하는 번거로움은 없을 것이다. 하지만 언제나 그렇듯이 날씨 또는 시간의 흐름에 따라 변하는 조명의 양과 질, 높이와 일몰, 일출 시의 빛 색깔 변화 등은 우리의 인내심을 시험한다.

자연광의 한계를 극복하기 위해 야외가 아닌 스튜디오에서 프로그램을 제작한다는 것은 조명이 필요하다는 것을 의미한다. 이는 제한적이고 변화무쌍한 빛이 아니라 빛으로부터 자유롭고, 통제와 간섭이 가능하며, 무한하게 제공되는 광원이 필요하다는 의미이기도 하다.

인공광은 자연광과 비교했을 때 여러 가지 장점이 있다. 이 빛은 구름의 영향을 받지 않으며, 실제 자연광이 없는 시간대에 방으로 깊게 스며들게 할 수도 있다. 이 밖에도 색을 정확하게 표현할 수 있고, 원하는 만큼의 광량을 얻을 수 있다는 특징도 있다.

인공광, 즉 조명은 빛을 통제하고 간섭하여 사물에 의미를 부여하거나 사람의 감수성을 의도적으로 자극하기 위해 사용한다. 조명은 시각적 호소와 예술적 표현 또는 빛의 설득적 요소의 영향을 이해하고 표현하고자 하는 목적을 달성하기 위해 빛을 선택, 변형, 수정하여 빛을 재창조하는 것을 말한다.

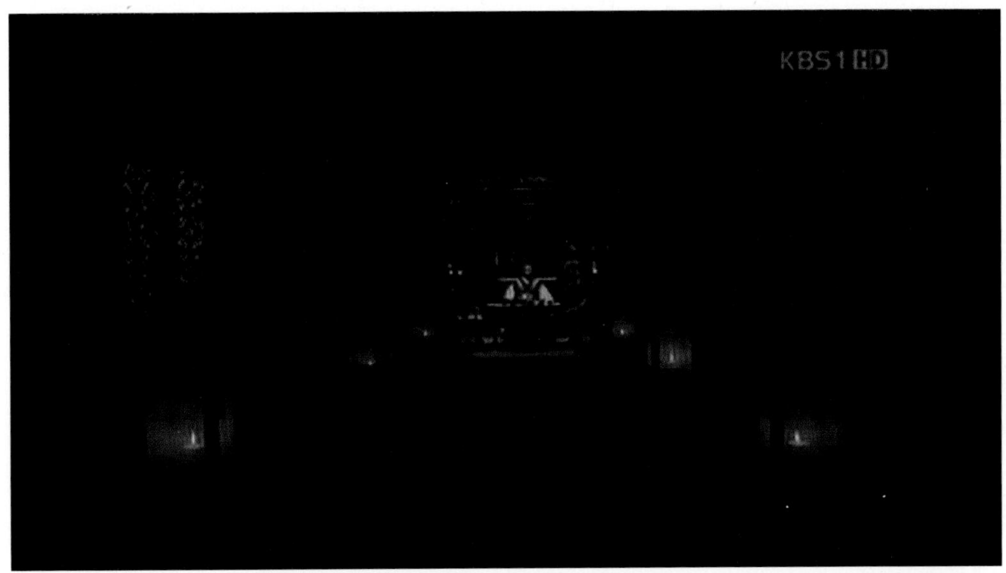

▲ **그림 1-3** 조명 디자이너의 빛 통제와 간섭으로 만들어진 조명 이미지

[그림 1-3]과 같이 빛이 스튜디오로 들어오면 우리는 원하는 빛을 재창조할 수 있다. 스튜디오의 빛은 장면의 분위기와 톤을 형성하여 오페라의 음악과 같이 이야기를 풀어 나가는 중요한 재료가 된다.

앞에서 살펴본 바와 같이 자연광과 인공광 모두 조명 이미지 표현에 있어 중요한 재료이다. 조명 디자이너는 빛으로 말하고 표현한다. 빛이라는 재료로 원하는 순간과 장소에, 원하는 의미를 전달하기 위해 노력한다. 조명 디자이너는 자연광을 사용할 때 있는 그대로의 빛에 관심을 가지고 객관적 입장에서 그 의미를 표현한다. 그래서 자연광은 사실주의적인 의미를 가지고 있다고 할 수 있다. 하지만 조명 디자이너는 주제의 내용을 전달하기 위해 빛을 간섭 또는 조정하고 시각적인 효과를 구성하여 의미나 감성을 부여한다. 따라서 인공광은 사실주의적 의미를 가진 진실된 빛이 아니라 감정을 드러내기 위해 사용하는 빛이라고 할 수 있으며, 이러한 의미에서 인공광은 사실주의보다 창조적이고 표현주의적 의미를 지니고 있다고 할 수 있다.

달빛(月光)

달빛은 자연광이 달의 표면에 닿아 반사된 것이다. 보름달은 밝아 보이지만 실제로는 대낮의 50만분의 1 정도 조도밖에 되지 않는다. 달이 없는 밤하늘의 별빛이 가진 조도는 약 0.00003lx로, 달이 없더라도 지상의 물체를 어렴풋이나마 볼 수 있다. 이 희미한 빛을 '야광(夜光)'이라고 하는데, 지구를 둘러싼 대기에 의한 빛이 대부분을 차지하고, 별에서 오는 빛은 전체의 약 20%에 불과하다.

발광 생물

동식물이 발산하는 빛은 '냉광(冷光)'이라고 한다. 그 종류로는 발광 박테리아, 불똥 꼴뚜기, 곤충인 반디 등이 있으며, 이들의 발광은 화학 반응에 의한 것으로, 산소를 필요로 한다.

반딧불의 파장은 480~660nm 사이로, 사람 눈의 시감도 곡선과 일치하는 에너지 분포를 가지고 있고, 발광 효율은 96%에 이르는 이상적인 빛에 가깝다.

빛의 강도는 '빛의 밝기 정도'를 뜻한다. 빛의 상태를 나타내는 형용사에는 양에 관한 것이 많은데, 그 예로는 밝다, 눈부시다, 강하다, 부드럽다, 어둡다 등을 들 수 있다. 이는 광원에서 투사되는 빛의 양을 말한다. 빛의 강도는 '룩스(lux)'라는 단위를 사용하며, 빛의 밝기는 같은 빛이라도 빛을 받는 피사체의 반사율과 각도, 물체의 크기와 물체색의 명도에 따라 영향을 받는다. 특히, TV 카메라로 피사체를 촬영한 후 일련의 과정을 거쳐 TV 모니터에 재현하는 경우, 촬영된 영상의 밝기를 '휘도(luminance)'라고 한다. 무대에서는 강도라는 용어보다 시각적 구성과 그 구성 요소들의 강도에 대한 지각을 의미하는 '밝기(brightness)'라는 용어를 더 많이 사용한다.

밝기는 주변 환경과 눈의 상태에 따라 달라지므로 주관적이다. 같은 밝기의 피사체라고 하더라도 배경이 어두운 환경에 놓여 있을 때와 밝은 곳에 놓여 있을 때 우리가 지각하는 밝기의 정도가 달라진다.

빛의 강도는 시간의 변화와 형태의 질감을 느끼게 할 뿐만 아니라 밝고 어둠을 나타내어 깊이와 공간감을 부여함으로써 3차원적인 입체감을 표현할 수 있으며, 중요한 정보를 숨기거나 강조하여 피사체를 매혹적인 이미지로 창조할 수 있다.

인간의 감정과 심리는 빛의 강도에 따라 민감한 변화를 겪게 되는데, 밝을수록 편안하고 안정적인 감정 상태를 갖게 되고, 어두울수록 불안하고 공포를 느끼는 감정 상태를 갖게 된다.

따라서 어떤 장면은 다양한 조명기기의 강도를 조정하여 만들어진다. 즉, 분위기에 맞게 각 시각요소(배경, 인물, 세트)의 밝기를 적절히 배합해야 한다.

빛의 이러한 특성을 잘 이해해야만 주제의 내용에 따른 피사체와 공간 구성 표현을 잘 표현할 수 있다. 빛의 밝기를 표시하는 용어나 단위는 다음과 같다.

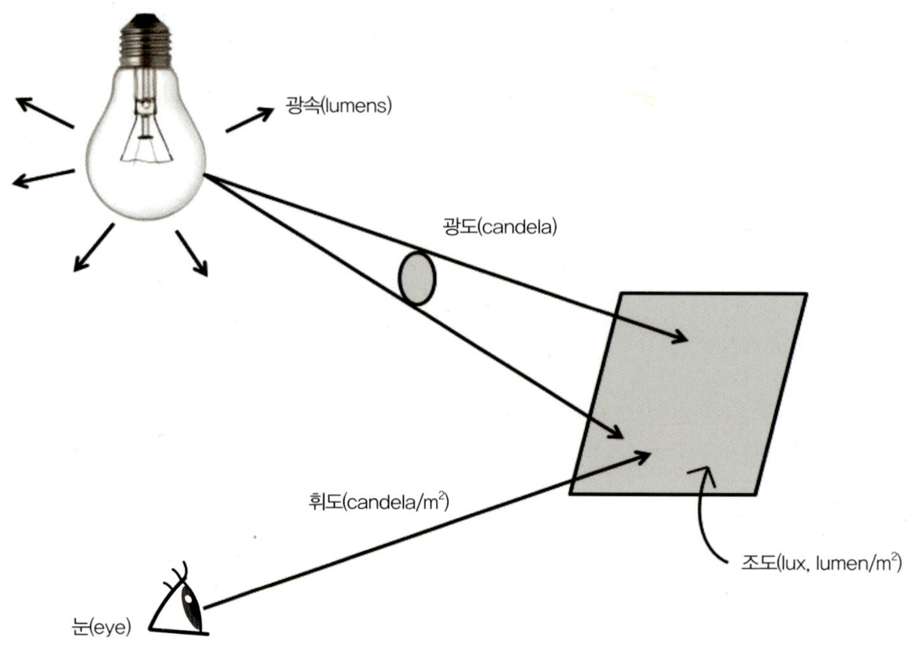

▲ **그림 1-4 빛의 양에 대한 단위**

1 광속(luminous flux, 단위 : lm)

광원을 선택할 때 가장 중요한 요소 중 하나는 '광원이 방사하는 빛의 양'이다. '광속'은 '광원으로부터 방출되어 눈에 감지되는 빛의 총량'을 말한다.

'광원'은 '전체의 밝기를 나타내는 지표'를 말하며, 조명용 광원의 밝기를 나타낼 때에 많이 사용한다. 측정 단위는 '루멘(lm)'을 사용한다. 광원의 가시광선 출력량은 '와트 (watt)'가 아니라 '루멘'으로 표시하는데, 그 까닭은 인간의 눈이 파장에 따라 서로 다르게 반응하기 때문이다. 램프에 1kW, 2kW라고 쓰여 있는 것은 광속이 아니라 소비 전력을 나타내는 것이며, 이를 광속으로 나타내기 위해서는 특정한 입체각 안에서 방출되는 광도를 측정해야 한다.

반지름이 1m인 공의 표면에 면적이 1m²인 원을 그리고, 그 원과 1cd의 광도를 모든 방향으로 방사하고 있는 공의 중심에 의해 만들어지는, 원추로 나타낸 입체각에 포함된 광속을 '1(lm)'이라고 한다.

❷ 광도(luminous intensity, 단위 : cd)

광원은 서로 다른 강도를 가지고 여러 방향으로 방사하는데, [그림 1-4]와 같이 빛이 어떤 특정한 방향으로 단위 입체각 안에 방출한 크기인 빛의 양을 '광도'라고 한다. 즉, 광도는 광원으로부터 단위 거리만큼 떨어진 곳에서 빛의 방향에 수직으로 놓인 단위 면적을 단위 시간에 통과하는 빛의 양이다. 일반적으로는 '특정 방향에서의 조명 강도'라고 불린다.

우리가 사용하는 조명 기구들은 모든 방향으로 광속을 방출하지 않고 일정한 방향으로 비추기 때문에 광도의 개념은 조명 이미지 표현에 중요하다. 1candela는 촛불 1개를 켜 놓은 후 1m 거리에 있는 1m²의 면적 안에서 측정된 빛의 강도를 의미한다.

❸ 조도(illuminance, 단위 : lux)

[그림 1-4]에서 나타낸 피사체의 평면 밝기를 '조도'라고 한다. 이는 피사체의 조명 수준을 가리키며 단위는 'lux'를, 기호는 'lx'를 사용한다. 조도는 빛이 닿는 면적과 광속의 비율로 정한다. 즉, 1m²의 평면 안에 똑같이 1(lm)의 광속이 투사되는 평면의 밝기를 '1lux'라고 한다.

$$1lx = I(lumen/m^2)$$

영국이나 미국에서는 'lux'를 사용하지 않고 '푸트캔들(ft-cd)'를 사용한다. 조도는 광속이 표면에 도달하는 방향으로부터 독립적이다. 이는 방향에 따라 조도가 달라진다는 것을 의미한다. 조도에는 '수평면 조도'와 '수직면 조도'가 있는데, 이는 측정 방법에 따라 측정값이 다르다는 것을 뜻한다. 조도 측정이란, 카메라를 향하고 있는 피사체의 얼굴 밝기를 측정하는 것을 말한다. 자세한 것은 '빛의 질' (77쪽) 부분에서 다룰 예정이다.

❹ 휘도(luminance, 단위 : nt)

휘도는 광원으로부터 방사되는 빛을 받고 있는 피사체의 조도를 눈으로 지각하는 정도를 말한다. 이는 빛이 비친 피사체를 보았을 때 인간의 시각 체계가 빛에 어떻게 반응하느냐에 따라 정의되는데, 특히 보통 사람들이 빛을 얼마나 밝게 판단하느냐에 따라 달라진다. 깊이나 3차원성, 운동성의 유무 또는 공간의 구성에 대한 인간의 지각은 모두 휘도 차이에 반응한다.

빛으로 피사체를 비추었을 때 각기 다른 반사 특성을 가진 표면들은 동일한 조도 및 각기 다른 광도로 방사하거나, 다르게 지각되기 때문에 각기 다른 휘도를 갖게 된다.

TV에서 피사체의 밝기를 측정할 때에는 조도를 사용하지만, TV에 재현된 이미지의 밝기는 휘도로 전체적인 밸런스를 조정한다. 휘도는 조도에 비례하지만 같은 조도하에서도 피사체의 반사율에 따라 휘도값이 달라질 수 있다.

예를 들면 남자와 여자가 똑같은 밝기의 조도를 가지고 있다고 하더라도 남자와 여자의 피부 반사율이 다르기 때문에 카메라를 통해 TV에 재현된 두 이미지 중 남자가 어둡게 보이게 된다. 그 이유는 모니터로 지각되는 밝기, 즉 휘도가 다르기 때문이다. 이 경우에는 남자의 조도를 높여 두 피사체의 휘도를 같게 함으로써 휘도 밸런스를 맞춘다.

▼ **표 1-1** 피사체와 반사율

피사체	백색 피부	갈색 피부	남자	여자
반사율(%)	40~30	20	28	30

03 빛의 질(light quality)

빛은 피사체에 어떠한 영향을 미치는가? 빛은 어떻게 피사체의 형태를 만들고, 드러내는가? 빛의 어떤 특성이 한쪽 부분은 환하게 비추고, 다른 부분은 어둡게 하여 뚜렷한 대비를 조성하는가? 빛의 어떤 특성이 피사체를 점진적으로 짙게 하여 거의 모든 부분을 하나로 통합하는가? 어떤 빛이 극적이거나 자연스러운 효과를 주는가?
이러한 몇 가지 의문에 답하기 위해 빛의 2가지 종류, 즉 하드 라이트(강한 빛)와 소프트 라이트(부드러운 빛)에 대해 알아보자.

예로부터 화가들은 빛으로 초상화를 그릴 때 얼굴의 형태뿐만 아니라 그 인물의 성격까지도 나타내었다고 한다. 유명한 두 화가의 초상화에 나타난 빛의 표현을 살펴보면 빛의 질을 이해하는 데 조금이나마 도움이 될 것이다.

▲ **그림 1-5** '모나리자의 미소'(왼쪽)와 렘브란트의 '자화상'(가운데, 오른쪽)

레오나르도 다빈치의 '모나리자의 미소'에서 여인의 얼굴에 나타난 부드러운 미소를 기억할 것이다. 레오나르도 다빈치는 이러한 효과를 표현하기 위해 초상화를 그릴 때 얼굴에 닿는 강한 빛이 아니라 부드러운 빛을 사용하였다고 한다. 이를 위하여 작업 공간에 광목천을 펼쳐서 햇빛을 걸러 만든 부드러운 빛이 모델에게 비치도록 하였다. 레오나르도 다빈치는 구름에 확산된 부드러운 빛 또는 해가 기울 무렵의 빛을 그림 그리는 데 사용하는 이유를 다음과 같이 설명했다고 한다.

"저녁 무렵에 사람들의 얼굴을 관찰해보면 날씨가 궂을 때 남자들이나 여자들의 얼굴이 얼마나 부드럽고 우아하게 보입니까! 나는 화가들에게 그림을 그릴 때 자기 집 안뜰의 담벼락을 검은색으로 칠하고, 지붕은 담 위로 약간 튀어나오도록 덮으라고 권합니다. 이때 지붕틀은 가로와 세로가 각각 3m와 6m 정도로 넓어야 하고, 높이는 3m이면 충분합니다. 햇빛이 너무 강할 때에는 차양을 펼쳐서 지붕틀을 덮습니다. 저녁 무렵이나 구름이 많이 낀 날, 안개가 짙은 날은 화가가 그림을 그리는 데 필요한 완벽한 분위기를 만들어줍니다."

또한 화가 렘브란트의 자화상에 나타난 빛의 변화를 알아보는 것도 빛의 성질을 이해하는 데 도움이 될 것이다. 렘브란트는 [그림 1-5]의 가운데와 같이 청년 시절에 그린 자화상을 보면 '렘브란트의 빛'이라고 일컫는 측광과 강한 빛을 사용하여 젊음의 열정과 패기, 생동감을 표현하였다.

하지만 [그림 1-5]의 오른쪽과 같이 중년 시절의 자화상에서는 좀 더 부드러운 빛을 사용하였다. 다양한 음영으로 색조를 조절하는 부드러운 빛에 의해 중년기에 접어든 인생의 평온함과 안정감을 표현하였다.

조명 디자이너 또한 화가와 같이 피사체를 통해 무언가를 말하고 싶을 때, 피사체에 적합한 빛의 질을 선택해야 한다. 빛의 성질에 따라 피사체의 모델링이 달라져서 보는 이의 감성(분위기)이 변하기 때문이다.

빛에는 그림자를 나타내는 강한 광선과 그림자를 나타내지 않는 부드러운 광선이 있다. 이는 빛의 산란 현상 때문이다. 물론 그 사이에는 산란의 정도에 따라 수없이 많은 종류의 빛이 존재한다. 조명 디자이너는 그 수많은 빛 중에서 하나를 선택하여 피사체를 주제에 맞게 표현해야 한다.

1 하드 라이트(hard light)

우리는 종종 빛의 특성을 이야기할 때 햇빛과 스튜디오 조명을 한 범주로 다루어 설명한다. 이는 조명에 사용되는 모든 빛은 태양에서 방사되는 빛을 기준으로 개발되었기 때문에 스튜디오에서 사용되는 빛을 햇빛과 비교해 살펴보면 피사체에 작용하는 빛의 성질을 개념화하는 데 도움이 된다는 것을 의미한다.

맑은 날의 태양과 같은 강한 직사광선은 우리가 가장 많이, 또는 쉽게 접할 수 있는 빛이다. 지구에서 보면 태양이 차지하는 영역은 매우 작고, 지구에서 멀리 떨어져 있기 때문에 태양광선은 지구 어디에나 평행하게 입사된다. 이때의 태양광은 [그림 1-6]과 같이 완벽한 점 광원(면적이 작은 광원) 형태로 나타난다. 점 광원에서 나온 빛은 지향성이 강하기 때문에 빛이 피사체에 떨어지면 [그림 1-7]과 같이 빛이 닿는 부분은 밝게 빛나고, 그 밖의 부분은 빛이 없는 뚜렷하고 짙은 그림자를 나타내어 높은 콘트라스트를 가지게 된다.

이 그림자는 표면의 윤곽과 질감을 결정함으로써 피사체에 형태를 부여한다. 이렇게 콘트라스트가 높은 딱딱한 빛을 '하드 라이트'라고 한다. 하드 라이트는 피사체의 가장자리가 선명하고 윤곽도 분명하게 나타난다. 이 빛은 방향성이 강하기 때문에 특정 부분에 집중하여 피사체를 강조하거나 입체감을 만들고 명암 차를 일으켜 시선을 주목시키는 데 사용한다.

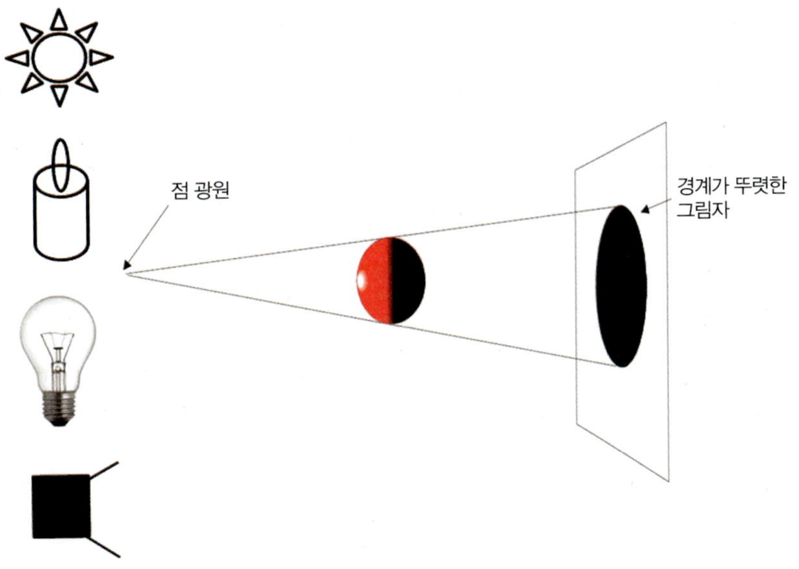

▲ **그림 1-6** 하드 라이트의 빛

▲ **그림 1-7** 하드 라이트의 빛 특성 표현

하드 라이트가 가지고 있는 빛의 감성(분위기)은 거칠고 공격적인 특성이 있어 극적이고 표현적인 이미지의 느낌을 가진다. 하드 라이트는 피사체의 개성을 표현하는 남성적이고 표현주의적 빛이라고 할 수 있다.

하드 라이트를 만드는 광원은 [그림 1-6]에서 보는 것처럼 맑은 날의 태양·촛불·전구가 있고 조명 기구로는 스포트라이트(spotlight)가 있다. 하드 라이트는 인물 조명에 사용될 때 키 라이트(key light)나 백 라이트(back light)로 사용하고, 국부 조명으로 사용될 때에는 세트에 사용하기도 한다.

② 소프트 라이트(soft light)

지향성을 가진 맑은 날의 태양광과 달리 엷은 구름 낀 하늘에서 분산된 부드러운 광선은 강한 그림자를 나타내지 않고, 그 분산된 빛으로 인해 피사체의 모든 부분을 감싸 안아 그림자를 최소화한다.

구름을 통과하면서 분산된 빛은 여러 방향으로 퍼져나가 여러 각도에서 피사체를 비춘다. 즉, 지향성이 약하고 빛이 나오는 광원 자체가 커지는 효과(면적이 큰 광원 : 면 광원)를 가진다. 산란되어 여러 각도에서 비춘 빛은 피사체의 뒤쪽 면까지 조사가 가능하여 결과적으로 가장자리의 강한 그림자의 농도를 부드럽게 만들어 주고, [그림 1-9]처럼 피사체의 질감을 억제하고 날카로운 하이 라이트를 만들지 않으며, 하드 라이트와 달리 그늘 부분의 세부를 잘 보이게 한다. 또한 표면의 굴곡 때문에 발생하는 강한 콘트라스트를 현저히 완화시킨다. 결과적으로 흐린 날의 햇빛은 부드러운 그림자를 가진 콘트라스트가 낮은 광원이 된다. 이러한 부드러운 빛을 '소프트 라이트'라고 한다.

하드 라이트는 피사체를 강조하거나 입체감을 형성하는 데 사용하지만, 소프트 라이트는 피사체를 부드럽게 표현하는 데 사용한다.

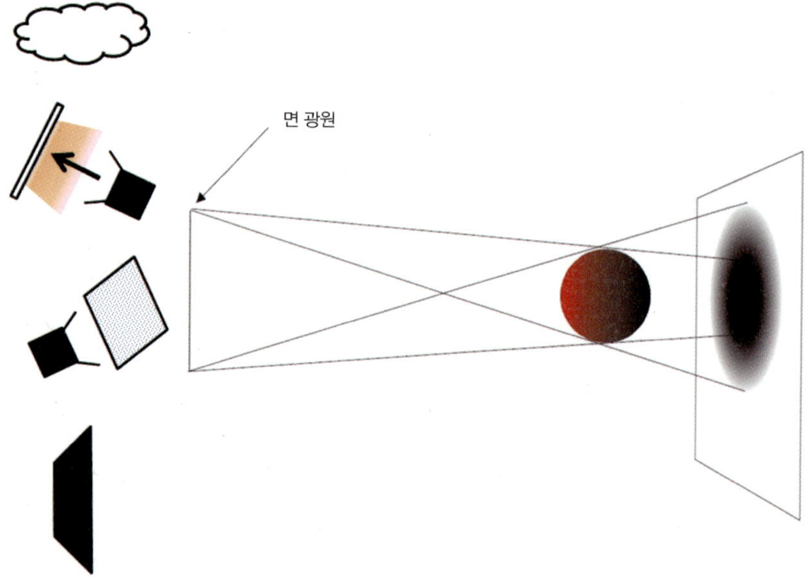

▲ 그림 1-8 소프트 라이트의 빛

▲ **그림 1-9** 소프트 라이트의 빛 특성 표현

소프트 라이트의 감성(분위기)은 심리적으로 부드럽고 편안하며 깨끗함을 느끼게 한다. 이는 피사체를 부드럽게 애무하는 것과 같이 서정적이면서 로맨틱하고 관능적인 이미지의 느낌을 준다. 소프트 라이트는 하드 라이트와 달리 미인의 부드러운 피부를 표현하는, 생생하고 부드럽고 깨끗한 여성적이며 사실주의적 빛이라고 할 수 있다.

인공 광원에서 소프트 라이트 용도의 조명 기구로는 면이 넓은 면 광원을 이용한 플러드 라이트의 조명 장비를 들 수 있다. 소프트 라이트는 [그림 1-8]에서 보는 것처럼 하드 라이트를 반사판에 반사시켜 얻기도 하고, 부드러운 확산 필터로 광원의 면적을 크게 하여 얻기도 한다. 조명기구로는 플러드 라이트가 있다. 조명에서는 베이스 라이트(base light)나 필 라이트(fill light)로 사용한다.

▼ **표 1-2** 하드 라이트와 소프트 라이트의 비교

하드 라이트	소프트 라이트
• 그림자를 만들고 지향성이 강하다. • 제한과 조종이 쉽다. • 집중 광선이므로 국부 조명이 가능하다. • 광원이 작고 간편하다.	• 확산되어 그림자가 생기지 않고, 세부를 잘 보이게 하며, 지향성이 없다. • 제한하기가 어렵다. • 광원이 비교적 크고 넓다.

❸ 광원의 크기와 거리

앞에서 하드 라이트는 광원이 작은 점 광원의 형태를 가지고 있고, 소프트 라이트는 광원이 넓은 면 광원의 형태를 가지고 있다고 설명한 바와 같이 빛의 성질을 결정짓는 요소는 광원의 크기, 피사체—광원과의 거리라고 할 수 있다. 그 이유는 피사체—광원과의 거리에 따라 상대적인 크기가 달라지기 때문이다.

상대적인 크기는 광원 자체의 크기뿐만 아니라 광원과 피사체의 상대적인 거리에 따라 조절되고, 광원의 실제 크기보다 상대적 크기가 더욱 중요하기 때문에 광원과 피사체의 거리가 또 하나의 중요한 요소가 된다.

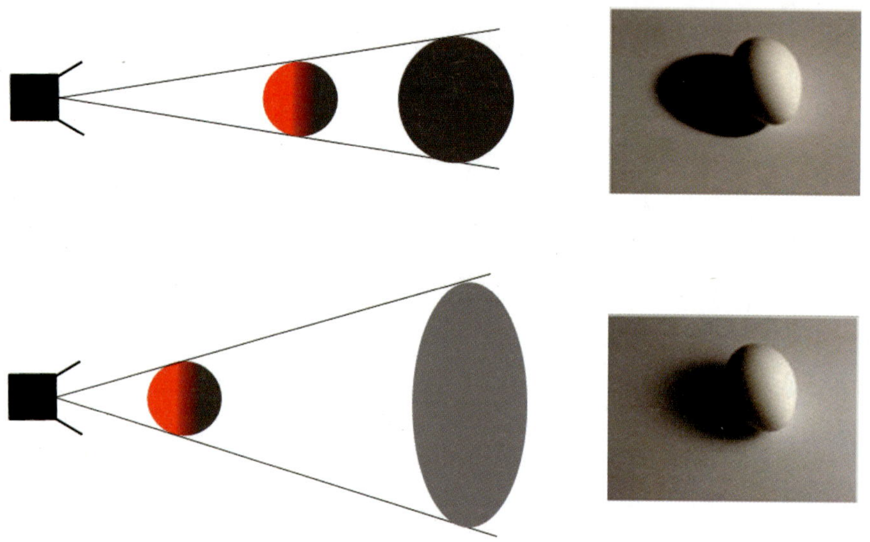

▲ **그림 1-10** 광원의 크기와 피사체—광원과의 거리

광원이 피사체에서 멀리 떨어질수록 광원은 상대적으로 작아지므로 짙은 그림자를 만들고, 광원이 피사체에 근접할수록 광원은 상대적으로 커져 피사체는 부드러운 콘트라스트와 옅은 그림자를 만든다.

광원의 면적이 크더라도 피사체에서 멀면 광선의 확산 효과는 줄어들고, 지향성을 가지게 되어 피사체를 부드럽게 감싸기가 힘들게 되며, 반면에 광원이 가깝고 피사체보다 크면 확산 효과가 커져 그림자 윤곽이 부드러워진다. 피사체의 크기보다 광원의 크기가 상대적으로 크면 그 광원은 확산광의 역할을 한다.

지구보다 수천 배나 큰 지름을 가진 자연광이 강한 직사광선을 가진 점 광원의 역할을 하는 이유도 지구와 멀리 떨어져 있기 때문이다.

지금까지 자연광과 인공광의 특성에 대해 알아보았다. 이번에는 조명 이미지 구성의 시작이자 출발점인 인공광을 만드는 램프의 원리와 특성에 대해 알아보자.

빛을 다루는 조명 디자이너들이 대상이나 피사체의 이미지 표현 목적에 맞는 최적의 빛을 얻기 위해서는 빛을 발생시키는 광원인 램프들을 목적에 맞게 선택할 수 있어야만 한다. 이 램프들은 종류에 따라 조명 이미지를 만드는데, 다양한 역할과 시각적 효과가 다르게 나타낸다. 광원을 만드는 램프에 대한 정확한 이해가 없다면 조명 디자이너는 목적에 부합하는 이미지를 만드는 데 어려움을 겪을 수 있다. 각각의 램프들은 광원이 가지고 있는 °색온도와 연색성과 같은 빛의 특징이 다르고 피사체를 표현하는 방법도 다르다.

이 장에서는 램프의 발광 원리와 특징에 대해 알아본다. 램프는 방송에서 많이 사용하는 종류로 한정하여 설명한다.

인공광을 만드는 전구를 발광 원리에 따라 크게 나누면 온도 방사를 이용한 백열전구와 루미네슨스(luminescence)을 이용한 수은등, 형광등 등의 방전형으로 나눌 수 있다.

01 온도 방사의 발광 원리

우리는 고온의 물체가 빛을 낸다는 사실을 알고 있다. 모든 물체의 온도를 높이면 방사가 발생한다. 온도 방사에 의한 발광이란, 물체를 가열하거나 태우면 강렬한 빛, 즉 가시광선이 발생한다는 것을 의미한다. 예를 들어 니크롬선에 전기를 통하게 하면 처음에는 검붉은색이었다가, 결국에는 흰색에 가까운 빛을 내게 된다. 이는 전기가 흐르면서 성분 금속의 원자가 격렬하게 진동하여 전기 에너지가 열로 변화하고, 그 열이 빛을 내는 것이다. 니크롬선의 경우와 같이 온도와 빛은 밀접한 관계가 있다. 이 방사 스펙트럼은 연속 스펙트럼으로, 이 스펙트럼의 에너지 분포 모양은 온도에 따라 결정된다. 이렇게 열이 빛이 되는 발광 원리를 '온도 방사'라고 하고, 이러한 온도 방사의 대표적인 예가 백열전구이다. 백열전구의 표면이 뜨거운 이유는 열이 빛으로 변하기 때문이다.

● 색온도와 연색성의 특징은 110~128쪽 참조

백열전구가 뜨거운 이유는 온도 방사 때문이다. 이렇듯 많은 물체들이 빛을 내면 열도 함께 발생한다. 하지만 형광등이나 형광 팔찌, 콘서트장에서 사용하는 형광 막대를 보면 밝은 빛을 내면서도 정작 만져보면 표면이 뜨겁지 않다. 그 이유는 전기 에너지가 열로 바뀌지 않고 직접 빛으로 바뀌기 때문이다.

이렇듯 물질이 고온으로 되지 않아도 어떤 자극에 의해 빛을 방출하는 경우가 있는데, 이를 '루미네슨스 발광'이라고 한다. 루미네슨스 발광이란, 온도 방사 이 외의 발광을 총칭하는 것으로, 물체가 온도 방사에 의하여 발광하지 못하는 약 500℃ 이하의 온도에서 자극 에너지를 흡수하여 그의 일부 또는 전부를 빛 에너지로 발광하는 현상을 말하며, 이를 '냉광'이라고도 한다. 예를 들면 형광등, 가스 방전등, 음극선, LED 등에 의한 발광 등을 말한다.

물질은 플러스 전기를 가진 원자핵과 마이너스 전기를 가진 전자로 이루어지는 원자로 구성되어 있다. 전자는 원자핵 주위를 돌고 있는데, 보통은 원자핵과 전자의 전하가 균형 잡힌 안정된 에너지 상태를 유지하고 있다. 이 전자의 외부에서 모종의 에너지에 의해 자극이 가해지면 전자 에너지의 상태가 높아지지만, 전자는 즉시 안정된 상태로 되돌아가려고 한다.

전자 에너지는 높은 곳에서 낮은 곳으로 내려가려고 하는 성질을 가지고 있는데, 이때 전자는 남아도는 에너지를 빛으로 방출하게 된다. 이러한 발광 원리를 '루미네슨스'라고 한다.

이처럼 루미네슨스 발광을 하려면 어떤 자극이 필요하며, 그 자극의 종류에 따라 여러 가지 루미네슨스가 발생하게 된다.

전기 에너지를 사용하는 전기 루미네슨스(electric luminescence)는 기체 또는 금속 증기 내의 방전에 따르는 발광 현상이며, 이는 대전 입자 상호간 또는 원자, 분자 등의 충돌에 의한 것으로, 네온관, 수은등 등은 이 현상을 이용한 것이다.

그리고 방사 루미네슨스(photo luminescence)는 어떤 종류의 화합 물질이 광선, 자외선, X선 등의 방사를 받아 그 파장보다 긴 파장의 발광을 하는 현상을 말하며, 기체 또는 액체는 형광, 고체는 인광을 발산하는 경우가 많다.

온도 방사	연료 방사	양초, 석유램프, 가스등
	백열전구	텅스텐(tungsten) 전구
		할로겐(halogen) 전구
전기 · 방사 발광	초고압 방전 램프	수은(mercury) 램프
		형광 수은(fluorescent mecury) 램프
	고압 방전 램프	메탈 핼라이드 (metal halide) 램프
		고압 나트륨 램프
		크세논(xenon) 램프
	저압 방전 램프	형광 램프
		저압 나트륨 램프
		레온(leon) 램프
전계 발광		전자 발광
		발광 다이오드
레이저 발광		레이저 광선

03 백열전구(Incandescent lamp)

백열전구는 1879년에 에디슨에 의해 탄소 필라멘트(filament)의 전구가 발명되면서 사용되어왔다. 그 후 1908년에 쿠릿지가 텅스텐 필라멘트(tungsten filament)를 만드는 데 성공하여 현재까지 사용되고 있다.

▲ 그림 1-11 백열전구

백열전구는 온도 방사의 원리를 이용하여 필라멘트 선에 전류를 흘려보내 필라멘트 선에서 발생하는 열에 의해 빛을 얻어내는 전구로, 필라멘트는 융점이 가장 높은 텅스텐을 사용하고 있다. 백열등의 주 성분인 텅스텐과 수정 유리는 태양 빛과 달리 오렌지 빛을 띠는 따뜻한 빛을 방출한다. 백열 램프는 빛의 분포라는 측면에서 볼 때 점 광원으로 볼 수 있다. 점 광원은 모든 방향으로 빛을 방출하여 강한 직선광을 만들 수 있고, 광학적 통제라는 측면에서 볼 때 가장 효율적인 빛의 분포 방식이다. 조광을 연속적으로 할 수 있고, 점등이 간단하며, 즉시 점등된다. 하지만 방사열이 많아 사용하기가 불편하고 사용 시간에 따라 색온도가 달라지고 램프의 수명이 짧은 단점이 있다.

04 텅스텐 할로겐 램프(tungsten halongen lamp)

오렌지 빛을 띠는 따뜻한 빛을 방출하는 텅스텐 할로겐 램프는 텅스텐 램프의 단점을 보완한 것이다. 기본적으로 백열등의 원리를 이용하면서 진공 상태의 유리관 내에 할로겐계 원소 가스인 아이오딘, 플루오린, 브로민을 집어넣은 전구를 총칭하여 '텅스텐 할로겐 램프'라고 한다. 텅스텐 램프가 가지고 있는 •흑화 현상과 램프의 수명 단축 문제를 할로겐 가스를 사용하여 개선한 것이 '텅스텐 할로겐 램프'이다. 할로겐 가스를 사용하기 때문에 텅스텐 램프가 가지고 있는 흑화 현상이 없고, 수명이 다할 때까지 색온도가 변하지 않으며, 램프의 수명도 백열전구에 비해 3배나 길다. 할로겐 물질을 유리관 내에 들어 있는 상태에서 점등시키면 필라멘트의 소재인 텅스텐의 원자가 증발하여 할로겐 물질과 결합하고, 이 결합된 물질이 필라멘트 근처에 오면 다시 분해되어 원자는 원래의 자리에 필라멘트로 되돌아오는 현상이 발생하여 할로겐 사이클(halogen cycle)이 형성됨으로써 좀 더 밝은 빛을 얻게 된다. 이 전구는 높은 열을 내는데, 유리판 부분은 250℃ 이상, 필라멘트 근처는 170℃ 이상이고 열에 강한 석영 등의 물질을 이용하여 외피를 입히기 때문에 '쿼츠 아이오딘 램프(quartz iodine lamp)'라고도 한다.

● 흑화 현상은 백열전구에서 빛을 발하는 필라멘트의 재료인 텅스텐이 산화하여 그 산화물이 전구의 안쪽 유리 표면에 검게 붙는 현상으로, 흑화 현상이 일어나면 필라멘트가 쉽게 끊어져 전구의 수명이 짧아지고, 색온도가 변하며, 조도가 떨어진다.

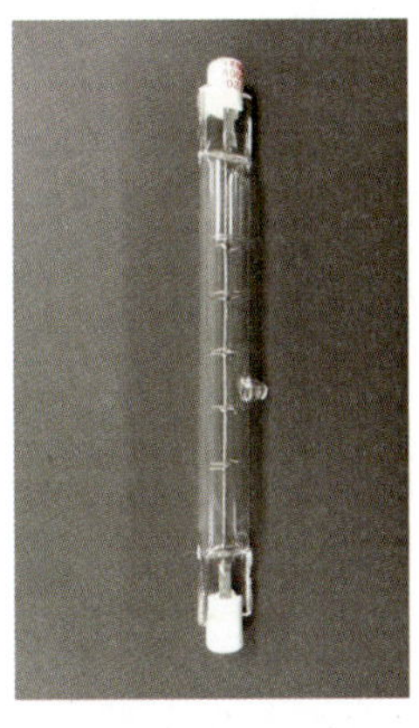

▲ **그림 1-12** 스포트라이트용 할로겐 램프(왼쪽)와 플러드 라이트용 할로겐 램프(오른쪽)

현재 TV 스튜디오 광원에는 대부분 할로겐 램프를 사용하고 있다. 할로겐 램프는 [그림 1-12]에서 알 수 있는 바와 같이 빛의 광량에 비해 외형을 작게 만들 수 있어서 렌즈와 조명 기구의 기계적인 디자인을 단순하게 할 수 있다. 텅스텐 램프는 수명이 다할수록 출력이 조금씩 줄어들지만 할로겐 램프는 최초의 출력이 그대로 유지된다. 또한 빛의 중심부와 주변부의 배광 분포에 따른 색온도의 변화가 적다. °오렌지색을 띠고 있는 할로겐 램프는 필름의 특성으로 인해 인간이 개발한 인공광 중에서 분광 특성, 색온도 그리고 연색성 등이 자연광과 가장 비슷한 특징을 가지고 있다고 인식되고 있다. 3,200K의 색온도를 가지고 있고, 연색성이 좋아서 보이는 그대로 결과 이미지를 얻을 수 있다. 하지만 온도 방사로 인한 열이 발생하여 뜨겁고, 전압에 영향을 받아 전압이 낮아지면 색온도가 변화한다.

05 형광 램프(fluorescent lamp)

방송 제작 현장에서 플러드 라이트용으로 널리 사용되는 램프이다. 이 램프는 미국의 GE(general electric) 사가 1938년에 개발한 것으로, 백열등과 마찬가지로 필라멘트에 의존하지 않는다는 것이 특징이다.

● 현재의 카메라 필름(촬상관)은 인공적인 따뜻한 빛을 인식하도록 평준화되어 있고, 우리는 이러한 이미지에 적응되어 있다.

전자 기류를 방출하는 음극을 가열시켜 열로 증발된 수은 원자와 충돌시키면 자극을 받은 원자는 즉시 원위치로 되돌아오려는 성질을 띠게 되는데, 이 과정에서 육안으로 보이지 않는 자외선광의 특수한 스펙트럼 에너지를 방출하게 된다. 이 방출된 자외선광의 에너지가 방전관 내벽에 칠한 형광체를 자극하여 가시 영역에서 형광을 발하도록 하는 방전등이다.

형광 램프는 일반 백열전구에 비해 효율이 약 4배나 높고, 수명은 약 10~20배나 길다. 또한 루미네슨스 발광을 하므로 열을 발산하지 않는 장점이 있지만, 안정기(ballast)를 사용해야 한다는 것과 밝기를 완전히 조절하기 힘들다는 단점이 있다. 하지만 근래에는 밝기 조정이 가능한 형광 조명 기구가 개발되어 스튜디오에서 많이 사용하고 있다. [그림 1-13]에서 알 수 있는 바와 같이 형광 램프는 그 자체의 모양이 가진 특성으로 인해 하드 라이트인 직사광선을 만들지 못하고, 소프트 라이트인 플러드 라이트만 만들 수 있다. 또한 조명 기구의 크기가 크고, 램프 4개를 합치면 면 광원 형태라서 집중 조명에 적합하지 않고 광원이 뻗어 나가는 길이가 짧다. 이 때문에 방송용 조명 램프로 확장되지 못하고 있다. 스튜디오 방송용 형광 램프는 '930'이라고 불리는 3,200K와 '950'이라고 불리는 4,600K의 색온도 램프가 있어 스튜디오의 환경에 따라 선택하여 사용할 수 있다. 5,500K는 야외에서 일광용으로 사용하고 있다.

06 크세논 램프(xenon lamp)

크세논 램프는 크세논 가스의 아크(arc)를 이용한 방전등으로, 발광 스펙트럼이 자연광과 유사한 연속 스펙트럼이고, 분광 분포도도 전기의 입력 변화에 거의 영향을 받지 않으며, 사용 중에도 색온도(6,000K)가 일정하다.

점등 시간이 필요없고, 재점등도 가능하며, 휘도가 상당히 높고, 발광 면적이 적어 원거리의 조명용으로 사용된다. 따라서 스튜디오 무대 조명에서 주광으로서 폴로 스포트라이트(일명 핀 스포트라이트)에 사용되는 강력한 램프이다.

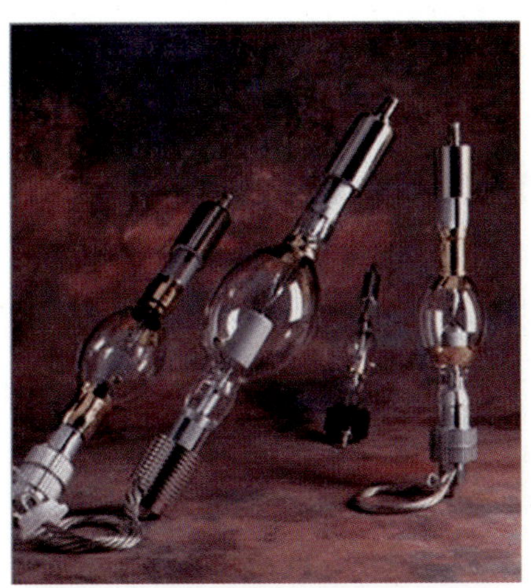

▲ 그림 1-14 크세논 램프

07 HMI 램프(hydrartgyrum medium iodide lamp)

태양빛은 푸르스름한 차가운 빛이다. 이 태양빛에 가까운 색온도를 가진 것이 HMI 램프이다. 따뜻한 색인 할로겐 램프의 광원과 차가운 색인 HMI 램프의 광원을 눈으로 보면 빛의 질이 다르다는 것을 알 수 있다.

HMI는 방전 램프의 일종으로, 독일의 오스람 사가 컬러 방송용으로 개발한 메탈 핼라이드 램프로, 뛰어난 분광 스펙트럼과 고효율을 가지고 있으며, 점등 시간이 짧고 플리커(flicker)의 문제도 단형파 점등 제어로 해결하였기 때문에 모든 메탈 핼라이드 광원은 안정기가 필요하다. 안정기는 magnetic(코일) 방식과 electric(전자) 방식이 있는데, 코일 방식은 *플리커 현상이 나타날 수 있으므로 주의해야 한다. 또한 밝기를 완전히 조절하기 힘들다는 단점이 있다.

● 플리커는 불안정한 전압이나 안정기의 이상으로 인해 빛이 깜박거리는 현상으로 형광 램프나 HMI 사용 시 자주 나타난다.

HMI의 스펙트럼 분광 특성을 보면 파란색, 초록색, 보라색이 많고 빨간색과 노란색은 부족한 것이 특징이다. 이 램프는 종류별로 200 / 575 / 1,200 / 2,500 / 4,000W로 나누어지고, 용도는 백열등과 같지만 상대 색온도가 3,200K가 아니라 햇빛의 평균 색온도와 비슷한 5,600K이며, 수명은 300~750시간 정도이다.

▲ 그림 1–15 HMI 램프

08 LED 램프

현재 방송용 조명 기구는 대부분 할로겐 램프의 광원을 이용하고 있다. 할로겐 램프의 열 발산으로 인한 스튜디오 환경 문제, 수명, 효율성, 전력 소비량 등의 문제점 등으로 인하여 새로운 광원의 필요성이 대두되었다. 이로 인해 할로겐 램프보다 수명이 길고, 열 발산이 적은 형광 램프의 광원이 적극 검토되어 방송 조명의 광원으로 일부(flood light용) 사용되어왔다.

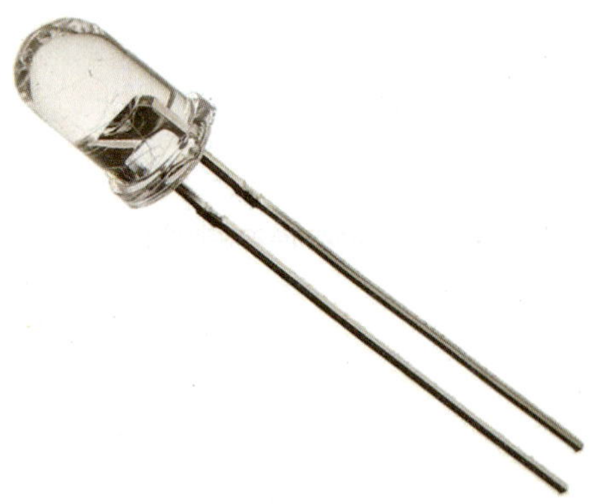

▲ 그림 1–16 LED 램프

그러나 형광 램프 또한 방송 조명의 광원으로 사용하기에는 문제점을 가지고 있다. 형광 램프의 광원은 비연속적 스펙트럼을 가지고 있고, 강한 녹색의 특성과 플리커 현상 때문에 피사체의 영상 이미지 표현을 충족하지 못했다. 무엇보다도 방송 조명의 광원으로서의 한계는 램프 모양의 특성으로 인해 광량을 통제하기 어렵고, 스포트라이트 조명 기구를 만들지 못하는 데 있었다. 이로 인해 형광 램프의 방송 조명 기구는 확대되지 못하고 다시 할로겐 램프를 이용한 조명 기구를 사용하는 현상이 발생하게 되었다.

최근에는 고휘도를 가지고 있고, 열 발산이 적으며, 반영구적이고, 전력 소모가 적다는 등의 장점을 가지고 있는 LED 광원에 관심이 집중되고 있다. 특히 LED 램프는 백열등 대비 80% 이상, 형광등 대비 30%의 낮은 전력 소비 효율을 가지고 있다.

LED는 인공 조명 기술의 패러다임을 전기의 시대에서 전자의 시대로 변화시키며 21세기를 새로운 빛의 시대로 만들고 있다. 그리고 미래 광원의 커다란 축으로서 급속도로 성장하고 있으며, 일반 조명에 적용되면서 인공광의 새로운 시대를 열고 있다.

방송 조명에서도 할로겐 광원을 대체할 광원으로 적극 검토되어 LED 램프를 이용한 조명 기구의 개발과 함께 일부 상용화되고 있다.

LED 광원을 이용한 조명 기구는 일반 조명 시장을 중심으로 매우 빠른 속도로 확산되고 있지만, 방송 조명의 광원으로 사용하기에는 형광 광원처럼 카메라가 가지는 특성으로 인해 적용 범위가 넓지 않은 것이 현실이기도 하다.

가장 큰 문제는 빛이 가지고 있는 연색성이 방송 조명의 기준이 되는 할로겐에 비해 좋지 않다는 데 있다. 또한 높은 색온도 때문에 피사체의 이미지가 차가운 느낌을 준다. 현재 이러한 문제점을 개선하기 위해 연색성이 향상된 제품과 할로겐 램프와 같이 3,200K를 가지고 있는 광원을 개발하고 있다.

그리고 형광 램프처럼 플러드 라이트 조명 기구는 상용화되어 있지만, 소자의 집광 문제로 인하여 스포트라이트가 활성화되지 못하고 있다.

베이스(base)의 형태에 따른 전구의 분류

① 에디슨(edison)형

베이스가 나사식(screw)으로, 일반 램프. 스쿠프 램프 등이 있음.

② 스완(swan)형

반회전하여 고정시키는 베이스로, 형광 램프가 대표적임.

③ 바이포스트(bipost)형

막대기 모양의 다리가 2개 있는 것으로, '싱글엔드(single end)'라고 함.

④ 더블엔드(double end)형

막대기 모양의 램프 양끝이 전극으로 되어 있음.

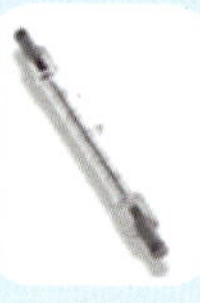

Section 04 | 램프의 효율을 극대화하는 조명 기구

이제까지 우리는 광원의 특성에 대해 알아보았다. 이러한 광원은 그대로 사용할 수 없다. 그대로 두면 광원은 방향을 잃어 의미 없는 빛이 된다. 따라서 빛을 효율적으로 사용하기 위해서는 빛을 모아 일정한 방향으로 흐르게 하고, 일정한 구역에만 비추게 하여 의미 있는 빛을 만드는 그 어떤 것이 필요하다. 그것이 바로 '조명 기구'이다.

조명이란, 화가가 그림을 그리듯 빛으로 화면을 그리는 것을 말한다. 광원은 '그림물감'이고, 조명 기구는 '붓'이라고 할 수 있다. 우리가 그림을 그릴 때 붓의 크기와 종류에 따라 캠퍼스에 표현된 질감이 다르게 표현되는 것을 알 수 있다. 광원도 '빛을 담는' 조명 기구의 특성에 따라 크기(출력)와 종류(빛의 질)가 다르다.

화가가 가늘고 날카로운 느낌을 표현할 때에는 가는 붓을 사용하고, 굵고 투박한 느낌을 표현할 때에는 두꺼운 붓을 사용하듯, 조명 디자이너도 표현하고자 하는 이미지에 따라 조명 기구를 선택하여 사용한다.

조명 기구는 기술의 발달에 따라 발전해왔다. 초창기의 조명 기구는 카메라의 감광 특성이 떨어져 많은 양의 빛이 필요했기 때문에 대형화되어 왔지만, 디지털 기술의 발달로 카메라의 감광 특성이 눈부시게 발달하여 점차 소형화되고 다양한 표현이 가능한 제품들이 출시되고 있다.

따라서 이제는 피사체를 표현할 때 '이것이 충분한 빛인가?'가 아니라 '이것이 적절한 빛인가?'를 고려하여 조명 기구를 선택해야 한다. 또한 조명 기구는 표현하고자 하는 이미지를 위한 도구이기 때문에 조명 기구에 구속되어 '이 조명 기구가 없으면 안 돼'라는 생각을 가져서는 안 된다. 화가가 하나의 그림물감을 가지고 다양한 변화를 시도하듯이 조명 디자이너도 기존 조명 기구의 새로운 표현력 확장을 위하여 부단히 노력해야 한다.

이 장에서는 전체적인 조명 기구의 종류와 용도에 대해 설명한다. 조명 기구에는 일반 조명 기구와 이펙트(effect) 조명 기구가 있다. 일반 조명 기구로는 스포트라이트와 플러드 라이트가 있다.

여기에서는 각 조명 기구에 대해 개략적으로 설명하고, 각 장의 중간에 각 기구를 어떻게 사용하는지를 설명한다.

01 일반 조명 기구

이 장에서 조명 기구에 굳이 '일반'이라는 이름을 붙인 이유는 이 장비들이 과거부터 현재까지 조명 현장에서 널리 사용되고 있는 기본적인 장비이기 때문이다. 일반 조명 기구는 주로 인물 조명이나 세트를 표현할 때 사용한다.

앞 장에서 빛의 질을 하드 라이트와 소프트 라이트로 구분하여 설명하였다. 스포트라이트는 밝은 날의 직사광선에 상당하는 하드 라이트 빛을 내어 입체적인 표현을 하기 위한 조명 기구이다. 주로 스튜디오에서는 키 라이트(key light), 백 라이트(back light) 등에 사용되고 있으며, 매우 기본적인 형태이지만 현장에서 제일 많이 사용되고 있는 조명 기구이다. 이 조명 기구는 점 광원을 만드는 램프를 가지고 있다. 스포트라이트가 플러드 라이트와 구분되는 특징은 렌즈를 사용하여 국부적으로 강한 빛을 투사한다는 점이다. 램프에서 나오는 빛을 반사경과 렌즈로 집광하여 하드 라이트를 만든다. 사용 목적에 따라 500w~3kw까지 여러 제작사의 제품이 골고루 사용되고 있으며, 앞에서 말한 것처럼 소형 · 경량화되고 있는 추세이다.

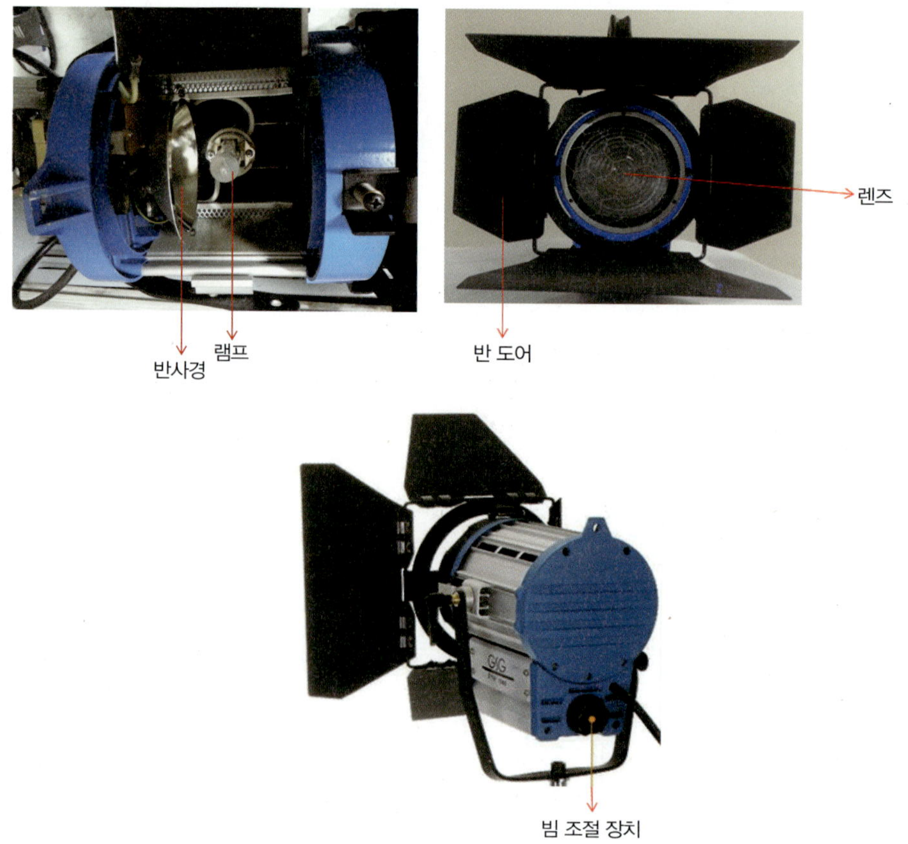

▲ **그림 1-17** 스포트라이트의 구조

스포트라이트 조명 기구는 [그림 1-17]에서 알 수 있는 바와 같이 크게 반사경 (reflector), 램프(lamp), 렌즈(lens), 반 도어(barn door), 빛의 강도를 조절하는 빔 조절 장치(beam controller)로 구성되어 있다.

① 반사경

빛의 특성은 같은 광원을 사용하더라도 반사경, 필터, 패턴, 거울, 렌즈와 같이 빛을 통제하고 조절하는 매개체에 따라 변한다. 이 중에서 조명 기구의 램프, 반사경, 렌즈는 방사되는 광원의 성질을 결정짓거나 변화시키는 3대 요소이다. 램프에 대해서는 이미 설명하였으므로, 반사경과 렌즈에 대해 알아보자.

반사경이 없다면 램프에서 나오는 빛은 사방으로 퍼져 나간다. 반사경은 이 빛을 모아서 원하는 방향으로 모아주는 역할을 한다. 즉, 램프에서 나오는 빛이 쓸데없는 곳으로 퍼져 나가지 않도록 하는 동시에 쓸모없이 버려지는 빛을 줄일 수 있다. 따라서 램프에서 나오는 빛을 '빛의 성질을 얼마나 효율적으로 변화시킬 것이냐', '반사되는 빛을 어떻게 모아서 원하는 방향으로 보낼 것이냐'에 따라 반사경의 재료와 모양이 달라진다.

• 재료에 의한 구분

'빛의 성질을 얼마나 효율적으로 변화시킬 것이냐'는 반사경의 재료에 달려 있다. 조명 기구의 반사경 재료에는 알루미늄과 유리가 있다. 알루미늄은 가격 면에서 저렴하고 가볍다. 유리 반사경은 투과하는 빛의 색을 다르게 하는 다이크로닉(dichroic)을 코딩하여 사용한다. 이는 빛의 파장에 따라 어떤 빛은 통과시키고, 어떤 빛은 반사시키도록 만들어졌다.

그러나 재료도 중요하지만, 이보다 중요한 것은 표면 처리이다. 반사경의 표면에 따라 빛의 질이 달라진다. 즉, 표면 처리가 울퉁불퉁하게 되어 있느냐, 거칠게 되어 있느냐, 매끈하게 되어 있느냐에 따라 달라지는 것이다. 대개는 표면이 거칠수록 부드러워지고, 매끄러울수록 딱딱해진다. 조명 기구마다 반사경의 재질과 표면이 조금씩 다르다.

• 모양에 의한 구분

'반사되는 빛을 어떻게 모아서 원하는 방향으로 보낼 것이냐'는 반사경의 모양에 달려 있다. 정확한 빛의 반사를 얻기 위해서는 반사경의 모양과 램프가 놓여 있는 지점인 반사경의 초점이 중요하다. 반사경은 모양에 따라 원형 반사경, 타원형 반사경, 포물선 반사경이 있는데, 각각은 빛을 반사시키는 독특한 특성과 장점이 있다.

– 원형 반사경(spherical reflector)

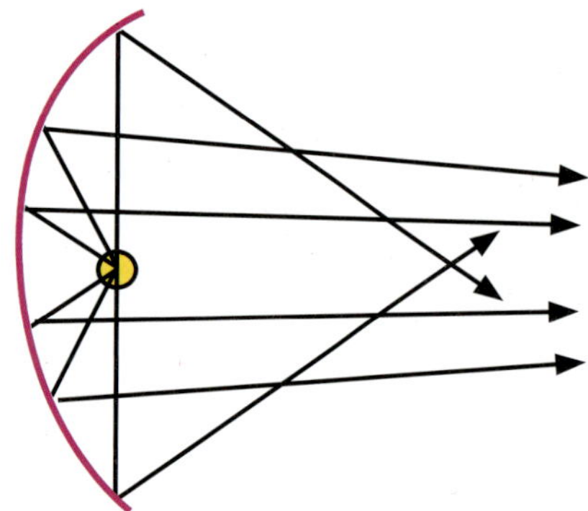

▲ 그림 1–18 원형 반사경

램프가 초점에 놓여 있을 때 원형 반사경에서 반사되는 빛은 다시 램프의 필라멘트를 통해 나아가게 된다. 이로 인해 필라멘트의 열이 올라가게 되고, 이로써 더 밝은 빛을 내게 된다. 램프를 반사경 쪽으로 가깝게 이동하면 되돌아 나오는 빛이 모이는 초점이 멀어진다. 즉, 반사광의 초점이 램프의 앞쪽에 생기게 된다. 결국 원형 반사경은 빛이 넓게 퍼지는 동시에 멀리까지 보낼 수 있다. 따라서 프레즈넬과 플라노–콘벡스 스포트라이트에 주로 장착된다.

– 타원형 반사경(ellipsoidal reflector)

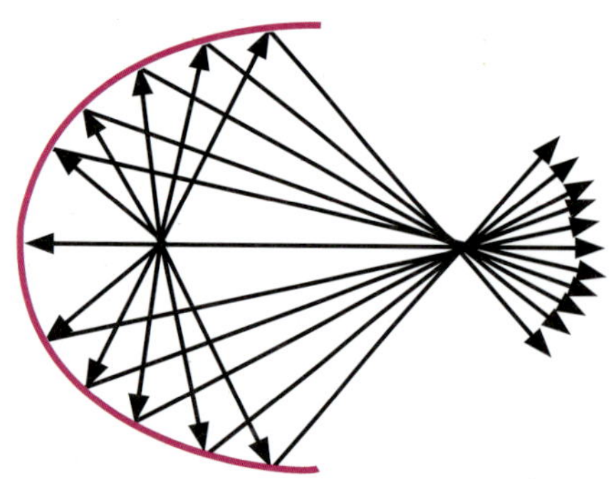

▲ 그림 1–19 타원형 반사경

타원형 반사경은 타원 모양을 이루고 있으며, 2개의 초점을 가지고 있다. 램프가 놓이게 되는 부분이 첫 번째 초점이며, 반사경에서 반사된 빛이 다시 모이게 되는 지점이 두 번째 초점이 된다. 안쪽 초점은 항상 타원형의 내부에 있어야 한다. 만일 램프가 타원형의 반사경 바깥쪽에 있게 되면, 빛이 너무 넓게 퍼져 반사경이 제 역할을 할 수 없게 된다. 작동 원리는 원형 반사경과 비슷하다. 즉, 램프를 반사경 쪽으로 이동시키면 반사되는 빛이 모이는 초점이 멀어진다. 단, 타원형 반사경은 원형 반사경에 비해 빛이 퍼지는 각도가 좁아지는 반면, 빛을 더 멀리까지 보낼 수 있다. 따라서 프로파일이나 엘립소이달 스포트라이트와 같은 집사형 조명 기구에 주로 장착된다.

– 포물선 반사경(parabolic reflector)

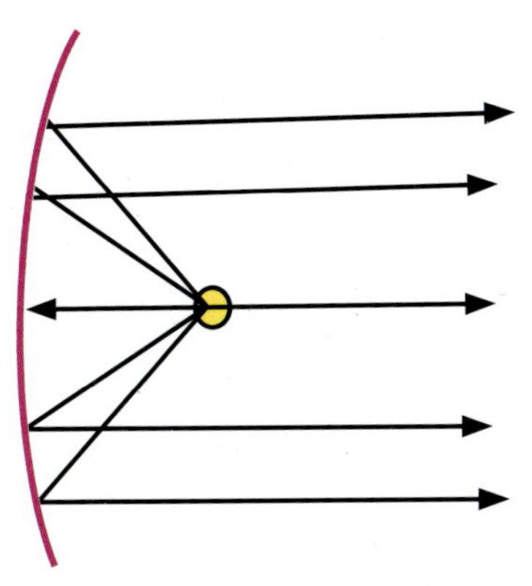

▲ 그림 1-20 포물선 반사경

초점에 위치한 램프에서 나오는 빛이 서로 평행하게 반사되도록 만들어진 반사경이다. 그러므로 모든 빛은 평행으로 나아가고, 그만큼 멀리까지 가게 된다. 그래서 이 반사경에서 나오는 빛은 각도가 좁은 대신 강력하면서도 밝을 수밖에 없다. 빔 프로젝터나 파 램프(PAR lamp)에 부착되는 것도 이 때문이다.

② 렌즈(lens)

조명 기구의 렌즈는 빛을 모으거나 분산시키는 역할을 한다. 램프가 빛을 만들어 내고, 반사경이 빛을 한곳으로 모아주는데 반해 렌즈는 빛을 원하는 곳으로 보내주는 역할을 하는 것이다. 렌즈는 빛의 직진과 굴절의 성질을 이용한다. 즉, 빛이 어떤 매개체를 통과할 때 원래의 방향이 달라지는 성질을 이용한다. 볼록렌즈는 빛이 가운데 쪽으로 모이고, 오목렌즈는 빛이 가장자리 쪽으로 퍼져 나간다. 따라서 '빛이 어떤 물질을 통과하느냐'는 매우 중요하다.

조명 기구에서 사용되는 렌즈는 스포트라이트에 사용되는 렌즈에 따라 프레즈넬 렌즈, 플라노-콘벡스 렌즈로 구분된다.

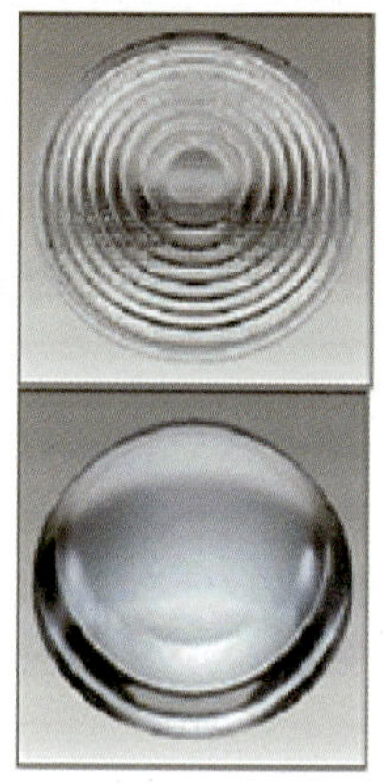
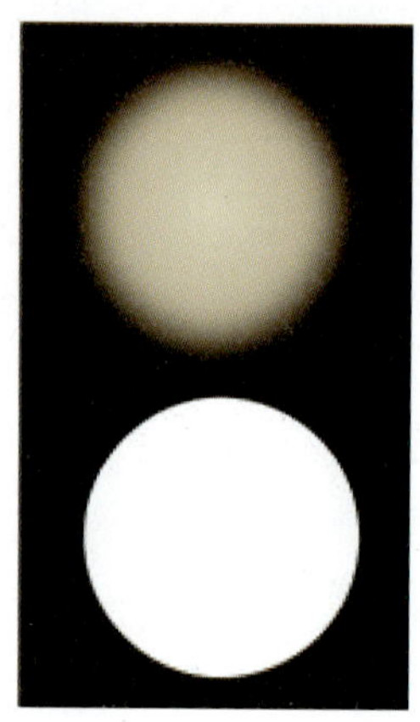

▲ **그림 1-21** 프레즈넬 렌즈(왼쪽 위), 플라노-콘벡스 렌즈(왼쪽 아래), 그에 따른 빛의 특성(오른쪽)

- 프레즈넬 스포트라이트(fresnel spotlight)

▲ **그림 1-22** 프레즈넬 스포트라이트

프레즈넬 스포트라이트는 광선이 비치는 면적이나 강도를 조절할 수 있고, 빛이 상대적으로 균등하게 비치도록 디자인되어 있다. 이러한 이유 때문에 TV나 영화에 많이 사용된다. 프레즈넬 스포트라이트가 플라노-콘벡스 스포트라이트와 구분되는 특징은 렌즈에 있다. 프레즈넬 렌즈는 스탠더드 플라노-콘벡스 렌즈처럼 빛이 굴절하는 고유의 특성을 가지고 있지만, 프레즈넬 렌즈는 콘벡스 커브(convex curve)에 톱니바퀴 모양의 계단으로 압착하여 더 가볍고 얇기 때문에 발열이 적다. 플라노-콘벡스 렌즈에 비해 초점거리가 짧아 등기구의 몸체가 짧아졌으며, 이 렌즈는 빛을 고르게 퍼트리고 가장자리의 경계선도 선명하지 않고 부드럽다.

- 플라노-콘벡스 스포트라이트(plano-convex spotlight)

▲ 그림 1-23 플라노-콘벡스 스포트라이트

플라노-콘벡스 스포트라이트는 할로겐 램프 스포트라이트로, G형 램프가 이동 받침대에 부착되어 있고, 램프의 뒷부분에 구형 반사기가 연결되어 있어 전구와 함께 앞뒤로 이동할 수 있으며, 전구에서 발산된 빛도 반사경을 통해 앞부분에 장치된 볼록렌즈에 집중되었다가 다시 굴절되어 확산되도록 디자인되어 있다.

램프와 렌즈의 거리가 가까우면 빛이 넓게 퍼지며, 전구와 렌즈의 거리가 멀어지면 빛의 범위는 좁아지지만 강도는 높아진다.

이 스포트라이트의 빛은 평면에 비쳐졌을 때 원형 모양을 그리며, 경계선이 선명하다. 전체적으로 빛의 확산이 고르지 못하고, 가장자리 주변에 무지개를 그리며, 램프가 렌즈에서 멀어져 초점거리에 위치하면 램프가 렌즈에서 멀어져 빛에 필라멘트의 형태가 나타난다.

- 엘립소이달 스포트라이트(ellipsoidal spotlight)

▲ **그림 1-24** 엘립소이달 스포트라이트

엘립소이달 조명 기구는 타원형 반사경, 그 반사경의 첫 번째 초점에 위치하고 있는 램프, 2개의 플라노-콘벡스 렌즈로 구성된다. 경우에 따라서는 1개의 두꺼운 렌즈를 사용하기도 한다.

광원에서 발생한 빛이 타원형의 반구 반사경에 일단 반사되었다가 2개의 초점을 지나면서 집중되었던 빛이 굴절 현상으로 확산되는 점을 이용한 것으로, 빛의 확산이 크고 강하므로 많이 사용된다. 원 초점이 반사경에 매우 가까우므로 T형 램프를 사용하는데, 필라멘트의 위치는 반사경과 평행선을 이루도록 해야 한다.

일반 조명 기구는 반사경과 렌즈가 고정되어 있고 램프를 이동시켜 빛의 성질을 변화시키는데 반해, 이 조명 기구는 램프와 반사경이 고정되어 있고 렌즈가 이동한다. 렌즈가 이동하기 때문에 빛의 질도 변화시킬 수 있으며, 플라노-콘벡스 렌즈의 빛과 같은 선명하고 뚜렷한 원추형의 빛의 윤곽을 만들 수 있다. 조명 기구의 튜브를 이용하여 빛의 테두리 선을 매우 명확하고 부드럽게 만들 수 있다. 이 경우 빛의 크기 또한 달라진다.

빛의 테두리 선이 명확해지도록 샤프 포커스(sharp focus)를 하는 경우, 빛의 강도는 중심 빛에서 주변 빛에 이르기까지 균일하다.

일반적인 엘립소이달 조명 기구에서 빛의 크기와 모양을 조절하려면 '게이트(gate)'라고 불리는 조명 기구의 광학 시스템 중심점을 이용해야 한다. 바로 이곳에 엘립소이달 조명 기구의 중요한 특징 중 하나인 4개의 셔터가 있다. 이를 사용하면 빛을 다양한 크기의 사각 모양으로 만들 수 있다. 또한 앞쪽에 있는 공간에 조리개를 집어넣어 빛의 원형 크

기를 조절할 수 있고, '˚고보(gobo)'라는 패턴을 이용하여 배경에 원하는 이미지를 만들
수 있다.

고보 패턴이나 다른 이미지들을 배경에 표현할 때에는 선명한 샤프 포커스를 이용하는
것이 좋고, 많은 조명 기구를 사용하여 무대 위에 균일한 밝기의 빛을 얻고자 할 때에는
소프트 포커스를 이용하는 것이 좋다.

엘립소이달 조명 기구의 이름은 제조사의 명칭에 따라 부여되고, 그것이 고유 명사화되
어 있다. 센추리 라이팅 사에서 출시된 레코 라이트(lecolite)가 오랫동안 엘립소이달 조
명 기구의 대명사가 되었지만, 최근에는 일렉트로닉 시어터 컨트롤 사의 제품인 소스포
(source-four)가 출시되면서 엘립소이달 조명 기구의 대명사가 되었다.

엘립소이달 조명 기구는 빛의 빔의 각도에 따라 5°, 10°, 19°, 26°, 30°, 40°, 50°로 구분
하여 사용한다.

- **폴로 스포트라이트(follow spotlight)**

폴로 스포트라이트는 국내에서 주로 일본식 표현인 '핀 스포트라이트 조명 기구'라고 불
린다. 프로파일 스포트라이트가 발전된 형태로, 광학적 특성을 갖춘 스포트라이트 조명
기구이다. 고출력을 필요로 하는 경우와 피사체의 움직임을 따라가는 조명, 선택적인 구
역 조명이 필요할 때 사용된다. 폴로 스포트라이트 조명 기구는 광원 및 조명 출력에 따
라 다양한 종류가 있으며, 고출력이므로 색온도와 일정한 조도를 갖는 할로겐, 크세논
램프, HMI 램프, 캡슐을 입히지 않은 아크 램프를 사용한다. 그리고 소형 폴로 스포트라
이트 조명 기구의 조도 거리는 약 35피트까지 가능하고, 대형은 약 300에서 400피트까
지 가능하다. 광선의 성격은 빔의 테두리가 정확하고, 원형의 빛을 만든다. 주로 무용 및
연극, 음악 공연의 중요한 조명 기구로 쓰인다.

TV에서는 쇼 프로그램에서 주로 사용하며, 피사체를 폴로(follow)하지만 효과 조명으로
도 사용할 수 있다. 조명 기구에 있는 아이리스를 열었다 닫았다 하여 피사체에 빛을 깜
박하는 효과를 줄 수도 있다.

● 고보(gobo)는 빛을 차단하는 차광판이라는 용어로도 사용하지만, 판을 오려내어 문양을 만든 것을 의미하기도 한다.

▲ **그림 1-25** 크세논 폴로 스포트라이트(xenon follow spotlight)

- [그림 1-25]처럼 조명 기구를 젖히거나(tilt) 내릴(down) 수 있는 폴로 스포트라이트 용 스탠드가 있다.
- 빛의 비율을 조절하는 아이리스, 디밍, 셔터 기능이 내장되어 있다.
- 조명 기구 앞에 6 컬러 체인저가 있으며, 주로 색온도 변환 필터를 장착하고 있다.
- 초점 조절 장치가 있다.
- HMI를 사용하는 폴로 스포트라이트 조명 기구는 고출력과 일정한 색온도를 유지시 키기 위해 안정기를 장착해야 한다.

• HMI 조명 기구

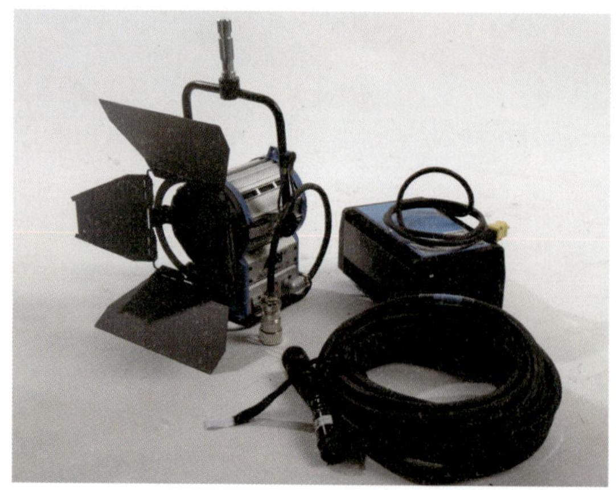

▲ **그림 1-26** HMI 조명 기구 세트(왼쪽부터 기구, 안정기, 연결 케이블)

HMI 램프를 장착한 조명 기구는 햇빛의 평균 색온도인 5,600K와 비슷하여 '일광 (daylight) 조명 기구'라고도 한다. HMI 조명 기구의 장점은 햇빛의 색온도와 느낌이 흡사하다는 데 있다. 따라서 야외 촬영에 적합하다.

HMI 조명은 창이 있는 실내 장면이나 일광 광원이 있을 때 빛의 균형을 맞추기 위해 보조적으로 사용한다. 또한 실내를 촬영할 때 할로겐 조명 기구가 주 조명일 경우 밤 분위기를 표현하기 위해 사용한다.

HMI 조명 기구는 형광 조명 기구처럼 안정기가 필요하다. 안정기는 방전이 시작되도록 초기에 고전압을 제공하는 역할을 한다. 아크를 통하는 전류의 양을 일정하게 제한하여 각각의 조명 기구에 맞는 전압을 생산하며, 아크가 일어나도록 하는 역할을 한다.

HMI 조명 기구의 경우, 조명을 켠 다음에 제대로 작동하기 위해서는 일정한 시간이 필요하다는 것을 알아야 한다. 어느 정도 시간이 지나야 100% 안정된 빛이 된다. 따라서 빛이 안정되기 전에 피사체를 표현하거나 노출을 측정하면 안 된다.

HMI 조명 기구는 [그림 1-26]처럼 안정기가 분리되어 있기 때문에 항상 함께 운반해야 하는 번거로움이 있다. 하지만 최근에는 형광 조명 기구처럼 조명 기구 밑에 안정기가 장착된 일체형 HMI가 출시되고 있다.

③ 반 도어(barn door)

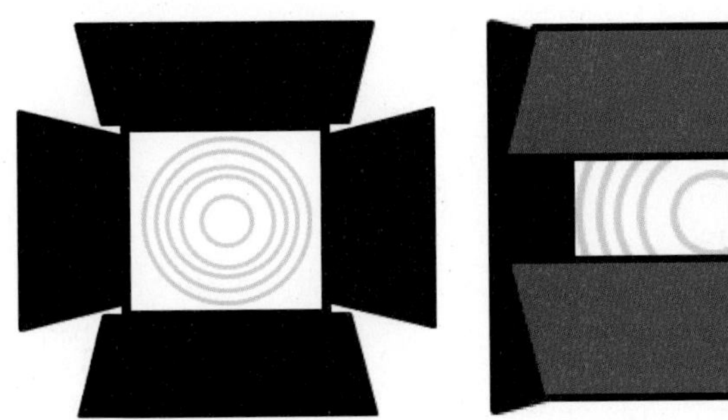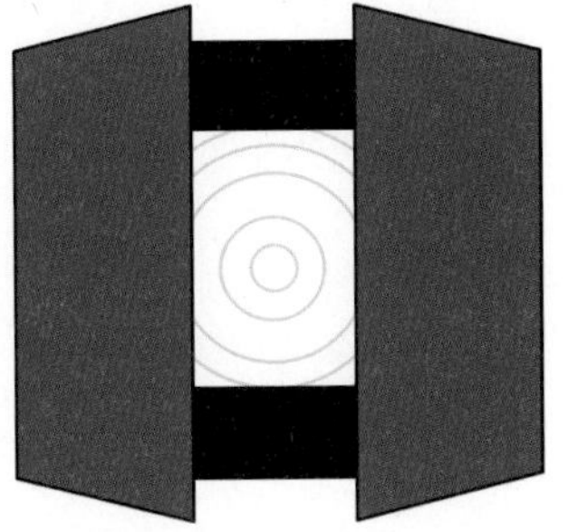

▲ 그림 1-27 반 도어의 다양한 구성

[그림 1-27]에서 알 수 있는 바와 같이 반 도어는 조명 기구의 앞부분에 장착하여 빛의 방향과 빛을 차단하기 위해 사용하는 장치이다. 반 도어는 360도 회전되는 상하좌우 4개의 날개를 가지고 있어 피사체에 필요한 부분에만 빛이 닿을 수 있도록 개별적으로 조

정할 수 있다. 4개의 날개를 이용하여 빛의 빔을 4각형, 직사각형, 좁게, 넓게 하여 필요한 부분에만 빛의 효과를 줄 수 있다. 이는 빛이 피사체에 닿는 부분의 구역을 결정하는 것이므로 매우 중요하다. 제작 현장에서는 조명 기구를 설치한 후 *반 도어를 이용하여 빛의 구역을 설정하고, 피사체의 표현에 맞도록 빛을 정리한다.

④ 빔 조절 장치(beam controller)

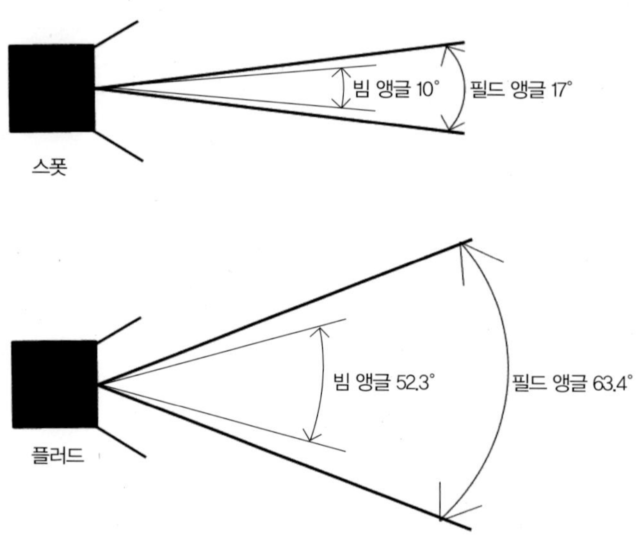

▲ **그림 1-28** 빔의 움직임과 각도

이 장치는 조명 기구에서 나오는 빛의 빔을 조절함으로써 빔의 각도와 강도를 조정한다. [그림 1-28]에서 알 수 있는 바와 같이 빔을 말면-램프를 반사경 앞으로 가게 하면-빔의 각도가 좁아지고 빛은 좀 더 직사광선이 되어 강도가 강해지므로 빛의 성질이 딱딱해진다. 빔을 풀면 램프가 반사경과 멀어지고, 각도가 넓어지며, 빛의 빔 면적이 넓어져 빛의 성질이 부드러워진다.

*빔 조절 장치는 피사체의 밝기를 높이거나 빛의 빔 면적을 줄일 때에 사용한다. 예를 들어 두 사람의 피사체를 각각의 조명 기구로 비추었을 때나 두 피사체의 피부 반사율로 인하여 밝기가 다를 때 어두운 쪽의 피사체를 비추는 조명 기구를 살짝 말면 빛의 밝기가 높아져 균형을 이룰 수 있다.

● *chapter 06 교양 프로그램 조명'에 반 도어를 어떻게 사용하는 자세히 설명되어 있다.
● 램프 이동에 따른 빛의 변화는 87쪽 참조

2 플러드 라이트(flood light)

구름 낀 날의 부드러운 소프트 라이트를 만드는 조명 기구이다. 플러드 라이트는 분산되는 광선으로, 확산이 크고, 부드러우며 그림자가 없는 빛이 나오도록 디자인되어 있다.

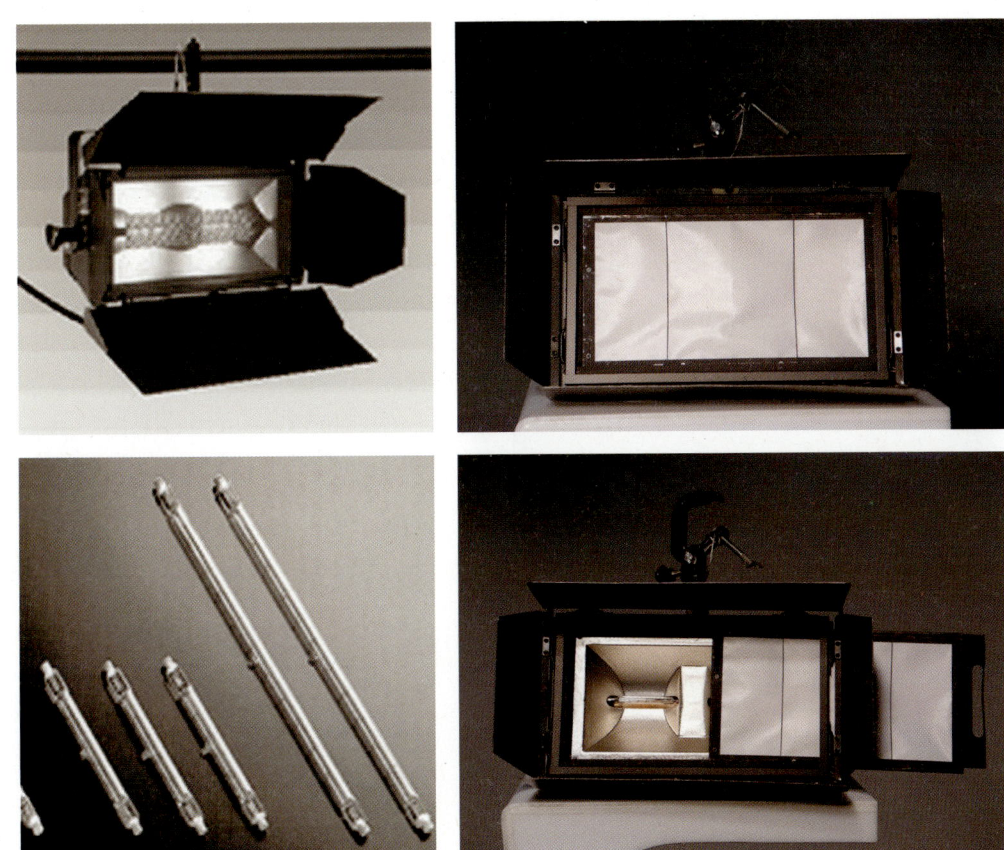

▲ **그림 1-29** 플러드 라이트의 구조

간단하게 설명하면 [그림 1-29]에서 알 수 있는 바와 같이 긴 튜브(tube) 모양의 램프에서 나오는 빛은 희고 움푹 들어간 반사판을 비추게 되는데, 이 거칠고 다소 울퉁불퉁한 반사판이 빛을 산란시키게 되는 것이다. 스포트라이트에 있는 거울 같은 반사경과는 많은 차이가 있다. 빛이 간접적으로 흰 면에 반사되어 상대적으로 넓은 틈새로 투광되므로, 결과적으로 빛이 부드럽고 균일하게 비치게 된다.

플러드 라이트는 스포트라이트가 가지고 있는 렌즈(lens)가 없는 대신 [그림 1-29]와 같이 대부분 확산 필터를 끼워 사용한다. 플러드 라이트는 좀 더 넓고 부드러운 광을 얻기 위하여 기본적으로 500W, 750W, 1kW 램프를 2개, 4개씩 조합하여 사용한다. 플러드 라이트는 TV가 HDTV, UHD의 고화질로 바뀌면서 점점 중요도가 높아진 조명 기구라고 말할 수 있다.

플러드 라이트는 용도에 따라 브로드 라이트(broad light), 호리존트 라이트(horizont light)로 구분할 수 있고, 스튜디오에서 베이스 라이트용으로 사용하며, 빛을 배경에 넓게 비출 때에 사용한다.

① 브로드 라이트(broad light)

▲ **그림 1-30** 브로드 라이트

안정된 색온도와 광량의 할로겐 램프를 채용한 고효율의 플랫 라이트(flat light)이다. 소형 설계로 기능이 뛰어나며, 넓은 주사 범위를 가지고 있으므로 베이스 라이트로서 넓은 면적에 부드러운 빛이 필요한 조명에 응용할 수 있다. 또한 균일하고 얼룩이 없는 빛을 광범위하게 투사한다. 일반적으로 무대 전체에 균등한 조광을 하는 경우에 사용하며, 세트 또는 무대에 균등하게 빛을 분포해야 하므로 적당한 배치 간격을 두어 설치한다.

② 호리존트 라이트(horizont light)

주로 호리존트의 무대 배경에 사용되는 기구이다. 호리존트 라이트는 설치된 위치에 따라 어퍼 호리존트 라이트(upper horizont light)와 로어 호리존트 라이트(lower horizont light)로 구분할 수 있다. 사용 용도는 '호리존트의 조명 이미지 표현(186쪽)'에서 자세히 설명한다.

▲ 그림 1-31 호리존트 라이트

③ 형광 라이트(fluorescent light)

▲ 그림 1-32 형광 라이트

형광 램프를 장착하여 소프트 라이트를 만드는 형광 라이트는 할로겐 램프를 장착한 브로드 라이트보다 전력 효율이 좋고, 램프의 수명이 길며, 조명 기구에서 발생하는 열이 적고, 면 광원으로서 좀 더 넓고 부드러운 빛을 비출 수 있다는 장점이 있다.

또한 색온도 변환 필터가 필요없고, 2,900K, 3,500K, 4,000K, 5,000K 등의 램프가 있기 때문에 촬영 환경에 알맞은 램프를 선택하면 된다.

이상과 같은 많은 장점에도 불구하고 램프가 충격에 약해 조명 기구를 이동 설치할 때 불편하다는 단점 때문에 뉴스 프로그램 등의 고정적인 조명에 부분적으로만 사용되고 있다.

④ LED 라이트(LED light)

▲ **그림 1-33** LED 라이트

램프의 특성에서 설명한 것처럼 수명이 영구적인 LED 램프를 장착한 조명 기구는 경제적으로나 환경적으로 뛰어난 장점이 있다. 하지만 아직도 해결해야 할 많은 문제점을 지니고 있다.

LED 램프가 백열등과 형광등을 대체하는 조명용으로 사용되려면 광출력을 높여야 하는데, 고출력 LED의 경우 소비 전력이 높아 열이 발생한다.

형광등과 백열등의 조명 기구는 열과 빛이 함께 발생한다. LED의 경우 빛은 앞으로 나아가지만, 열은 뒤쪽에서 발생하여 모듈로 향하게 된다. LED의 내부에서 발생한 열은 효율을 떨어뜨리기 때문에 열을 외부로 얼마나 잘 방출시키는지가 매우 중요하다. 열이 제대로 방출되지 않으면 고스란히 모듈 내부의 PCB 기판에 머물게 되고, 이는 LED의 칩, PCB 등의 부품 파손 및 변형을 일으켜 LED의 수명이 줄어들게 된다. 결국 발열은 기판에 영향을 주어 램프는 영구적이지만 기판이 오래 가지 못하는 경우가 발생한다. 결국 LED 램프보다 PCB 기판과 방열판이 먼저 손상되는 경우가 발생한다.

소자의 집적 방식, PCB 기판의 안정성과 수명, 발열과 소음 그리고 할로겐 조명 기구에 비해 2배에 달하는 무게 때문에 *TV 스튜디오에 아직은 안착하지 못하고 있다.

● KBS는 국책 사업으로 LED 조명 기구를 공동 개발한 후 TS-6 스튜디오에 설치하여 방송하고 있다.

56

이펙트 조명 기구란, 프로그램 제작이나 공연할 때 기본적으로 쓰이는 조명 기구 외에 사용하는 조명 기구를 말하는데, 일반 조명 기구가 주로 인물 조명이나 세트 조명을 위해 사용한다면 이펙트 조명 기구는 빛의 특수 효과를 이용하여 조명 이미지를 만든다. 일반 조명 기구가 밝고 어둠의 명암 대비로 피사체를 미학적으로 표현한다면, 이펙트 조명 기구는 다양한 조명 패턴, 빛선의 구성, 색의 구성으로 좀 더 화려하고 감각적인 이미지를 표현한다. 이러한 조명 기구는 주로 연예·오락 프로그램에서 다양한 형식의 조명 이미지를 표현할 때 사용한다. 이펙트 조명 기구는 크게 특수한 목적을 위한 이펙트(effect) 조명 기구, 방송 현장에 널리 사용되고 있는 무빙 이펙트(moving effect) 조명 기구로 분류할 수 있다.

1 블랙 라이트(black light)

블랙 라이트는 일반 조명 기구의 원리에 자외선(UV−A) 메탈 핼라이드 램프를 사용하고 자외선광의 효과를 증폭시키기 위해 특수한 UA 반사기를 사용하는 기구로, 고출력을 지원하는 안정기가 필요한 특수 조명 장비이다.

눈으로 볼 수 있는 파장대가 320nm에서 380nm으로, 짧은 파장대를 가진 빔을 갖춘 조명 기구이다. 사용할 때 주의할 점은 사용하는 공간에서 블랙 라이트 이외의 빛이 없어야 효과가 있다는 점이다. 즉, 스튜디오 내에서 암전을 한 후에 사용해야 한다. 또한 빛을 많이 쏘이면 건강에 안 좋을 수 있기 때문에 장시간 동안 노출해서는 안 된다. 블랙 라이트의 효과를 높이기 위해서는 전용 물감을 사용해야 하며, 형광성 물질, 형광 페인트, 형광 리본 등을 함께 사용하면 효과를 극대화할 수 있다.

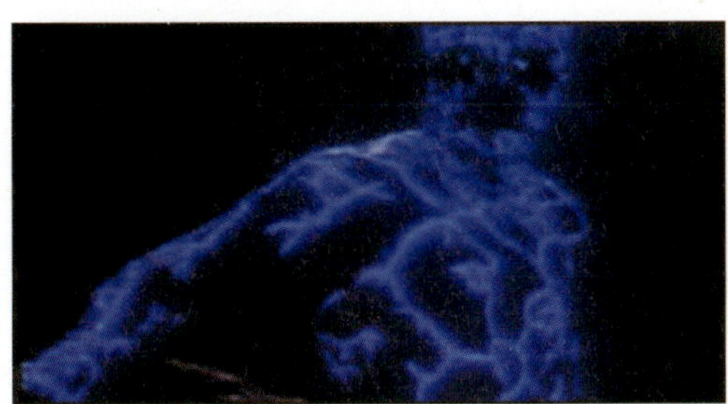

▲ 그림 1-34 블랙 라이트 표현과 장비들

② 스트로브(strobe)

스트로브는 순간적이고 연속적인 단파장의 빛을 내는 섬광 효과를 이용한 조명 기구로, 흔히 나이트클럽 등에서 볼 수 있는 장비이다. 스트로브를 제어하는 전용 콘솔이 따로 있기는 하지만, DMX-512가 지원되는 콘솔이면 모두 사용할 수 있다. 방송에서는 주로 쇼 프로그램이나 드라마의 번개 신 등에 사용되고 있다.

▲ 그림 1-35 각종 스트로브

❸ 레이저(laser)

레이저 광선은 새로운 타입의 광선으로, 복사의 자극 방출에 의한 '빛의 증폭'에 의해 만들어진다. 레이저 발진 장치는 가늘고 긴 공진기의 양쪽에 거울을 달고 있는 형태로 되어 있다. 외부에서 에너지를 레이저 매질에 넣어주면 매질에서 빛이 발생하고, 이때 발생하는 빛이 거울로 구성된 공진기 안에서 유도 방출을 일으켜 강력한 레이저 광선이 된다. 레이저는 직진성이 강하고 한 가지 색을 가지고 있는 순수한 단색광이다. 레이저 광선은 공중에서 정지하는 3차원의 입체 이미지를 얻어낼 수 있도록 컴퓨터 컨트롤 시스템에 의해 프로그래밍할 수 있고, 레이저 파장의 패턴이 매우 역동적이며, 레이저의 연속적인 반사 효과로 세밀한 집중 광의 빔을 얻어낼 수 있으므로 특별한 조명 연출이 가능하다. 요즘은 무빙 라이트 형식의 제품도 출시되고 있다.

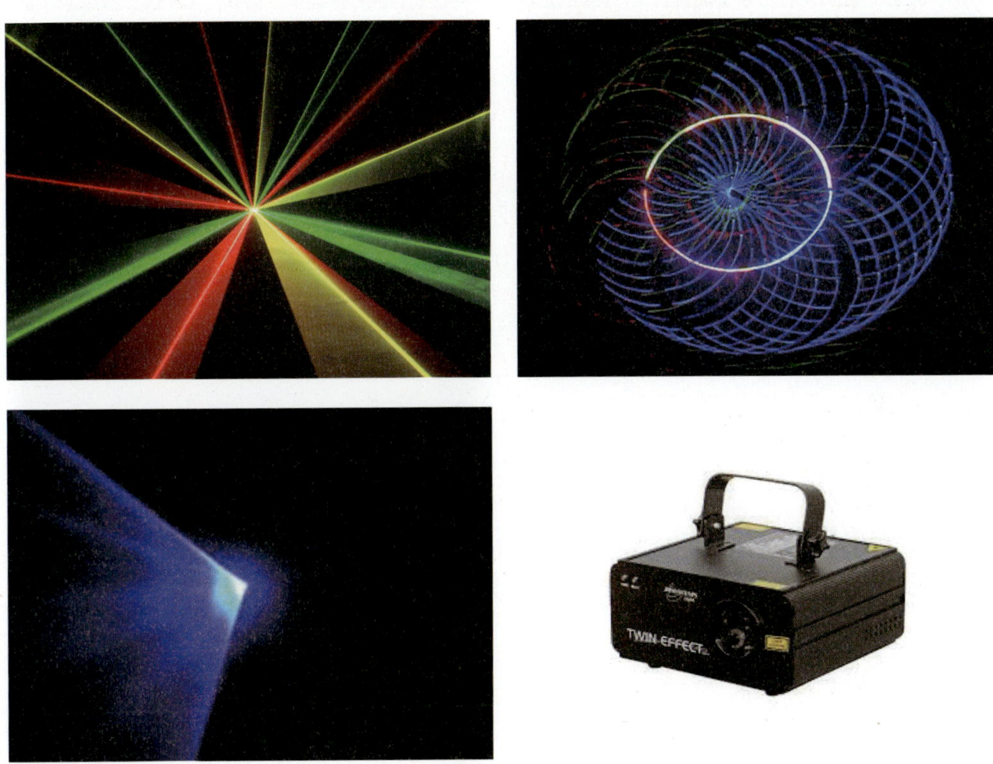

▲ **그림 1-36** 레이저 장비와 표현 이미지

(출처 : laserking.com)

④ 미러볼(mirror ball)

▲ **그림 1-37** 미러볼(왼쪽)과 표현 이미지(오른쪽)

공 또는 타원형의 표면에 거울 조각을 부착하여 회전시키면서 강력한 스포트라이트를 비쳐 그 반사광을 이용하는 조명 기구이다. 무대 전반에 걸쳐 물방울 모양의 이미지를 만든다. 8", 10", 12", 14", 16", 20"가 있으며 방송용으로 쓰이는 대형 미러볼은 주문 제작된 것도 있다(25"~40"). 주로 조용한 노래에 사용된다. 미러볼 효과를 극대화하려면 소비 출력이 높은 강한 스포트라이트를 여러 방향에서 비추는 것이 좋다.

⑤ 포그 머신(fog machine)

무빙 라이트나 기타 이펙트 라이트의 빛선 질감과 시각적 효과를 더하기 위해 사용된다. 쇼 프로그램에서 포그가 없으면 빛선이 보이지 않는다. 햇빛은 평소 우리 눈에 보이지 않지만, 연기가 피어오르거나 먼지가 날리면 비로소 보이는 경우와 마찬가지로 스튜디오의 빛은 '포그'라는 매개체를 통해 그 모습이 드러난다.

▲ 그림 1-38 포그에 의한 빛선의 질감(왼쪽)과 포그 머신(오른쪽)

6 파 라이트(PAR light)

강한 직사광선을 가지고 있는 조명 기재의 본질적인 혁명을 가져다준 것으로, 조명계에 서는 아직까지도 중요한 위치를 차지하고 있다. 파 라이트는 원래 산업용 램프로 개발되 었지만, 25여 년 전에 미국과 영국에서 사용되기 시작하면서 순식간에 무대 업계의 표준 기재로 보급되었다. 그 이유는 아마도 취급의 간편함에 있을 것으로 생각된다. 빛을 빔 조절 장치가 아니라 램프 타입의 선택을 통해 조절하는 파 라이트는 현재 쇼 프로그램이 나 무대 조명과 같은 조명 현장에서 없어서는 안 될 매우 실용적이고 기본적인 조명 기 구이다.

▲ 그림 1-39 파 라이트(왼쪽)와 빛선의 표현(오른쪽, 파란색)

조명 기구가 가볍고 부피가 적으며 효율이 높아 야외에서 많이 사용하고 있다. 용도는 빛줄기용, 세트용으로 많이 사용된다. 빛이 딱딱하기 때문에 인물에 사용할 경우에는 확산용 필터를 삽입하는 것이 부드러운 영상을 만드는 데 도움이 된다. 여러 가지 종류가 있지만, 방송에서 주로 사용하고 있는 것으로는 PAR64, PAR46 등이 있으며, PAR56도 일부에서 사용하고 있다. 전원은 28V용과 110V용이 있다. 'Par46'이라고 불리는 소파(작은 모양의 PAR 조명 기구)는 전원이 220(V)일 경우 8개를 직렬로 연결하여 사용해야 하며, 소형이면서 효율이 높고, 밝은 빛이 선명하며 강한 빔이 특징이다. 1970~80년대의 추억의 노래를 표현할 때 주로 사용된다.

- PAR64 : 1kW, 110V, 800H, 220V, 300H, 32,000K

- PAR56 : 300W, 220V, 1,000~2,000H

- PAR46 : 250W, 28V(4개를 직렬로 120V 전원에 연결하여 사용)

7 이펙트 무빙 라이트(effect moving light)

무빙 라이트는 1981년 바리 라이트(VARI light)의 등장을 시작으로, 현재 콘서트 조명이나 쇼 프로그램의 조명에 없어서는 안 될 필수 재료가 되었다. 무빙 라이트가 등장하기 이전에는 파 라이트나 스포트라이트로 빛선을 만들거나 단순한 동작의 깜박임으로 시각

28V의 소파는 4개를 직렬로 연결해야 한다. 만약, 전압이 높은 120V나 220V에 1개를 연결하면 인가 전압이 높아 램프가 터진다. 또한 220V용의 파 라이트를 120V에 연결하면 불은 들어오지만, 인가 전압이 낮아 빛이 어둡다.

적 효과를 나타냈다. 음악이나 노래의 감성을 표현하기 위한 색의 변환은 파 라이트를 4회로로 구성하거나 스포트라이트에 컬러 필터를 부착하고, 3~4개씩 구성하여 음악이나 노래의 리듬에 맞춰 단순하게 색을 바꾸었다.

이러한 단순한 빛선의 구성이나 색의 변환은 조명 디자이너에게 음악이나 노래의 감성을 빛이나 색의 감성으로 치환하는 데에 있어 한계로 존재하고 있었다.

▲ 그림 1-40 무빙 라이트의 빛선 모습

무빙 라이트 조명 기구의 등장은 조명 디자이너에게 이러한 문제를 단번에 해결할 수 있는 강력한 재료가 되었다. 무빙 라이트는 빛선을 넓게 하거나 가늘게 할 수 있고, 무대 바닥의 모양을 빛의 크기나 고보를 이용하여 자유롭게 바꿀 수 있으며, 빛의 움직임과 색의 변환도 버튼 하나로 자유롭게 바꿀 수 있게 되었다.

무빙 라이트의 이러한 기능은 조명 디자이너에게 예술적 표현을 확장시키는 계기가 되어 주제의 스토리에 맞는 감성을 자유롭게 표현할 수 있게 되었다.

무빙 라이트도 일반 조명처럼 스포트라이트와 워시 라이트(wash light)로 분류한다. 스포트라이트는 빛이 원형이고, 테두리의 경계선이 뚜렷하지만, 워시 라이트는 경계선이 뚜렷하지 않다.

또한 조명 기구의 몸체 형태에 따라 헤드(head) 전체가 움직이는 것과 헤드의 미러
(mirror)가 움직이는 것이 있다.

- 스폿 무빙(spot moving) : 스폿(spot) 자체가 움직이는 것

▲ 그림 1-41 무빙 헤드라이트

헤드 부분 전체가 움직이는 타입으로, 헤드 좌우 팬(pan)의 각도는 보통 360~440도,
상하 틸트(tilt) 각은 300도이다. 헤드의 움직이는 각이 커서 장애물이 없는 한 거의 모든
방향으로 빛을 투사할 수 있는 장점이 있지만, 스캔 타입에 비해 움직이는 속도가 늦고,
약간의 흔들림이 있다는 단점이 있다.

- 미러 무빙(mirror moving) 또는 미러 스캔(mirror scan) : 미러(mirror)가 움직이는
  타입

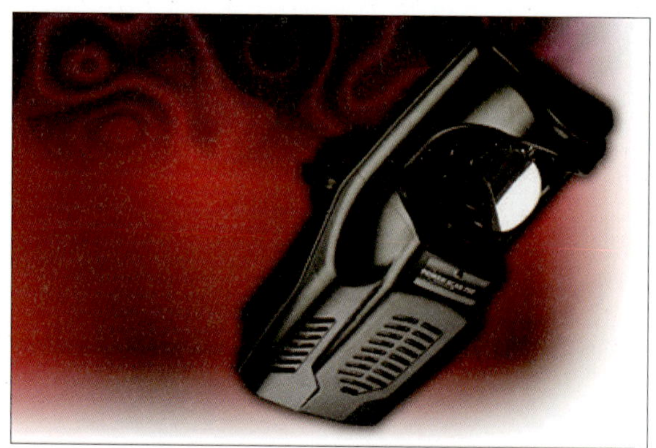

▲ 그림 1-42 무빙 스캔 라이트

스캔 타입(scan type)의 무빙 라이트는 빛이 나오는 헤드 부분과 보디(body) 부분으로 구분할 수 있으며, 헤드 전체가 움직이는 것이 아니라 헤드 부분에 거울을 장착하고 모터로 미세하게 제어하여 빛을 원하는 위치로 나아가게 한다. 헤드 타입보다 빛의 움직임이 빠르고 안정적이며, 헤드 타입의 좌우 팬(pan) 각도는 360도 이상 회전시킬 수 있지만, 스캔 타입은 200도밖에 되지 않고 단점이 많아 점차 줄어들고 있는 추세이다.

• 무빙 라이트의 구조

무빙 라이트의 구조는 보디와 헤드로 나눌 수 있으며, 보디부에는 전원부와 각종 제어에 필요한 전자류 부품(PCB 기판)이 위치하고 있다. 헤드부는 약 10~12개 정도의 컬러 필터와 고보, 셔터, 줌(zoom) 렌즈, 아이리스(iris), 프리즘 등이 내장되어 있다.

무빙 라이트의 오퍼레이터는 필요로 하는 위치에 팬(pan)과 틸트(tilt)를 조정하여 빛을 제어하고, 색상 변환 시스템과 각종 고보, 줌, 밝기 등을 미리 설정한 후 콘솔에 미리 메모리시켜 각종 공연 때 메모리를 불러내는 작업을 통해 무빙 라이트를 활용한다.

무빙 라이트의 중요한 기능은 기구의 움직임, 컬러 변환, 고보 변환이다. 컬러 변환은 컬러 포일(foil)에 의한 것과 시안(cyan), 마젠타(mazenta), 옐로(yellow)의 삼원색에 의한 트루 컬러 믹스(true color mix)라고 불리는 것이 있다.

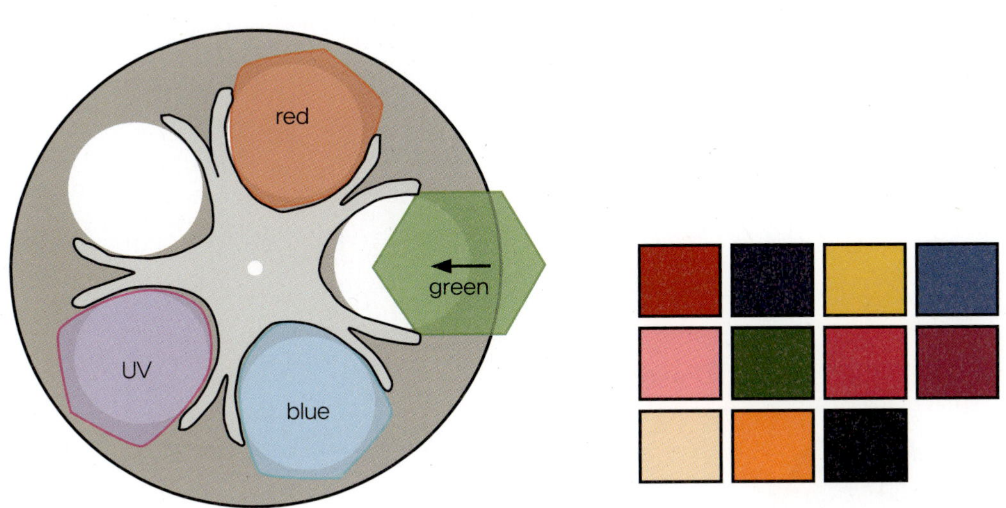

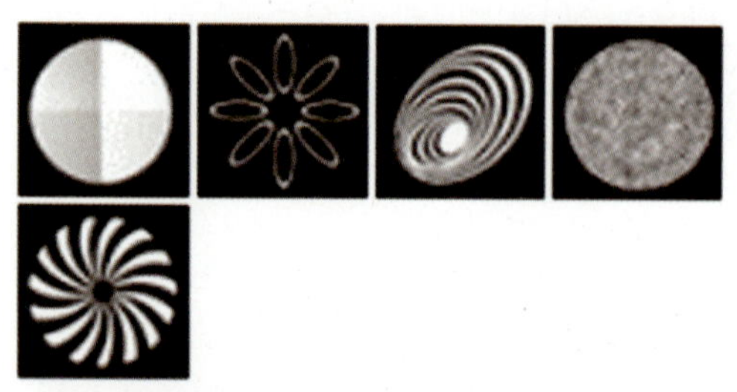
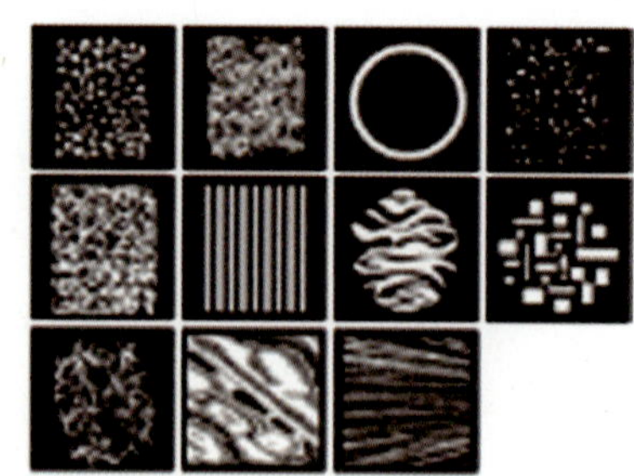
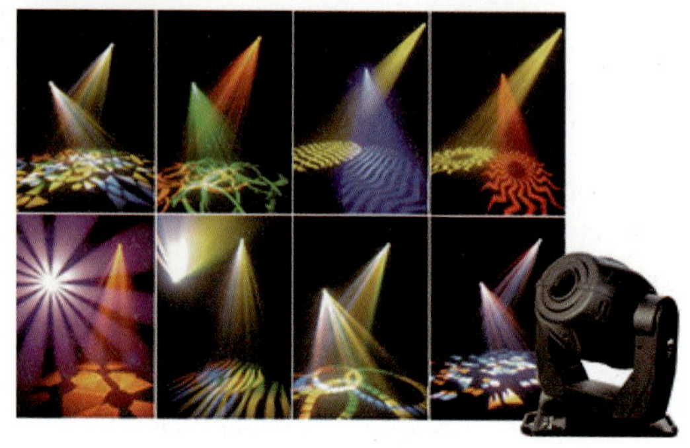

▲ **그림 1-43** 무빙 라이트 구조와 표현 이미지　　　　　　　　(출처 : djscottshirley.com)

고보의 변환은 기종에 따라 장치되는 고보의 수가 틀리며, 현재는 대부분의 기종이 고보의 회전을 지원하고 있다. 이와 아울러 현재까지 고보의 한계를 극복하기 위한 다양한 시도가 전개되고 있는데, 대표적인 예로는 애니메이션 기능 등이 추가되고 있는 것을 들 수 있다. 이 밖에 포커스 줌인(focus zoom-in), 포커스 줌 아웃(focus zoom-out), 프리즘(prism), 스트로브(strobe) 등의 기능이 사용되고 있으며, 메이커에 따라 특징 있는 기능이 한두 개씩 추가되어 있다.

전송 신호로는 주로 DMX를 사용하고 있지만, 기능의 증가로 인한 제어 채널 수의 급격한 증가 때문에 이더넷을 이용한 신호 체계가 선보이고 있다.

8 LED 무빙 파 라이트(LED moving PAR light)

▲ **그림 1-44** 표현 이미지(왼쪽)와 LED 무빙 파 라이트(오른쪽)

수동식 파 라이트를 극복한 새로운 형태로, 자유롭게 조절할 수 있는 LED 무빙 파(LED moving PAR) 조명 기구이다. 수동식 파 라이트는 조명 기구를 설치한 후, 하나하나 빛선을 포커싱해야 하고, 컬러도 한 번 프레임에 고정하면 바꿀 수 없다는 단점이 있다. 또한 전압의 문제로 인해 조명 기구를 4개 또는 8개로 직렬 연결하여 사용해야 하므로, 그중에서 1개라도 램프가 손상되어 'OFF'될 때에는 나머지 다른 램프들도 'OFF'되는 어려움이 있었다.

LED 소자를 이용한 파 라이트는 조명 기구를 자유롭게 회전할 수 있고, 빛선을 움직이면서 만들 수 있으며, RGB를 혼합하여 원하는 컬러를 만들 수도 있다. 상하 이동식 조명 장치는 종래와 같이 조명 장치와 조도 조절 장치가 분리되어 조명 가설 운반 및 보관 등을 불편했던 구조를 개선하여 조명 장치에 조도 조절을 위한 디머 장치를 내장함으로써 설치가 간편하고, DMX512 프로토콜을 채택해 디머 콘솔(dimmer console)과의 원활한 호환이 가능하며, 기타 장비와의 연결 운영도 쉽게 이루어진다. 또한 장소에 따라 일반 파 라이트(PAR light)보다 LED 무빙파(LED moving PAR) 제품이 뛰어난 기능과 미관을 자랑한다.

⑨ 무빙 라이트를 움직이는 콘솔

방송 현장에서는 일반 조명 기구를 제어하기 위한 콘솔 외에 무빙 라이트를 효율적이고 효과적으로 다룰 수 있는 콘솔이 필요하다. 사실 현장에는 많은 종류의 콘솔이 사용되고 있으며, 프로그램의 규모가 대형화되고, 사용되는 장비의 종류의 수도 많아짐에 따라 1대의 콘솔이 아닌 여러 대의 콘솔을 사용하여 방송에 임하게 되는 경우가 점점 많아지고 있다.

▲ 그림 1-45 무빙 라이트를 컨트롤하는 MA 콘솔

주로 DMX512 신호 방식으로 무빙 라이트(moving light)를 제어하며, 512/ 1024/2048 채널 등 수용하고 있는 포트에 따라 제어할 수 있는 무빙 라이트의 수가 결정된다.

DMX512

조명 콘솔과 조명 장비 사이를 연결시켜 정보를 서로 교환하게 해주는 기본적인 프로토콜(protocol)을 말한다. 서로 다른 회사의 어떤 기구라도 이를 이용하여 한 콘솔로 쉽게, 또한 같이 사용할 수 있게 고안되었다.

DMX는 'digital multiplexing'의 약자로, USITT에서 1986년 디머(dimmer)와 콘솔 간의 기본적 통신 규격인 DMX512를 컬러트란(Colortran) 사의 'D-192'를 기본으로 하여 만들었다. 이 시스템은 512개의 채널을 하나의 선(universe)으로 조절할 수 있는데, 처음에는 조명 디머를 컨트롤하도록 고안되었지만, 현재는 컬러 스크롤러(color scroller), 무빙 라이트(moving light), 포그 머신(fog machine) 등 거의 모든 조명 장비에서 사용되고 있다.

basic operation

하나의 DMX 포트를 'universe'라고 하며, 최대 512개의 채널을 컨트롤할 수 있다. 512개 이상의 채널을 운용하기 위해서는 다른 포트가 있어야 한다. The DMX Protocol은 데이터를 보내는 콘솔(console), 데이터를 수신하는 디머, DMX 신호를 사용하는 장비들, 케이블(hot, cold 및 earth의 통신 전선)로 연결된다.

Section 05 | 빛의 **조절**

조명 디자이너는 빛이 가지고 있는 다양한 특성들을 주제에 맞는 분위기로 표현하기 위해 조명 기구를 이용하여 빛을 만들고, 가꾸고, 다듬어 조정해야 한다. 특정한 영역에 주의를 집중하고, 특정한 사물에 중요성을 부여하며, 다른 것들을 희미하게 만들기 위하여 빛을 원하는 순간과 장소—구역을 제한하여—에 원하는 의미를 전달하도록 빛의 시각적 초점과 위계질서—밝고 어둠의 정리정돈—를 만든다. 즉, 빛을 통제하고 간섭하여 조명 이미지를 만드는 것이다. 공간과 피사체에 대한 우리의 지각은 공간과 피사체의 밝고 어둠의 분포에 1차적으로 반응하고, 그 다음으로 공간과 피사체 색상의 특질을 지각하기 때문이다.

빛의 간섭과 통제라는 작업은 프로그램의 내용을 전달하기 위한 형식을 만드는 예술적이고 감각적인 조명 이미지를 얻기 위한 선택의 과정이다.

조명 디자이너가 조명 환경을 창조하고 구성하기 위해 고려해야 할 사항은 다음과 같다.

① 촬영 장소 환경, 분위기, 공간과 피사체와의 관계 등을 고려한 조명 기구의 선택

② 조명 기구의 위치, 방향, 거리의 포인트

③ 빛의 시각적 초점과 밝고 어둠의 위계질서를 위한 빛의 간섭과 통제

여기서 빛의 간섭과 통제는 예술적 감각과 섬세함을 필요로 한다. 위에서 알 수 있는 바와 같이 좋은 조명 이미지를 얻기 위해서는 적절한 조명 기구, 조명 기구의 위치와 방향, 세팅된 빛을 간섭, 통제, 조정하는 일이다. 아무리 좋은 조명 디자인으로 조명 기구를 세팅했다고 하더라도 마지막 단계인 빛의 간섭과 통제가 이루어지지 않는다면 만족할 만한 조명 이미지를 얻을 수 없다.

01 빛의 방향

빛의 방향은 빛을 받는 대상을 중심으로 볼 때 어느 각도에서 빛이 들어오는지를 말한다. 프로그램의 피사체 성격과 분위기를 나타내는 중요한 요소는 빛의 방향에 따라 좌우된다. 즉, 빛의 방향에 따라 피사체의 표현 특성도 달라진다. 빛의 방향은 피사체를 밝히는 원천이고, 이 피사체는 일정한 각도에 의해 관객의 시선을 집중시킨다. 빛이 들어오는 방향에 따라 빛을 받는 피사체의 강조 부분, 즉 빛의 모양이 영향을 받는다. 즉, 빛의

위치에 따라 형태의 질감과 톤이 변하여 시각적 느낌이 달라진다. 또한 빛의 방향은 TV 스튜디오나 무대의 공간 속에서 햇빛의 각도와 강도 그리고 길이에 의해 시간과 계절의 환경적 요소를 제공한다.

빛의 방향과 시점은 피사체를 표현하는 데 매우 중요하다. 고정된 시점에서의 피사체의 모습은 빛의 방향이 변함에 따라 달라지지만, 방향이 정해져 있는 빛의 효과는 시점에 따라 달라진다. 그러므로 빛의 방향이나 시점 중 하나만이라도 변경시킨다면 피사체의 모습은 변하게 된다. 한 시점에서는 극적인 효과가 다른 시점에서는 반감될 수 있다. 이러한 빛의 방향을 단독으로 사용할 때에는 주 광원으로서의 역할을 하게 된다. 빛의 방향은 기본적으로 순광, 측광, 역광, 두광, 하광 등이 있다.

1 순광(frontal light)

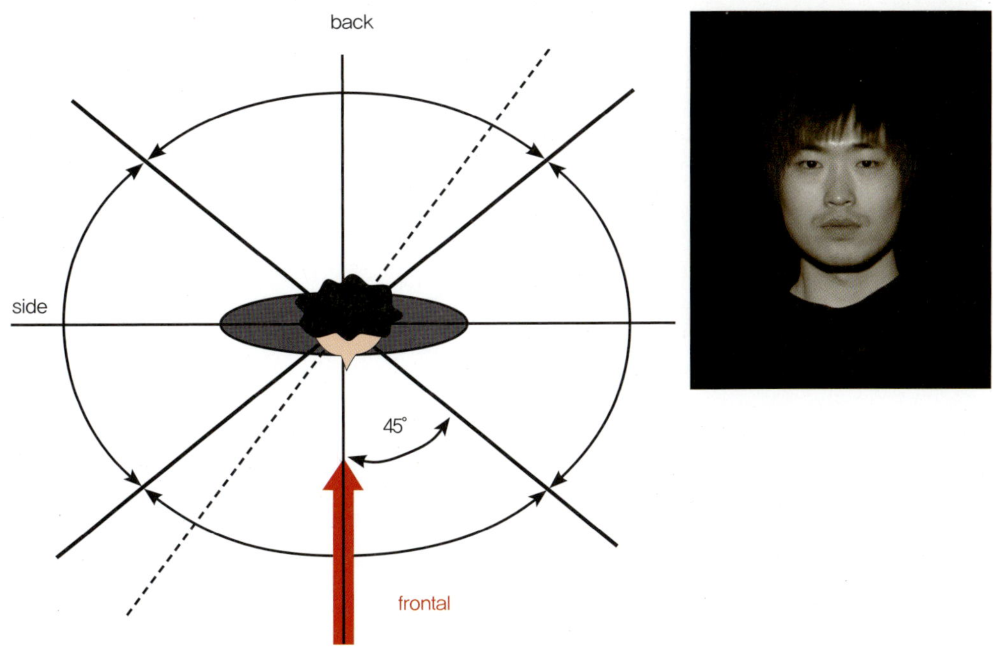

▲ **그림 1-46** 순광의 방향과 피사체 모습

순광은 눈의 시점이나 카메라 축에서 렌즈에 평행한 방향으로 비쳐주는 조명으로, 피사체의 중앙부는 밝고, 주위에 이르는 부분은 어둡다. 정면에서 비추는 빛의 방향성과 카메라 렌즈의 중심축이 근접될수록 그 시점에서 본 피사체는 굴곡이 없는 평면으로 보이며, 촉감도 나타나지 않는다. 정면 조명은 불필요한 그림자를 없애주며, 원하지 않는 입체감을 없애준다. 따라서 정면 광선은 얼굴을 더욱 젊게 보이도록 만들거나 주름살과 굴곡을 없애주고, 얼굴을 편평하고 부드럽게 보이도록 해준다. 그러나 홀로 사용되거나 빛의 각도와 함께 사용되면 얼굴이 뚜렷하게 보인다.

② 측광(side or edge light)

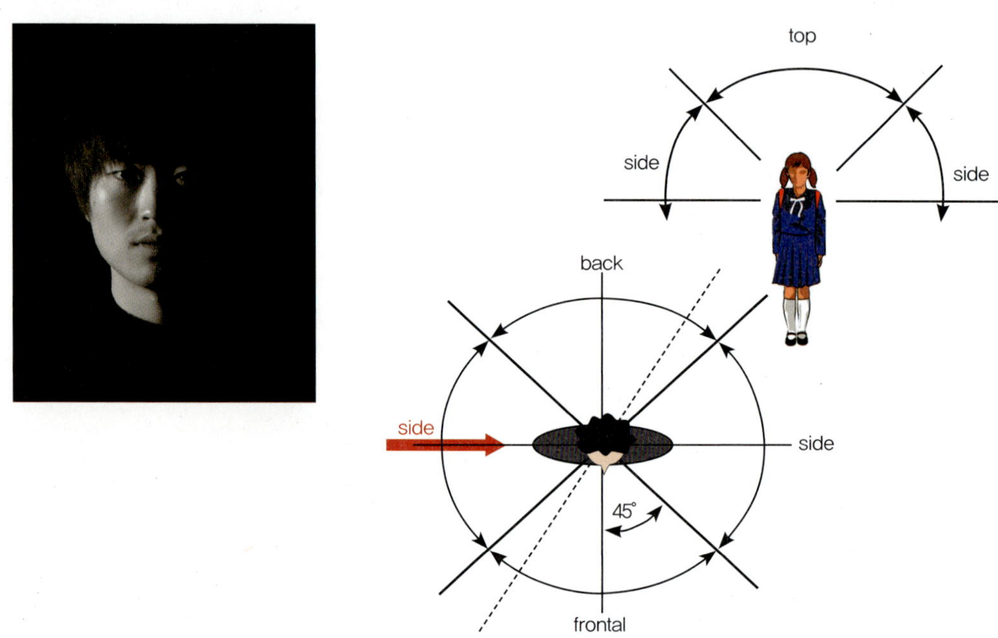

▲ 그림 1-47 측광의 방향과 피사체 모습

측광은 옆에서 투사하기 때문에 투사 위치에 따라서는 인물의 윤곽이나 입체감을 강조할 수 있고, 피사체의 개성적인 표정 및 이지적 표현을 만들어 낼 수 있지만, 피사체의 성격을 표현하는 데는 부족함이 있다.

피사체와 관객의 눈을 잇는 선과 90도를 이루는 방향에서 비치는 조명으로, 피사체가 굴곡이 있는 물체라면 광선을 직각으로 받는 튀어 나온 부분만이 매우 밝게 표현되고, 굴곡이 적은 결(질감)도 강하게 표현될 수 있다. 이 조명은 피사체의 모든 평행선들을 부각시킨다. 대부분의 경우 전광이나 역광보다 무대를 넓게 비추기 때문에 극적 효과를 낼 때 효과적으로 사용할 수 있고, 얼굴의 주름살을 강조할 수 있다.

인물의 입체감을 강조할 수 있지만, 음영이 특히 강하게 나타나 강한 대비(contrast)로 강렬한 인상을 만든다. 45도 이상의 높이에서 비추는 측광은 매우 '자연스러운' 조명 각도이기 때문에 추상적인 조명을 구성할 때 뿐만 아니라 사실적인 햇빛이나 달빛을 재현할 때에도 사용할 수 있고, 중간 높이의 측광은 인물의 형태를 구체적으로 보여주지 못한다. 이는 TV 쇼 프로그램이나 무용에서 자주 사용되는 각도로, 공간 속에서 몸의 전체적인 형태를 입체적으로 드러내어 무용수의 몸과 머리를 강조한다.

❸ 역광(back light)

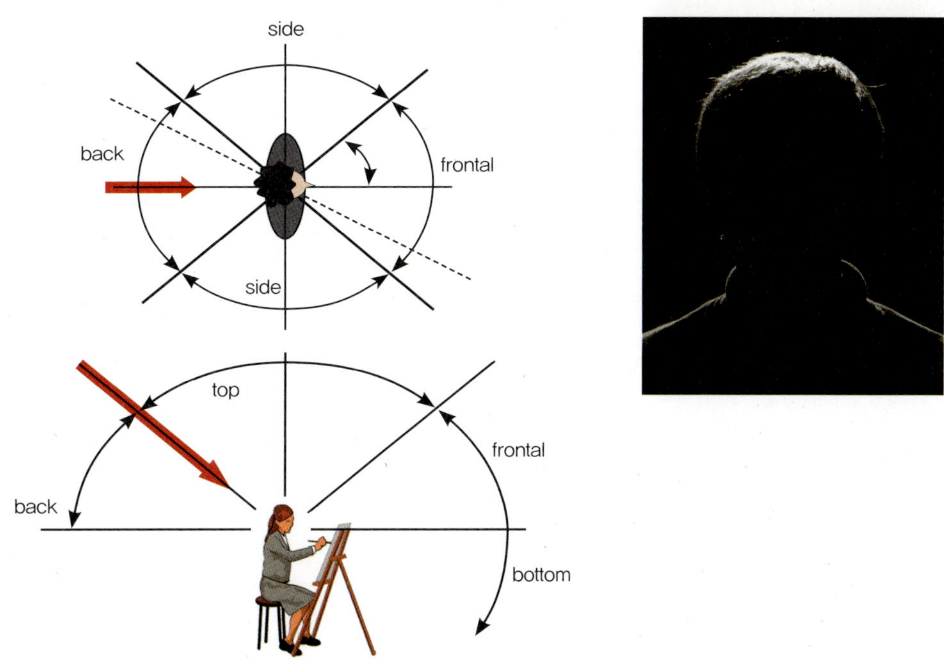

▲ **그림 1-48** 역광의 방향과 피사체 모습

역광은 피사체의 뒤쪽 상단에서 피사체의 테두리를 강조하여 피사체의 윤곽을 살려줌으로써 배경과 분리시키는 역할을 한다. 역광에서는 피사체의 실루엣만을 보여주고, 피사체를 무대 앞으로 돌출되어 보이게 하는 후광 효과를 창조할 수 있으며, 공간의 강조 효과가 생긴다. 엄숙하고 환상적이며 신비한 느낌을 주고 스튜디오나 무대 공간이 실제보다 깊어 보이는 효과가 있다. TV에서는 피사체에 앞 조명을 하지 않으면 실루엣이 되는 조명이며, 주 광선으로 그림 속의 디테일을 살려주기도 한다. 또한 동양인의 머리카락은 검은색이기 때문에 역광을 주지 않으면 머리카락이 배경과 붙어 보이고 생기가 없어 보인다.

❹ 두광(top light)

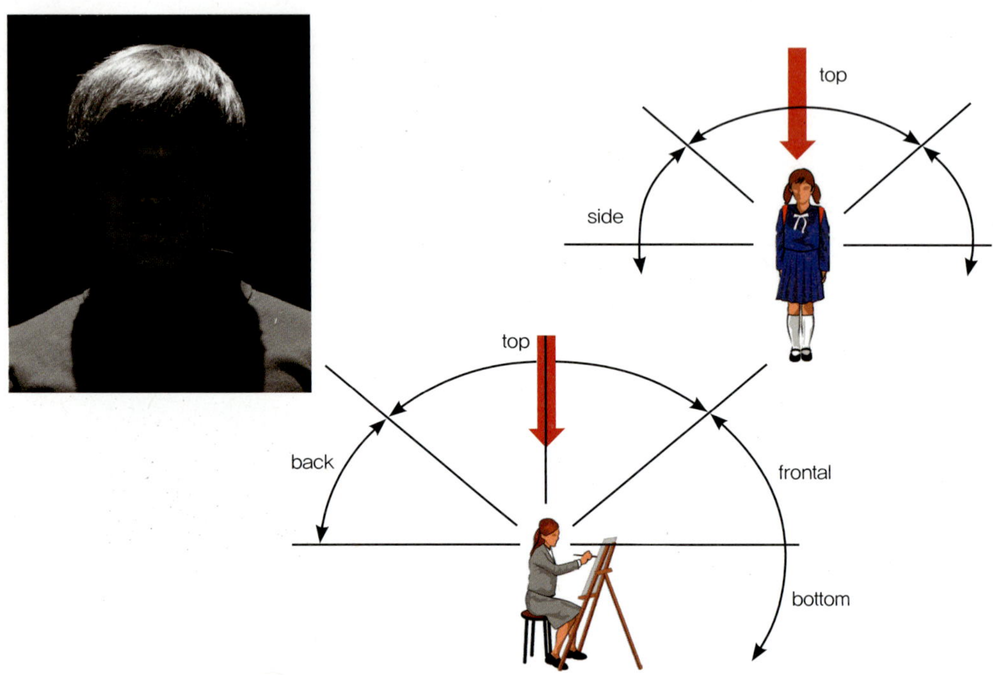

▲ **그림 1-49** 두광의 방향과 피사체 모습

두광은 피사체의 바로 위에서 비치는 빛을 말하며, 음영이 강하고, 눈 아래에 깊은 그림자를 만든다. 비극적인 인상이나 고독감을 강조하기도 하고, 피사체의 인상을 환상적으로 만들어 다음 장면으로의 전환을 기대하게 하는 효과가 있다. 예를 들면 가로등 밑에 서 있는 피사체는 다른 각도의 빛 환경보다도 더욱 고독해 보인다. 방향의 특성으로 인해 그림자가 아래로 흐르는 TV의 카메라 클로즈 업(close up) 샷에는 적합하지 않다. 표정을 아름답게 표현하기보다는 특별한 영상을 표현하기 위해서도 사용한다.

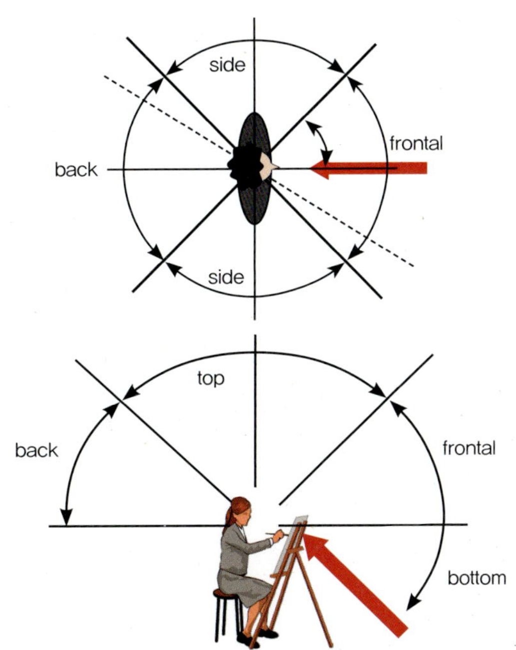

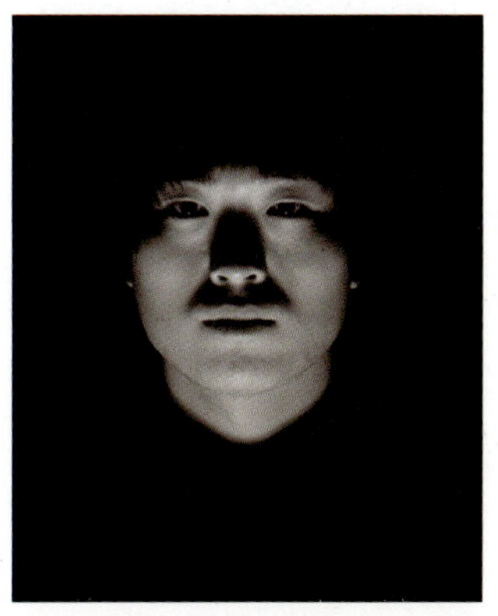

▲ **그림 1-50** 하광의 방향과 피사체 모습

하광은 피사체의 발밑에서 위로 비추는 빛에 의해 그림자가 위쪽으로 생겨 '자연스러운 형태'와는 정반대되는 효과를 얻는 데 주로 사용된다.

카메라의 밑에서 투사하기 때문에 특별한 경우에 사용하며, 특히 연극 무대 조명에서 주로 무용수의 발놀림 동작 등의 분위기 신(Scene) 때에 주로 사용된다. TV에서는 자연을 역행하는 빛의 성질 때문에 괴기 신이나 유령 장면에 자주 사용된다. 하지만 최근에는 키 라이트(key light)에 의해 생긴 목 그림자를 없애고, 미적으로 향상시키기 위해 사용하고 있다. 또한 주변 환경으로 인해 조도를 확보하지 못할 경우, 미광으로 투사하여 보충할 수 있다.

▼ 표 1-4 빛의 방향에 따른 감성

빛의 방향	인물 얼굴 표현 감성
순광	정적이며 안정감 있는 인상
측광	긴장하고 굳센 인상
역광	감정적이고 예민한 인상
두광	무표정하고 불안정한 인상
하광	불안하고 긴장감 있는 인상

02 빛의 강도 조절(controlling light intensity)

우리는 빛의 강도에 대해 이미 알고 있다. 빛의 강도는 공간 구성이나 피사체에 직접적인 영향을 미친다. 조명 디자이너는 빛의 시각적 초점과 위계질서를 위해서 빛의 강도 분포를 조정해야 한다.

즉, 무대 공간에 세워진 세트나 각각의 피사체에 대한 빛의 밝기 강도를 조절하는 것으로, 무대에서는 빛의 밝기를 조정하는 것을 말하고, TV에서는 휘도 밸런스를 조정하는 것을 말한다. 무대에서는 이를 '시각 콘트라스트 조정'이라 하고, TV에서는 '휘도 콘트라스트 조정'이라고 한다. 조명 디자이너에게 빛의 강도 조절은 미학적이고 심미적인 과정이며, 주제를 잘 표현하기 위한 도구이자 수단이다.

▼ 표 1-5 빛의 강도에 영향을 미치는 환경

물리적 환경	빛의 질, 반사율, 렌즈, 램프의 출력
심리적 환경	밝음과 어두움, 밝기에 대한 불안정, 색채로 인한 공간의 크기 등 대뇌에서의 판단 수준
생리적 환경	시력, 눈의 피로 등의 시각적 기능
제작 환경	스튜디오나 무대 공간의 모양이나 크기, 분위기, 시청 환경

1 광원의 출력

먼저 전체적인 콘트라스트를 위하여 무대 공간에 세워진 세트나 피사체에 적합한 광원을 선택해야 한다. 주 광원과 보조 광원 그리고 세트 구성을 위하여 광원의 질-하드 라이트나 소프트 라이트-을 선택하는 것이 중요하다. 인물과 좁은 공간의 세트 표현에는 하드 라이트인 스포트라이트를, 넓은 배경과 보조광으로서는 플러드 라이트가 적합할 수 있다. 그 다음으로는 빛의 밝기를 조정하기 위해 광원의 출력을 선택해야 한다. 필요한 강도를 얻기 위해서는 충분한 광량의 밝기를 선택해야 한다. 광원의 출력은 빛의 강도와 조명 구성에 영향을 미친다. 1kW의 광원과 2kW 광원은 밝기에서 많은 차이가 나기 때문이다. 예를 들면 조명의 시각적 구성을 하는 데 있어서 표현하려는 피사체의 밝기가 생각보다 어둡다면 더 높은 출력의 광원을 선택해야 하고, 피사체가 밝다면 더 낮은 광원의 출력을 선택해야 한다.

2 광원과 피사체의 거리

광원과 피사체의 거리가 빛의 강도에 영향을 미친다는 것은 이미 알고 있는 사실이다. 피사체가 움직이지 않고 고정되어 있다면 피사체의 밝기는 광원의 면적과 거리에 따라 달라진다. 피사체는 빛에서 멀어질수록 점점 어두워진다. 이러한 현상을 규정한 것을 '빛의 역제곱 법칙'이라고 한다. 즉, 빛의 밝기는 거리의 제곱에 반비례한다는 것이다.

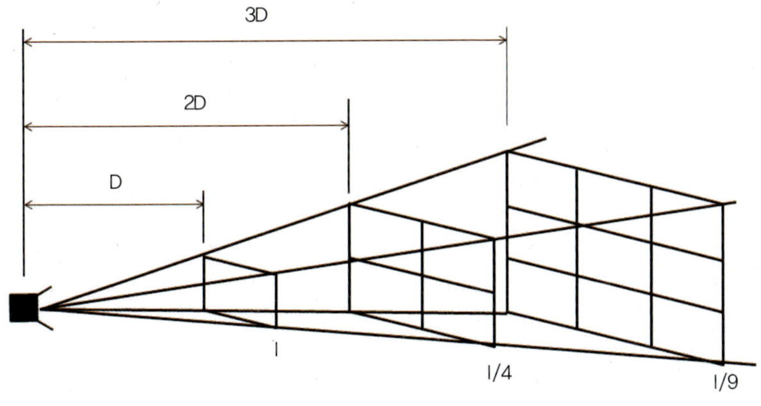

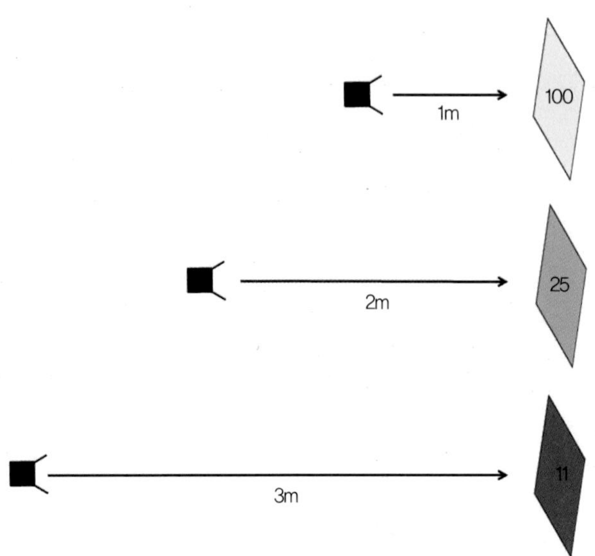

▲ **그림 1-51** 광원과 피사체의 거리에 따른 조도 변화

이 법칙은 [그림 1-51]에서 알 수 있는 바와 같이 1m일 때에는 100lx이지만 2m일 때에는 25lx, 3m일 때에는 11lx로 떨어진다는 이론이다.

[그림 1-51]은 이전의 '광원의 크기 거리'에서 설명하였던 것처럼 거리가 멀어질수록 피사체에 닿는 광원의 면적은 거리가 2배이면 4배가 되는 것을 보여주고 있다. 이러한 원리는 제작 현장에서 다음과 같이 적용할 수 있다. 만약에 표현하려는 피사체가 생각보다 밝으면 기존 광원보다 낮은 출력을 사용하지만, 밝기의 차이가 크지 않으면 광원의 위치를 조금 멀리하여 광원의 밝기를 낮추어 원하는 밝기를 얻을 수 있다. 또한 피사체에 닿는 광원의 면적이 피사체보다 작아 피사체 전체를 비추지 못하면 광원을 멀리하여 피사체 전체를 비출 수 있다. 실제 제작 현장에서 1대의 조명 기구로 여러 명을 비출 때에는 이처럼 거리를 이용한다.

그런데 제작 현장에서 노출계로 조도를 측정할 때, 측정할 때마다 조도가 달라지는 경우가 있는데, 이는 노출계의 측정 각도 때문에 일어나는 현상이다. 즉, [그림 1-52]와 같이 조도 측정기를 똑바로 세워 측정할 때와 각도를 비스듬히 측정할 때가 다르기 때문이다. 일반적으로 제작 현장의 광원은 배튼(batten)에 매달려 있어 피사체보다 높은 각도를 이루므로, 피사체와 광원의 입사각에 따른 광원의 강도를 측정할 때에는 코사인 법칙을 따르게 된다.

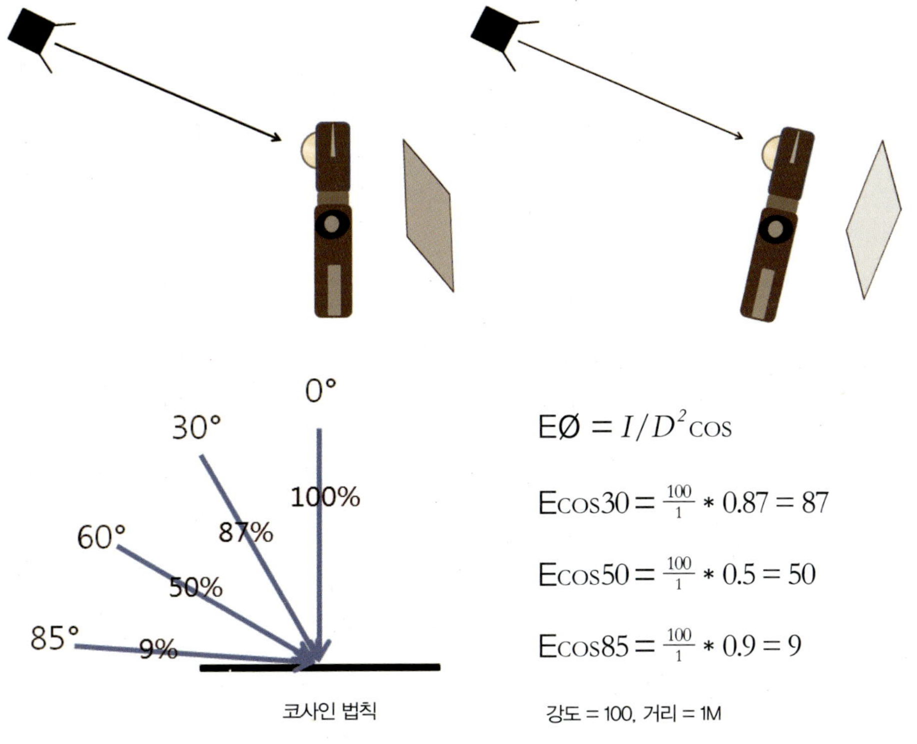

▲ **그림 1-52** 조도와 코사인 법칙

코사인 법칙이란, 어떤 표면에 떨어지는 조도가 입사 각도의 코사인값으로 변하는 것을 말한다. [그림 1-52]에서 보면 왼쪽은 노출계가 광원과 30도에 가깝지만 오른쪽은 광원과 노출계의 센서가 거의 일직선에 가까운 4도 정도이다. 0도일 때 1000lx라면, 30도 =870lx, 4도=990lx이므로 조도는 대략 120lx 정도가 차이 난다. 그러므로 스튜디오에서 조도를 측정할 때에는 노출계의 각도를 일관되게 유지해야 한다. 피사체의 밝기는 광원과 일직선상에 있을 때 가장 밝다.

● 노출계에는 입사식과 반사식이 있다. 입사식은 피사체가 반사하는 빛이 아닌 피사체로 떨어지는 빛의 양을 재는 것이고, 반사식은 일단 피사체로 떨어진 빛이 피사체로부터 다시 반사되어 나오는 빛의 양을 재는 것이다. 일반적으로 우리가 말하는 조도는 입사식으로 측정된 수치를 말한다.

❸ 광원의 특성 변환

광원의 강도를 조절하는 또 다른 방법에는 빛의 성질을 변화시켜 강도를 떨어뜨리는 확산용 도구(diffuser)를 사용하는 방법과 빛의 성질을 변화시키지 않고 빛의 강도를 떨어뜨리는 ND(neutral density) 필터를 사용하는 방법이 있다. 이 2가지 방법은 빛의 특성 중 색온도는 변화시키지 않고 빛의 강도를 정해진 비율대로 낮춘다.

① 빛의 성질을 일정 부분 변화시키는 확산용 도구

가장 많이 사용하는 확산용 도구는 확산용 필터(diffuser filter)이다. 확산용 필터는 2가지 형태의 빛 성질을 변화시키는데, 하나는 광선의 확산 효과를 증가시켜 빛을 부드럽게 만드는 것이고, 또 하나는 빛의 강도를 삭감시킨다는 것이다.

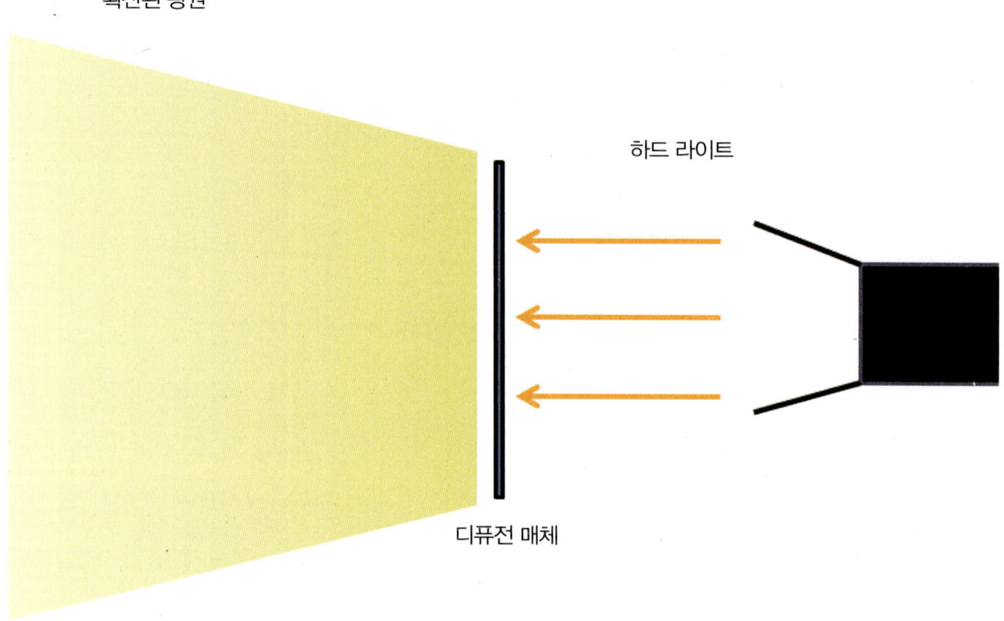

제작현장에서는 그림에서 보는 것처럼 부드러운 빛을 얻기 위해 하드라이트인 스포트라이트 앞에 확산 필터를 사용한다. 확산된 광원은 특정한 방향성이 없는 무지향성 특성을 가지고 퍼져나간다. 따라서 확산용 필터는 빛을 부드럽게 하고 강도를 떨어뜨리지만 누광의 단점이 있다. 누광을 적절히 제한―빛이 닿는 면적을 목적에 맞게 자름―하지 않으면 깨끗한 조명 이미지를 얻을 수 없다. 이러한 필터를 생산하는 회사는 미국의 Lee

▲ **그림 1-53** 디퓨전 매체를 통해 확산된 광원을 만드는 모습

Filter, 일본의 동경 Filter, 미국의 Rosco Filter가 있지만, 현재 KBS 스튜디오 조명에서 가장 많이 사용하고 있는 확산 필터는 Lee Filter이다. Lee Filter는 품질에 비해 내구성이 뛰어나고 가격이 저렴하다는 장점이 있다. Lee Filter의 투과율과 필터에 따른 빛의 특성 변화는 다음과 같다.

▼ **표 1-6** Lee Filter의 확산 필터 종류

필터의 명칭과 번호	투과율	빛의 특성 변화
no filter	100%	
1/8 white diffuser(252)	88%	

● 누광은 영어로 'spill light'라고 하며, 빛이 타깃 외에 주변의 다른 피사체에 새어 들어가는 현상을 말한다.

1/4 white diffuser(251)	80%	
1/2 white diffuser(250)	60%	
3/4 white diffuser(416)	50%	
full white diffuser(216)	36%	
heavy frost(129)	25%	
white frost(220)	40%	

[표 1-6]에서 보는 것처럼 frost filter는 diffuser filter보다 섬세함이 부족하고 느낌이 강하다. 그리고 빛을 부드럽게 확산시키면서 한쪽 방향으로 빛을 길게 퍼지게 하는 지향성이 있는 필터를 '실크(silk)'라고 부른다.

지향성 디퓨저인 실크는 빛이 한쪽 방향으로 누광되는 것을 막고, 또 다른 방향으로는 더 넓게 피사체를 표현할 수 있는 장점을 가지고 있다.

확산 필터는 조명 기구에 끼는 필터 프레임에 넣어 사용하지만, 광원인 램프와의 거리가 가까워 열로 인해 손상되기 쉽기 때문에 필터의 수명을 늘리려면 조명 기구 반 도어에 부착하여 사용하는 것이 좋다.

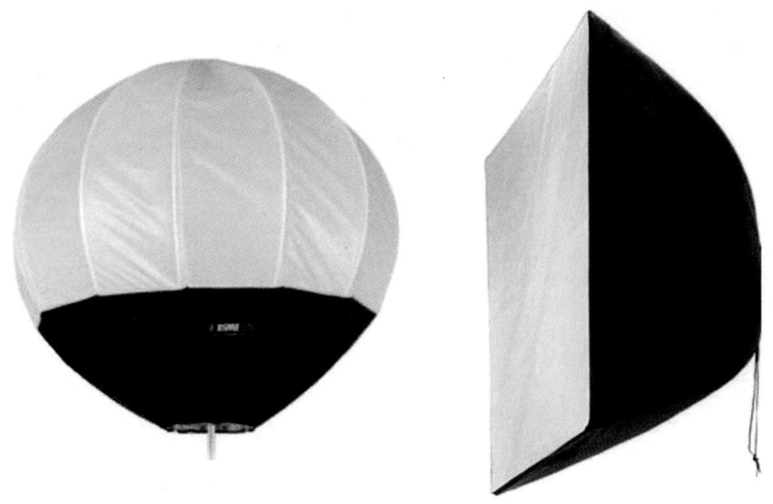

▲ 그림 1-54 잼볼과 소프트 박스

이 밖에도 [그림 1-54]와 같은 소프트 박스가 있다. 잼볼은 램프 주위에 확산용 천을 둥 그렇게 둘러싸 빛을 무지향성으로 부드럽게 확산시키는 반면, 소프트 박스는 천 또는 반 투명 물질로 램프를 둘러싸 방향성을 가지도록 하고 있다.

② 확산용 도구의 반사판(reflector)

반사판은 빛을 반사시켜 부드러운 빛을 얻는 도구이다. 은색 호일이나 흰색 표면을 가진 판으로, 빛을 반사시켜 어두운 곳을 비추거나 보조광으로 이용한다. 반사기의 기본 형태 는 다양하며, 빛을 반사시키는 스티로폼, 주방용 은색 호일, 하얀 A4 용지도 반사판으로 사용할 수 있다. 반사기의 크기와 소재는 다양하며, 크기와 소재는 모두 반사되는 빛에 영향을 미친다. 그러므로 촬영 환경을 고려하여 반사기를 선택해야 한다. 반사기의 형태 와 외부 표면은 반사된 빛의 확산도와 강도에 영향을 미친다. 은색 호일은 흰색 표면보 다 거친 빛을 반사해낸다.

구겨지지 않은 호일은 반사 빛이 딱딱하지만, 구겨진 호일은 빛이 분사, 반사되어 더 부 드러운 빛을 만든다.

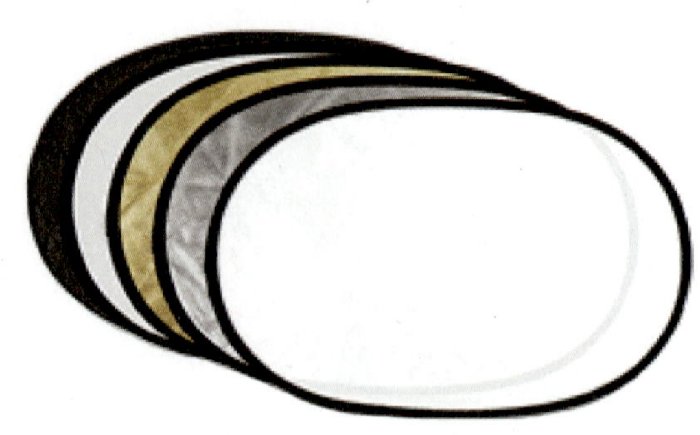

▲ **그림 1-55** 반사판의 종류

[그림 1-55]에서 알 수 있는 바와 같이 반사판은 다양한 색을 가지고 있다. 각 반사판마다 반사되는 효과가 다르게 나타나므로 사용하는 용도가 다르다. 흰색 반사판은 색과 같은 빛의 특성을 변화시키지 않고 반사, 확산되기 때문에 인물이나 제품 사진에 좋고, 은색 반사판은 흰색 반사판처럼 빛의 특성을 변화시키지 않으면서 흰색 반사판보다 많은 반사 효과가 있기 때문에 제품 사진, 콘트라스트가 강한 피사체에 매우 효과적이다.

금색 표면은 호박색 빛을 반사하므로 피사체에 밝고 따뜻한 톤을 만들어준다. 아침 햇살이나 저녁노을의 느낌을 표현할 때 사용한다. 그리고 청색 계열의 반사판은 밤의 느낌을 주거나 색온도를 상승시킬 때 사용하기도 한다.

빛의 반사 특성

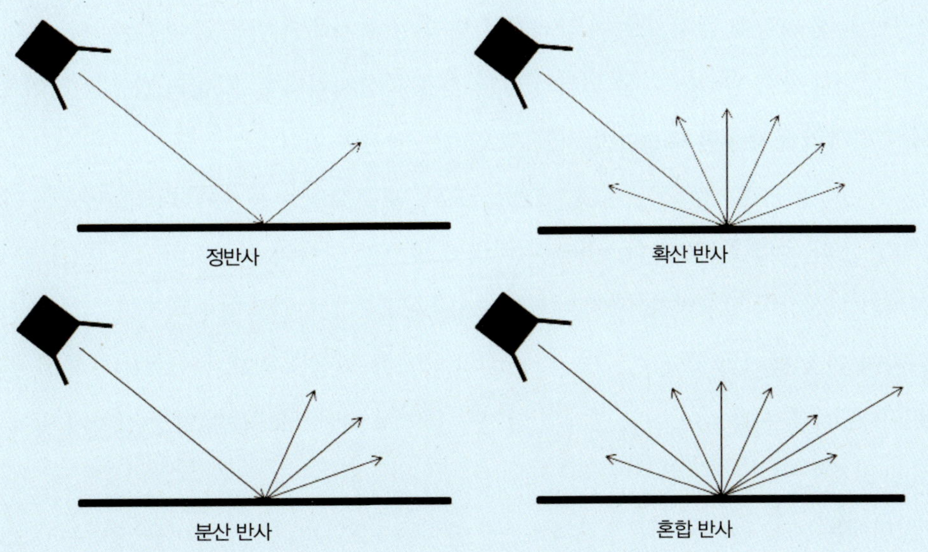

- **정반사(specular reflection)**

투사각과 입사각이 같은 반사 또는 거울 같이 매끄러운 표면의 반사로, 스튜디오 현장에서는 세트 재료로 쓰이는 흰색의 아크릴판, 매끄러운 손목시계 등이 빛을 반사하여 무대의 호리존트나 피사체의 얼굴에 보기 좋지 않은 빛을 떨어뜨린다.

- **확산 반사(diffuse reflection)**

빛이 완전히 발산되는 반사로, 거칠고 불규칙한 표면의 재질, 플러드 라이트의 경우 반사판이 울퉁불퉁한 모습으로 되어 있다.

- **분산 반사(spread reflection)**

빛의 많은 부분들이 반사각 쪽으로 반사되는 것으로, 그 예로는 알루미늄 코일이 있다.

- **혼합 반사(mixed reflection)**

정반사와 확산 반사의 혼합으로 문의 손잡이, 도자기, 장롱의 반사이다.

스튜디오에서 드라마를 녹화할 때에는 혼합 반사에 의해 장롱이나 냉장고 등에서 헐레이션이 일어난다.

이때에는 빛의 각도를 변화시키기 위해 문을 조금 열거나 무광 스프레이를 뿌려 반사를 약화시킨다.

③ 빛의 성질을 변화시키지 않고 강도를 떨어뜨리는 ND 필터

ND 필터(ND filter)란, 중성회색으로 이루어져 있어 색에는 영향을 미치지 않고 빛을 스펙트럼상의 전 파장에 걸쳐 고르게 감쇠시켜 빛의 양을 정해진 만큼 줄여주는 역할을 하는 필터를 말한다. ND 필터는 확산 필터와 달리 빛을 확산시키지 않고 빛의 강도를 떨어뜨리고 확산 필터의 문제점인 누광을 방지할 수 있다는 장점이 있다.

요즘 TV 뉴스의 배경으로 PDP, LCD, LED, DLP, 빔 프로젝트 등 영상 디스플레이를 많이 사용하고 있다. 이러한 영상 디스플레이는 빛이 닿으면 영상의 이미지의 크로마(chroma)가 떨어지는 현상이 발생한다. 필자는 KBS 9시 뉴스를 디자인할 때 전체적인 휘도 밸런스를 위하여 여자 앵커의 키 라이트(key light)의 밝기를 조정할 필요가 있었는데 확산 필터 대신 ND filter를 사용하여 여자 앵커의 밝기를 줄이고 확산으로 인해 영상 장치에 빛이 닿는 것을 방지하였다.

ND 필터에는 LEE 필터를 기준으로 4stop을 줄이는 1.2ND filter, 3stop을 줄이는 0.9ND filter, 2stop을 줄이는 0.6ND filter, 1stop을 줄이는 0.3ND가 있다.

▼ **표 1-7** ND 필터에 따른 투과율

Lee Filter 번호	구분	투과율	stop loss
209	0.3ND	50% Transmission	1F
210	0.6ND	25% Transmission	2F
211	0.9ND	12.5% Transmission	3F
299	1.2ND	7% Transmission	4F

④ 조명 기구의 빔 조정

강도에 변화를 주는 데에는 조명 기구의 램프를 렌즈의 앞뒤로 움직여 강도를 조정하는 방법이 있다.

[그림 1-56]에서 알 수 있는 바와 같이 반사경과 렌즈 사이에 있는 램프의 이동-빔의 이동-으로 빛의 특성을 변화시킨다. 램프를 반사경 쪽으로 천천히 옮기면-제작 현장에서는 조명 기구에 있는 빔을 조정하는 고리를 말아 돌린다고 표현한다-광원의 면적이 조금씩 작아지고, 하드 라이트로 변하면서 직사광선이 된다. 이때 피사체에 닿는 빛의 면

적은 작아지고, 빛의 강도는 강해진다. 반대로 램프를 렌즈 쪽으로 천천히 가까이 하면 – 빔을 풀면 – 광원의 면적이 커지고 좀 더 소프트 라이트로 변하게 된다.

또한 확산 효과로 인해 피사체에 닿는 빛의 면적은 넓어지고, 빛의 강도는 약해진다. 이러한 빔에 의한 빛의 특성 변화를 이용하여 피사체의 강도를 조정함으로써 피사체의 밝기를 조절한다. 단, 인물 조명의 경우 램프를 이동시켜 강도를 높이면 인물의 얼굴이 거칠고 딱딱해질 수 있다는 것에 유의해야 한다.

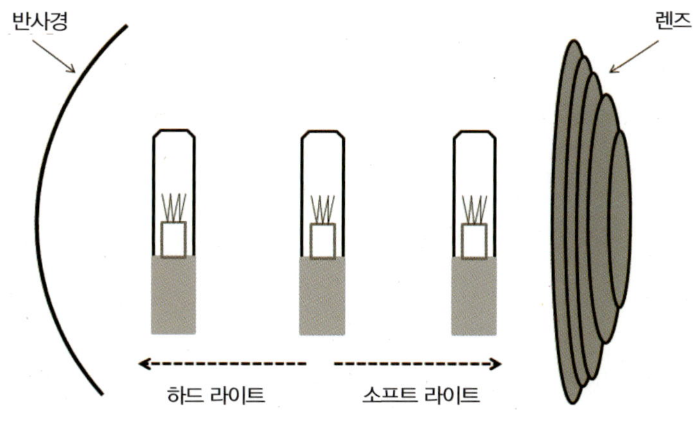

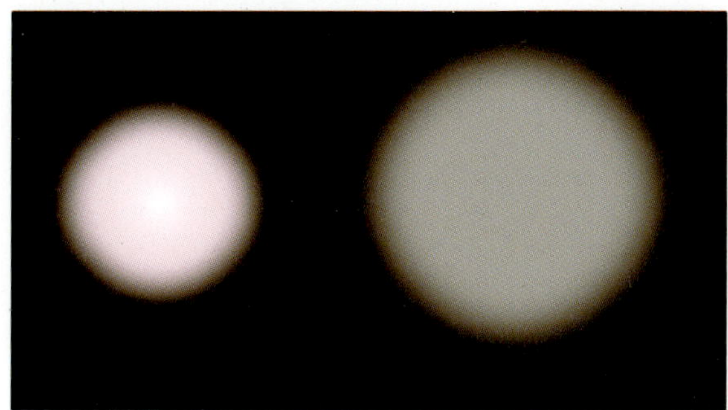

▲ **그림 1-56** 램프 이동에 따른 빛의 질 변화

5 반 도어 개폐

조명 기구 앞에 부착된 반 도어를 열고 닫음으로써 빛의 강도를 조절할 수 있다. 반 도어를 닫으면 방출되는 빛의 양이 줄어들어 강도가 약해지고, 반 도어를 열면 방출되는 빛의 양이 많아져 강도가 강해진다. 특히, 반 도어를 닫으면 방출되는 빛의 면적 폭이 매우

가늘어지며, 가장자리가 산란되는 효과가 일어난다. 그리고 피사체의 그림자 가장자리는 더욱 부드럽게 흐려진다.

햇빛을 가린 방의 커튼을 서서히 열면 방은 점점 밝아지고, 커튼을 닫으면 방은 점점 어두워지는 것과 같은 이치라고 생각하면 좋을 것이다.

남자와 여자가 진행하는 프로그램을 조명할 때 조도를 측정하여 밸런스를 조절하지만 남자와 여자의 피부 반사율이 달라 남자에 비해 여자가 밝을 때가 있다. 이 경우에는 여자 진행자에게 비추는 조명 기구의 반 도어를 조금씩 닫아 밝기를 조정한다.

6 네트

네트는 기본적으로 그물 모양의 망을 가지고 빛의 강도를 떨어뜨린다. 빛을 네트에 통과시키면 광원의 성질은 변하지 않으면서 광량만이 떨어진다. 네트는 표면의 그물망에 따라 싱글(single)과 더블(double)이 있는데, 싱글 네트는 한 겹, 더블 네트는 두 겹으로 되어 있다.

싱글 네트는 원래 광량의 1/2stop 감소시키며, 더블 네트는 1stop 감소시킨다. 광원의 강도는 광원과 네트 사이의 거리, 빛의 방향에 따른 네트 표면 설정 각도에 따라 다르게 나타난다.

조명 기구 앞에 부착된 네트는 조명 기구의 각도에 따라 피사체에 직접 광이나 간접 광이 될 수 있으므로 조명 기구의 각도 설정에 주의해야 한다.

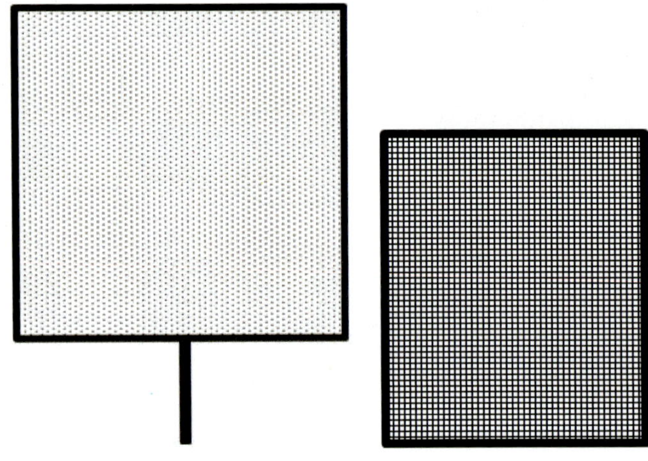

▲ **그림 1-57** 네트의 구조

어떤 플래그는 4면 모두 철봉으로 구성되어 있지만 네트가 3면만을 가지고 있는 이유는 이 부분으로 인해 피사체에 그림자가 생기지 않도록 하기 위해서이다.

⑦ 디머 콘솔(조광기)

디머 콘솔을 이용하여 강도를 조절한다. 백열 램프로 들어가는 전기의 양과 형광 램프에 들어가는 전류를 변화시킴으로써 빛의 방사량을 줄이고, 빛의 강도를 약화시켜 밝기를 조정한다. 이는 빛의 강도를 조절하는 데 있어 가장 간편하고 효율적인 방법이다. 시간적으로 신속하게 대응할 수 있으며, 섬세하고 미세한 작은 단계까지 강도를 원하는 대로 조절하여 전체적인 조명 이미지의 휘도 밸런스를 쉽고 빠르게 유지할 수 있게 한다. 하지만 빛의 강도를 줄이기 위해 전압을 지나치게 낮추면, 광원의 색온도와 피사체 본래의 색에 영향을 미치게 된다.

무대 조명에서는 피사체를 눈으로 직접 보기 때문에 미세한 빛의 색온도의 변화를 알아볼 수 없지만, TV 조명에서 카메라를 통해 재현된 이미지는 색온도의 미세한 변화도 감지하기 때문에 피사체의 표현에 영향을 미친다.

인물 조명에서 인물이 배경보다 밝아 디머 콘솔을 이용하여 인물의 강도를 낮출 목적으로 콘솔에서 디밍(dimming)을 하면 색온도가 그만큼 낮아져 인물의 얼굴에 붉은 기가 나타날 수 있다.

이론상 전압 1V를 낮추면 색온도는 15K가 낮아진다고 한다. 그러므로 인물 조명을 할 때, 얼굴의 빛 강도를 낮출 필요가 있을 때에는 디머 콘솔이 아니라 다른 방법으로 조절하는 것이 적절하다.

조광 설비(light control system)

무대나 TV 스튜디오에서 불을 켜거나 끄고, 밝기를 제어하는 조광 설비는 전원 설비(power system),
디머 콘솔(dimmer console), 디머 유닛(dimmer unit)으로 이루어져 있다.

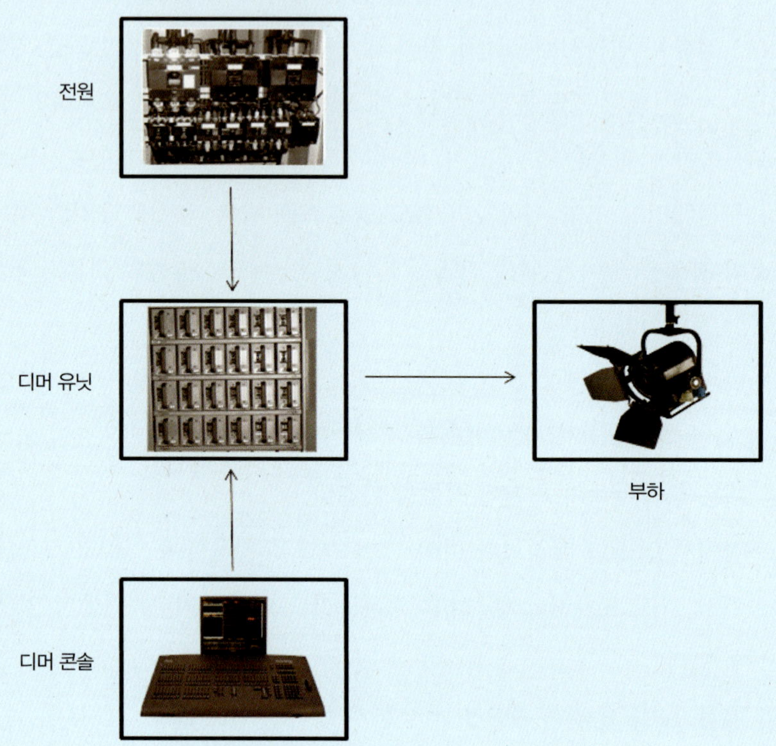

TV 스튜디오 배튼에는 조명 기구에 연결할 전원 커넥터들이 있다. 커넥터들은 디머 유닛 하나당 하나
씩 대응하도록 되어 있다. 조명 기구를 배튼의 커넥터에 연결하고, 디머 콘솔에서 해당 번호를 'ON'하
면 해당 번호의 디머 유닛에 대응하는 전류를 제어하는 방식으로 조명 기구의 램프에 부하가 걸려 불
이 들어온다.

디밍(dimming)이란, 디머 유닛의 전류를 제어하여 조명 기구의 강도(조광의 세기)가 조절되는 상태나
조명 기구가 매우 낮은 강도인 상태를 말한다.

조명 디자인에 의해 조명 기구가 설치되면 목적에 맞게 빛을 제한해야 한다. 빛의 제한이란, 빛이 방사되어 피사체에 빛이 닿는 면적을 통제하여 원하는 영역만큼 빛의 면적을 만드는 것을 말한다. 제작 현장에는 '빛을 자르고 다듬는다'라고 표현한다. 조명 이미지 표현에 있어 빛의 제한은 빛의 강도 조절만큼 중요하다. 빛의 강도 조절은 조명 이미지의 전체적인 휘도 밸런스를 위해 필요하지만, 빛의 제한은 빛을 정리정돈하여 누광을 방지함으로써 각각의 피사체가 표현될 고유의 목적을 달성할 수 있다.

만약, 빛이 제한되지 않으면 빛은 다른 피사체에 영항을 미치고, 무대 바닥이나 세트에 필요하지 않은 빛이 투사되어 밝아지거나 여러 개의 그림자가 생겨 깨끗하지 않은 조명 이미지가 될 수 있다. 이러한 누광은 관객의 시선을 분산시킬 수 있고, 전체적인 휘도 밸런스를 무너뜨릴 수 있다.

빛의 제한은 빛 맞추기(포커싱, focusing)와 같은 개념이지만, 엄밀히 말하면 하위 개념이다. 빛 맞추기가 TV 프로그램의 주제나 공연의 주제를 표현하기 위하여 배우들의 동선을 파악하고, 각 조명 기구의 포인트(구역)을 정하며, 그 구역을 비추는 조명 작업을 말하는 것이라고 한다면, 빛의 제한은 그 다음에 빛을 자르고 다듬어 정리하는 것이라고 할 수 있다.

1 반 도어

조명 기구 앞에 부착된 4개의 날개로 된 반 도어는 빛을 자르고 다듬는 데 있어 가장 유용하고 손쉬운 방법이다. 4개의 반 도어를 세로로 길게 하면 빛의 면적을 세로는 길게, 가로는 짧게 할 수 있고, 가로로 하면 세로는 짧게 가로는 길게 할 수 있다. 또한 정사각형의 빛 면적도 만들 수 있다.

반 도어는 빛을 자르고 재단하여 어느 특정 구역에 빛을 제한적으로 공급할 경우와 특정 위치에만 빛을 제한할 경우에 사용한다. 또한 배경에 피사체나 다른 세트에 의해 불필요한 그림자가 생길 경우, 반 도어로 그만큼의 빛을 차단하여 그림자를 없앨 수 있다. 특히 반 도어는 나란히 있는 피사체를 각각 따로 조명할 경우, 반 도어를 조정함으로써 2가지 빛이 겹치는 것을 예방할 수 있다.

드라마에서는 마이크 붐 때문에 그림자가 세트에 생기는데, 그림자를 발생시키는 조명 기구의 반 도어를 닫으면 그림자를 지울 수 있다. 스튜디오 제작 현장에서는 백 라이트에 의해 렌즈 *플레어가 생기는 것을 반 도어를 닫음으로써 방지할 수 있다.

▲ 그림 1-58 블랙 호일을 추가하여 빛을 제한

반 도어가 없는 조명 기구인 경우, 블랙 호일(black hoil)을 이용하면 빛을 차단하거나 반 도어로 처리할 수 없는 정교하고 미세한 빛을 제한할 수 있다. 빛의 차단에 필요한 크기만큼 절단하고, 반 도어 앞에 부착하여 빛을 제한한다. 이 작업은 빛을 이중으로 차단하는 데 유용하다.

2 고보(gobo)

'빛 차단'이라는 사전적 의미를 가지고 있는 차광판으로, 모양에 따라 빛을 차단하는 플래그(flag)와 커터(cutter)가 있다.

플래그는 검은 천이나 검은 합판을 사용하여 빛을 조절하거나 차단할 때 사용한다. 빛의 차단은 반 도어로 간편하게 사용할 수 있지만, 조명 기구에 부착되어 있으므로 플래그처럼 정확하게 빛을 재단할 수 없다. 플래그는 [그림 1-59]에서 알 수 있는 바와 같이 조명 기구에서 독립적으로 운영할 수 있기 때문에 피사체의 근접까지 위치할 수 있어 빛을 재단하는 데 뛰어난 효율성을 발휘할 수 있다. 플래그는 피사체의 빛 차단 외에 카메라 앞

● 플레어(flare)는 렌즈나 카메라 안에서 분산되거나 확산되는 불필요한 빛이 필름에 맺혀 이미지가 뿌옇게 되는 현상을 말한다.

쪽에서 들어오는 빛을 차단하여 카메라에 플레어가 생기는 것을 방지할 수 있다. 또한 영상 장치와 광원 사이에 설치함으로써 영상 장치에 빛이 새어 나가는 것을 차단한다.

커터는 플래그와 비슷한 용도로 사용되며, 정사각형의 모양을 가지고 있는 플래그와 달리 작고 긴 모양을 가지고 있어 국부 재단에 이용하는 것이 좋다.

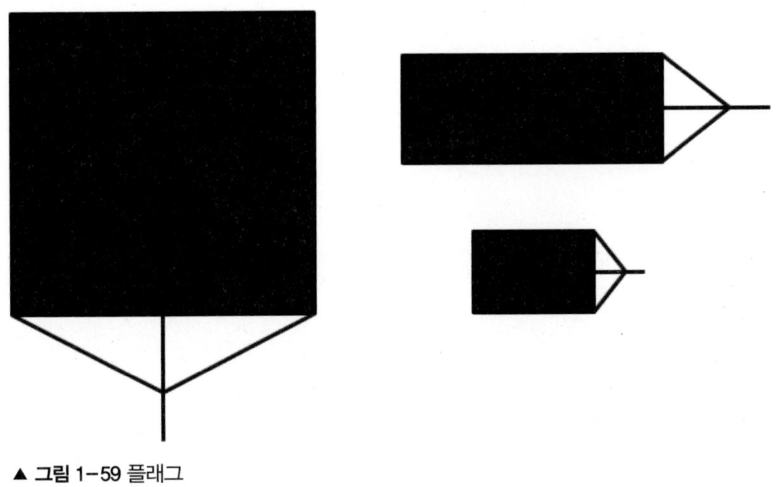

▲ 그림 1-59 플래그

조명 이미지의 색

이번 장에서는 빛의 산물인 색에 대해 알아본다. 빛이 피사체를 표현하기 위해 사용한다면, 색은 빛의 감성을 드러내어 우리의 뇌를 자극함으로써 의미의 풍부함을 전달하는 순수한 시각적 이미지를 만들기 위해 사용한다.

조명 이미지의 색은 주제에 대한 조명 디자이너의 의도뿐만 아니라 전달할 메시지나 의미도 포함되어 있다.
조명 디자이너는 시각적 이미지를 전달하기 위하여 명도 대비, 색상 대비, 채도 대비와 같은 색의 물리적·심리적·생리적 특성을 이용하여 조명 이미지 생성 과정에 있어 형태를 강조하거나, 시각적 균형을 이루거나, 깊이감과 공간감의 효과를 발생시킨다. 주제의 분위기는 색의 감성을 고양시킴으로써 이루어진다.
공간 속의 색채와 형태의 색채는 관객의 느낌이나 감성을 이끌어내고, 흥분을 유도하며, 분위기를 조성하고, 형태를 구성하는 데 막대한 영향을 미친다. 쇼 프로그램의 경우 간혹 색채만이 형태이고 주제인 경우가 있다.

Chapter 02

Section 01 | 눈과 **색지각**

빛이 없는 공간은 물체를 지각할 수 없어 인간을 혼돈 상태로 만든다. 그래서 조물주는 세상을 만들 때 "fiat lux(빛이 있으라)"라 하고 빛을 만들었다고 한다. 조명 이미지는 시각 예술이다. 공간에 빛이 있어야 지각되어 진다. 조명 디자이너는 인간이 가지고 있는 빛에 대한 눈의 지각 현상을 이용하여 이미지를 만든다. 눈은 간상체와 추상체라는 신경세포를 이용하여 공간 속에 표현된 조명 이미지의 색상, 형태, 공간을 지각한다. 조명 디자이너는 효과적인 이미지의 전달을 위하여 눈의 물리적·화학적 특성뿐만이 아니라 심리적 특성도 이해해야 한다. 인간은 이미지를 지각할 때 눈으로 보지만 마음으로도 본다.

인간의 눈은 카메라와 비유되어 설명된다. 눈은 카메라 마찬가지로 빛의 양을 조절하고 렌즈로 초점을 맞춘 다음 카메라의 필름에 해당하는 망막에 상을 맺는다. 눈은 카메라의 필름이 범접하기 어려운 고감도와 고화질을 자랑하는 고도의 신경조직이다. 인간의 눈은 공간속에서 대상을 인식하고 그때의 상황에 심리적으로 반응한다. 이것은 인간이 가지고 있는 다음과 같은 경이로운 능력 때문이다.

- 삼차원 광학 시스템
- 고 해상도
- 고도의 색상 감지 시스템
- 자동 포커스
- 자동 조리게
- 자동 감응 시스템

01 눈의 지각

눈이 물체나 공간을 지각할 때 빛에너지는 눈의 센서인 망막이라는 광수용기에서 반응을 하게 된다. 눈에서 일어나는 모든 작용들은 빛이 있어야 한다. 눈은 마치 카메라처럼 빛에 작용하고 반응하는 것이므로 빛을 떠나서는 눈의 기능을 논할 수는 없다. 빛은 각막과 홍체, 그리고 수정체를 거쳐 광수용기인 망막에 도달하게 된다. 각막은 카메라의 렌즈(lens), 홍채는 아이리스(iris)를 역할을 한다.

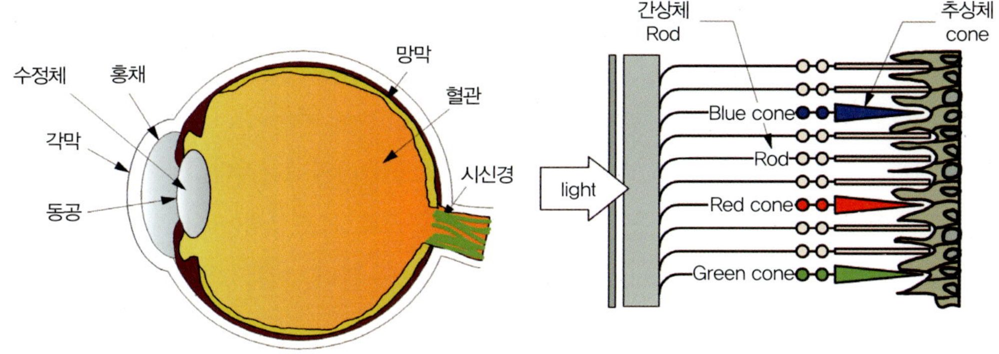

▲ **그림 2-1** 눈의 구조

망막은 카메라의 필름에 해당하는 부위로 눈으로 들어온 빛이 최종적으로 도달하는 곳이다. 망막의 시세포들이 시신경을 통해 뇌로 신호를 보내는 기능을 한다. 즉 빛의 형태로 눈으로 들어온 정보를 우리의 뇌가 인지할 수 있도록 전기적 신호로 바꾸는 일종의 신호 변환기이자 공간과 뇌를 연결하는 핵심적인 신경세포이다. 망막이 제 기능을 하지 못한다면, 공간이 밝은 빛과 다양한 색채들로 가득해도 뇌는 이를 인지하지 못하고 어둠 속에 잠겨 있을 수밖에 없다. 망막의 신호 전환 기능은 그래서 시각에서 가장 핵심적인 장치로 꼽힌다. 망막의 광수용기에는 두 개의 중요한 시세포가 있는데 그것은 간상체(rod)와 추상체(cone)이다. 간상체는 명암 감지에 예리하여 약한 빛에서 작용하고 추상체는 밝을 때 색상을 감지하는 작용을 한다. 즉, 간상체는 어두운 장소에서 활동하며 추상체는 밝을 때 활동한다. 그래서 간상체는 명암의 식별 기능만 있고, 추상체는 색을 식별한다. 간상체는 망막내의 주변부에 많이 위치하고 있으며 약 1억 3천개 정도가 있으며, 추상체는 망막 내의 중심부에 밀집되어 있고 약 7백만 개 정도가 있다고 한다.

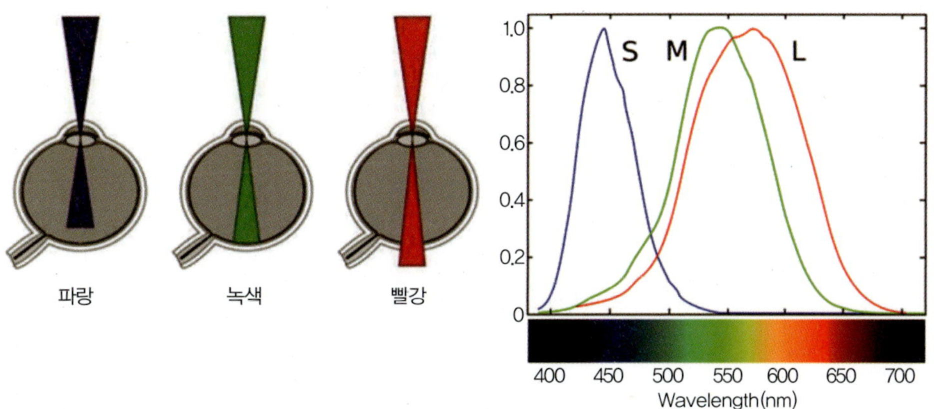

▲ **그림 2-2** 3원색의 초점거리와 각 파장의 감지 범위

간상체에는 로돕신이라는 색소가 빛을 감지하고 추상체에는 [그림 2-2]에서 보는 것처럼 색을 감지하는 세포들이 있다. 장파장인 빨강 감지세포(Long wavelength sensitive), 중파장을 감지하는 녹색 감지세포(Medium wavelength sensitive), 단파장을 감지하는 파랑 감지세포(Short wavelength sensitive)의 3가지다. 장파장은 565nm 부근으로 적추상체(red cones), 중파장은 545nm부근으로 녹추상체(green cones), 단파장은 440nm부근으로 청추상체(blue cones)로 불리기도 한다. 이들 각 색들에 해당하는 파장은 인간의 색 지각에 중요한 역할을 한다.

1 시감도

가시광선의 영역 중에 사람의 눈으로 보았을 경우 어느 부분에서 어느 정도의 밝기를 느끼는 가를 나타낸 것을 시감도라 한다. 가장 시감도가 좋은 555nm를 1로 보고 각 영역의 시감도를 나타낸 것을 비(比)시감도 그래프라고 한다.

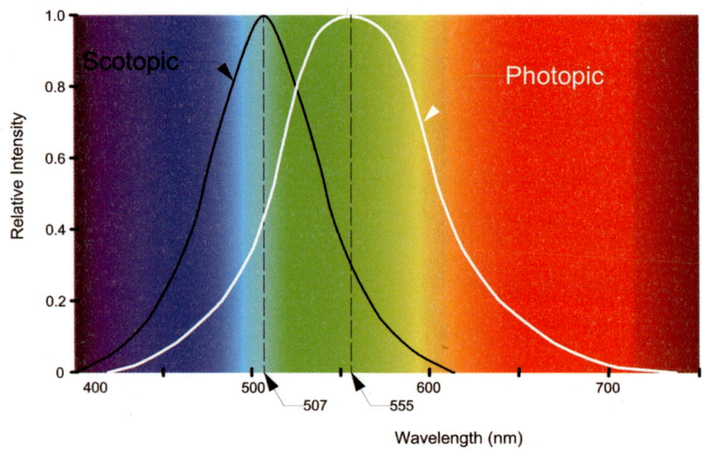

▲ 그림 2-3 시감도 곡선

위 그래프는 밝을 때 보는 경우와 어둘 때 보는 경우 그 시감도의 차이를 비교하여 나타내고 있는 비시감도 곡선이다. 즉, 같은 밝기의 빛을 보았을 때 인간의 눈이 느끼는 밝음의 비율을 말한다. 흰색 곡선을 보면 짧은 파장 쪽에서 처음에는 [0]이었던 시감도가 385nm에서 밝음을 느끼고 점점 더 밝아져서 555nm에서 최고 시감도인 [1]이 되고 그 이후로 떨어져서 750nm근처에서는 시감도가 [0]으로 밝음을 느끼지 못하게 된다. 다시 말하면 555nm에 해당하는 황록색에서 빛을 가장 밝게 느끼고 그 좌우로 점차 감도가 떨어진다. 청색은 어두운 환경에서 느끼는 비시감도 곡선이다. 어두울 때 간상체가 활동하여 비시감도 곡선이 짧은 파장 쪽으로 이동하여 507㎚인 청록색일 때 가장 높은 강도를 나타낸다. 즉, 밝은 곳에서 같은 밝기로 보이는 적색과 청색이 좀 어두운 곳에서 보면 적색이 어둡고 청색이 밝게 보인다. 즉, 청색 빛에 민감하고 적색 빛에는 덜 민감하게 된다. 그래서 스튜디오나 무대 환경에서 조명으로 채색을 할 때나 의상을 선택할 때 시감도 특성을 이해하는 것이 중요하다. 어두운 공간에서 명도와 채도가 약한 적색은 눈에 잘 띄지 않기 때문이다.

❷ 암소시와 명소시

간상체는 어두운 곳에서, 추상체는 밝은 곳에서 활동한다고 하였다. 밝기가 1㏅/㎡ 이하로 저하되면 간상체가 활동하게 되고 물체의 추상체는 활동하지 않는 상태가 되고, 물체만 어렴풋이 보이는 암소시(scotopic) 상태가 된다. 그리고 밝기가 100㏅/㎡ 이상이 되면 추상체가 활동하게 되어 물체와 색이 확실히 보이는 명소시(photopic) 상태가 된다. 중간 밝기인 1~100㏅/㎡의 중간 밝기는 간상체와 추상체가 모두 활동하는 박명시가 되어 물체의 형태와 색이 어느 정도 보이는 상태이다.

❸ 명순응과 암순응

우리가 영화를 보고 어두운 곳에서 밝은 곳으로 갑자기 나가면 우리는 매우 눈이 부심을 느끼고, 그러다 얼마간의 시간이 지나면 다시 잘 볼 수 있었던 경험이 있을 것이다. 이러한 현상을 명순응이라고 한다. 이 현상은 홍채가 축소됨에 따라 동공의 크기가 줄어들고 눈에 입사되는 빛을 제한하게 되면서 망막내의 간상체가 기능을 상실하고, 추상체만 활동하는 시각의 상태가 되면서 일어나게 된다. 눈의 밝기의 범위는 1:106까지 경험하므로 동공에 의한 빛의 조절만으로는 부족해서 이런 현상이 생긴다. 망막은 밝기에 따라 감광도를 변화시키는데 명순응은 감광도가 낮아진 경우이고, 명순응에 요하는 시간은 1분 이내로 비교적 짧다.

반대로 우리가 영화관에 들어 갈 때와 같이 밝은 곳에서 어두운 곳으로 갑자기 들어가면, 얼마 동안 주위와 영화장면이 전혀 보이지 않던가 보기가 힘이 들게 된다. 물론 시간이 지나면 감도가 상승하여 주위와 영화를 볼 수 있게 된다. 이러한 현상을 암순응이라고 한다. 이것은 간상체가 활동하는 휘도 순응을 뜻하며, 추상체가 활동하지 않기 때문에 유채색을 식별할 수 없게 된다. 추상체의 암순응은 약 5분 동안에 거의 한계에 이르지만 간상체는 약 30분 정도까지 감광도의 상승을 나타낸다. 배경 휘도가 너무 어둡지 않을 때는 시간이 짧아지게 된다.

4 색순응

조명이나 물체색을 오랫동안 계속 쳐다보고 있으면, 그 색에 순응되어 색의 지각이 약해진다. 그래서 조명에 의해 물체색이 바뀌어도 자신이 알고 있는 고유의 색으로 보이게 되는데 이러한 현상을 색순응이라고 한다. 색순응 현상은 한 가지 광원에 오래 노출되어 있으면, 그 광원색이 눈에 익숙해져서, 그 광원색과 똑같은 스펙트럼의 특성을 지니는 색을 무채색으로 느끼게 되기 때문에 일어나는 것이다. 파란색 선글라스를 끼고 보면, 잠시 물체가 푸르게 보이다가 곧 익숙해 져서 본래의 물체색으로 느끼게 되거나, 태양빛과 형광등에서 다르게 보이는 물체색이 시간이 지나면 같은 색으로 느껴지는 것들이 그 예이다.

간단하게 설명하면 햇빛, 텅스텐 전등, 형광등과 같이 분광 에너지 분포가 다른 광원으로 인해 그 빛을 받은 물체의 색도 다르게 보이는데, 그 차이를 적게 하기 위한 눈의 자동 조절이라 말할 수 있을 것이다.

5 푸르킨에 현상

앞에서 살펴보았듯이 밤이나 또는 어두운 공간속에서 유채색은 사라지고 무채색으로 지각된다. 이는 비시감도 그래프에서 보는 것처럼 암소시가 적용되어 장파장이 먼저 사라지고 단파장이 나중에 사라지기 때문이다. 공간이 점점 어두워지면 적색은 다른 것보다 먼저 영향을 받고 채도가 약해져서 무채색이 되어 결국 보이지 않게 된다. 이것은 추상체의 활동이 약해지기 때문이다. 즉, 푸르킨에 현상이란 조명이 밝을 때 작용하는 추상체 중심에서 어두울 때의 간상체 중심의 시지각으로 옮겨가는 과정에서 일어나는 시지각 현상을 말한다. 이러한 시지각 변동에서 암순응시에 장파장인 빨강이 먼저이고 다음에는 주황, 노랑, 초록, 파랑, 남보라의 순서로 색상이 사라지게 된다. 다시 조명이 밝아지면 명순응시 색채들은 다시 본래의 채도를 회복할 때 회복하는 순서는 반전되어 파랑 계통이 먼저 회복된다. 이와 같은 과정에서 황혼이나 어두운 풍경이 푸른색을 띠게 되는 것이다. 푸르킨엔 현상은 바로 이런 파란색 현상을 설명해주는 것이다.

이때에는 밝을 때 화사했던 빨간 꽃이 거무스름해져 어둡게 보이고, 엷은 파란색이나 초록색 물체들은 밝게 보인다. 이 현상은 1825년 체코의 생리학자이자 조직학자인 Purkinje Jan Evangelista에 의해 밝혀진 현상으로 저녁에 해가 져 방안이 어두워지면서 벽에 있는 그림의 파란색 부분이 점점 밝아지고, 빨간색 부분은 점점 검어지게 되고 색채를 잃어 가는 것을 발견하면서 알게 되었다고 한다.

TIP

왜 영화나 드라마에서 달빛은 Blue일까?

영화나 드라마에서 창문에 달빛이나 밤 분위기를 연출할 때 조명 디자이너는 광원앞에 블루 필터를 사용하거나 광원의 색온도를 이용하여 푸른빛을 만들어 장면의 밤 환경을 만든다. 왜 그럴까?

밤에는 추상체의 활동이 사라지고 간상체가 작용하여 청색과 녹색으로의 시지각이 이동하여 달빛을 푸르게 인식하기 때문이다. 하지만 인간의 눈은 위 그림의 푸른색처럼 빛을 선명하게 지각하지 않는다.

조명 이미지는 빛의 물리적 특성을 기반으로 한 조명 디자이너의 감성적·미학적 표현이기 때문에 달빛도 색구성의 일부분으로 생각하여 그렇게 표현하는 것이다.

[그림 2-4]는 앙드레 모네의 '개양귀비'이다. 구름 사이로 투명하고 맑은 사파이어처럼 빛나는 파란 하늘, 불타는 열정을 억누르지 못해 붉게 타오르는 개양귀비 꽃, 나무 위로 떨어진 노란 잎, 개양귀비 꽃을 빛나게 하는 초록색 들판, 이 모든 것이 빛을 받아 반짝이고 있다. 이와 같이 자연에는 다양한 색상이 있다. 빛은 흡수 · 반사 · 산란 · 굴절 · 간섭 · 회절 등을 거쳐 자연의 아름다운 색을 우리의 눈에 지각하게 한다.

▲ 그림 2-4 개양귀비(모네 작)

색을 이해하려면 먼저 빛이 있어야 하고, 그 다음으로 각각의 빛을 되비추는 물체가 필요하며, 이를 읽어내는 눈이 필요하다. 결국 빛, 물체, 눈은 색채를 파악하는 기본 요소이다. 색채는 빛이 직간접적으로 물체를 비춘 색에 대한 우리 눈의 반응과 그에 따른 느낌을 가리킨다.

색은 단순한 지각은 아니다. 물리적인 광으로부터 생리적, 심리적 과정을 거치게 되는 시각과정이다. 물리학자는 언제나 색은 무엇이며, 어떻게 작용하는가를, 생리학자들은 색이 어떻게 감각되어 지는가에, 심리학자들은 그것이 지각되는 방법과 인간행동에 미치는 영향에 대해 관심이 많다. 하지만 색의 지각은 물리적, 생리적, 심리적 요소들이 하나로 통합되어 작용될 때 생긴다.

따라서 색의 물리적 · 생리적 · 심리적 특성은 조명 이미지를 표현하는 데 매우 중요하다. 조명 이미지 표현에 필요한 색의 특성이 어떻게 영향을 미치고, 어떻게 표현되는지에 대한 답을 구하기 위하여 지금부터 우리는 빛의 색의 특성에 대하여 탐색할 것이다.

1 광원색

광원색은 광원 또는 발광체로부터 오는 빛의 파장을 말한다. 태양의 빛, 전구, 형광등, LED등과 같이 말 그대로 광원에서 직접 눈에 들어오는 빛의 색을 말한다. 광원색을 알려면 빛의 특성을 알아야 한다. 색의 물리적 정의를 위해서는 색은 빛의 성질이고, 색의 정의는 빛에서 출발한다는 것을 염두에 두어야 한다. 빛은 '물리적으로 망막을 자극하여 보는 것을 가능하게 해주는 복사 에너지'로 정의하고 있다. 곧 빛이란 에너지 전달 과정에서 일어나는 현상이다.

▲ **그림 2-5** 각기 다른 광원색 : 가로등의 빛의 색이 다르다.

빛의 특성이나 색을 이야기할 때 빛을 파장으로 생각하면 그 본질들은 쉽게 이해가 될 것이다. 색온도 · 연색성 · 조도 · 휘도와 같은 빛의 특성들도 해당 광원의 파장에 영향을 받기 때문이다.

광원의 특성에서 설명하였듯이 복사 에너지는 여러 가지 자연 광원이나 인공 광원의 자극에 의해 빛을 방사하게 된다. 빛은 전자기 방사선이다. [그림 2-6]에서 보는 것처럼 전자기적 방사선 중의 넓은 영역 중에서 우리가 볼 수 있는 것은 가시광선이다. 그렇다면 우리가 볼 수 있는 가시광선의 본질은 무엇일까?

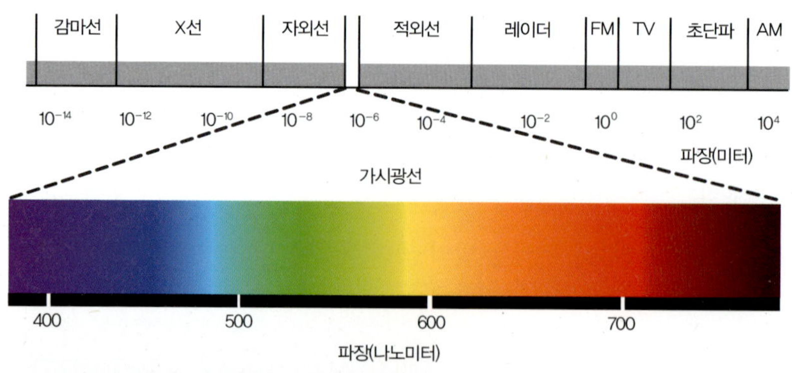

▲ **그림 2-6** 가시광선과 빛의 스펙트럼

가시광선을 우리는 흰색 빛, 즉 백광(white light)으로 느낀다. 태양 빛, 백열등, 형광등의 불빛도 눈으로 보면 백광으로 인식된다. 하지만 백광은 색상의 영역에 속한다. 그 이유는 그림처럼 백광을 프리즘을 통해 분광시키면 여러 스펙트럼 색(spectrum color)들이 눈으로 구별할 수 없을 정도로 서로 섞여 있는 것을 알 수 있다. 따라서 우리가 광원에서 느끼는 백광이란 일련의 스펙트럼 색깔들이 서로 혼합되어 있는 상태를 말한다. 다만 색상이 없다고 인식하고 있을 뿐이다.

그렇다면 우리가 말하는 색이란 무엇일까? 가시광선은 우리가 볼 수 있는 파장의 범위인 380nm에서 780nm를 가지고 있다. 그림은 가시광선의 파장 영역을 시각적으로 표현한 것이다.

우리가 말하는 순수한 색상이란 그림에서 나타난 것처럼 가시광선의 스펙트럼 파장 중 특정 영역에 집중된 색이라고 할 수 있다.

스펙트럼의 파장 길이에 따라서 여러 가지 색으로 구별되며, 파장별로 나눈다면 무수히 많은 색상으로 구별되지만, 크게 다음과 같이 나눈다.

보라는 400~450nm, 파랑은 450~500nm, 초록은 500~570nm, 노랑은 570~590nm, 주황은 590~610nm, 빨강은 610~700nm에서 색으로 보인다.

다시 한 번 말하지만 색은 빛이 갖는 가시광선의 파장의 길이에 따라 결정된다. 이렇게 분광된 단색광에 대하여 차례로 그 방사량을 측정하면 원래 빛의 파장별 분포 특성을 알 수 있다. 이를 '분광 특성'이라고 한다. 가로축에는 파장을, 세로축에는 빛을 포함하고 있는 이들 파장의 비율, 즉 반사율을 나타내는 좌표 위에 빛의 스펙트럼 분포를 그래프로 그릴 수 있다. 이와 같이 각 파장별 상대값과 파장과의 관계를 '분광분포'라고 한다. 즉, 분광분포란 그 광원이 발산하고 있는 파장의 세기를 나타내며, 그 광원만의 독특한 특성을 가지고 있다. 이 분광 분포를 그래프로 나타낸 것을 '분광 분포 곡선'이라고 한다.

광원색은 빛의 특성인 색온도와 연색성에 영향을 미친다. 색온도 특성에서 설명하겠지만 텅스텐, 수은등, 형광등, LED의 광원색에 따라 물체를 비추었을 때 색이 다르게 보인다.

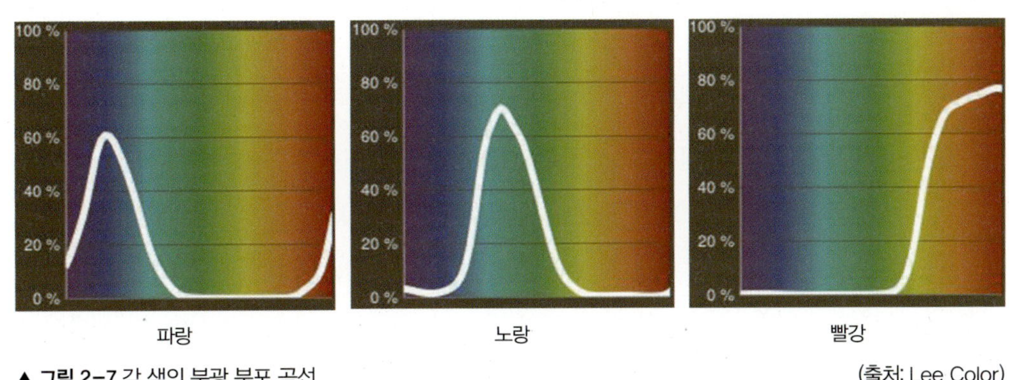

▲ **그림 2-7** 각 색의 분광 분포 곡선　　　　　　　　　　　　　(출처: Lee Color)

스펙트럼은 빛의 굴절 현상을 이용한 것이다. 굴절이란 빛이 어떤 매질에 들어온 후 방향이 바뀌어 나가는 것을 말한다. 물에 발을 담그면 다리가 곧게 보이지 않고 꺾여 보이는 것과 비가 그친 후에 보이는 무지개 또한 대기 중에 떠 있던 작은 물방울 속에 햇빛이 굴절되어 생기는 것이다.

❷ 물체색

광원은 백광으로 인식되지만 그 속에 많은 빛들이 혼합되어 있다는 것을 알고 있다. 이것이 의미하는 것은 무엇일까? 광원의 분광 분포는 우리가 색을 지각하는 데 어떤 영향을 미칠까? 물체에는 색이 없고 스스로 색을 낼 수 없다고 하는데 우리가 사과는 빨갛고, 바나나는 노랗다고 지각하는 것은 어떤 까닭일까?

나뭇잎에서는 녹색 스펙트럼만을 반사하고, 다른 색은 흡수한다.

▲ **그림 2-8** 물체색의 지각

우리가 물체를 보면서 '이 물체는 이러이러한 색이다.'라고 지각할 때 물체가 색이 있는 것처럼 보이지만 그것은 물체가 빛을 명확하게 반사하기 때문에 그렇게 보이는 것이다. 색을 지각하는 조건은 [그림 2-8]처럼 광원과 반사체 그리고 지각하는 관찰자의 3가지로 구성된다. 광원은 빛을 발하는 것 자체를 말하고, 빛은 광원에서 출발하여 물체에 부딪힌다. 물체는 광원이 포함하고 있는 여러 파장의 색 중에서 어떤 파장의 빛은 흡수하고 어떤 파장의 빛은 반사한다. 우리가 지각하는 물체색은 반사된 색 파장을 지각하는 것이다. 관찰자의 눈은 인간의 수용기로서 빛을 뇌에 전달시키는 첫 과정이다. 이와 같이 사물이 빛을 받아서 반사하는지, 흡수하는지에 따라서 그 물체의 색이 결정되는 것이다. 그림에서 보는 것처럼 나무의 색은 광원의 빛을 모두 방출하지 않고 녹색만을 반사하며 나머지는 흡수하여 보이는 것이다.

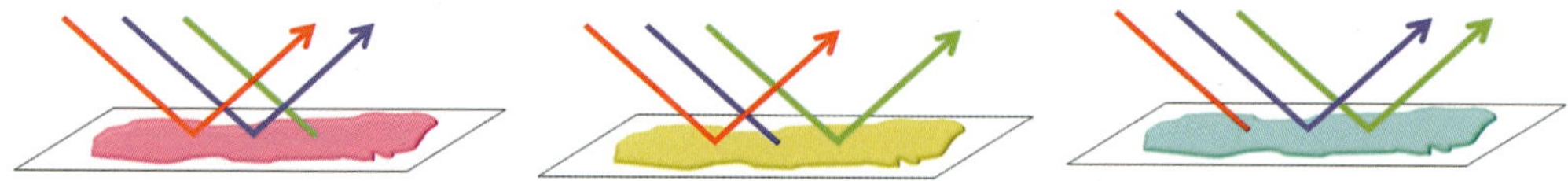

▲ **그림 2-9** 빛의 흡수, 반사에 따른 물체색

예를 들면 [그림2-9]의 마젠타는 초록 파장은 흡수하고 빨강과 파랑 파장의 혼합반사, 노랑은 파랑 파장은 흡수하고 빨강과 초록 파장의 혼합반사, 시안은 빨강 파장은 흡수하고 파랑과 초록 파장의 혼합반사의 결과이다.

결국 색을 본다는 것은 반사된 빛의 색 파장을 느끼는 것을 의미한다. 대부분의 파장을 반사하면 백색으로 보이며, 대부분의 파장을 흡수하면 흑색으로 보인다(그러나 완전 반사나 완전 흡수는 없다).

조명 디자이너는 이러한 물체색의 특성을 파악해야 한다. 조명에서 물체색이란 피사체, 의상, 무대 세트에 착색된 색을 말한다. 물체색의 지각은 방출된 빛의 파장 및 그 파장에 대한 대상의 분광 반사율과 상관관계가 있다. 따라서 물체색은 빛이 있는 공간에서는 변화한다. 왜냐하면 특정한 물체색은 특정한 광원에 대해 일정하게 작용하기 때문이다. 즉, 물체색이 변했다는 것은 그 물체의 비추는 광원의 특성이 변했기 때문이다.

(a)채색 전

(b)파란색 계열 채색

(c)적색 계열 채색

▲ 그림2-10 세트 채색

TV 무대 세트는 색료로 작화된 물체색을 가지고 있다. 이러한 물체색은 빛이 없으면 명도나 채도가 표현되지 못하는 경우가 있다. 그래서 조명 디자이너는 세트의 물체색에 백광뿐만이 아니라 컬러 필터를 부착한 색광을 투사하여 명도나 채도를 조정한다. 세트의 물체색과 같은 계열의 색광을 비추면 그 색광이 반사되어 물체색이 강화되므로 명도나 채도를 올리게 되어 물체색은 선명해진다. 만약 같은 파장의 색광이 아니라 반대되는 색광을 투사하면 색광이 흡수되어 물체색이 본래의 색과 다르게 표현된다. 예를 들면 반사율이 상대적으로 낮은 파란색 세트는 백광의 빛을 투사해도 밝기나 채도가 잘 표현되지 못하는 경우가 있다. 이를 개선하기 위해서는 파란색 세트에 색광을 투사할 때 파란색 인근의 파장을 투과하는 색 필터를 사용하여 세트를 채색해야 하며([그림2-10]의 (b)), 다른 파장을 투과하는 컬러 필터(색상환에서 멀리 떨어져 있는 색 : 적색 계열과 같은 보색)로 채색하면 세트의 물체색이 탁하거나 흑색 쪽으로 표현된다([그림2-9]의 (c)).

[표 2-1]은 세트의 물체색과 색광의 채색을 비교한 것이다.

▼ **표 2-1** 반사와 흡수에 따른 세트의 물체색과 색광의 채색

	적색	녹색	청색	황색	자홍색	청록색
적색	적색	흑색	흑색	적색	적색	흑색
녹색	흑색	녹색	흑색	녹색	흑색	녹색
청색	흑색	흑색	청색	흑색	청색	청색
황색	적색	녹색	흑색	황색	적색	녹색
자홍색	적색	흑색	청색	적색	자홍색	청색
청록색	흑색	녹색	청색	녹색	청색	청록색

(출처 : 김민경. 『무대 조명의 빛과 색에 관한 연구』)

색의 반사율은 빨간색 15~21%, 주황색 35~45%, 노란색 66~75%, 초록색 18~25%, 자주색 6~21%이다.

❸ 투과색

스튜디오 무대 세트에 채색을 하든, 쇼 프로그램에서 빛 선에 색을 넣든 조명 디자이너가 이미지를 표현하기 위해서는 색이 필요하다. 그렇다면 조명 디자이너는 색을 어디서, 어떻게 만들어 사용할까? 물론 광원색을 이용하여 사용하지만 그것은 한계가 있다. 따라서 광원색에 젤라틴(gelatin), 플라스틱(plastic), 유리(glass), 다이크로닉과 같은 컬러 필터를 이용하여 색을 변화시켜 사용한다.

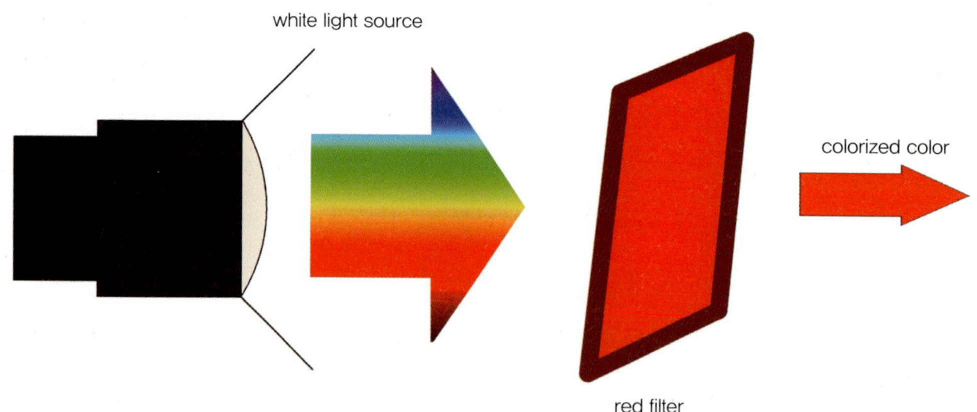

▲ **그림 2-11** 투과색: 흡수와 여과를 거쳐 색이 만들어 진다.

조명 기구 앞에 있는 필터 프레임에 젤라틴, 플라스틱, 유리와 같은 컬러 필터를 넣은 후

빛을 투과하여 원하는 색을 얻는다. 'filter'를 우리말로 번역하면 '~를 여과하다', '~을 제거하다'라는 뜻을 가지고 있다. 컬러 필터는 이러한 여과의 원리를 이용한다. 즉, 광원이 컬러 필터를 통과하면 어떤 특정한 파장의 빛(색)만을 투과 또는 차단하게 된다.

예를 들면 컬러 필터가 적색이라고 하면 광원이 필터를 통과할 때 적색 파장의 범위는 투과시키고 다른 파장은 흡수(제거)해 버리는 것이며, 컬러 필터가 녹색이라고 하면 녹색 파장의 범위만 투과시키고 다른 파장은 흡수해 버리는 것이다. 그러므로 적색의 빛을 얻고자 할 때에는 적색 컬러 필터를 사용하고 녹색의 빛을 얻고자 할 때에는 녹색 컬러 필터를 사용한다.

컬러 필터 중에서 젤라틴 필터는 보통 '젤(gel)'이라고 부르며, 아교질 재료를 정제하여 색상을 착색한 것으로 오랫동안 컬러 필터로 사용하여 왔지만 습기에 약하고 열을 받으면 쉽게 열화 되고 색이 변질되는 단점이 있다.

젤라틴 필터의 단점을 보완한 제품이 '플라스틱 필터'이다. 플라스틱 필터는 투과율도 좋고 색을 만드는 착색도 자유로워 컬러 필터로 대중화되었다.

유리 필터는 열에 강하여 색이 변질되지 않는 장점이 있지만, 색유리의 규격 및 색의 종류가 매우 적으며 유리이기 때문에 파손될 위험이 있다.

색 필터는 [그림 2-12]와 같이 조명 기구 앞에 있는 필터 프레임 삽입구에 넣어 사용한다.

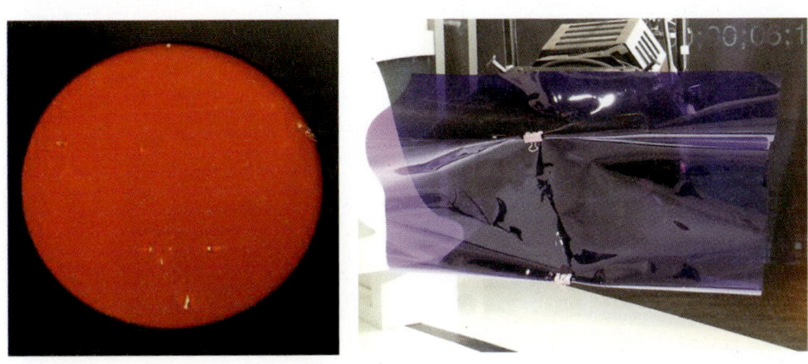

▲그림 2-12 컬러 필터 사용하는 방법

필터 프레임에 넣어 색을 얻는 것은 깔끔하고 보기도 좋지만 필터가 렌즈의 가까이에 있어 장기간 사용하면 열에 의해 필터가 탈색되고 본래의 색이 나오지 않게 되거나 쉽게 손상된다. 이러한 단점을 방지하기 위해 필터를 반도의 앞에 부착하여 사용하면 필터를 손상시키지 않고 오래 사용할 수 있다.

위에서 설명한 필터는 불필요한 파장은 흡수하고 필요한 색은 투과하여 색을 얻는다. 하지만 무빙 라이트에 사용되는 다이크로닉 필터는 불필요한 파장은 반사시키고 필요한 파장은 흡수, 투과하여 색을 얻는다.

무빙 라이트의 다이크로닉 필터는 시안(cyan), 마젠타(magenta), 옐로(yellow)의 감산 혼합으로 색을 만드는데, 색의 재현력이 풍부하여 부드럽고 연속적인 변화를 줄 수 있다. 무빙 라이트는 색의 혼합으로 다양한 컬러를 만든다.

그 동안 조명에서 색의 컬러를 얻는 수단은 거의 컬러 필터에 의존하여 왔다. 하지만 요즘에는 쇼 프로그램 외에 교양 프로그램에서도 무빙 라이트의 컬러 믹싱(color mixing)으로 원하는 컬러를 자유자재로 선택하여 사용하는 경우가 많아지고 있다. 하지만 컬러 필터를 사용하는 것과 무빙 라이트의 컬러를 사용하는 것은 컬러 톤(Color Tone)에서 질감의 차이를 느낄 수 있다. 또한 스튜디오에서 시각적으로 느끼는 컬러 톤과 카메라를 통한 컬러 톤의 차이는 물론, 이펙트 조명 기구의 제작사에 따라 약간의 컬러 톤 차이가 있다.

03 색온도

색은 빛의 성질이고, 색의 정의는 빛에서 출발한다. [그림 2-13]에서 알 수 있는 바와 같이 촛불과 전자레인지 불과 같은 광원은 스펙트럼 분포 특성이 어느 파장에 집중되어 있는지에 따라 독특한 색의 특성을 지니게 된다.

▲ **그림 2-13** 각 광원의 색

이러한 빛의 색을 단순히 '빨간색이 돈다', '푸른색이 돈다'라고 말하기보다는 어떤 기준이 필요한데, 빛의 색을 양적인 온도로 표시한 것을 '색온도'라고 한다. 다시 말해서 색온도는 빛 자체의 온도가 아니라 온도에 따른 파장의 스펙트럼 분포 비율을 알기 쉽게 수치화한 개념이다.

램프에서 설명한 것처럼 어떤 물체를 가열하면 다양한 빛의 색을 내는데, 이때 온도와 빛의 스펙트럼 분포 관계를 정확히 알 필요가 있다.

색온도는 어떻게 나타내고, 그 근거는 무엇일까?

색온도는 켈빈 척도(kelvin scale)로 나타내며, 절대 온도 0°도로 표현되는 온도 체계로, 열역학적으로 생각할 수 있는 최저 온도(섭씨 −273.15도, 화씨 −459.67도)에 해당한다.

색온도는 빛의 색을 절대 온도를 이용해 숫자로 표시한 것으로, K의 단위를 사용한다. 캘빈 영도(0K)는 −273℃이다

색온도의 척도는 가장 이상적인 방사체인 흑체에 열을 가하여 온도를 높였을 때 각 온도에 대응하여 방사되는 빛을 스펙트럼 분포 상태로 나타낸 것이다.

흑체에서 방사하는 빛의 색은 온도가 높아질수록 붉은색에서 푸른색으로 변하고, 나중에는 흰색이 된다.

● 흑체는 모든 파장의 에너지는 흡수하고, 이를 똑같이 방사하는 온도 방사체로, 가장 이상적인 방사체이다. 완전한 흑체란 이론적으로만 존재하는 것이며, 실질적으로는 철(iron)을 생각하면 된다.

1,000K에서는 붉은색, 3,000K에서는 암갈색, 6,000K에서는 노란색, 6,000K에서는
파란색을 띤 흰색, 60,000K에서는 짙은 파란색을 띠게 된다.

옛날에는 제철소에서 철을 만들 때 석탄과 철광석을 용광로에 넣고 고온에서 녹였는데, 이때 용광로 내
부의 온도를 정확하게 아는 것이 중요했다. 당시에는 철이 녹는 온도를 측정하는 온도계가 없었기 때문
에 기술자가 용광로 구멍으로 안을 들여다보고 '철의 빛이 붉으니 아직은 온도가 낮구나', '하얗게 됐으
니 온도가 높구나' 하는 식으로 빛의 색의 변화를 보고 온도를 판단하였다. 이러한 판단은 경험과 감에
의해서였다. 이와 같은 이유로 빛의 온도를 정확히 측정하는 개념이 필요하게 되었다.

▲ **그림 2-14** 광원의 성질에 따른 색온도

길을 걷다가 불이 켜진 아파트 거실 창을 보면 창문에 비친 불빛의 색들이 어느 창은 붉
게 보이고, 어느 창은 푸른색 창으로 보인다. 또한 디지털카메라로 야외에서 찍을 때와
백열등 아래에서 사진을 찍을 때 사진 이미지의 색감이 다르다는 것을 느꼈을 것이다.

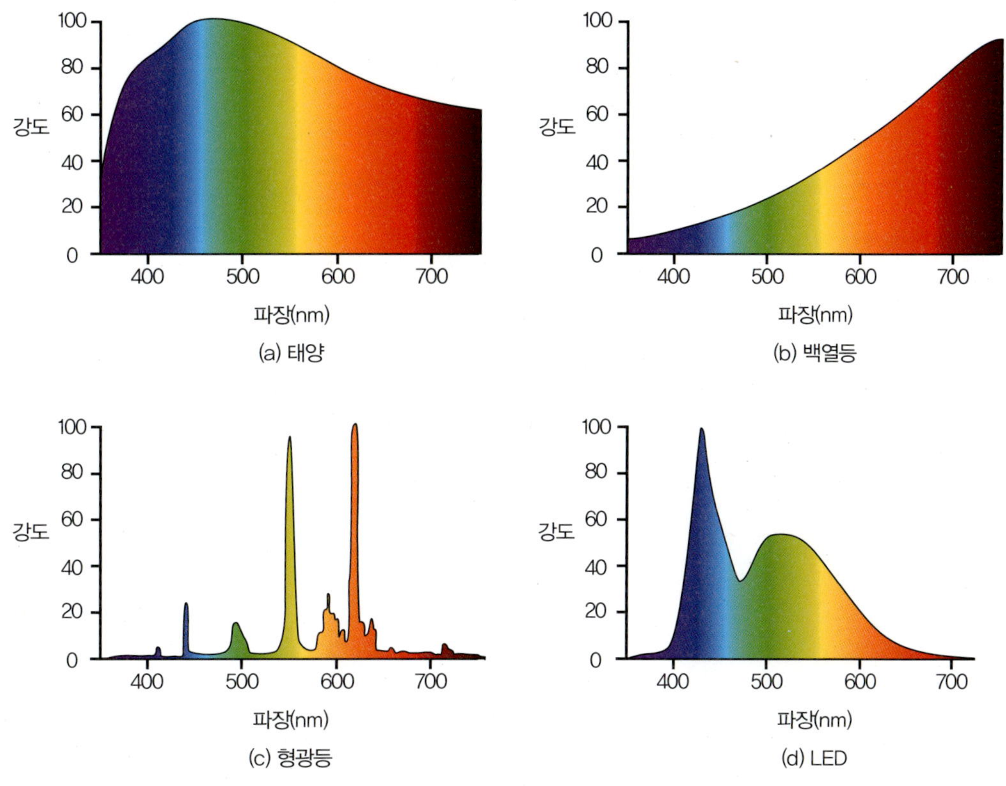

▲ **그림 2-15** 각 광원의 분광 분포

그 이유는 [그림 2-15]에 나타난 것처럼, 모든 광원은 고유의 스펙트럼 분포를 가지고 있고, 그 스펙트럼 분포 특성에 따른 스펙트럼 곡선이 광원의 색온도를 결정짓기 때문이다. 사람의 눈은 광원을 백색으로 인식하는 습관이 있고, 모든 광원들의 스펙트럼 분포 곡선을 그리고 나서 조사하기는 불편하므로, 모든 광원에 적용되는 손쉽고 편리한 방법으로 색온도를 이용하고 있는 것이다.

영화나 TV에서는 색온도의 기준을 정하여 사용하는데, 촬영할 필름의 색온도 기준으로 5,600K 일광(daylight)과 텅스텐 또는 백열등의 3,200K로 나눌 수 있다.

인공광의 분광 분포가 가시광선 전역에 걸쳐 균일하다면 문제가 없지만, 이 세상에는 이렇듯 이론적인 빛은 존재하지 않는다. 실제로 조명 현장에서 사용되고 있는 수많은 광원은 [표 2-2]와 같이 자신만의 색온도를 가지고 있다.

광원	색온도(K)	광원	색온도(K)
LED	5,300	메탈 핼라이드 램프	5,000
고압 나트륨 램프	2,100	HMI 575	5,600
텅스텐 할로겐 램프	3,050~3,200	크세논 램프	6,100
스튜디오용 형광 램프	3,200~4,600	형광 램프	4,200

광원은 각기 다른 색온도를 갖고 있고, 색온도가 각각 다르기 때문에 광원이 갖고 있는 고유한 느낌이 생겨난다. 색온도가 낮아 레드(red) 성분이 많은 할로겐램프의 불빛은 온화하고 따뜻한 분위기, 색온도가 높아 블루(blue) 성분이 많은 HMI 램프의 불빛은 차가운 느낌이 나는 이유는 바로 이 색온도 때문이다. 이러한 색온도는 물체의 색 재현에 영향을 미친다.

할로겐 램프는 색 재현이 뛰어나지만, 이는 램프가 최적의 상태일 때에 해당한다. 이 램프가 입력 전압의 변동 100V에서 3,200K의 색온도를 낸다면 90V에서는 3,080K, 80V에서는 2,940K의 색온도 변화가 이루어진다. 10V에 120~130K씩의 색온도 차이가 난다. 스튜디오에서 색온도에 영향을 미칠 수 있는 요인은 다음과 같다.

- 잘못 설정된 디머 유닛이나 지나친 디밍으로 인한 조명 전압 강하
- 오래된 확산 필터로 인한 색온도 저하
- 조명 기구의 렌즈나 반 도어의 먼지
- 쇼 스튜디오의 지나친 포그로 인한 색온도 저하와 영상의 플레어 레벨(flare level)의 상승

04 색온도 변환

방송 조명에서 광원의 색온도가 중요한 이유는 광원의 색에 따라 카메라가 표현하는 물체의 색 재현이 달라지기 때문이다. 사람의 눈은 광원의 색 변화에 적응을 하므로, 물체의 색은 어떤 광원-예를 들면 태양, 할로겐 램프, 형광 램프, 촛불의 빛-아래에서도 항상 동일하게 보인다. 하지만 카메라는 자동으로 광원의 색온도에 적응할 수 없으므로,

정확한 색을 재현하기 위해서는 촬영하는 환경에 맞는 색온도로 변환시키는 것이 필요하다. 모든 컬러 카메라는 어떤 정해진 색온도에서 동작하도록 하는 필름이 설계되어 있다. 예를 들면 방송 스튜디오 카메라의 필름은 3,200K에서 밸런스(화이트 밸런스)되도록 설계되어 있다. 3,200K는 일반적인 할로겐 램프를 사용할 때의 옥내 촬영을 위한 색온도이다. 그러나 카메라는 3,200K 이외의 색온도하에서도 촬영할 수 있어야 한다. 이러한 이유 때문에, 카메라에 여러 개의 선택 가능한 색 변환 필터가 프리즘 시스템 앞에 장착되어 있다. 이들 필터는 현재 빛의 색온도 스펙트럼 분포를 카메라의 동작 온도인 3,200K와 광학적으로 거의 같도록 한다. 예를 들어, 5,600K의 광원 아래에서 촬영할 때 5,600K의 색 변환 필터를 사용하면 입사광의 스펙트럼 분포를 3,200K의 스펙트럼 분포로 변환할 수 있다.

만약 3,200K로 조정된 필름을 가지고 있는 카메라로 색 변환 필터를 사용하지 않고 HMI와 같은 5,600K의 광원으로 촬영하면 피사체는 블루 성분이 많은 이미지로 표현될 것이다. 이와 반대로 5,600K로 조정된 필름을 가지고 카메라에서 3,200K의 할로겐 램프로 촬영하면 피사체는 레드 성분이 많은 이미지로 표현될 것이다.

카메라의 색온도 변환 필터는 촬영할 광원이 하나라면 문제가 되지 않는다. 광원의 색온도에 따라 카메라의 색온도 변환 필터를 사용하여 색온도를 조정하면 되기 때문이다. 하지만 촬영할 환경이 하나의 광원이 아니라 불가피하게 색온도가 다른 2개 이상의 광원이 촬영 현장에 있다면 카메라의 색온도 변환 필터는 어떤 광원에 조정되어야 할까? 이러한 환경은 우리가 촬영할 때 종종 마주치는 난감한 상황이다.

1 색온도 보정 필터

촬영할 광원의 색온도와 카메라 필름의 색온도가 일치하지 않을 때에는 다음과 같은 방법으로 그 상황을 조정해 나갈 수 있다.

첫째, 위에서 설명한 것처럼 광원의 색온도에 맞게 카메라에 장착된 색온도 전환 필터를 사용하여 조정한다.

둘째, 카메라의 필름에 맞는 색온도를 가진 광원으로 바꾸어 사용한다. 예를 들어 5,600K에 반응하는 필름이라면, 3,200K의 할로겐 광원이 아닌 5,600K의 색온도를 가진 HMI 광원으로 교체하여 사용하면 된다.

셋째, 카메라에 장착된 색온도 전환 필터로 보정할 수 없는 색온도 차이가 있거나 2개 이상의 광원이 존재한다면 컬러 필터와 같은 색온도 보정 필터-'색온도 전환 필터' 또는 '색온도 보정 필터'라고 부르지만, 카메라에 장착된 색온도 변환 필터와 구분하기 위해-를 광원 앞에 놓음으로써 광원의 색온도를 보정시킨다. 확산 필터와 컬러 필터와 같은 재질로 된 색온도 보정 필터는 카메라에 장착된 색온도 전환 필터와 달리 조명 기구 앞에 부착한 후 광원의 특성을 바꾸어 색온도를 보정한다.

색온도 보정 필터에는 다음 2가지 형태가 있다.

- 색온도를 높이는 CTB 필터(color temperature blue filter)

  할로겐 광원을 데이라이트(daylight)의 푸른색으로 바꾸는 필터

- 색온도를 낮추는 CTO 필터(color temperature orange filter)

  데이라이트를 할로겐 광원의 오렌지색으로 바꾸는 필터

▼ **표 2-3** 색 변환 필터 차트(Lee Filter 기준)

색의 범위	범위		미레드 변환 수치	Lee Filter 번호
	변환 전	변환 후		
full CTB	3,200K	5,500K	−131	201
3/4 CTB	3,200K	4,700K	−100	281
1/2 CTB	3,200K	4,100K	−68	202
1/3 CTB	3,200K	3,500K	−49	203
1/4 CTB	3,200K	3,300K	−30	218
full CTO	5,500K	2,900K	+167	204
3/4 CTO	5,500K	3,200K	+131	206
1/2 CTO	5,500K	3,800K	+81	205
1/4 CTO	5,500K	4,500K	+40	444

[표 2-3]에서 알 수 있듯이, 3,200K의 색온도를 가진 광원을 5,500K의 색온도로 끌어올리려면 미레드 변환 수치가 131이고, 필터 번호가 201인 CTB 색온도 보정 필터를 광원 앞에 놓으면 되고, 이와 반대로 5,500K인 광원을 3,200K로 끌어내리려면 미레드 변환 수치가 131이고, 필터 번호가 206인 CTO 색온도 보정 필터를 광원 앞에 놓으면 된다.

[표 2-3]을 보면 미레드 수치가 나오는데, 미레드는 색온도를 비교하여 연관시켜 보고 색온도 보정 필터를 선택하는 데 사용하는 손쉬운 방법을 말한다. 미레드는 100만을 색온도(K)로 나눈 값을 말한다. 이는 한 광원을 다른 광원으로 바꾸려고 할 때 요구되는 색의 변이를 계산하는 방법이다. 예를 들어 [표 2-3]에서 3,200K의 광원을 5,500K의 광원으로 올리려면, 다음과 같이 미레드 수치를 적용하여 색온도 보정 필터를 선택한다. 3,200K의 미레드는 1,000,000÷3,200K=313이고, 5,500K의 미레드는 1,000,000/5,500=182이다. 두 광원의 차이는 313-182=131미레드이다. 따라서 할로겐 광원을 데이라이트(daylight) 광원의 색온도로 변환시키려면 131미레드인 색온도 보정 필터 201번을 사용하면 된다. Lee Filter 웹 사이트(http://www.leefilters.com)를 이용하면 기준 색온도와 변환 색온도에 따른 미레드 수치와 필터 번호를 쉽게 알 수 있다.

색온도 보정 필터는 색 보정 외에 보정 필터가 가지고 있는 빛의 특성 때문에 다른 효과를 내기 위해 사용하기도 한다. CTB 보정 필터는 푸른색을 가지고 있기 때문에 색온도 차이로 3,200K의 필름에서 달빛 효과를 내기 위해 사용하기도 하고, 극적인 효과를 내기 위해 부분적 또는 전체적으로 강한 색온도 보정 필터를 사용하기도 한다. 이와 반대로 CTO 보정 필터는 오렌지색을 가지고 있기 때문에 석양을 표현하는 데 사용하기도 한다. 색온도 보정 필터 또한 확산 필터와 마찬가지로 필터의 사용으로 인해 광원의 강도가 떨어지기 때문에 이를 감안하여 노출을 증가시켜야 한다.

가끔 색온도 보정 필터가 없을 때 급하게 일반 컬러 필터를 이용하여 색온도를 보정하는 경우도 있다. 예를 들어 색온도를 높이기 위해 블루 컬러 필터를 사용하게 되는데, 이때에는 색온도 보정 필터와 일반 컬러 필터를 구분하여 사용하는 것이 좋다. 색온도 보정 필터는 제조 때부터 규격에 맞게 제작되어 보정 효과가 매우 좋지만, 일반 컬러 필터의 효과는 매우 미약하고 부정확하다.

❷ 색온도 보정 필터 적용

이번에는 실제 제작 현장에서 색온도 보정 필터를 어떻게 사용하는지에 대해 알아보자. 먼저 색온도 보정 필터를 설명할 때 가장 많이 사용하는 촬영 환경을 살펴보고, 그 다음에 스튜디오에서 발생하는 색온도 차이를 어떻게 보정하는지를 알아본다. 이와 아울러 마지막으로 쇼 프로그램에서 색 표현 확장을 위하여 색온도를 어떻게 조정하여 사용하고 있는지를 알아본다.

① 일광을 할로겐 광원으로, 할로겐 광원을 일광으로

[그림 2-16]을 보면, 실내에는 할로겐 광원이 있고, 실외에는 일광이 창문을 통해 실내로 들어오고 있는 것을 알 수 있다. 광원의 색온도가 다른 2개의 광원이 촬영 현장에 존재할 때 색온도 관계를 처리하는 방법의 예로 가장 많이 설명하는 그림이다.

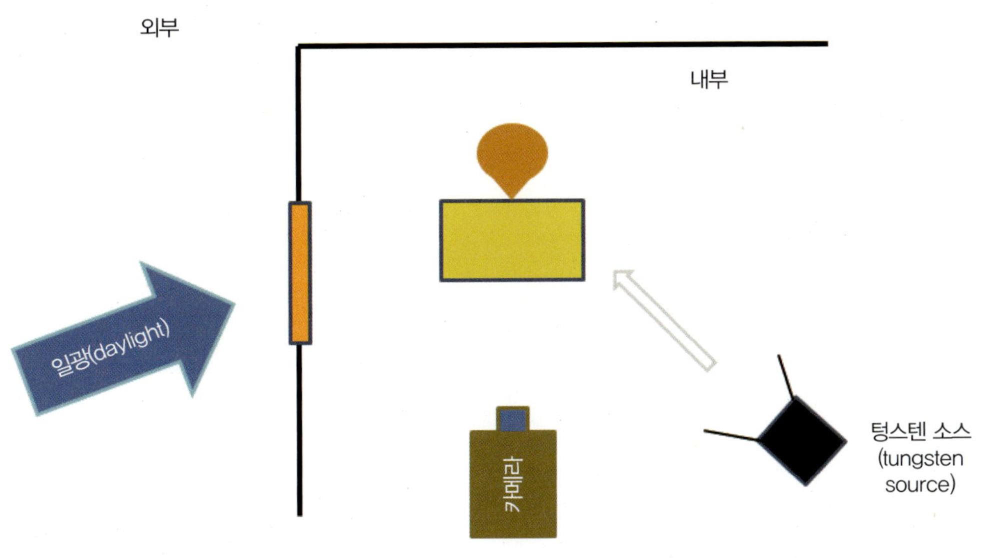

▲ 그림 2-16 각기 다른 두 광원

② 일광을 할로겐 광원으로

[그림 2-16]은 일광과 텅스텐 광원이 혼재되어 있는 상황이다. 실내의 모든 촬영 조건을 텅스텐 광원으로 바꾸려고 할 때, 즉 창문 밖에서 실내로 들어오는 일광을 텅스텐 광원으로 보정하고자 할 때에는 가장 먼저 카메라 촬영 조건을 살펴봐야 한다. 다시 말해서 카메라 필름이 어떤 조건에 놓여 있는지를 알아야 한다는 것이다. 여기에서 일광을 색온도 보정 필터를 사용하여 텅스텐 광원으로 색온도를 보정한다는 의미는 카메라 필름 조건이 텅스텐 광원으로 •화이트 밸런스되어 있다는 것을 알 수 있다.

일광의 색온도가 5,500K이고, 피사체를 비추고 있는 텅스텐 광원의 색온도가 3,200K라고 가정하면, 피사체와 실내는 3,200K의 텅스텐 광원과 5,500K의 일광이 혼재되어

● 화이트 밸런스란, 어떤 광원 아래에서 백색의 물체를 카메라로 잡았을 경우, 자연광 아래에서 잡은 백색과 일치하도록 R, G, B로 컬러 밸런스를 조절하는 것을 말한다. 야외에서 촬영하기 전에는 반드시 백색의 물체를 카메라로 잡은 후에 화이트 밸런스를 조정해야 한다.

카메라에 표현된 이미지는 일광이 비추는 곳이 카메라 필름의 색온도보다 높아져서 전체적으로 블루 색이 나타날 것이다.

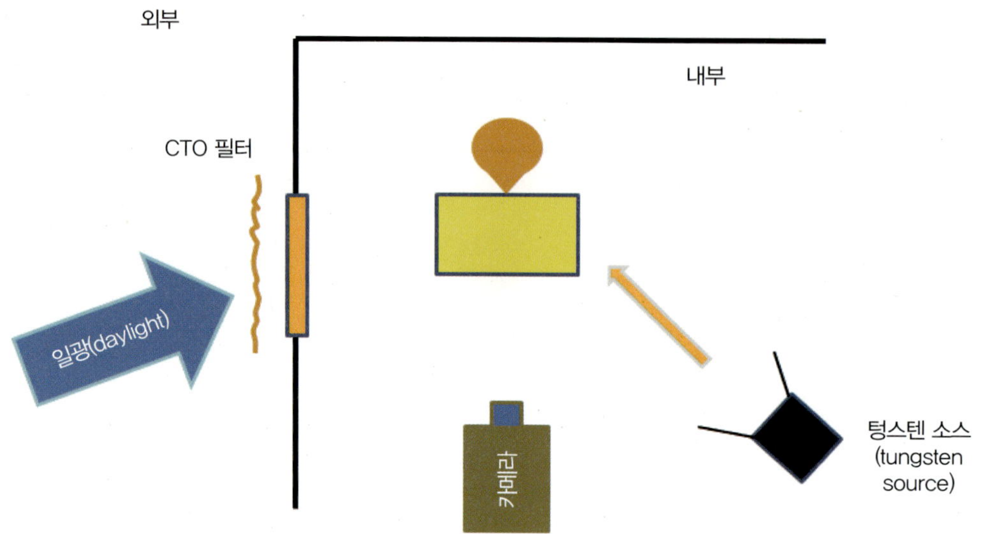

▲ **그림 2-17** 일광을 할로겐 광원으로 색온도 보정

이 점을 개선하기 위하여 일광을 3,200K로 낮추는 색온도 보정 필터인 CTO 206번을 창문 바깥에 설치하고, 일광이 필터를 통하여 실내로 들어오게 하여 실내의 촬영 조건을 할로겐 광원으로 만들어야 한다.

만약, 색 보정 필터를 사용했음에도 불구하고 밖에서 들어오는 광원의 강도가 높아 실내가 노출의 한계를 넘으면 강도를 줄이기 위해 확산 필터나 ND 필터를 중첩하여 사용해야 한다. 확산 필터는 빛을 확산시키기 때문에 구름 낀 날의 일광으로 좋을 것이고, ND 필터는 광원의 강도만 줄이기 때문에 맑은 날을 표현하기가 좋을 것이다. 그리고 좀 더 따뜻한 느낌의 일광을 만들고 싶다면 색온도가 실내의 텅스텐 광원보다 낮게(2,900K) 보정되는 색온도 조정 필터(CTO 204)를 사용하면 된다.

③ 할로겐 광원을 일광으로

카메라의 필름이 일광으로 화이트 밸런스되어 있고, 실내 촬영 조건을 일광의 색온도로 바꾸고 싶다면, 일광은 그대로 두고 텅스텐 광원을 일광으로 바꾸면 된다. 텅스텐 광원을 일광으로 바꾸기 위해서는 미레드 수치가 −131인 CTB 201번 필터를 사용하면 된다.

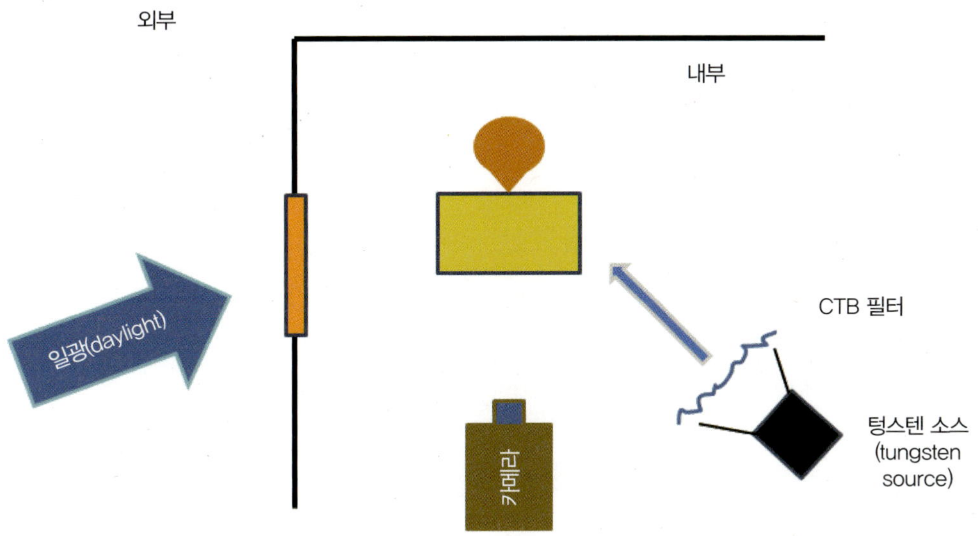

▲ 그림 2-18 할로겐 광원을 일광으로

CTB는 실내의 할로겐 광원을 창문에서 들어오는 일광의 색온도와 일치시키고자 할 때 매우 유용하지만, 그에 따른 광량 손실이 문제가 된다. CTB는 CTO보다 투과율이 적다. 즉, CTO가 70~80%인 반면, CTB는 38%이다.

창문을 통해 들어오는 일광은 일반적으로 실내에서 사용하는 할로겐 광원보다 훨씬 큰 광량을 가지고 있을 것이므로, 이를 조절해야만 할로겐 광원 광량 부족 문제를 겪지 않을 것이다.

일광에 비해 적은 광량의 할로겐 광원에 다시 CTB 필터를 사용하면 광량이 손실되어 더욱 극심한 할로겐 광원의 광량 부족 문제를 일으킬 것이다.

이 문제를 해결하기 위해서는 창문 밖에 CTB 필터를 사용하여 광량을 줄이거나 ND 필터를 사용하여 광량을 줄여야 한다. 이 밖에 할로겐 광원의 출력을 높이는 방법도 있지만, 이로 인해 인물이 거칠어질 수 있다. 그렇기 때문에 [그림 2-18]과 같은 촬영 환경일 때에는 텅스텐 광원을 일광으로 바꾸기보다 일광을 텅스텐 광원으로 바꾸는 것이 더 효율적이다.

❸ 실내의 2개 광원

우리는 실내에서 촬영할 때 색온도가 다른 2개의 광원, 즉 형광 광원과 그 밖의 광원에 직면하게 된다. 대부분의 사무실이나 복도의 조명 광원은 형광 광원으로 이루어져 있다.

이번에는 형광 광원과 색온도를 조절하기 위한 광원의 색온도 조정에 대해 알아보자.

▲ **그림 2-19** 색온도 보정 전(위)과 후(아래)의 이미지

[그림 2-19]는 필자가 디자인한 KBS 뉴스 스튜디오의 모습이다. 스튜디오 뒤 배경은 보도 본부의 실제 사무실이다. 사무실을 배경으로 뉴스 스튜디오를 설계하였다. 요즘 뉴스 전문 채널에서 사무실을 배경으로 뉴스 스튜디오 세트를 설계하는 경우가 많아지고 있다. 이는 뉴스를 만드는 사무실의 활기차고 생생한 현장을 보여줌으로써 뉴스의 신뢰성과 속보성을 느끼게 하기 위해서이다.

먼저 결론부터 말하면 [그림 2-19]의 위쪽 그림은 3,200K의 카메라 필름의 이미지이고, 아래쪽 그림은 색온도가 보정된 이미지이다.

위쪽 그림은 화면 전체가 블루 톤으로 표현되었다. 그 이유는 카메라의 필름보다 사무실의 색온도가 높기 때문이다. 색온도 보정을 위해 뉴스 스튜디오의 조명 디자인을 설계할 때 다음 사항을 고려하였다.

- 색온도를 조정할 광원은 무엇인가?
- 스튜디오 조명 환경에서 쾌적하게 설계되어 할 조건은 무엇인가?

스튜디오의 크기가 작기 때문에 광원에서 발생한 열로 인해 스튜디오의 온도가 올라가면 뉴스 앵커의 분장 상태가 땀으로 인해 영향을 받을 수 있다. 이러한 문제점을 해결하기 위해 가장 먼저 스튜디오의 배경인 사무실의 광원을 조사하였다. 사무실의 광원은 매입 전등, 형광등 등 방송용 광원이 아닌 일반용 광원으로 이루어져 있고, 색온도는 위치에 따라 대략 4,200~4,600K로 분포되어 있다.

사무실 전체의 광원을 색온도로 보정하는 것은 물리적으로 힘들기 때문에 스튜디오 내부의 광원을 사무실 광원의 색온도에 맞게 설계하는 것이 옳을 것이다.

첫 번째 작업은 사무실 색온도에 맞게 스튜디오 광원의 색온도를 올리는 것이고, 두 번째 작업은 색온도를 고려하여 쾌적한 스튜디오 환경에 필요한 광원을 선택하는 것이다.

위의 조건에 따라 다음과 같은 광원을 선택하였다.

- 가장 먼저 적정 조도를 확보한 후, 피사체의 이미지를 부드럽게 표현하기 위해 열이 많이 발생하는 할로겐 광원을 배제하고, 사무실의 색온도와 비슷하고 열 발생이 적은 4,600K 형광 광원의 조명 기구를 베이스 라이트로 사용하기로 하였다.
- 키 라이트, 백 라이트용으로 열이 많이 발생하는 할로겐 광원이 아닌 열이 발생하지 않는 5,600K의 HMI 광원을 사용하여 광원의 색온도를 4,300K 정도에 맞게 내리기로 하였다.

광원을 선택할 때 색온도와 광원의 열이 적게 발생하는 2가지 조건을 만족하는 광원을 선택하는 것이 중요하였다. HMI 광원은 CTO 206 필터를 사용하여 전체적인 색온도 밸런스를 유지하였다. 실제로 HMI 광원에 미레드 수치가 40인 444번 CTO 필터를 사용하는 것이 맞지만, 구매하기가 쉽지 않아 현장에 있는 206번 필터를 사용하였다.

이렇게 하여 스튜디오 전체의 색온도는 4,300~4,400K로 조정되었다. 형광 광원의 색온도는 매뉴얼상 4,600K를 가지고 있지만, 실제 측정을 해보면 4,400K 정도가 된다. 그런 다음, 카메라의 색온도 변환 필터를 4,300K에 맞추고 카메라의 색온도와 스튜디오의 미세한 색온도 차이는 피사체를 중심으로 카메라 영상 장치인 리모트 컨트롤 패널(remote control pannel)에 있는 화이트 R, G, B로 보정하였다. 이렇게 하여 보정된 이미지가 두 번째 그림이다.

④ 쇼 프로그램에서의 색 재현을 위한 색온도 보정

쇼 프로그램은 빛과 색으로 음악의 감성을 표현하는 종합 예술이다. 특히 색의 표현은 쇼 프로그램에서 매우 중요하다. 쇼 프로그램의 색의 표현은 주로 이펙트 무빙 라이트에 의존하게 된다. 그만큼 무빙 라이트의 색의 재현은 매우 중요하다. 그런데 쇼 프로그램의 스튜디오 제작 환경은 여러 광원이 혼재되어 있어 무빙 라이트의 색 재현에 한계가 발생한다.

- 무빙 라이트의 색온도는 5,600K
- 가수 비추는 크세논 폴로 스포트라이트(xenon follow spotlight)의 색온도는 6,100K
- 세트와 객석의 할로겐 광원의 색온도는 3,200K

이렇게 광원이 혼재되어 있지만 TV 스튜디오의 제작 현장에서는 전통적으로 할로겐 램프를 사용해왔기 때문에 카메라에 3,200K에 화이트 밸런스가 조정되어 있었다. 이를 위하여 키 라이트로 사용하는 폴로 스포트라이트(follow spotlight)는 3,200K의 색온도 보정 필터를 사용하여 운용되고 있는 실정이었다.

하지만 쇼 프로그램의 색 표현 장비인 무빙 라이트의 색온도는 보정할 수 없기 때문에 무빙 라이트의 빛의 색을 그대로 사용할 수밖에 없었다. 이로 인하여 무빙 라이트의 색온도가 높아져 무빙 라이트의 흰색 빛선이 카메라에 재현될 때에는 색이 블루 톤으로 재현되어 화이트를 표현할 수 없었다.

또한 키 라이트로 사용하는 폴로 스포트라이트의 크세논(xenon) 광원을 3,200K로 변환하였기 때문에 필 라이트로 사용하는 필 폴로 스포트라이트(fill follow spotlight)도 3,200K에 맞추기 위해 텅스텐 할로겐 광원을 사용하는 조명 기구를 사용하였다. 이로 인해 광원의 색온도 차이에서 표현되는 페이스 톤(face tone) 재현에 한계가 발생하게 되었다.

이를 개선하기 위하여 스튜디오의 모든 광원을 3,200K에서 5,300K로 변환하였다. 가장 먼저 할로겐 광원의 필 폴로 스포트라이트의 광원을 크세논 광원으로 교체하여 키 라이트의 광원과 필 라이트의 광원을 5,300K로 통일하고, 인물에 떨어지는 광원을 같게 하였다. 또한 CTB 필터를 사용하여 할로겐 광원의 색온도를 조정하였다.

(a)

(b)

▲ 그림 2-20 쇼 프로그램에서의 색온도 조정 전과 후

[그림 2-20]은 색온도 조정 전후 무빙 라이트의 화이트 빛선의 색 표현을 보여주고 있다. (a)는 3,200K로 세팅한 조명 이미지에서 무빙 라이트의 화이트가 블루 색을 포함하고 있는 빛선을 보여주고 있고, (b)는 5,300K에 조정된 조명 이미지로 무빙 라이트의 화이트가 원색에 가깝게 재현되는 것을 보여주고 있다. 이렇게 하면 ●쇼 프로그램의 색채 표현이 풍부해져 음악의 감성을 색으로 표현하는 효과가 높아진다.

● 쇼 프로그램에서 인물 조명을 할 때에는 주로 일반 조명 기구인 스포트라이트가 아닌 폴로 스포트라이트를 사용한다.

5 연색성

물체색은 광원과 밀접한 관련이 있다. 우리가 느끼는 물체색은 광원의 반사와 흡수에 따라 결정된다. 따라서 광원이 바뀌면 물체색도 변화한다. 물체색은 태양을 기준으로 평가하며, 일반적으로 물체색은 태양 빛을 비추었을 때 자연스럽게 보인다. 태양광의 스펙트럼 분포는 모든 색이 고르게 분포되어 있어 그 반사량의 총량도 같기 때문에 물체색은 명확하게 표현된다. 하지만 인공 광원은 태양과 달리 스펙트럼 분광 분포가 어느 일정한 색에 집중되어 있다. 같은 물체색이라도 비추는 광원의 스펙트럼 특성에 따라 영향을 받게 된다. 그것은 광원이 물체의 색채를 드러내는 것이 아니라 물체들이 광원이 가지고 있는 색채를 드러내기 때문이다. 즉, 광원이 가지고 있는 색을 물체의 표면이 선별적으로 반응하기 때문이다. 이와 같이 광원의 특성이 물체색의 변화를 일으키게 되는데, 이를 광원이 가지고 있는 물체 표면의 색 재현성을 그 광원의 '연색성'이라고 한다.

우리가 백화점에 옷을 살 때 옷의 파란색이 마음에 들었는데 집에서 와서 보니까 백화점에서 볼 때와 색상이 약간 다르다는 것을 느낀 적이 있을 것이다. 그 이유는 백화점의 광원은 형광등이고, 집의 광원은 백열등이기 때문이다. 즉, 형광 광원은 스펙트럼 분포에 청색 부분이 많아 파란색의 의상이 선명하게 보였지만, 백열 광원은 주황색이 많아 파란색을 비추었을 때 색이 탁해 보이기 때문이다. 이와 같이 연색성이란 어떤 광원이 물체의 표면을 비추었을 때 물체의 색 재현 충실도를 나타내는 광원의 성질을 말한다.

▼ 표 2-4 연색성에 따른 색 표현 차이

Ra	연색성 지수에 따른 색 재현		
Ra>90			
80~89			
<80			

연색성은 수치로 나타내어 비교한다. 이는 인공광이 얼마나 기준 광원과 비슷하게 물체의 색을 보여주는지를 나타내는데, 이를 '연색성 지수'라고 하고, 'Ra'로 표시한다.

연색성 지수는 기준 광원 대비 백분율로 표시하며, 연색성 지수가 '100'에 가까울수록 기준 광원에 가깝고 물체의 색이 고르고 자연스럽게 보인다는 뜻이다.

▲ **그림 2-21** 연색성 수치에 따른 색표현 차이

그림에서 보는 것과 같이 연색성이 90Ra 이상인 광원을 딸기에 비춘다면 색채가 풍부하고 자연스럽게 보이지만 연색성이 90Ra 이하인 광원은 딸기의 색채 재현은 본래의 색하고 다르게 표현된다.

이것은 90Ra 이상을 가진 광원은 그 광원의 스펙트럼분포에 적색과 녹색의 에너지가 많아 딸기의 표면에 빛을 비추었을 때 그 색의 파장 반사량이 많기 때문에 색재현의 충실도가 높아 보이지만 연색성이 90Ra 이하인 광원은 적색과 녹색의 스펙트럼 분포가 상대적으로 낮아 그 색의 반사량이 적기 때문이다. 연색성은 평균 연색성 평가수와 특수 연색성 평가수로 나타낼 수 있다.

▼ **표 2-5** 연색 평가지수

평균 연색 평가			특수 연색 평가		
No.	색상	명도/채도	No.	색상	명도/채도
1	7.5R	6/4	9	4.5R	4/13
2	5Y	6/4	10	5Y	8/10
3	5GY	6/8	11	4.5G	5/8
4	2.5G	6/6	12	3PB	3/11
5	10BG	6/4	13	5YR	8/4
6	5PB	6/8	14	5GY	4/4
7	2.5P	6/8	15	1YR	6/4
8	10P	6/8			

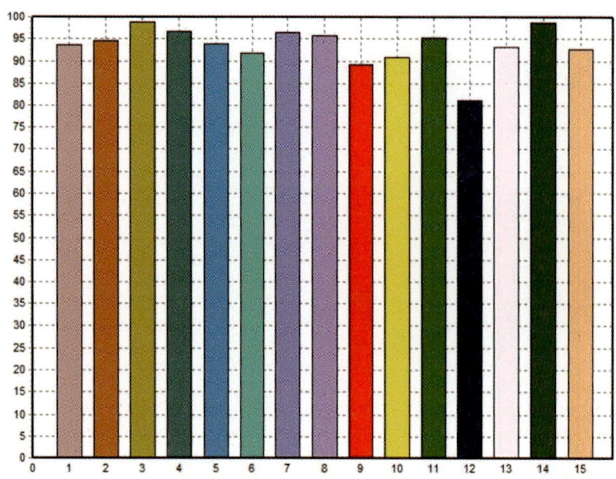

▲ 그림 2-22 특정 광원의 연색성 차트

평균 연색 평가수는 규정된 8종류의 시험색을 기준 광원으로 조명하였을 때인 R1에서 R8까지의 물체색의 평균값을 말하며, 특수 연색 평가수는 특정한 색(R9~R15)을 얼마나 잘 재현하는지를 보는 것으로 시험색의 각각에 대하여 기준 광으로 조명하였을 때와 시료 광원으로 조명하였을 때의 규정된 균등색 공간에서 U′V′W′ 표색계에 있어서의 좌표의 변화로부터 구하는 연색 평가 지수이다. 인공광원이 적용되는 공간에 대해서는 Ra(1~8) 값만이 아닌 Ra(1~15) 값이 중요하다. 특히 [그림 2-22]에서 보는 바와 같이 R9와 R12의 값이 연색성에서 중요하게 작용하므로 R9와 R12 값의 수치를 높이는 것을 생각해야 한다.

물체색은 사용한 광원의 분광 분포에 따라 그 분광 반사율이 달라지므로 물체색의 특성을 말할 때 어떤 특정 광원을 미리 정해두지 않으면 안 된다. 색을 비교하는 데 있어 서로 다른 광원을 사용하면 혼란스럽기 때문이다. 따라서 연색성을 말할 때에는 기준 광원이 필요하며, 기술적으로 연색성 지수는 서로 같은 색온도를 지닌 광원들 사이에서만 비교가 가능하다.

이와 같은 이유로 측색 분야와 공업계에서는 표준 광원을 정하고, 광원의 종류에 따라 그 수치를 명시하게 되어 있다. 이와 같은 필요에 의해 CIE(국제 조명 위원회)에서는 다음과 같은 표준광을 정해 놓았다.

• 표준광 A 2,850K : 가스가 들어 있는 텅스텐 전구(백열등)를 대표하는 광원 (incandescent light)

- 표준광 B 4,874K : 직사광선의 분광 분포에 가까운 광원(sunlight)
- 표준광 C 6,774K : 맑은 하늘의 반사광을 포함하는 낮 광선에 가까운 분광 분포를 가지는 광원(daylight)

방송 조명에서는 무대 조명과 달리 물체를 카메라를 통해 지각하기 때문에 색온도와 연색성을 중요하게 고려한다. 보통 방송 조명에 필요한 연색성 지수는 90Ra 이상을 요구하고 있다.

색의 혼합

색은 어떤 요소로 이루어졌는가? 그리고 색은 섞인가? 색은 섞을 수 있는가? 색을 섞으려면 어떻게 해야 하는가? 색을 섞으면 섞기 전과 어떻게 달라지는가? 색을 섞으면 어떤 일이 일어나는가?

색의 혼합에는 색광을 혼합하는 것과 색료를 혼합하는 2가지 방법이 있다. 우리는 보통 색광의 3원색, 색료의 3원색 등으로 원색이라는 용어를 많이 사용하는데, 원색이라는 개념은 한마디로 말해서 원색을 혼합하여 다른 모든 색상을 만들 수 있으며, 반대로 다른 색상을 혼합하면 원색을 만들 수 없다는 뜻이다.

색광의 3원색은 적(red), 녹(green), 청(blue)을 말하며, 색료와 마찬가지로 3원색을 혼합하면 모든 색광을 만들 수 있지만, 다른 색광을 혼합해서는 3원색을 만들 수 없다. 이는 색료의 3원색, 즉 잉크의 3원색은 시안(cyan), 마젠타(magenta), 옐로(yellow)를 말하며, 이들 3원색을 여러 가지 비율로 혼합하면 모든 색상을 만들 수 있지만, 반대로 다른 색상을 혼합해서는 이 3원색을 만들 수 없다는 뜻이기도 하다. 빛의 혼합은 '더하기'로 이루어지고, 색료의 혼합은 '빼기'로 이루어진다. 그 이유가 무엇인지 살펴보자.

1 가산 혼합

색광의 3원색인 R, G, B를 서로 똑같은 비율의 에너지로 혼합하면 흰색이 된다. 그래서 '더하기'이다. 빛을 더한다는 것은 색과 색을 혼합할수록 점점 밝아진다는 의미이다. [그림 2-23]에서 보듯이 혼합의 결과로 나타나는 2차색인 C, M, Y는 1차색인 R, G, B보다 명도는 높아지고 채도는 낮아진다.

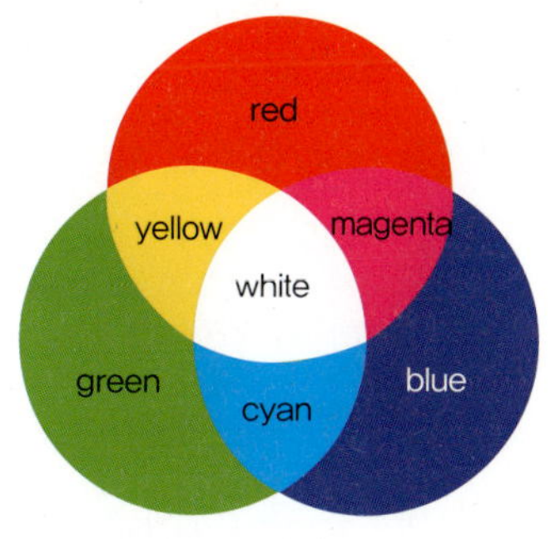

▲ 그림 2-23 가산 혼합

색광은 혼합할수록 명도가 높아지기 때문에 '가산 혼합'이라고 부른다. 그리고 색광 혼합의 2차색들은 곧 색료 혼합의 3원색이 된다. 가산 혼합의 원리는 컬러 TV의 수상기, 무대의 조명, 분수의 채색 조명 등 각종 빛을 응용한 영상 매체나 영상 디자인에도 응용된다. 가산 혼합을 조명에 응용하면 색을 풍부하게 표현할 수 있다. 가산 혼합은 2개 이상의 조명 기구로 색을 혼합하는 방법이다. 2개의 빛을 합성하면 사람의 눈에 들어오는 빛의 양이 많아지고, 합성된 색은 더욱 밝은 색이 된다.

가산 혼합은 세트의 물체색 밝기를 조정할 때도 사용한다. 세트의 착색된 색료의 색 밝기를 전체적인 휘도 밸런스를 위해 높여야 할 필요가 있을 때, 채도가 낮은 같은 계열의 색광(필터를 투과한 빛의 색)을 세트에 비추면 색료에 의해 세트에 착색된 물체색이 밝아진다. 왜냐하면 채도가 낮은 필터는 빛에 들어 있는 색들을 조금씩 모두 통과시키므로, 이 필터를 사용하면 무대 세트에 있는 색료의 모든 색이 잘 반응하기 때문이다. 만약, 채도가 높은 색광을 비추면 세트의 물체색을 분명하게 표현할 수 있지만, 특정 색의 투과율이 높고 전체적인 색들은 모두 흡수되기 때문에 이에 반응하는 색료 색들이 부족하여 생기를 잃게 된다.

그리고 무대 배경인 호리존트 막에 사용하는 색들을 가산 혼합하여 색을 자유자재로 만들 수 있다. 호리존트에 사용하는 호리존트 라이트는 보통 R, G, B, Y의 4가지 색으로 구성하는데, 프로그램에 따라 색을 표현하는 데에는 한계가 있다. 이러한 이유 때문에 색광을 섞어 다양한 새로운 색을 만들어 사용한다. 예를 들어 마젠타가 필요할 때에는 빨간 색광과 파란 색광을 섞으면 된다. 빛의 색은 색이 많이 들어갈수록 강해진다. 파란색 필터를 사용하여 만든 파란색 색광보다 녹색 색광과 보라색 색광을 섞어 만든 파란색 조명이 훨씬 강하게 느껴진다.

2 감산 혼합

색료의 3원색인 C, M, Y를 서로 똑같은 비율로 혼합하면 검은색이 된다. 그래서 '빼기'이다. '빼다'는 의미는 색과 색을 혼합할수록 명도가 감소되는 색상이 나온다는 것이다.

[그림 2-24]와 같이 혼합의 결과로 나타나는 2차색은 R, B, B이다. 명도는 가산 혼합과 반대로 모두 낮아진다. 색료의 명도는 혼합할수록 낮아지기 때문에 '감산 혼합'이

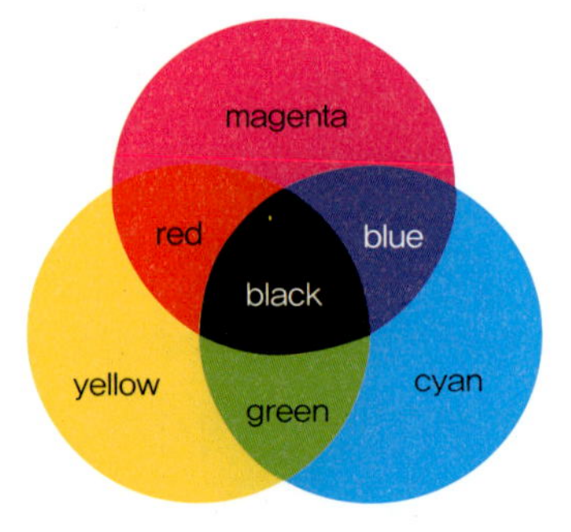

▲ **그림 2-24** 감산 혼합

라고 한다. 그리고 색료 혼합의 2차색들은 곧 색광 혼합의 R, G, B 3원색이 된다. 색료 감산 혼합은 물감을 섞거나 색 필터를 겹쳐서 혼합하는 색료의 혼합인데, 이때 명도가 낮아지는 이유는 백색 광선이 물감이나 색 필터를 통과하면서 스펙트럼의 일부가 흡수되거나 강조되기 때문이다. 물감을 섞을수록 색감은 점점 짙어지는데, 색감이 짙어진다는 것은 백색광에서 빛이 감소되는 것을 의미하므로, 원래의 색상보다 칙칙해지고 어두워진다.

조명의 관점에서 보면 감산 혼합은 조명 기구의 광원 앞에 여러 장의 컬러 필터를 겹쳐 끼워 얻게 되는 색의 혼합을 말한다. 컬러 필터가 많이 겹칠수록 흡수하는 빛의 양은 많아지고, 반사되는 빛의 양이 줄어들어 눈으로 들어오는 빛의 양은 줄어들게 된다.

만약 보유하고 있는 컬러 필터들이 마음에 들지 않으면 새로운 색을 얻기 위하여 2개의 필터를 겹쳐 사용하는데, 이때에는 명도와 채도가 모두 떨어지는 것을 감안해야 한다.

조명에서는 새로운 색을 얻기 위하여 가산 혼합과 감산 혼합을 사용하는데, 가산 혼합은 빛이 컬러 필터를 투과한 색광을 혼합하지만, 감산 혼합은 조명 기구 광원 앞에 있는 필터 프레임에 2개의 필터를 겹쳐 넣어 혼합된 색광이 필터를 통과하게 하여 얻게 된다.

감산 혼합에 의해 색을 얻기 위해서는 고도의 전문성이 요구된다. 그래서 초보자들은 감산 혼합에 의해 색을 얻는 것을 자제해야 한다. 왜냐하면 색을 겹쳐 사용하기 때문에 채도와 명도가 떨어져 색 표현성이 제한되고, 필터들이 열에 의해 쉽게 손상되기 때문이다. 이펙트 조명 기구인 무빙 라이트는 C, M, Y의 감산 혼합으로 다양한 색들을 만들어낸다.

가산 혼합과 감산 혼합의 차이점을 3가지로 정리하면 다음과 같다.

첫째, 3원색이 다르다.

둘째, 그 삼원색의 합은 화이트(white)와 블랙(black)이다.

이 말은 중요한 의미를 갖고 있는데, 가산 혼합은 블랙에서 시작하여 화이트로 끝이 난다. 즉, 조명이나 일반 영상 화면들은 이와 같이 블랙을 기반으로 시작된다. 이와 반대로 감산 혼합은 화이트에서 시작하여 블랙으로 끝이 난다. 일반적으로 화가가 그림을 그릴 때 흰색의 캔버스에서 물감으로 그림을 그리는 것을 연상하면 이해하기가 쉬울 것이다.

셋째, 가산 혼합과 감산 혼합의 보색은 다르다.

조명 디자이너는 색의 3가지 성질인 색상(hue), 명도(value, brightness), 채도(chroma)을 이용하여 조명 이미지를 표현한다. 색의 3가지 성질을 이용하여 주제에 맞는 색의 구성으로 시각적 초점을 확립하고, 조명 이미지의 전체적인 색 균형을 이루며, 주제의 감성을 관객에게 전달한다. 색의 3가지 성질은 각각 독립적으로 움직이는 것이 아니라 상호 유기적으로 작용하여 관객에게 색채의 향연을 제공한다.

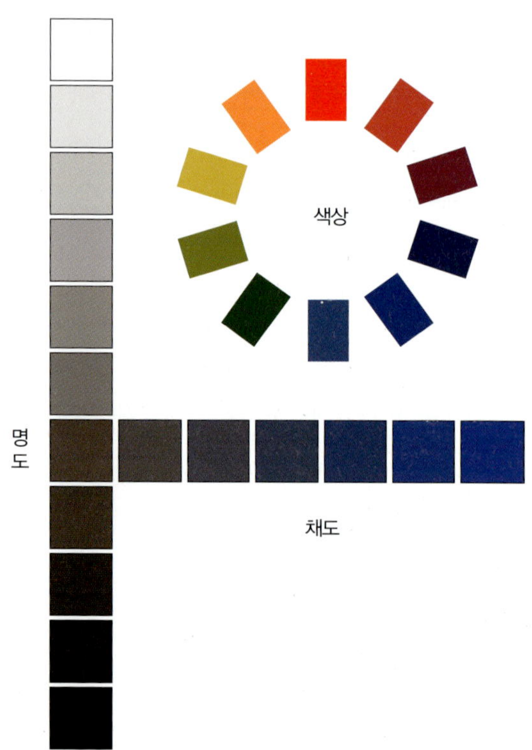

▲ **그림 2-25** 색의 3가지 성질

색상은 '색의 종류'를 말한다. 색상은 자연광을 분광하였을 때 나타나는 무지개 형상의 여러 색 종류이다. 물리학적으로 빛의 주파수 파장 길이에 의한 주파수 영역이 일정한 위치에 자리 잡고 있는 각각의 파장을 말한다. 스펙트럼에서 나온 7가지 색상들은 가장 순수한 색상이며, 더 이상 다른 색상들로 세분할 수 없다. 색상은 색을 대표하는 가장 중요한 특성 중 하나로, 색채 감각의 중심이라고 할 수 있다.

명도는 '휘도(luminance)'라고도 하는데, 이는 '색이 가지고 있는 밝고 어두운 정도'를 말하는 것으로, 색을 구별하는 감각적인 요소 중 하나이다. 같은 색상의 녹색이라 하더라도 그것이 밝은 녹색인지, 어두운 녹색인지 구별할 수 있는 명암의 정도를 '명도'라고 생각하면 쉬울 것이다.

명도는 전체 반사된 빛의 양(스펙트럼 색 부분)이 차지하는 비율이다. 분광 반사량에 따라 그 색의 밝기가 정해진다.

채도는 '색의 순도' 또는 '포화도'라고도 하는데, 이는 색의 깨끗한 정도인 선명도, 색채의 강하고 약한 정도를 말한다. 다시 말하면 어떤 색채 속에 색상의 속성이 어느 정도 포함되어 있는지를 의미하는 것이다. 물리적 측면에서는 특정 주파수대의 빛에 대하여 어느 정도로 반사 또는 흡수하는지를 의미하는 것이고, 물리학적 측면에서는 '다른 주파수와의 차이'를 의미한다.

주제를 표현하기 위한 색의 구성은 조명 디자이너의 의도를 표현하기 위한 색채 사용 수단이다. 색의 구성은 색채의 아름다움을 추구할 뿐만 아니라 색채의 물리적 · 생리적 기능을 이용하여 관객에게 감성을 전달한다. 이는 색과 다른 비례적 관계뿐만 아니라 색이 선택되고 결합되는 방식을 통해 이루어진다. 다음과 같은 원리를 이용하여 색을 구성하면 좋은 결과를 얻을 수 있다.

- 색상의 수를 가능한 한 줄인다.
- 색을 크게 그룹(한색과 난색, 밝은 색과 어두운 색)으로 나눈다.
- 주제와 배경과의 대비를 생각한다.
- 색의 감정 효과를 이용한다.
- 색의 주목성, 명시성을 이용한다.
- 색의 운동감(진출, 후퇴, 팽창, 수축)을 이용한다.
- 전체에서 공통성을 갖는 부분을 남긴다.
- 환경의 조명 상태(밝고 어두움)를 고려한다.

색채의 공간 효과에 있어 난색은 진출해 보이며, 한색은 후퇴해 보인다. 한색과 난색의 경우, 명암 대비가 동시에 존재하면 깊이감을 주는 힘이 증가되거나 약화된다.

▲ **그림 2-26** 진출색과 후퇴색

진출색들은 따뜻한 색들로, 명도가 큰 색이나 밝은 색들도 팽창색이라고 할 수 있다. 따라서 내부에 있는 색들은 앞으로 돌출되어 보이는 효과를 가지며, 후퇴색들은 한색계의 색들이나 명도가 낮은 계열들로 '수축색'이라고도 할 수 있다. 따라서 면적이 작아 보이는 효과로 인해 멀리 보이는 효과를 거둘 수 있다.

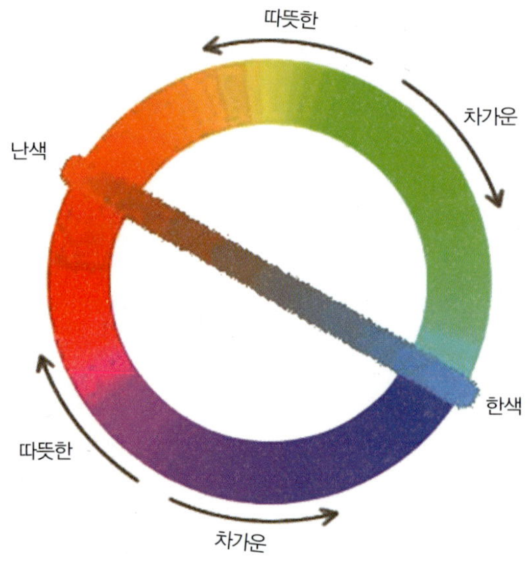

▲ **그림 2-27** 한색과 난색

따뜻한 난색(暖色)과 차가운 한색(寒色)은 그 색의 파장이 길고, 짧음이 느껴지는 색채 감각이다. 이러한 대비는 색채를 통해 온도를 느끼게 되고, 불이나 태양과 같이 뜨거운 온도를 연상시키는 색상은 따뜻하게 느껴지며, 물 또는 얼음과 같이 차가운 온도를 연상시키는 색상은 차갑게 느껴진다. 그 이유는 오랜 경험에 의해 형성된 이미지를 색채와 연관시키는 대뇌의 작용 때문이다. 색채들 간의 차이를 느끼게 되는 주된 요인이 한난의 지각 효과에 기인하는 경우를 '한난 대비'라고 한다.

채도에 있어 순색은 같은 명도의 둔탁한 색과 비교했을 때 진출해 보인다. 그러나 명암 대비 또는 한난 대비가 동시에 존재할 경우, 깊이감의 관계는 이에 따라 변한다.

면적도 깊이감의 효과를 가져다주는 또 하나의 요소이다. 넓은 빨간색의 면 위에 노란색의 작은 조각을 놓았을 때 빨강은 배경의 역할을 하게 되고, 노랑은 진출해 보이게 된다. 노란색이 점차 확대되어 빨간색의 면에 침입하면, 결국 색의 면을 지배할 만큼 우세해진다. 이리하여 노란색이 배경 전체에 확장되면, 반대로 빨강을 전면에 밀어내게 된다.

지금까지 •색채 공간 효과와 색채 구성의 실제적인 구성에 대해 설명했지만, 색채 구성에는 정답이 따로 있는 것이 아니다. 중요한 것은 어디까지나 조명 디자이너의 개인적 식별력 및 그 의도의 결정에 달려 있다고 할 수 있다.

01 색채의 윤곽선과 조화

입체감은 화면에 색으로 형태를 형성하거나 윤곽을 만들어 표현한다. 이는 물체를 강조하거나 색을 조화시키거나 배경과 분리시키기 위해 사용된다. 다시 말해서 어떤 주변 조건에 따라 특정한 부분을 강하게 하여 변화를 주는 요소이다. 이는 전체적인 통일감을

● 색채의 공간 효과는 여러 가지 요소의 결과로 생겨난다. 색채 자체에는 깊이감, 즉 전후 방향에 작용하는 힘이 있으며, 그 힘은 명암, 한난, 채도, 면적 관계 속에서 나타난다.

얻기 위한 소극적인 방법이지만, 때에 따라서는 매우 강한 통일감을 나타내기도 한다. 강조를 하는 데에는 그 부분만 주변보다 희게 하거나 주목성과 •명시도가 높은 색을 사용하는 등의 여러 가지 방법이 있다. 그러나 강조가 하나 이상 주어지면 그 힘의 발휘가 오히려 줄어들 수 있다. 그러나 강조 부분을 전체 화면에서 하나만을 사용할 때 역시 단조롭고 입체감이 결여되기 쉬우므로 형태, 색채, 명도 등의 강조 요소들을 잘 배치하여 시각 효과를 높일 수 있도록 해야 한다.

▲ **그림 2-28** 의자(고흐 작)

[그림 2-28]은 고흐의 유명한 작품인 '의자'이다. 노란색과 주황색이 섞여 있는 의자에 셀룰리안 블루로 윤곽선을 주었다. 다리의 가로 봉에 사용된 윤곽선은 거리감과 다리의 변화를 주기 위해 사용되었다. 윤곽선을 이용하여 단조로운 그림에 입체감을 부여하였다. 블루를 사용한 이유는 바닥의 빨간색과 의자의 노란색의 보색으로 의자와 바닥을 분리시키고, 의자를 강조하기 위한 화가의 의도가 아닐까 추측된다. 즉, 의자와 바닥은 같은 계열의 색이기 때문에 바닥을 분리시키기 위해 보색에 가까운 셀룰리안 블루를 사용한 것이다.

▲ **그림 2-29** 색의 윤곽선 효과

[그림 2-29]는 필자가 디자인한 KBS-2TV의 오후 8시 뉴스 타임 세트이다. 위쪽 그림은 전체적으로 채도가 낮은 세트로 이루어져 있다. 이러한 세트는 안정감을 주지만, 단조롭고 평이하게 느껴진다. 세트의 물체색에 변화를 주기 위해 아래쪽 그림과 같이 세트 기둥 양쪽에 빨간색으로 윤곽선을 주었다. 세트에 윤곽선을 주기 위해 1kW 스포트라이트에 레드 컬러 필터를 부착하여 밑에서 수평선의 기둥 양쪽에 윤곽을 주었다. 아래쪽 그

림은 세트 아치의 곡선에 형태를 표현함과 동시에 바이올렛과 파란색의 유사 보색인 빨간색으로 질감과 포인트를 강조하여 화면 전체에 생동감을 주고, 색의 균형과 세트의 안정적인 구도를 형성하였다.

무대에 설치된 세트로는 기둥, 아치, 겹쳐 있는 나무 등이 있다. 이 세트에는 백광의 조명이나 색광의 조명으로 질감을 나타내거나 강조하는 것이 좋다. 조명을 하지 않으면 밋밋하고 생동감이 없어 보인다.

02 색채의 명도와 농담

어떤 물체이든 명암이 있듯이 색에도 밝은 색과 어두운 색이 있다. 이는 명도차를 뜻하는 것이다. 하나의 색을 사용하여 하나의 구성을 할 때 한 가지 색상의 명암이나 강도를 여러 가지로 바꾸거나 결합하면 다양한 조화가 탄생할 수 있다. 하나의 색상에는 민감하고 미묘한 변화가 가능하기 때문에 매우 다양한 농담의 구성으로 명암의 조화를 만들 수 있다. 명도가 다른 색을 조합했을 때에는 명도가 높은 쪽은 좀 더 높게 느껴지고, 명도가 낮은 쪽은 좀 더 낮게 느껴진다. 그 효과를 확실히 내려면 색의 명도차가 높은 것이 좋다.

화면 전체의 구성상 밝은 부분과 어두운 부분의 비율의 조화는 화면의 품질과 밀접한 관계가 있다. 화면의 입체감과 동시에 깊이감은 조명 디자이너의 색 명도와 농담에 달려 있다.

▲ **그림 2-30** 색의 명도와 농담 표현 조명 이미지

● 색의 농담은 색깔이나 명암 따위의 짙음과 옅음 또는 그러한 정도를 말하며, 농도의 단계적인 변화를 의미한다. 즉, 농담이나 명암이 단계적으로 층을 이루면서 변하여 동적인 효과를 나타내는 것을 말한다.

[그림 2-30]은 필자가 조명 디자인한 '청룡 영화제'의 조명 이미지이다. 이 조명에서는 노란색의 명도와 농담의 차이로 깊이감과 입체감을 표현하였다. 이펙트 조명 기구인 LED 무빙 파 라이트(LED moving par light)를 양쪽 아치에는 바닥에, 위의 조각난 기둥에는 세트 위에 올려 설치함으로써 노란색 명암의 강약으로 세트의 형태와 윤곽을 강조함과 동시에 밝기의 변화로 깊이감을 표현하였다. 양쪽 세트를 연결하는 화면 가운데에 있는 용의 세트들도 무빙 이펙트 라이트로 채색하였다.

화면 가운데에 있는 용 세트의 채색 명암은 노란색의 밝기가 전경(화면 앞쪽)에서 후경(화면 뒤쪽)으로 갈수록 점차 밝아지고 있다는 것을 느낄 수 있을 것이다. 전경의 채도는 높고, 명도는 어둡게 보이지만, 후경의 채도는 낮아 보이고 명도는 높아 보인다. TV에서 세트의 깊이감과 입체감의 표현 방법은 앞에서부터 뒤쪽으로 점차 밝아지는 것이 더 효율적이다. 뒤 세트가 어두우면 앞 세트와 뒤 세트가 붙어 보여 거리감을 느낄 수 없다. 노란색의 배색으로 빨간색을 사용함으로써 색상이 대비되어 조명 이미지가 선명하고 화려하게 보인다.

색채의 연결과 대립

색상환의 같은 계열 색(인근색)을 화면에 사용하면 색이 이어지는 느낌을 준다. 또한 멀리 떨어진 곳에 있는 색(보색)은 색의 차이가 느껴져 눈에 띄게 된다.

같은 계열의 색을 연속해 사용하는 것을 '연결', 반대 계열의 몇 가지 색을 사용하는 것을 '대립'이라고 한다. 같은 계열의 색은 성격이 비슷하여 어울리고 색의 다툼도 없지만, 반대 색은 성격이 다르기 때문에 어울리지 않고 색의 다툼도 있다. 보색의 특성을 이용하면 훌륭한 화면을 만들 수 있다. 색채의 조합을 효과 있게 활용하면 화면에 깊이가 나오거나 형태가 강조되는 효과가 나타난다. 인근색 조합은 눈에 색의 차이가 느껴지지 않아 색채 사이에 공간이 적지만 반대색 조합은 색의 차이가 느껴져서 각 색 간에 공간이 생겨 거리감을 주기 때문이다.

▲ **그림 2-31** 색의 연결과 대립

1 연결

색상환에서 같은 계열에 속하는 인접색을 사용하면 부드럽고 차분한 인상을 줄 뿐만 아니라 품위 있고 격조 높은 효과를 얻을 수 있다. 파스텔 톤의 배열은 안정된 조화와 천박해 보이는 않는 세련됨을 연출하고, 색상이 뚜렷한 색의 배열은 품위 있고 분위기를 고조시키는 역할을 한다. 다른 색상이 첨가되지 않은 같은 계열의 색은 조합하기 쉽다. 이는 싫증나지 않는 배색이라고 할 수 있다. 하지만 너무 무난해질 수 있다는 단점이 있다. 같은 계열의 색 연결은 연결이 주는 안정감이라는 특성으로 인해 TV에서 정보 전달을 중요시하는 교양 프로그램에 주로 사용되고, 가요 프로그램에서 차분한 분위기의 노래에 사용한다.

▲ **그림 2-32** 색의 연결 조명 이미지

[그림 2-32]의 첫 번째 그림은 KBS '한국, 한국인'의 세트 모습이다. 연한 남색과 갈색의 색의 연결로 편안하고 차분한 이미지를 주고 있다. 만약, 이 세트에 변화를 주고 싶다면 세트의 중간에 대립 색(보색 계열)으로 채색하면 될 것이다.

두 번째 그림은 '아침마당'의 이미지로, 세트가 연지색과 노란색으로 구성되어 있다. 진행자의 좌우 측 세트의 색이 연지색 계통이라는 점을 고려하여 진행자 뒤쪽에 있는 호른 모양의 흰색 세트에 인근색인 노란색을 칠해 아침의 활기찬 느낌을 표현하였다.

② 대립

색상환에서 멀리 떨어진 색을 사용하여 배색하면 활기차고 역동적인 분위기를 만들 수 있고, 색상의 차이로 인하여 입체감을 연출할 수 있다. 색상이 떨어질수록 색의 대비가 강해진다. 즉, 보색의 적절한 배치는 강렬한 인상을 준다. 보색이라고 불리는 까닭은 보색들이 서로 옆에 놓이면 색의 강도와 밝기가 유사 색과 함께 있거나 홀로 있을 때보다 더욱 두드러져 보이기 때문이다. 그러나 한 화면에 색의 가짓수가 늘어날수록 색의 구성이 조화롭지 못할 수 있다. 실제로 어떤 조명 디자이너는 2~3가지 이상의 대립되는 색의 사용을 자제하고 있다. 색상환에서 떨어진 색의 대립은 유쾌하고 쾌활한 분위기의 오락 프로그램과 어린이 프로그램에 주로 사용하고, 힘 있고 경쾌한 노래를 표현하는 데 사용한다.

▲ **그림 2-33** 색의 대립

[그림 2-33]의 첫 번째 그림은 '비타민' 프로그램의 이미지이다. 세트 바닥에서 LED 무빙 파 조명 기구로 채색하였으며, 이와 더불어 일반적인 1kW 파 라이트에 빨간색 컬러 필터와 녹색의 컬러 필터를 사용하여 채색하였다. 녹색과 빨강의 ●보색으로 인해 세트가 활기차 보인다. 빨간색은 생명의 원천이며, 녹색은 생명의 안식처와 같은 색 이미지를 가지고 있다. 주제의 '비타민'과 잘 어울리는 배색이다. 2가지 색이 만날 경우, 빨간색은

● 우리는 보색 대비 효과를 크리스마스 때 찾아볼 수 있다. 녹색의 크리스마스 트리와 빨간색의 산타크로스이다. 이 2가지 상징은 빨간 색과 초록색의 보색 대비를 통해 한겨울의 차가움을 따뜻하게 어루만져준다.

녹색에 의해 강렬한 면이 상쇄되고, 녹색은 빨간색에 의해 강렬함이 충전된다. 그리하여 이 보색은 단지 튀어 보이기만 하는 것이 아니라 따뜻하면서도 부드러운 느낌을 준다. 녹색과 빨간색 조화의 단점은 너무 강렬하여 눈이 피로해진다는 것이다. 이를 해결하기 위해서는 채도를 낮추거나 중간에 빨간색의 인접 색인 노란색을 추가하여 빨간색과 녹색의 강렬함을 부드럽게 만들어주어야 한다.

04   색채의 면적 효과

조명 디자이너는 2차원의 평면에서 여러 가지 명암의 시각적 변화를 만들어 내고, 화면에 개별적인 구역으로서의 면을 창조하기도 한다. 화면상의 색채나 선, 명암 등의 요소는 화면의 구역화된 면에서 제 기능을 발휘하고, 더 나아가 면의 의미와 경계선을 강조한다. 같은 색을 사용하더라도 면적의 변화를 잘 이용하면 좋은 효과를 볼 수 있지만, 이와 반대로 면적의 변화를 잘못 이용하면 어색한 화면이 될 수 있다. 특수한 영역 안이나 위에 색을 입힐 때에는 시각적인 균형을 창조하기 위해 각 색상의 비례를 고려해야 한다. 면적 대비는 2가지 색 또는 그 이상의 색이 가진 면적의 상관관계이다. 그것은 색면의 다소 또는 대소의 대비를 말한다. 색 면적이 극도로 작을 경우에는 색상보다 명도 관계가 중요하고, 색 면적이 클 경우에는 색상이 중요하다. 또한 색 면적이 클 경우에는 명도의 세심한 변화도 색상과 어울려 중요하다. 괴테의 명도 비율을 이용한 '잇텐의 색면 비율'을 참조하면 조명 이미지의 전체적인 색의 비율을 디자인하는 데 도움이 될 것이다.

▼ 표 2-5 색면 비율과 명도 비율

색	노랑	주황	빨강	보라	파랑	초록
괴테의 명도 비율	9	8	6	3	4	6
잇텐의 색면 비율	3	4	6	9	8	6

명도와 색면의 넓이는 매우 밀접한 관계가 있다. 위의 수치를 이용한 색면 비율을 그림으로 표현하면 [그림 2-34]와 같다.

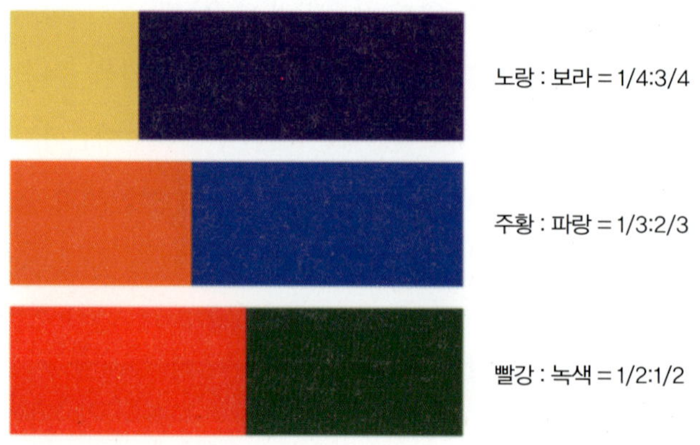

▲ **그림 2-34** 색의 면적 구성 비율

[그림 2-34]에서 보듯이 색채의 명도로부터 색면의 형태나 면적을 결정짓는 일은 매우 중요하다. 이와 같은 사실은 색을 디자인할 때 색의 면적에서부터 지배되는 힘을 전혀 고려하지 않고 일방적인 윤곽의 묘사만으로 색면의 크기를 결정지어서는 안 된다는 것을 알려준다. 왜냐하면 각 색면은 색상, 채도, 명도 또는 대비 효과에서 발생하는 색채로서의 총체적인 힘에 의해 지배되고 있기 때문이다.

색의 면적을 구성할 때에는 제일 먼저 주제의 이미지에 맞는 기조색을 결정한 후 기조색을 분명하게 강조해야 할 다른 색을 선택하여 색의 면적을 결정한다. 2가지 색을 같은 넓이로 배색하면 무거운 느낌이 들거나 어느 편이 기조색인지 알아보기 어렵고, 이미지가 애매해지기 쉽다. 이 경우 9:1, 8:2, 7:3로 바꾸면 좋은 화면을 얻을 수 있다.

그중에서도 7:3을 기준으로 큰 색면을 사용하면 주제를 뚜렷하게 전달하거나 안정된 화면을 얻는 데 도움이 된다. 화면은 몇 개의 색면으로 나누어 화면을 구성할 수도 있지만, 색의 면이 몇 개로 나누어져 있어도 면적이 큰 곳이 중심이 된다.

색면은 크기의 차이를 뚜렷하게 한다. 그러나 화면의 색면은 때때로 단편적이고, 형태도 복잡하므로 이를 단순한 수적 비례에 치중하여 화면을 구성하는 것은 창조적 작업을 위해서는 바람직하지 않다. 창조적 작업은 형식의 이탈에서 오는 경우가 많기 때문이다.

무대 조명이나 TV 조명에서 색의 면적 효과는 중요하다. 프로그램의 성격이나 주제를 표현하기 때문이다. 프로그램 제작자는 세트를 디자인할 때 세트 기조색의 배색에 관하여 세트 디자이너 및 조명 디자이너와 의논하여 결정한다. 또한 조명 디자이너는 개별 주제에 맞게 무대 전반의 기조색을 정하고 나머지 색을 배색한다.

무대 조명에서는 무대 뒤쪽의 화이트 호리존트 막에, TV에서는 화이트 호리존트 벽에 색을 배색하고 그 면적 효과를 무대 공간에 이끌어낸 후, 무대 공간의 색과 연결하여 주제를 표현함으로써 분위기를 만들어 낸다.

▲ **그림 2-35** 색면으로 가득 찬 조명 이미지

[그림 2-35]는 '가요 무대'의 조명 이미지이다. 이 화면에서의 기조색은 파란색과 빨간색이다. 이 조명 이미지는 색채가 곧 형태가 되고, 형태가 곧 색채가 되어 있다. 색면의 구성은 색채의 진동을 일으켜 관객에게 감성을 전달한다. 기둥 곳곳에는 1kW 파 라이트의 백광으로 질감을 표현하고 있고, 아치형 기둥은 백광으로 강조하여 입체감을 나타내고 있다.

05 색채의 진출과 후퇴(원근감과 색감)

화면에서 색의 느낌을 이용하여 공간에 원근감을 표현할 수 있다. 앞으로 튀어나와 가까운 느낌을 주는 색을 '진출색', 뒤로 물러나 먼 느낌을 주는 색을 '후퇴색'이라고 한다. 탁한 색보다 선명한 색이 더 가깝게 느껴지고, 진한 색이나 따뜻한 계열의 색(난색)은 가깝게 느껴진다. 그리고 차가운 색 계열(한색)이나 탁한 색, 연한 색은 멀게 느껴진다. 이와 같은 진출색과 후퇴색의 구분 현상은 색채의 팽창성 및 수축성과 관계가 있다.

어떤 색의 면적이 실제의 면적보다 크게 느껴질 때의 색을 '팽창색'이라고 하며, 그 반대의 경우를 '수축색'이라고 한다. 이러한 색의 팽창 또는 수축 성질은 같은 사람이 어떠한 색의 옷을 입느냐에 따라서 몸집의 크기가 다르게 보이는 일상적인 경험에서도 쉽게 알 수 있다. 일반적으로, 명도가 높은 색은 외부로 확산하려는 성질을 가지고 있어 팽창색이 되며, 명도가 낮은 색은 내부로 위축되려는 성질을 가지고 있어 수축색이 된다.

▲ **그림 2-36** 색의 진출과 후퇴

[그림 2-36]은 '가요 무대'의 조명 이미지이다. 여기서 주목할 부분은 배경 막인 호리존트에 표현된 낙엽의 색 구성이다. 낙엽은 진출색이고, 난색인 빨강과 노랑, 그리고 후퇴색이자 한색인 파랑으로 구성되어 있다. 하지만 여기서 조명 디자이너는 명도와 채도를 조정하여 색의 성질을 바꾸고, 공간감과 깊이감을 주어 입체적으로 만들었다. 배경인 호리존트의 색이 다크 블루(dark blue)로 되어 있어, 파란색(시안) 낙엽의 명도를 낮추고 채도를 올리면 낙엽은 다크 블루의 배경과 같은 채도와 밝기를 가지게 되어 낙엽이 배경색에 묻혀 드러나지 않게 된다. 그래서 조명 디자이너는 빨간색과 노란색 낙엽의 채도는 낮추고, 명도는 올렸다. 또한 파란색의 채도는 낮추고 명도를 올려, 난색인 낙엽은 뒤로 후퇴해 보이고, 한색의 낙엽은 앞으로 튀어나와 보이도록 하여 전체적인 색의 시각을 구성하였다. 낙엽 이미지는 엘립소이드 스포트라이트인 소스 포(source-four) 조명 기구에 낙엽 고보를 사용하여 만들었다.

Memo 

조명

우리 주변을 살펴보면 자연 속의 빛은 모든 사물들을 빛나게 하여 그 사물들이 자기 색을 낼 수 있도록 하고, 형태와 윤곽을 구성하여 하나의 완벽한 자연을 만든다. 인간 생활에서의 빛은 주위를 밝히는 역할을 할 뿐만 아니라 기분을 바꾸는 도구로도 이용되고, 그늘을 만들어 시각 환경에 깊이를 더해주는 데 이용되기도 하며, 사물을 돋보이게 하기도 한다. 따라서 빛은 인간이 환경과 관계를 맺도록 하는 중요한 매개체이다.

조명이란, '자연 상태의 빛'이 아니라 '인간 생활에 유용한 어떤 목적에 따라 사용되는 빛'을 말한다. 즉, 의미 없는 빛이 아니라 조명 디자이너가 감성적, 표현적인 빛으로 만든 의미 있는 빛이 바로 '조명'이다.

Chapter 03

조명, 빛과 **색을 말하다**

모 탤런트는 연말 연예 대상 시상식에서 조명 디자이너를 '자연의 조물주'라고 표현했다. 빛과 색으로 달도 만들고, 구름도 만들고, 번개도 만드는 조명 디자이너야말로 조물주와 같다고 생각하는 것 같다. 이렇게 조명 디자이너의 빛은 영상이나 무대 속에서 몸을 드러내거나 감춤으로써 삶과 죽음을 드러내고, 형태(고보)를 만들어 자연 환경을 창조한다.

이 모든 것은 빛이 관객의 감정과 마음에 상상의 이미지들을 배열해 줌으로써 이루어진다. 조명의 힘은 그 창조적인 과정에 관객의 감정과 마음을 참여시키는 데에 있다. 따라서 관객들이 자신의 상상력을 동원해 조명 이미지에 의해 암시된 사항들을 추적할 수 있도록 만들어야 한다. 상상력을 고무시키는 것은 조명의 미학적 행위의 필수 조건이다. 처음이자 끝인 빛이 없으면 그 무엇도 영상이나 무대 속에 존재할 수 없다.

01 조명의 기능과 목적

방송진흥회에서 발간한 '방송 대사전'에서는 '조명'을 '촬영에 있어 필요에 따라 카메라가 피사체 대하여 가시성, 명료성, 극적 효과를 얻을 수 있도록 기술적으로 빛을 통제하는 행위'라고 정의하고 있다.

가시성(visibility)은 어떤 대상을 카메라가 포착하도록 보여준다는 것이고, 명료성 (clarity)은 단지 대상을 명확하게 표현한다는 뜻을 넘어 실제의 모습을 재현해내기 위한 적극적인 수단으로써의 조명의 역할을 뜻하고, 주로 대상의 모양, 양감, 질감 등의 외형적 상태 표현을 의미한다.

장식적 효과(decorative effect)는 드라마의 경우 영상 효과를 위한 목적을 말한다. 피사체의 심리적 상태, 분위기, 연출의 의도, 궁극적으로는 작품의 메시지 전달에 이바지한다는 것을 말한다.

이에 대해 허버트 제틀(Herbert Zettl)은 조명의 기능을 공간 기능, 촉감 기능, 시간 기능, 그리고 심리적 기능으로 분류하고 있다.

공간 기능은 물체에 가시성을 제공하여 물체의 기본적 형태와 그 위치를 알려주는 것을 말하고, 촉감 기능은 물체에서 느끼는 질감을 말한다. 또한 시간 기능은 빛과 색을 이용하여 시간을 표현하는 것을 말하고, 심리적 기능은 조명을 통해 분위기를 조성하여 우리의 감성에 호소하는 것을 말한다.

이또 야스오는 방송 조명의 목적에 대해 첫째, 적정 조도를 얻는 것이고, 둘째 필요한 콘트라스트를 만드는 것이며, 셋째 컬러 밸런스를 만들고, 넷째 입체감과 질감을 만들고, 다섯째 감정 표현이라고 말하면서 빛에 의한 감정 표현이나 의지 표시는 조명의 최종 목적이라고 말하고 있다. 이또 야스오의 조명의 목적에 대한 설명은 지금까지 TV의 조명 디자이너에게 조명 이론의 근거로 활용되고 있다.

▲ **그림 3-1** 무대 공연의 한 장면: 빛은 삶과 죽음의 근원을 의미한다.

위 말을 정리하면 조명이란 단순히 물체와 그 주변이 보이도록 비추는 것이 아니라 빛을 통제하고 간섭하여 사람의 감정이나 기분에 작용하도록 연출하는 것을 말한다. 의미 없는 빛이 아니라 조명 디자이너가 관객의 마음을 움직이도록, 만들고 가꾸고 다듬은 감성적이고 표현적으로 만든 의미 있는 빛이다.

시각적 요소로서의 빛은 무대 조명에서는 가시성을 제공하고, 행동의 장소인 환경을 창조하며, 관객에게 이미지를 보여주고, 장면의 분위기를 만들며, 3차원적인 형태를 드러내고, 3차원적인 공간을 규정하며, 시각적 초점을 확립하고, 공연의 양식을 만든다.

TV 조명은 단순히 사물을 밝게 하는 기능만을 가지고 있는 것이 아니라 빛에 의해 사물의 형태가 드러나게 하고 톤의 차이를 통해 질감과 깊이감을 설명하는 도구로 사용된다. 이는 조명 이미지 표현에 있어서 가장 중요한 도구들이자 방법이며, 이러한 조명의 구성으로 얻을 수 있는 효과는 영상 구성에 있어서 관계의 표현, 즉 균형, 조화 그리고 대비를 만들어 주는 핵심적인 역할을 한다.

이처럼 조명의 빛은 역동적이고 표현적이다. 이번에는 TV 조명 이미지의 미학적 표현에 있어서 빛이 가지는 표현 특성을 살펴보자.

1 시각

인간은 시각, 청각, 후각 등 감각 수용 기관을 통해 다양한 정보를 느끼고, 그것이 무엇인지를 인지한다. 대상물이 무엇인지에 따라 감각 기관이 활동하는 비율이 달라지는 것은 당연하지만 그 가운데에서도 우리 인간은 80% 이상을 시각에 의존해 사물을 판단한다. 따라서 빛은 세계에 대한 시각적 인식에 가장 중요한 영향을 미친다.

우리는 어떤 사물을 보는 순간, 뇌에 시각적 형상을 성립시킨다. 그 속도는 0.1초보다 짧다. 극히 짧은 시간이지만 색이나 형태, 위치 관계 등 여러 가지 속성을 거의 정확하게 파악할 수 있다. 인간은 이렇게 고성능의 지각 시스템을 가지고 있는 것이다.

▼ **표 3-1** 인간의 오감 정보 지각 능력

감각의 종류	정보섭취 능력(%)
시각(눈)	87.0
청각(귀)	7.0
후각(코)	3.5
촉각(피부)	1.5
미각(혀)	1.0
계	100.0

우리의 뇌는 순수한 시각적 인상에 대상을 선택하고, 의미를 부여하고, 해석하고, 추론하여 시각적 차원의 자극을 넘어 커뮤니케이션을 위하여 의미의 풍부함을 전달하고 부가적으로 대상의 정보를 제공한다. 이를 위하여 시각의 착시현상과 지각 항상성을 이용한다.

착시에는 기하학 도형을 이용한 기하학적 착시, 명암대비를 통해 일어나는 명암 착시 등이 있고 대상의 환경이 바뀌었는데도 대상을 똑같이 지각하는 항상성에는 크기 항상성 · 모양 향상성 · 밝기 항상성 · 색채 항상성 등이 있다.

조명 디자이너는 이러한 지각 특성을 이용하여 조명의 시각요소인 빛 · 색채 · 점 · 선 · 면 · 명암 · 질감 · 크기 등을 조명의 구성 원리를 가지고 2차원의 이미지를 3차원의 이미지로 지각하게 만들 수 있다.

❷ 형태

형태는 사물의 생김새나 모양 등을 말한다. 형태의 근본 속성은 부피와 양감이다. 부피는 어떤 형태가 차지하는 공간의 양이고 양감은 대상의 실재감과 입체감을 표현하는 부피나 무게의 느낌을 말한다. 그래서 시각, 촉각 등 감각으로 받아들 수 있는 시각적 성질이다. 형태는 빛을 통해 인간에게 전달된다. 원근과 일정 지향성 효과뿐만 아니라 빛과 그림자에 의해 물리적 세계의 형태를 이해할 수 있다. 형태는 색상과 명암의 변화로 구획되는 시지각의 영역이다. 조명 디자인은 빛과 색상의 구성으로 형태를 드러내는 작업이다. 실제로 피사체를 만지지 않더라도 빛이 피사체의 표면에서 반사하는 상태, 그리고 그 반사의 거친 정도를 보고 피사체의 질감을 느낄 수 있다.

형태의 시각 요소에는 점, 선, 면이 있는데 조명 디자이너는 이러한 형태들을 만들거나 또한 구성하여 시각적으로 표현하게 된다.

❸ 대비

대비(對比) 또는 콘트라스트(contrast)는 물체를 다른 물체와 차이를 만들어 구별할 수 있게 만들어주는 시각적인 특성을 말한다. 대비를 통해 강조되는 물체와 피사체를 배경과 분리시켜 구별할 수 있게 함으로써 시각의 변화를 일으키는 원리이다. 시각에서 대비는 같은 시야 속에서 한 물체와 다른 물체의 색과 밝기의 차이로 결정된다.

대비는 성질 또는 분량을 달리하는 2가지 이상의 것이 공간적으로 또는 시간적으로 접근할 때 발생하는 현상이다. 이는 인간의 눈이 아주 밝거나 대비가 강한 쪽으로 이끌리게 되는 현상을 이용한다. 그러므로 극적인 분위기를 연출하는데 효과적이고, 서로의 특성이 더욱 돋보이므로 상반된 요소가 밀접하게 접근하면 할수록 대비의 효과는 증대된다. 예를 들면 어두운 공간에서 하나의 빛줄기는 시각의 초점이 되고 상징이 된다. 또한 주조색이 초록색일 때 빨간색의 조그만 원은 강조가 된다.

조명의 휘도 콘트라스트는 조명 이미지 구성에 매우 중요하다. 휘도 콘트라스트에 의해 형태를 구분하고 이미지의 3차원적 입체감과 공간적 구성을 인지할 수 있도록 하기 때문이다. 조명 이미지에서 명암의 변화는 매우 강한 조형적 힘을 가지고 화면을 공간적으로 변화시키기 때문에 조명 디자이너는 이러한 대비 효과를 신중하게 조정해야 한다.

휘도 콘트라스트는 피사체(물체) 콘트라스트와 조명 밝기의 총량으로 결정된다. 피사체 콘트라스트는 물체의 반사율의 차이를 말한다. 물체의 색채와 밝기는 물체의 표면이 가지고 있는 반사 특성에 따라 차이가 발생한다. 자연계에 있는 물질의 반사율의 차이는 그렇게 크지 않다. 반사율이 가장 높은 것과 가장 낮은 것과의 비는 겨우 40:1이다.

▲ **그림 3-2** 카메라 방향과 조명방향에 따른 물체색의 밝기 차이

피사체 콘트라스트는 조명의 방향과 카메라 방향에 따라 변화한다. 그림에서 보면 영상 장치의 그래픽의 밝기는 같은데도 불구하고 카메라 방향에 따라 휘도가 다르게 보인다. 특히 빨간색 표시의 그래픽은 유독 밝게 보인다. 특정한 물체의 표면은 조명에 대해 일정하게 작용한다. 왜냐하면 물체의 표면은 조명의 양에 따라 밝기와 색이 변하기 때문이다. 따라서 휘도 콘트라스트는 조명이 있어야 실재하는 것이므로, 조명이 어떻게 주어지는가를 생각할 필요가 있다.

조명에서 대비의 요소는 밝음과 어둠, 색의 난색과 한색, 색의 청(淸)과 탁(濁), 빛살의 장단, 정적과 동적, 형태의 대와 소, 빛의 강과 약 등이 있으며, 명도 대비, 색상 대비, 채도 대비, 형태 대비, 면적 대비, 공간 대비 등을 만든다.

4 질감

질감은 형태의 재질감을 지칭하는 말이다. 질감은 우리가 껄끄러운 종이나 헝겊 같은 재질을 매만질 때 느끼는 촉감을 말한다. 형태, 색채와 함께 구성의 필수 요소로서 실제로 물체의 표면이 갖는 질감이다. 촉각으로부터 시각적 촉감에 이르기까지의 모든 느낌을 말한다. 그림이나 조각 작품의 표면에서 그러한 재질감이 시각적으로 느껴질 때 색다른 만족을 얻는 경우가 있다. 조명에서는 피사체의 피부, 의상, 세트, 조명의 빛살 등에서 질감을 느낄 수 있다.

질감은 실제로 만져서 알 수 있는 촉각적 질감과 시각적으로 그 촉감의 차이를 느낄 수 있는 시각적 질감이 있다. 조명은 이 중 시각적 질감을 이용하여 재질감을 표현한다. 질감을 표현하는 이유는 첫째, 화면에 풍부함과 시각적 쾌감을 주기 위함이고, 둘째 공간감의 효과를 거두기 위함이다. 질감은 공간감을 창출하는 데 기여한다.

5 공간감

공간감은 시각적인 착시를 이용하여 2차원의 화면을 3차원으로 느끼게 만드는 것이다. 예로부터 화가들은 수세기에 걸쳐 2차원의 캔버스에 공간감을 만들기 위해 노력하였다. 시각적인 구성에서 깊이와 공간의 착시를 표현하려면, 형태의 시각 요소들을 2차원 공간에서 평면을 어떻게 위치시키고 배열할 것인지를 먼저 이해해야 한다. 이러한 공간감은 크기의 배치, 형태 요소들의 중첩, 형태들의 수평 · 수직적 배치, 공기 원근법, 선 원근법, 색과 빛의 명도 등에 의한 시각적 초점을 확립함으로써 만들어진다.

6 명암

물체들은 밝고 어둠의 관계로 입체감을 갖게 되고, 명암 덕분에 물체들의 양감을 느끼게 된다. 명암은 빛에 의하여 지각되고, 밝고 어두운 단계에 의하여 물체의 실물이 구사된다. 대부분의 것들이 어두울 때 하나의 밝은 형태는 시각적인 초점을 만든다. 또한 노인의 주름진 얼굴에서는 명암으로 인해 피부의 질감을 느끼게 된다. 그리고 명암의 구성은 극적이고 표현적인 형태로 정서적인 분위기를 만든다. 우리는 컬러로 이미지를 볼 때 느끼지 못했던 정서적 감성을 흑백으로 된 이미지를 볼 때 느낄 수 있다.

02 회화에서의 빛과 색의 변화

렘브란트 조명과 카메오 조명 등 사실상 회화는 상상할 수 있을 만한 모든 빛과 색의 상태를 광범위하게 연구하였다. 오랜 회화 작품은 감성과 공간 표현을 하기 위한 가장 중요한 재료로서 TV의 조명 이미지 표현에 참고 대상이 될 것이다. 앞으로도 살펴보겠지만, 조명은 어떤 화가의 빛과 색의 양식과 접목된다. 예를 들면 카메오 조명은 현재까지 TV에서 명암 조명으로 자주 사용하는 조명 양식이다. 모든 조명 디자이너는 자연스럽게 회화에서 귀중한 빛을 이끌어내고, 빛의 구성은 나름대로 그러한 빛에 접근할 수 있다. 다시 말해 조명 디자인의 빛과 색은 다른 방법으로 회화를 연장한 것이므로, 물감이 아닌 빛으로 그린 그림과 같다고 할 수 있을 것이다.

화가들의 빛과 색을 탐미하면 조명 디자인에서 빛과 색을 구성하는 데 도움이 되리라 생각한다. 왜냐하면 TV와 회화는 2차원의 사각 평면 프레임에서 빛과 색으로 3차원의 공간을 창조하는 공통 요소를 가지고 있고, 회화와 조명 이미지는 보는 사람에게 시각적 효과를 통해 정서적 반응을 일으키는 공통점을 가지고 있기 때문이다.

여기에서는 조명 이미지 표현에 도움이 될 회화에서의 주요한 빛과 색의 터닝 포인트를 시대적으로 간단하게 분류하여 보았다. 이를 살펴보면 빛과 색의 미적 감각을 높이는 데 도움이 될 것이다.

TIP

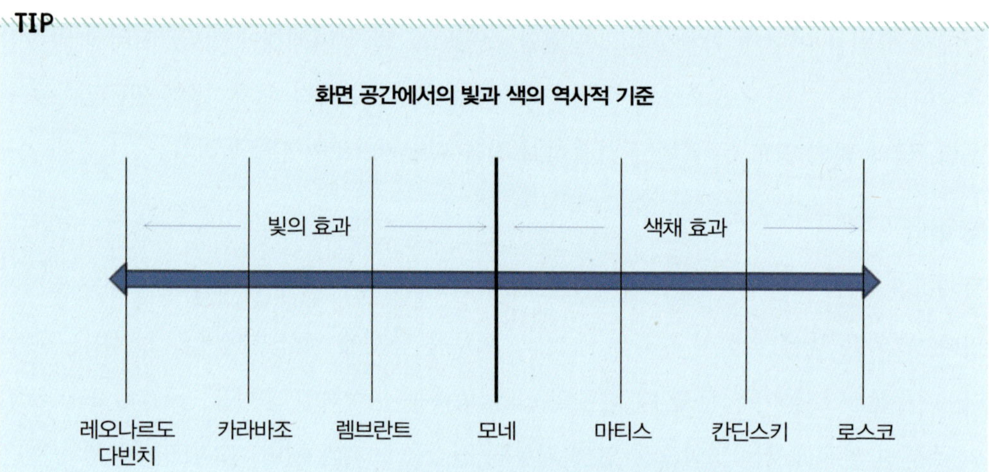

그리스, 로마 시대의 회화는 형태가 절대적인 우위를 차지하고, 빛은 형태를 확인시켜주는 보조적인 역할을 하였으며, 중세에서는 종교 예술이라는 목적성으로 인해 형식 자체의 미를 추구하기보다는 신의 권위, 성서 이야기를 설명하는 등 추상적인 관념의 시각화에 충실하였다. 이들 회화에서는 원근의 방법에 의한 공간의 묘사도, 빛과 그림자의 수단에 의한 형태의 묘사도, 대상 색의 표현 등도 보이지 않는다. 이들 표현 양식은 르네상스 때부터 사실주의 표현, 즉 눈에 보이는 것을 묘사하기 시작하여 회화 양식에 급격한 변화를 가져온다. 위 도표는 미술적 양식의 변화를 빛의 효과에 의한 미술 양식과 색채 효과에 의한 미술 양식으로 구분한 것이다.

르네상스 이후의 빛과 색채, 대상의 묘사에 있어서, 그림의 발전 단계에서, 그 기간에 있어서의 예술 언어의 변화를 한 걸음 한 걸음 가치 있는 진전을 가져왔다고 인정하기 때문이다.

◼1 레오나르도 다빈치의 빛 표현

르네상스 이전의 작품에서는 객관적 사실로 보이는 빛과 그림자 현상을 그대로 표현하는 데 그쳤다. 그러나 과학의 발전이 시작되는 르네상스 이후에는 빛과 색을 이용한 객관적 표현에서 인간의 감성을 중시하는 주관적 개념의 작품이 화가들에 의해 표현되기 시작했다.

레오나르도 다빈치의 작품인 '모나리자'는 사실주의에 입각한 기술적 표현과 모나리자의 감성을 전달하기 위한 주관적 감성으로 분류하여 분석할 수 있다.

먼저 르네상스 시대의 기술적 표현이란, 공간감을 표현하기 위한 공기 원근법과 명암법(키아로스쿠로, chiaroscuro)을 들 수 있다. 공기 원근법[대기 원근법, 스푸마토(sfumato) 기법]이란, 거리가 멀게 느껴지도록 색을 옅게 표현하여 공간감을 만드는 기법이다. 그리고 선을 분명히 표시하는 것보다는 화면 속의 물체와 물체 간의 경계를 녹임으로써 형태에 대한 빛의 우위를 획득하고, 빛의 조명적 효과를 통해 현실 공간을 재현하는 것이다. 즉, 빛은 사물 위에 있지 않고 사물 사이에 존재하게 됨으로써 공간은 빛과 공기로 충만하게 되는 것이다.

명암법인 키아로스쿠로는 'chiaro'(밝다)와 'oscuro'(어둡다)의 합성어로, 빛의 밝기 정도를 이용하여 입체감을 표현하는 기법이다. 레오나르도 다빈치는 색의 채도, 명도, 빛의 강도를 이용하여 회화에서 공간이라는 예술적 구도상의 새로운 통일을 이루었다.

르네상스 이전에는 신 중심의 표현으로 인간의 감성을 표현한 작품은 거의 나타나지 않았다. 그러나 르네상스 이후에는 인간 중심의 사고와 인간이 갖고 있는 감정인 사랑, 분노, 슬픔 등을 표현한 작품들이 많이 나타났다.

레오나르도 다빈치의 모나리자 또한 다빈치와 모나리자 부인의 내면적 사랑을 그린 작품으로 평가받는다. 이를 표현하기 위해 다빈치는 그림에서 보는 것처럼 화면 전체에 부드러운 빛을 사용함으로써 '평화롭고 따뜻한 감성'을 느끼게 한다. 이러한 부드러운 빛으로 인해 모나리자의 모든 부분을 잘 보이게 함으로써 감정을 잘 드러내게 한다.

'빛의 질'에서 설명하였듯이 레오나르도 다빈치는 북유럽의 화가들이 흔히 사용하던 강한 빛이 아니라 부드러운 빛을 사용하였다. 그는 작업 공간에 광목천을 펼쳐서 햇빛을 걸러 만든 부드러운 빛으로 그림을 그렸다. 즉, 강한 햇빛 구름에 확산된 부드러운 빛, 낮이 아니라 해가 질 무렵의 빛을 사용하였다. 레오나르도 다빈치는 모든 분야에 탁월한

업적을 남겼지만, 빛의 이용에 대한 그의 철학은 현재의 조명에도 많은 영향을 미쳤다.

▲ 그림 3-3 모나리자(레오나르도 다빈치 작)

2 카라바조의 빛 표현

레오나르도 다빈치의 명암법은 '카라바조'에 이르러 더욱 발전한다. 카라바조 회화의 특징으로 잘 알려져 있는 명암법의 원류를 거슬러 올라가면 르네상스 시대의 만능인인 레오나르도 다빈치의 작품과 만나게 된다.

바로크 시대의 카라바조는 레오나르도 다빈치처럼 부드러운 빛을 사용한 르네상스의 자연스러운 명암법에서 벗어나 빛을 연출한 명암법을 완성시켰다. 카라바조는 레오나르도 다빈치와 달리, 공간의 깊이를 더하고 화면상의 공간감과 복잡한 대상의 형상에 통일감과 질서를 부여하기 위해 중앙 집중식 광선을 사용하였다. 이는 모든 빛이 사물의 한쪽에 쏠리게 하고, 다른 한쪽을 매우 어둡게 처리함으로써 대상이 순간적으로 튀어 오르게 하여 시선을 집중시킨다. 카라바조 또한 이러한 표현 방법(기술적 명암법)으로 감성 전달의 극대화를 이루고 있다.

▲ **그림 3-4** 성 마테오(카라바조 작)

기술적 표현인 명암법을 설명하면 다음과 같다. [그림 3-4]의 '성 마테오'는 예수의 손 방향에 주목시키기 위해 창문을 통해 들어오는 빛을 연출하여 표현하였다. 주제를 명확히 전달하고자 빛의 방향과 밝기를 연출한 것은 이전과는 다른 명암법이다.

카라바조는 감성을 표현하기 위해 빛과 어둠의 극명한 대비를 바탕으로 죄인 마테오를 부르는 구원자 예수의 모습을 스포트라이트와 같은 빛 연출로 강렬히 표현하고 있다. 이러한 스포트라이트와 같은 빛의 사용은 감성 표현에 있어 평화롭고 안정적이기보다는 극적인 긴장감을 가져와 '불안하고 두려운 느낌'을 주는 효과가 있다.

카라바조의 명암법은 태양빛과 그림자가 만들어 내는 자연적인 명암법이 아니라 인위적인 목적을 가지고 연출된 것이다. 카라바조는 이러한 빛의 효과를 나타내기 위해 그림을 그릴 때 손전등과 촛불 등을 이동시키면서 인위적으로 빛과 그림자의 변화를 적절히 조절하여 그림을 그렸다. 카라바조의 명암법은 단순히 밝고 어두움을 표현하는 방법이 아니라 빛과 그림자를 이용해 사물의 정신까지도 드러내고 있고, 더 나아가 물체의 재질이나 감촉, 볼륨, 정신, 심리 상태까지도 드러내고 있다.

극적인 빛과 그림자를 통해 드라마틱한 장면을 연출하는 카라바조의 명암법은 '•바로크'라는 새로운 미술 방식의 탄생을 가져왔다. 카라바조는 기존 화풍에서 벗어난 기법과 사

• 바로크는 서유럽에서 고전적인 균형이나 정적인 경향에 맞서 동적이고 혼란, 불규칙한 표현을 특징으로 한 예술이다. 카메오에서 보는 것처럼 방식과 재료에서 기존의 방식에서 벗어나 조명의 다양화와 풍부함을 표현하였다.

실적인 표현 그리고 독창적인 해석으로 새바람을 몰고 왔다. 그의 화풍은 렘브란트에게 많은 영향을 미쳤는데, 이때부터 회화에서 사실적인 빛과 그림자의 묘사가 본격적으로 시작되었으며, 주관적인 빛이 더욱 발전하게 된다. 카라바조의 조명 방식은 현대 조명에 이르러 '카메오 조명'이라고 불리고 있다.

❸ 라 투르의 빛 표현

카라바조의 명암법에서 영향을 받은 라 투르는 '촛불의 화가'라고 불린다. 그는 촛불을 이용하여 사실적인 빛의 변화를 그림에 담았다.

라 투르가 카라바조에 영향을 받았다고 하더라도 이전의 명암법을 사용하는 화가들과 라 투르의 명암법에는 차이가 있다. 그 차이는 바로 인물에 닿는 빛에 관한 것이다. 이전 화가들의 빛은 대상보다 높고, 그림 밖에서 투사되었지만, 라 투르의 빛은 그림 안에 투사되었다.

▲ **그림 3-5** 갓난아이(라 투르 작)

라 투르는 촛불의 빛 변화를 이용하여 그림의 시각적 초점과 빛의 위계질서—빛의 정확한 배분—를 확립하였다. 그는 보는 사람으로 하여금 사실적인 빛의 효과를 느끼게 하기 위해 노력하였다. 그의 작품 속에서는 광원, 즉 촛불 자체도 그려 있다. 그 결과, 라 투르의 작품은 사실적인 명확성을 가지게 되었다.

[그림 3-5]의 '갓난아이'를 보면 광원이 화면 가운데에 있는 것을 알 수 있다. 촛불을 손으로 가리고 있는 손 안쪽에서부터 아기에 이르기까지 빛의 밝기가 강하게 그려져 있는

반면, 멀리 있는 곳의 밝기는 천천히 떨어지고 있다. 이를 통해 시각이 아이에게 집중되고 있다.

이러한 빛의 표현은 현대 극에서의 책상 전등 장면이나 사극에서의 촛불 장면에 유용하다. 특히 광원의 위치에 따른 빛의 위계질서에 주목하여 차용하거나 변형하여 접목할 수 있다.

4 렘브란트의 빛 표현

레오나르도 다빈치와 카라바조로 전해 내려오던 명암법은 렘브란트에 의해 완성되었다고 볼 수 있다. 카라바조의 빛 연출이 점 광원(point light)에 의한, 강한 명암 대비를 통한 공간적 표현과 격한 감정을 전달하는 표현법이었다면, 렘브란트의 빛은 좀 더 구체적이고 발전된 빛의 연출이라고 할 수 있다.

'빛의 질'에서 설명하였듯이 렘브란트의 초기 빛이 '렘브란트의 조명'으로 불리는 강한 측광으로 그림에 생동감과 강렬함을 부여하였다면, 후기에는 좀 더 빛의 표현성에 중점을 두었다고 볼 수 있다.

기술적 표현 기법으로 렘브란트의 빛을 분석한다면 '주변광 표현 기법'이라고 할 수 있다. 주변 광원(ambient light)이란, 피사체가 1차적으로 받는 직선광 외에 주변의 공기, 다른 피사체에서의 반사 등에 의해 발생하는 빛의 모든 현상을 사실적으로 추적한 광원을 말한다.

▲ **그림 3-6** 명상에 잠긴 철학자(렘브란트 작)

이 방식은 광원을 남기는 경로만을 관찰하고, 이를 통해 실내의 빛을 표현한다. 렘브란트의 빛 표현 기법은 공간을 사실적으로 표현한다는 점에서 유사한 점이 많다. [그림 3-6]은 조명을 연구하는 데 좋은 자료가 될 것이다.

독립된 2개의 빛과 색채가 통일성을 이루어 평화롭고 따스한 온기를 느끼도록 빛을 사용하고 있다. 창문에서 들어오는 노란 불빛은 그림 전체의 주요한 빛으로 철학자와 계단을 과장됨이 없이 비추고, 오른쪽 끝에 있는 장작불과 연결되어 포근하게 그림 전체를 감싸고 있어 철학자의 감동적인 위엄성과 종교적인 숭고한 감성을 한층 더 느끼게 하고 있다.

이와 같이 렘브란트는 공간 구성 시 빛을 이용하였다. 즉, 화면의 특정 부분만 조명을 하고 나머지 부분은 의도적으로 조명을 하지 않거나 매우 약하게 조명을 한다. 렘브란트 조명 방식이 카메오 조명 방식과 다른 점은 그림자가 좀 더 부드럽고 배경이 전체적으로 어둡지만, 부분적으로 조명을 하였기 때문에 인물이 배경과 분리되었다는 것이다.

5 베르메르의 빛 표현

'진주 귀걸이를 한 소녀'로 유명한 화가 베르메르의 빛을 살펴보는 것도 유익할 것이다. 베르메르의 작품은 렘브란트의 '명상에 잠긴 철학자'처럼 창문을 통해 들어온 빛이 실내의 공간, 물체, 사람과 같은 형태를 어떻게 표현하는지를 살펴보는 데 유익한 자료가 될 것이다.

▲ **그림 3-7** 류트를 조율하는 여인(베르메르 작)

베르메르는 빛이 들어오는 내부의 공간을 매우 자연스럽게 표현하였다. [그림 3-7]에서는 창문을 통해 들어온 빛이 색의 명암 그리고 농담과 함께 단계적으로 표현되어 여인의 감성을 풍부하게 느낄 수 있다.

베르메르는 빨강, 파랑, 노랑의 3원색을 사용하여 색상 대비와 맑고 부드러운 빛으로 조용한 정취를 표현하였으며, 초기의 밝은 부분과 어두운 부분의 뚜렷한 대비는 중년이 될수록 완화되었다. 또한 베르메르는 빛의 사실적이고 자연스러운 효과를 표현하는 데 중점을 두었다. 이러한 베르메르의 빛 표현은 드라마에서 빛이 들어오는 실내를 표현할 때 참고가 될 것이다. 여기에서 중요한 것은 베르메르의 창문 빛은 강한 직선광이 아니라 부드럽고 따뜻한 빛이라는 것이다.

6 모네의 빛 표현

인상파의 모네는 빛의 명암법에서 벗어나 색상, 명도, 채도를 구분하여 색채의 분위기로 연출을 시도한 화가였다. 모네 이전에는 명암의 ●색조를 가지고 그림을 그렸다. 명암 대비법은 사물의 어두운 부분과 그림자에는 검은색을 섞고, 밝은 부분에는 흰색을 섞어 표현하기 때문에 회화는 색조가 지배되어 색채의 효과를 상실하였다. 색조만 가지고 자연의 풍부한 색을 표현하는 데 한계가 있기 때문이다. 인상파 화가들은 스펙트럼 색과 보색 대비로 색채의 그림을 그리기 시작했다. 색채를 가진 음영의 표현이 시작된 것이다. 예를 들어 그림의 '해돋이'를 색상, 명도, 채도로 분석해보면, 명암 처리를 한 후 그 위에 다른 색상을 배열하여 전체적으로 온화한 조화를 이루고 있다. 그림에서 보는 것처럼 색상을 제거해보면 배경의 색들이 같은 명도값을 갖고 있음을 알 수 있다. 이는 색상에 따른 조화와 보색 기법으로 미적인 효과와 공간감을 극대화할 수 있는 기술적 요소가 된다.

▲ **그림 3-8** 해돋이(모네 작)

모네는 감성적인 분위기 연출도 새롭게 시도하였다. 모네는 보색을 이용하여 점차 '따뜻함과 차가움'의 조화로 바꾸어 나갔다.

모네의 초기 작품은 명암 대비를 이용한 작품이 주를 이루었지만. 점차 한난 대비의 요소가 주를 이루게 되었다. 모네는 '안개에 쌓인 의사당'이라는 작품에서 적등색과 청자색의 한난 대비를 이용하여 미묘한 분위기를 만들어 내었다.

모네는 '안개에 쌓인 의사당'에서 주황색과 청자색의 보색 대비와 한난 대비를 동시에 사용하고 있다. 청자, 청록, 황록에 의한 색채 변화는 주황색과의 대비를 보여주며, 새벽에 해뜰 때의 고요하고 따뜻한 아침을 미학적으로 표현하고 있다.

▲ **그림 3-9** 안개에 쌓인 의사당(모네 작)

이렇듯 한난 대비를 사용한 작품들은 인간이 자연에서 느끼는 감성을 전달하는 데에 중점을 두고 있으며, 새로운 조명 디자인 연출의 시작을 알린다.

7 마티스의 색 표현

인상파 모네의 화풍은 고갱을 거쳐 야수파의 '앙리 마티스'로 이어진다. 마티스는 색채를 형태와 같이 구조적으로 파악하면서 색채 자체의 존재를 드러냈다. 마티스의 작품은 원근감을 무시한 평면적 구도라는 평가도 있지만, 공간감이 극명하게 나타나는 면적 대비 조화를 따르고 있다. [그림 3-10]을 살펴보면 실내의 전체적인 바탕을 명도가 높은 빨간색으로 표현함으로써 돌출 효과를 나타내고 있고, 창 밖으로 보이는 하늘과 들판은 수축색인 파랑과 초록을 사용함과 동시에 사용 면적 또한 작게 보이는 특징을 더욱 강조하듯이 작게 표현하고 있어 원근감을 나타내고 있다는 것을 알 수 있다.

▲ **그림 3-10** 붉은색의 조화(마티스 작)

▲ **그림 3-11** 춤(마티스 작)

그림에서 색채는 원색의 단순한 구성으로 적색과 녹색의 극대비와 노랑과 파랑의 원색 대비를 사용함으로써 색채가 갖는 고유의 특성이 더욱 돋보이게 한다. '춤'이라는 그림에서는 단순하고 리드미컬한 선에 의해 분할되는 거대한 푸른색면과 붉은색 면의 공간이 풍요로움과 활기에 찬 힘을 발산하고 있는 듯하다. 생명감 넘치는 에너지와 힘은 우리에게 '보고', '느끼고', '듣게' 한다. 마티스는 '춤'에서 시각적이고 청각적인 리듬체를 창조하였다. 마티스는 색채의 조화를 마치 교향악에서 모든 악기의 음색을 이루는 조화와 같다고 하였다. 선적 구성과 색채의 효과는 춤의 시각적 리듬과 음악의 청각적 리듬의 기호로 인식되고 있다. 이러한 색채의 시각적 효과에 대한 음악의 청각적 리듬은 칸딘스키로 이어진다.

8 칸딘스키의 색 표현

마티스에 이어 칸디스키는 특정 대상이나 자연의 모습을 화폭에서 완전히 제거한 화가였다. 원근감 및 공간감 표현과 같은 표현에서 벗어나 감성과 리듬감을 전달하기 위해 노력한 화가이다. 칸디스키는 공간감 표현을 배제하고, 색채만으로 감성을 전달하고 있다.

칸딘스키는 색채를 음악적 리듬으로 응용하여 추상 회화로 발전시켰다. 칸딘스키는 "색채란, 존재의 깊은 곳에서 우러나오는 것이기 때문에 물리적이면서 심리적인 효과를 주며, 시각뿐만 아니라 음향처럼 청각마저도 일깨워주고 있다"라고 말했다. 그러므로 색채는 보는 이의 시각과 더불어 감수성에 호소한다기보다는 오히려 내적 음향의 울림으로 인해 관람객의 영혼에 호소하는 것이다.

▲ 그림 3-12 컴포지션 8(칸딘스키 작)

칸딘스키는 의지와 재현의 세계를 버리면서 감수성을 그림에 그리기 시작했다고 한다. 그는 회화에서 색채와 형태는 그 자체가 결론이라고 생각하였고, 형태에 어떤 의미를 부여하기보다는 모든 것이 배제된 절대 순수 감성을 드러낼 뿐만 아니라 색채와 형태는 각기 내면의 세계를 가지며, 의미와 상징을 갖고 있는 존재라고 하였다.

칸딘스키는 형태 하나하나에 의미와 상징을 두면서 외형상의 형태 그 자체보다는 은폐된 내용이 더 중요하다고 생각하였다. 형태와 색채의 상관관계, 색채와 색채끼리의 조화, 형태와 형태끼리의 균형과 하모니 그리고 각각 놓여 있는 위치와 상태의 변화에 따른 의미와 상징을 부여하였다. 형태를 계속 간결화시키던 칸딘스키가 최종적으로 도달한 곳은 바로 '점, 선, 면'이다. 그에게 점, 선, 면은 모든 조형의 기본이자 시작점이었던 것이다. 즉, 점은 모든 조형 요소의 시작점, 제로이자 화가가 표현하고자 하는 응축된 세계(에너지)이며, 선은 점을 움직여 어떤 방향으로 나아가는 것으로, 칸딘스키는 각각의 선들을 색과 모양에 따라 구분하고 있다. 이러한 개념은 현재 빛과 색의 조형적 표현에 많은 영향을 미쳤다.

⑨ 로스코의 색 표현

색채의 표현은 추상 표현주의인 색면주의에 이르러 절정에 이른다. 색면주의 화가들은 성격이나 감정을 직접적인 방식으로 나타내지 않고, 커다란 색면의 캔버스 작업을 통해 명상을 유도하는 감성에 호소한다. 그들은 순수 시각에 의존하여 넓고 통일된 색채 형태나 색면으로 감정을 정화시키고, 절제시키면서 회화에 철학적 의미를 부여하였다. 색면주의 화가들은 넓으면 넓을수록 색채의 강도가 깊어진다고 주장하였다.

▲ 그림 3-13 주황과 노랑(마크 로스코 작)
© 2014 Kate Rothko Prizel and Christopher Rothko / ARS, NY / SACK, Seoul

색면주의 화가인 마크 로스코는 자신만의 독특한 화풍을 구축하여 '단순한 표현 속의 복잡한 심정'이라는 그의 이상을 실현하였다. 이들 작품은 '무제'에서 나타나듯이 2개에서 4개의 직사각형이 큰 색면 위에 수직으로 배열되어 있는 구도를 보인다. 이러한 형태 안에서 마크 로스코는 폭넓은 색채와 색조, 여러 가지 양식적 관계를 활용해 극적이고 소박하며 시적이기도 한 다양한 분위기와 효과를 자아낸다.

조명 이미지 시각화 과정은 조명 디자이너의 개개인의 조명 재료들의 선호도, 주관적인 색의 선호도, 예술적 표현 감각, 주제의 해석 방법의 차이에 따라 다른 형태로 습득되고 표현된다.

화면에 시각화된 조명 이미지는 정보 제공, 오락, 예술적 표현으로 관객의 참여를 이끌어 내어 이성적, 심미적 탐색을 하게 한다. 그러면 2차원 화면을 어떻게 표현해야만 주제의 내용을 관객에게 잘 전달할 수 있을까? 시각화 과정은 조명 디자이너에게 있어 가장 어려운 딜레마이다. 여기에서는 기본적인 화면 시각화 방법에 대해 설명하려고 한다. 이 방법 외에도 다른 방법들이 존재할 수 있지만, 다른 다양한 표현 방법도 이로 인해 생겨나는 것이라고 할 수 있다.

조명의 원리는 직관적인 창조성이 아니라 효과적인 요소들을 이성적이며 조직적으로 구성하는 것이다. 가장 중요한 것은 예술적 효과가 미리 계산되고 분석되어야 한다는 것이다.

01　깊이감과 운동감

색채의 구성에서 색채의 명도 및 진출과 후퇴의 특성을 이용하여 입체감과 깊이감을 만들 수 있다고 하였다. 여기에서는 색채의 구성 외에 조명의 점과 선, 면의 변화, 화면의 구도를 이용하여 깊이감과 동적 표현 방법을 설명하려고 한다. 조명 이미지 표현에 따른 화면의 깊이감과 동적 표현은 시각 초점의 움직임과 관련이 있다. 화면을 바라보는 관객의 시선 중심이 조명 이미지의 형태에 정지된 상태로 머물러 있느냐, 조명 이미지에 내포되어 있는 동적인 표현에 따라 이동하느냐에 달려 있다.

고정된 이미지에서 움직임을 지각한다는 것은 빛선의 방향이나 조명에 의해 만들어진 패턴의 방향으로 시각이 움직이는 것이다. 조명 이미지에서 시각적 힘의 방향은 주변 요소들의 시각적인 무게감, 축에 따른 대상의 모양 그리고 주제의 시각적 방향과 작용이 사람을 끄는 힘의 3가지 요소와 관계가 있다.

(a) 구조 기능

(b) 크기

(c) 중첩

(d) 선 원근법

▲ **그림 3-14** 깊이감과 운동감 표현들

1 구조화 기능 효과

빛을 사각 프레임의 공간 속에서 건축적으로, 구조물의 구성 요소로 보는 것이다. 위·아래, 좌·우로, 즉 수평과 수직으로 양분하여 빛과 색으로 공간을 구성하는 것이다. (a)는 카메오 조명처럼 인물은 밝고 나머지는 어둡게 표현하고 있다. 화면의 좌·우측을 검게 하면 공간이 극화됨으로써 강한 구조적 특징을 갖게 된다. 그림에서 구조화는 빛과 공간의 비화면 영역과 영역 화면의 역할을 살펴보는 것이다. 관객의 시각의 초점이 자연스럽게 비영역 화면에서 영역 화면으로 집중되고 있다. 가수 외의 다른 공간(세트)에는 빛을 주지 않아 화면에 깊이감을 더하고, 빛살을 가수에게 집중되도록 함으로써 가수의 감성과 관객의 감성을 한곳으로 응집시키고 있다.

2 형태의 크기의 변화

[그림 3-14]의 (b)는 공간감, 깊이감, 동적 움직임을 주기 위해 상대적인 크기를 이용하고 있다. 몇몇 화가들은 이러한 생각을 이용하여 크기의 차이를 증대시킴으로써 시각에 변화를 주어 깊이감과 운동감을 표현하였다. 그림에서는 점 크기의 증대와 밑으로의 궤적으로 깊이감과 동적인 표현을 하고 있다. 시각은 위의 작은 작은 점에서 점차 큰 점으로 이동하고 있다.

❸ 형태의 중첩

[그림 3-14]의 (c)는 면을 중첩시킴으로써 깊이감을 주고 있다. 중첩은 깊이감을 주는 간단한 방법이다. 면이 서로 겹쳐 있으므로 그 관계가 분명하게 드러나고 있다. 즉, 각각의 면은 서로 다른 것 위에 포개져 있기 때문에 부분적으로 가려진 모습을 하고 있는데, 이곳에서 깊이감이 생겨나고 있다.

❹ 원근법

화면에서 깊이감을 나타내는 마지막 방법은 선 원근법을 이용하는 것이다. [그림 3-14]의 (d)는 선원근법에 의한 움직임의 포착이다. 선 원근법은 화면에 공간의 '깊이감'과 '운동감'을 나타내는 방법을 말한다. 시각의 움직임은 화면 전경의 나무들에서 후경의 나무들로 이동한다. 즉, 먼 곳의 소실점인 한 점을 향해 나아간다. 전경의 나무는 크게 보이고, 후경의 나무는 작게 보이는 이러한 현상은 공간을 향해 물러가는 듯한 착각을 일으킨다. 조명 디자이너는 명도 차로 이 영상 이미지의 분위기를 바꿀 수 있다. 나무 밑에 설치된 파 라이트의 밝기를 조정하여 전경에서 후경 쪽으로 점차 어둡게 하면, 공기 원근법에 의해 공간의 깊이는 확대될 것이고, 점차 밝게 하면 축소될 것이다.

TIP

선 원근법

선 원근법은 그림에 공간을 나타내는 방법이다.
선 원근법에서 구도는 감상자의 시각 현상에 따라 이루어지고, 공간의 평행선은 모두 소실점을 향한다.
선 원근법은 고정된 시점으로 감상하는 각도를 드러내고, 감상자를 주인공으로 하는 환영의 공간을 만든다.

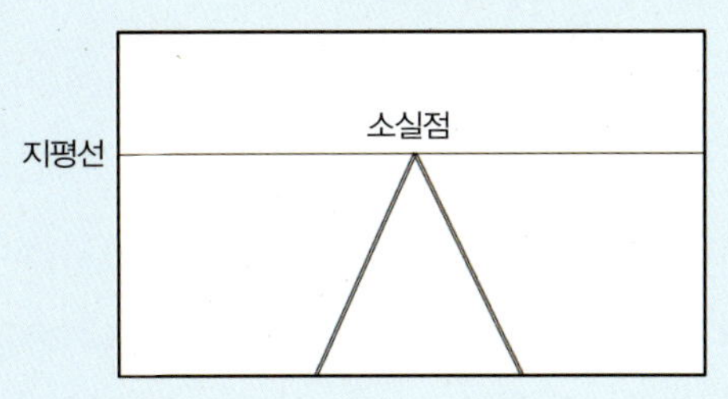

조명의 목적은 다음과 같다.

첫째, 피사체와 그 주변이 보이도록 하는 것이다. 둘째, 그냥 보이도록 하는 것이 아니라 프로그램의 주제나 목적이 잘 표현되도록 빛을 비추는 것이다. 즉, 빛이 사람의 감정이나 기분에 작용하도록 분위기(mood)를 조성하는 것이다. 조명 디자이너는 빛, 색채, 형태, 공간 등을 이용하여 시각 언어를 만든다. 커뮤니케이션으로서의 조명 이미지는 그것을 보는 사람에게 무엇인가를 말하고 있는 것이다. 조명 이미지는 시각적으로 효과적이면서 동시에 어떤 내용을 전달해야 한다.

빛으로 만들어진 조명 이미지에는 지적 언어와 감성 · 심리 언어의 2가지 조명 언어가 내재되어 있다.

1 빛의 드러냄과 숨김

조명의 지적 언어는 이성적인 지식을 추구하고 해석을 가능하게 하는 시각적 정보를 제공하는 것을 말한다. 주제와 대상에 대해 빛이 전해주는 정보는 사실적이고 구체적이다. 여기에서 빛은 주제와 대상을 관객이 이해하고, 분석하고, 종합하여 평가를 내리도록 이미지를 구성한다. 그러기 위해서 조명은 피사체의 속성이나 특징의 정보를 제공한다. 나무 의자는 의자의 형태와 나무의 속성을, 유리병은 병의 형태와 유리의 속성을, 꽃은 꽃의 형태와 줄기, 잎의 속성을, 자동차는 자동차의 형태와 금속 속성의 정보를 드러나게 하여 각각의 제품을 지각하게 한다.

하지만 조명은 단순히 비추는 것이 아니라 피사체의 특성과 그 주변의 사물까지도 하나하나 표현함으로써 드러냄의 효과를 나타내기도 하고, 주제의 특성만 부각하고 다른 사물들은 모호하게 처리함으로써 의미 전달 효과를 증가시키는 숨김의 효과를 나타내기도 한다.

드라마 사극의 전투 장면은 대부분이 밤에 이루어진다. 이는 낮에 전투 장면을 촬영하면 주변 환경, 세트, 전투에서 일어나는 세세한 부분이 나타나기 때문이다. 시각적인 어떤 사실을 통제하거나 어떤 부분을 과장하는 것 등은 조명 디자이너의 '선택'이다.

▲ **그림 3-15** 구두(고흐 작)

빛의 드러냄과 숨김의 선택은 예술 작품에서도 찾아볼 수 있다. [그림 3-15]는 고흐의 작품인 '구두'이다. 닳고 낡은 이 구두에서 우리는 무엇을 느낄 수 있을까? 아마도 어느 촌부의 삶의 무거움과 고난을 느낄 수 있으며, 다른 한편으로는 어려운 삶을 이겨낸 기쁨을 느낄 수 있을 것이다. 고흐는 닳아서 해진 구두를 세밀하게 드러냄으로써 그냥 구두가 아니라 누군지 모를 촌부의 삶을 보여주고 있다. 고흐는 낡은 구두뿐만 아니라 그 구두 속에 감춰진 의미를 드러내 보이고 있는 것이다. 만약, 이 구두를 조명 디자이너가 어둡게 처리하였거나 빛을 정면에서 주었다면 우리는 그냥 평범한 구두로 인식했을지도 모른다. 이렇게 빛은 물질의 사실적 관계를 그대로 드러내기도 하고, 질감을 느끼게 하기도 한다.

② 빛의 밝음과 어둠의 분위기

감성·심리 언어는 조명 이미지에서 느끼는 분위기(mood)이다. 이는 눈으로 느끼고, 상상하고, 이해하는 탐미적 단서를 말한다. 이것은 빛과 색의 밝음과 어둠의 비율, 색이 가지고 있는 감성 특성으로 표현된다. 여기에서는 빛의 밝음과 어둠의 분위기에 대해서만 말하려고 한다. 빛의 밝음과 어둠의 분포, 즉 분위기는 시각적 위계질서로 만들어진다.

일반적으로 조명의 밝은 빛은 긍정을, 어두운 빛은 부정의 느낌을 가지고 있다. 또한 피사체의 아름다움을 드러낼 때에는 밝게, 추함을 드러낼 때에는 특징만 살리고 어둡게 하여 감춘다. 하지만 밝음과 어두움의 시각적 효과는 다르게 나타날 수도 있다. 밝음이 부정적으로 나타날 수 있고, 어둠이 긍정적으로 나타날 수도 있다. 그리고 어둠의 공포보다 백색의 공포가 더 무서울 수 있다. 경우에 따라 어둠은 지하 세계의 매력적이고, 매혹적인 힘을 드러낼 수 있고, 몸을 감싸고 보호하며 정신을 쉬게 하는 그늘의 위안을 나타낼 수 있기 때문이다. 그리고 반대로 밝음은 무시무시하고 끔직한 것, 신체를 노출시키고 공격하며 정신을 현혹시키는 빛을 드러낼 수 있다.

조명 디자이너가 빛으로 만든 시각(視覺) 이미지(visual image)는 말로 전하지 않더라도 '아름답다', '낭만적이다', '환상적이다', '평화롭다', '무섭다'라는 감성·심리적 언어를 연상하게 하는 작용을 한다.

부드럽고 따뜻한 빛을 사용한 한가한 농촌 모습의 조명 이미지는 밝은 빛으로 충만되어 있다. 여기서 밝음은 평화로움의 이미지를 나타낸다. 밝은 빛이 많은 조명 이미지는 환경과 공간을 현실과 똑같이 재현하기 위해 빛의 간섭을 최대한 자제하여 우리의 주변에서 일어나고 있는 사건을 자연스럽게 그려낸다. 즉, 빛은 피사체와 공간, 환경을 과장이나 왜곡 없이 상세하고 자연스럽게 비춘다.

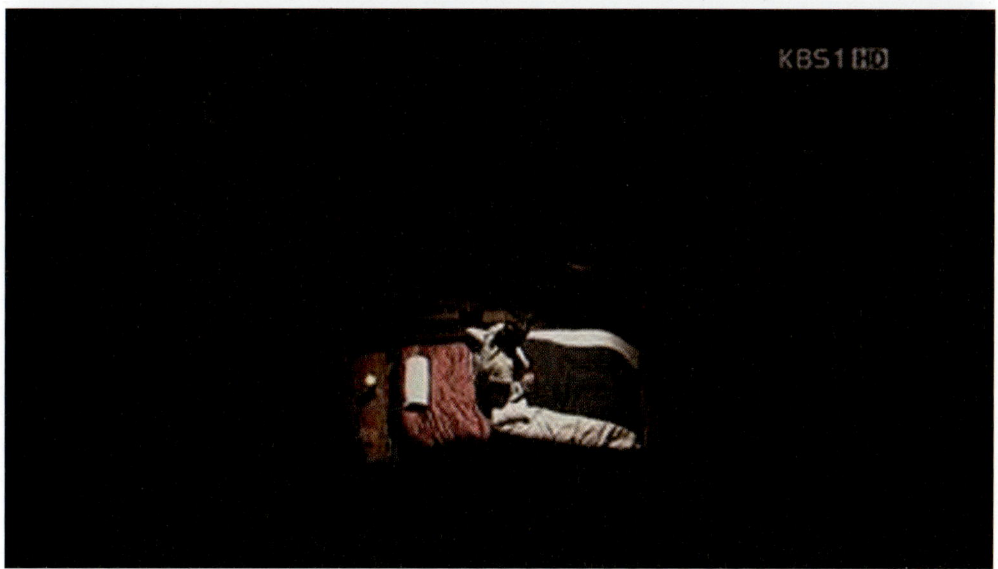

▲ **그림 3-16** 빛의 밝음과 어둠의 분위기

어둠이 가득하고, 현실의 격앙된 모습과 강렬한 감정이 실린 형상들은 환상과 공포의 조명 이미지를 나타낸다. 여기에서 밝음과 어둠의 빛은 피사체와 공간, 환경의 묘사가 아니라 대상의 성격 표출을 위해 표현적으로 구사된다. 빛은 투사되는 공간과 환경을 시각적인 변형에 의해 강조한다. 즉, 빛의 간섭이 두드러져, 강하고 거칠고 공격적인 빛으로 형태를 왜곡시키고, 선정적이고 자극적인 색을 사용하여 극화한다.

이와 같이 빛의 밝음과 어둠의 비례적 분포는 조명 디자이너에게 일종의 미학적 모험이
다. 주제나 대상을 어떻게 표현할 것인지는 매우 중요한 작업이기 때문이다. 조명 디자
이너의 빛은 화면 주제의 내용을 표현하는 기능을 가지고 있다. 그래서 빛의 밝음과 어
둠의 조절은 일종의 창조적 과정이며, 미학적 모험이다.

조명 디자이너는 프로그램의 시각적 분위기를 위하여 빛의 밝고 어둠의 시각적 위계를 정
하는데, 이를 '조명의 톤(tone)'이라고 한다. 이러한 조명의 톤이 모범 답안은 아니다. 조
명 디자이너의 창의적이고 미학적인 표현을 위하여 제시한 것과 다르게 구성할 수 있다.

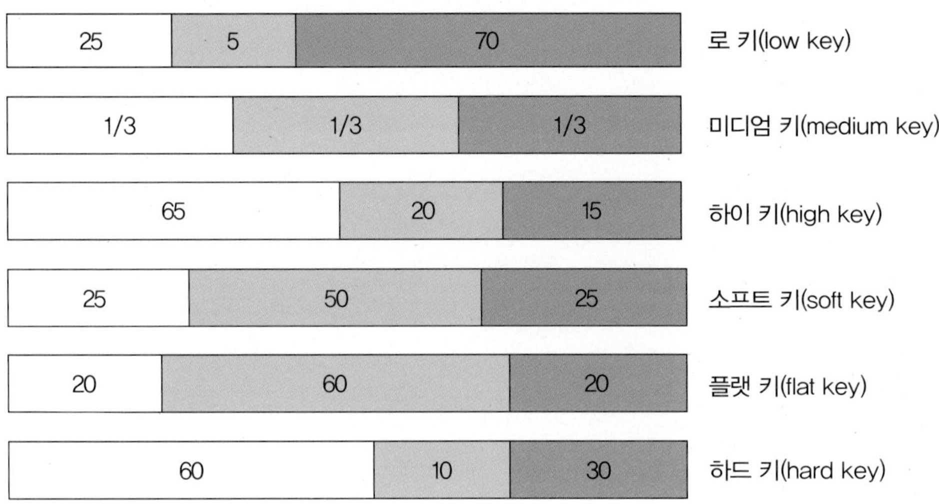

▲ 그림 3-17 화면의 명암 면적비와 톤

① 로 키(low key : 어두운 톤)

콘트라스트가 강한 상태에서 어두운 부분이 전체 화면을 지배하는 조명으로, 콘트라스
트와 그림자를 강조한다. 화면 구도 중에서 밝은 부분이 조금밖에 없는 조명으로, 화면
의 일부를 제외하고는 어둡게 하고 콘트라스트의 비가 1:2 이상인 조명이다. 어두운 분
위기, 장엄함, 신비성, 숭고함, 불순, 악, 정적인 감동을 유발하는 느낌이 있으며, 극적
인 면과 등장인물의 중후한 효과와 심리적인 표현 효과 등에 많이 사용되는 화면이다.
비극, 공포, 액션 프로그램에 적합하며, 멜로 드라마의 분위기를 조성하는 데 어울리는
조명 톤이다.

② 미디엄 키(medium key : 평균 톤)

밝은 부분과 어두운 부분 그리고 중간 부분이 적절히 어울리는 평균적이고 기본적인 화면이다. 화면 전체에 명암이 있는 보편적인 화조로, 콘트라스트비를 1:2 정도로 유지하며, 멜로 드라마, 토크 쇼 프로그램 등에 응용된다. 안정, 중후, 보수, 자연적인 느낌이 있는 화면이다.

③ 하이 키(high key : 밝은 톤)

'하이키 장면'이란, 장면 전체가 주로 밝게 보이는 것으로, 어두운 부분은 피사체의 그림자가 비칠 정도이므로 그림자가 거의 생기지 않아 상쾌한 느낌을 주는 화면이다.

또한 관객 앞에서 다중 카메라로 촬영되는 대부분의 TV 프로그램들은 하이키 조명을 사용한다. TV 드라마가 하이키 조명을 주로 사용하는 이유는 스튜디오에서 짧은 시간 내에 여러 대의 카메라로 다양한 각도에서 촬영하기 위해서는 모든 카메라에서 무리 없는 조명을 할 수밖에 없기 때문이다. 이러한 종류의 조명은 지향성을 갖거나 분산된 광원으로 만들어지는데, 피사체와 배경 모두를 강하고 평면적으로 조명해 하이라이트를 밝게, 그림자는 상대적으로 적게 표현한다. 텔레비전 프로그램의 경우 드라마, 퀴즈 프로그램 등에 응용되고, 코미디 영화에서 많이 사용된다.

④ 소프트 키(soft key : 부드러운 톤)

중간 영역이 많고 밝은 부분과 어두운 부분의 경계가 부드럽게 변화하는 상태의 화면으로 공개 오락 · 쇼 프로그램 등 환상적인 분위기를 연출한다. 무드, 은근, 온화, 시적 정서를 느끼게 하며, 피사체 내부의 그림자, 배경의 그림자 등과 그림자가 아닌 부분을 자연스럽게 융합시킨다. 여러 표현 기법 중에서 난이도 있는 조명에 속한다.

⑤ 플랫 키(flat key : 편평한 톤)

밝은 부분과 어두운 부분의 대비가 약하고, 중간 부분의 면적이 거의 대부분을 차지하는 조명으로, 전체적으로 밝고 그림자가 적다. 정적이고 격조가 있으며, 그림자가 거의 없으므로 평탄한 느낌을 주지만, 콘트라스트비가 1:1 정도로 입체감이 없는 화면이다. 예술 프로그램, TV 드라마 등에서 많이 사용된다.

⑥ 하드 키(hard key : 딱딱한 톤)

화면 중 대부분의 면적을 밝은 부분과 어두운 부분으로 양분시켜 콘트라스트가 강한 상태로 유지하는 조명으로, 극중 긴장감을 불러일으킨다. 중간 톤이 없는 조명으로, 남성적, 호쾌, 명쾌, 산뜻함, 강력함, 난폭, 거침 등의 느낌을 주며, 주로 액션 드라마나 발레, 무용 등에 많이 사용한다.

03 **사실과 창조(표현)**

조명 디자이너는 주제와 대상을 사실적으로 표현할 것인지, 창조적으로 표현할 것인지를 결정해야 한다. 표현에 있어 사실과 창조라는 개념은 조명 디자이너들이 오랫동안 고민해온 고전적인 화두이다.

사실적인 표현이란, 주제와 대상을 과장 또는 왜곡하지 않고, 있는 그대로 보여주는 것을 말한다. 한편 창조적인 표현이란, 주제와 대상을 취사선택한 후 수정 또는 미화시켜서 화면을 매혹적으로 만드는 것을 말한다.

사실적 표현의 진실성과 창조적 표현의 아름다움은 제각기 다른 맛으로 관객에게 다가갈 수 있다. 그러면 사실적 표현과 창조적 표현의 경계는 어디일까? 사실적 표현에서 주제와 대상의 객관화를 추구하더라도 조명 디자이너의 주관적 가치가 반영되는 것을 막을 수는 없기 때문에 사실적 표현도 부자연스럽지 않은 범위 내에서 주제와 대상을 미화시킬 수 있다. 그렇기 때문에 인공광을 사용하고 있는 스튜디오의 제작 현장에서 사실적 표현은 이미 한계를 드러내고 있다.

조명 디자이너의 통제 아래에 있는 빛은 사물의 형태에 영향을 미치기 때문이다. 사실적 표현이란 단지 모두가 인정하는 통상의 합리적 표현이다. 이것은 조명 디자이너에게 태양이 하나이듯이 스튜디오 비추는 빛은 하나이고, 사과 소품의 빛은 빨갛고, 별은 노랗고, 달빛은 푸르게 표현하도록 요구받고 있다. 하지만 현대 사회에서는 우리를 비추는 빛이 여러 개—실내에는 많은 광원이 존재한다—이고, 빨간 사과만 있는 것도 아니며, 별도 노랗지만은 않다. 그렇게 지각하는 이유는 인간이 사물을 지각할 때 눈에만 의존하는 하는 것이 아니라 이미 형성된 개념화된 지식을 적용하기 때문이다. 통상 합리적 표현에는 이미 이미지의 변형이 존재하고 있다. 스튜디오의 제작 현장에서는 사실과 창조의 경계가 모호하다. 하지만 창조적 표현은 사실에 근거하여 이루어진다.

(a)

(b)

▲ **그림 3−18** 사실적 표현과 창조적 표현주의 관계의 조명 이미지

사실적인 표현은 자연의 채광 상태를 기준으로 빛의 자연스러운 현실 상황을 그대로 재현, 표현하여 관객에게 보여준다. 사실적인 표현을 위한 빛의 색에는 낮과 밤(낮에는 화이트, 밤에는 블루)의 구분이 있고, 빛의 길이와 각도 변화에는 계절과 시간의 경과 표시(여름에는 태양이 높아 빛 그림자가 짧고, 겨울에는 길다. 또한 정오의 그림자는 짧고, 해질 무렵의 그림자는 길다)가 있으며, 빛의 방향에는 형태의 변화가 있다. (b)는 낮을

표현하는 조명 이미지이고, (a)는 밤을 표현한 조명 이미지이다. 우리는 각 그림에 표현된 빛의 양상을 보고 시간의 정보를 알 수 있다.

우리가 획득한 개념화된 지식을 적용하면 두 그림은 사실적인 표현에 가깝다.

[그림 3-18]의 (b)를 살펴보자. 조명 디자이너는 카메라의 적정 노출을 확보하기 위하여 베이스 라이트(base light)로 기본적인 광량만 감옥 안에 투사하고, 창 밖에서 강한 스포트라이트로 한낮의 자연광이 비추는 것처럼 감옥 안을 투사하여 사실적으로 표현하였다. 이 그림은 사실적 표현을 빌린 조명 디자이너의 미학적이고 창조적인 표현이다. 즉, 카메라 시점과 인물의 감정을 강조하기 위해 인위적으로 빛이 인물에 비치도록 조정한 것이다.

만약 실제 존재하는 자연적인 환경−대본상에 존재하는 시각−의 빛을 있는 그대로 표현하였다면 효과적이거나 매혹적인 분위기를 만들 수 없다. 따라서 조명 디자이너는 극의 분위기를 고려하여 빛의 위치를 조정하여야 한다.

[그림 3-18]의 (a)는 사실적이면서도 창조적인 표현을 위한 조명 디자이너의 빛의 간섭이 두드러진다. 이곳에서의 주 광원은 촛불이다. 촛불의 분위기를 나타내기 위해 전체적인 분위기는 어둡게 하고, 인물은 강조하여 표현하였다. 창문은 블루 컬러를 사용하여 밤의 분위기를 나타내었다. 이 경우, 조명 디자이너는 밤의 분위기와 창조적 영상을 위하여 인위적인 밤의 불빛을 만든다.

엘립소이드인 소스 포(source−four)의 조명 장비에 고보를 사용하여 인물 뒤에 만든 창문 문양이 바로 그것이다. 이는 관객으로 하여금 밤의 달빛이 창문을 투과하여 인물 뒤에 창문의 그림자를 만들었다는 시각적 착각을 일으키는 창조적인 표현이다. 실제로 창문의 창호지를 투과한 밤의 달빛은 창문 문양을 만들지 않는다. 그리고 창문의 형태와 인물 뒤 창문의 문양은 조금 다르다. 하지만 조명 디자이너의 창의적인 달빛 문양은 인물과 잘 어울려 밤의 분위기를 고조시킨다.

조명 디자이너는 주제와 대상을 표현할 때 사실적인 표현을 위해 노력하지만, 사실적 표현은 때때로 효과적이지 못하고 오히려 사실적 표현에서 나타나는 부자연스러움 때문에 빛을 간섭하여 조정한다. 그러므로 '사실'은 조명 디자이너의 창의적 표현에 의해 강조되거나 설득되고, '창조'는 사실에 근거한 조명 디자이너의 풍부한 상상력의 미학적 결과이다. 조명 디자이너는 사실적 표현과 창조적 표현을 위해 항상 자연 환경과 주변 환경을 세심하게 관찰하여 머릿속에 개념화해두어야 한다. 또한 심미적 감성을 체득하기 위하여 영상에 관련된 창작물을 많이 감상하는 것도 중요하다.

구상적 표현은 예술 작품 따위가 일정한 형태와 성질을 갖추는 것을 말하며, 추상적 표현은 사물이나 구체적인 대상이 없는 그림, 대상을 떠난 점, 선, 면, 색채로 구성하는 것을 말한다. 구상은 주제나 대상과 관련되어 있기 때문에 쉽게 이해할 수 있고, 해석이 빠르며, 전달력이 강해 감정 반응이 빠르게 나타난다. 구상은 시각적 경험을 전달하는 창조적인 작업이기 때문에 사실적인 표현과는 다르다. 추상은 주제나 대상의 이해보다 예술성이 강하게 나타나므로, 자유로운 상상력, 즉, 심미적 탐색을 제공한다. 그리고 구상은 형상을 추구하지만 추상은 심상을 추구한다. 눈은 형상을 보지만 마음은 의미를 본다. 그러한 의미에서 추상은 구상보다 진화된 표현 양식이다.

(a) 가로등 이미지

(b) 구상과 추상의 결합

(c) 추상화된 가로등

▲ **그림 3-19** 구상에서 추상으로의 변화

가요 무대의 조명 디자인을 보면서 주제나 대상인 가로등이 구상에서 추상으로 어떻게 변화되어 표현되었는지를 살펴보자. [그림 3-19]의 (a)는 도시 가로등의 실제 이미지이다. 조명 디자이너는 이 이미지의 자료에서 영감을 얻어 각각 다른 조명 이미지를 디자인하였다. 먼저 조명 디자이너는 노래 제목에서 모티브를 가져와 시각화하였다. (b)는 (a)의 도시 가로등 이미지에서 아이디어를 얻어 창작 요소로 삼았다. 여기에서 주목할 점은 아직까지 (b)의 가로등 이미지는 우리가 지각할 수 있을 정도로 일정한 형태와 성질을 가지고 있다는 점이다. 이 노래의 제목은 '외로운 가로등'이다. (a)의 가로등을 지탱하고 있는 전봇대를 나뭇가지 형태의 이미지로 창조하여 구상화하였고, 등은 원 형태로 단순화하였다. 여기에서 조명 디자이너의 예술적 감각-작품 해석 능력-을 느낄 수 있다. (a)의 전봇대에 달려 있는 등에 비해 가느다란 나뭇가지에 달려 있는 등에서 느끼는 감성은 위태롭고 불안하다. '외로운 가로등'이라는 노래의 시각화 과정에서 조명 디자이너는 노래 제목의 모티브의 이미지를 그대로 옮기지 않고, 창조적 구상으로 고독의 아름다운 분위기를 만들었으며, 구상과 추상을 결합함으로써 미적 긴장을 보여주고 있다. 화면의 기조색은 블루로, 외로움과 상실감을 나타냈다. (c)의 노래 제목은 '소녀와 가로등'이다. (c)는 (b)의 가로등 이미지를 더욱 발전시켜 등(燈)의 형태로 인식되는 기하학적인 점 이미지로 추상화하여 노래의 분위기를 표현하였다. (c)는 가로등을 상징이나 정신적 의미만으로 표현해 놓았다고 할 수 있다. 이 경우에는 노래 제목이나 주제의 제목에 의지해야 알 수 있지만, 주제나 제목이 없는 추상적 표현은 색채의 느낌이나 기하학적인 형태에서 오는 조화미에서 시각적인 미적 향유를 느낄 수 있다. 즉, 관찰 대상의 마음이 화면에 어리어 형상보다 아름다운 느낌으로 승화되는 것이다.

(c)에서 굳이 구상적 표현으로 의미를 전달하려고 하지 않고, 추상적 표현으로 시각화한 이유는 색채와 형태에서 오는 형식 미학을 추구하여 사랑에 대한 소녀의 설렘과 고독을 전달하려고 했기 때문이다.

위에서 살펴본 바와 같이 가로등은 조명 디자이너에 의해 지각 가능한 형태로부터 시작하고, 점차 추상화되어 각각의 노래에 표현되었다.

구상적 표현과 추상적 표현 방식은 조명 디자이너의 주제나 대상의 시각화 과정에서 주제 전달의 필요성에 의해 선택된다.

조명 디자이너는 주제나 대상을 시각화할 때 주제나 대상의 시각적 요소나 청각적 요소, 감성적 요소, 스토리 요소 등에서 아이디어를 추출한 후, 색채와 기하학적인 형태로 조합하여 추상적인 이미지를 만든다.

■ 구상 표현 방법

① 표현 요령

조명 디자이너는 주제나 대상에서 추출된 개념을 통해 이미지를 정하거나 일상생활에서 경험한 것, 느낀 것, 상상한 것, 생각한 것 등과 결합하여 표현한다. 다시 말해서 화면을 주제나 대상에 의해 꾸며 나가는 작업으로, 심상보다 시각성에 더 큰 비중을 둔 표현이

다. 경우에 따라서는 대상의 변형도 가능하다. 생활 이미지, 자연 이미지, 상상 이미지를
차용하여 사용한다.

② 구상 표현 시에 고려해야 할 사항

- 주제나 대상의 세부 내용에 집착하지 말고, 제작진 회의 과정이나 개념화 단계에서 마
  음속에 강하게 남아 있는 요소를 강조하여 주제의 분위기를 살린다.
- 주제나 대상에서 추출된 개념을 이미지로 표현할 때에는 대상을 단순화하거나 강조
  또는 생략하여 표현한다.
- 표현된 이미지를 살리기 위해서는 이미지와 어울리는 배경 처리에도 주의해야 한다.
  배경은 이미지를 부각시키거나 강조한다.

▲ 그림 3-20 호리존트에 표현된 구상 이미지 : 꽃

이몽룡을 그리워하는 춘향이의 마음을 꽃을 단순화하여 형식미를 추구하였다. 꽃의 모
양과 달의 조화 그리고 호리존트에 채색된 보라는 이몽룡에 대한 춘향이의 감정을 느끼
게 한다.

❷ 추상 표현 방법

① 표현 요령

자연의 형태를 떠난 순수한 조형 요소인 점, 선, 면, 색채의 구성적 조합을 통해 조명 디
자이너의 느낌이나 감정을 정신적 의미나 상징적으로 표현한다. 대부분의 쇼 프로그램
조명의 경우 점, 빛선, 색면을 이용한 추상적 표현이다.

② 표현 방법

– 주제나 대상을 의도적으로 단순화하거나 강조 또는 변형하여 표현한다.
– 조명 디자이너의 심미적 감성에 따라 점, 선, 면에 의한 순수한 형과 색의 조화에 의한
  형태, 색채, 재질 등의 조형 요소와 비례, 통일, 변화, 강조 등의 구성미를 이용하여
  표현한다.

▲ 그림 3-21 무대 바닥에 표현된 추상 이미지 : 선의 표현

춘향가 중의 '쑥대머리'를 빛으로 직조를 짜는 듯한 이미지로 표현하였다. '쑥대머리'는
춘향이가 옥중에서 이도령을 그리워하는 내용이다. 상심과 슬픔의 색인 다크 블루(dark
blue)의 바탕 위에 큰 원이 중심에 위치하고, 그 위로 빛으로 만들어진 2개와 3개의 직
선이 교차한 이미지의 단순한 표현은 감옥 속에 있는 춘향이의 '복잡한 심정'이라는 조명
디자이너의 이상을 실현하고 있다. 또한 백광의 선에 의해 폐쇄된 공간은 고립무원된 춘
향이의 마음을 표현하고 있다. 조명 디자이너는 빛으로 만든 공간으로 관객과 소통하고
있다.

패턴 표현 방법

지각 심리학자들은 단순한 형태와 모양의 시각 이미지가 복잡한 형태와 모양의 시각 이미지보다 더욱 정확하게 또는 쉽게 지각될 수 있다고 한다.

단순한 형태의 시각 이미지는 대상물이 인지될 수 있을 정도의 유사 상태와 적은 시각적 요소들을 사용한다. 단순한 형태의 시각 이미지는 메시지 효과를 강화할 때, 즉각적인 반응을 이끌어 내고자 할 때, 필수적인 부분에만 초점을 맞추려는 목적이 있을 때 더욱 효과적이라고 한다. 불필요하게 많은 요소로 구성된 시각 이미지는 수용자의 시선을 주된 메시지로부터 벗어나게 하거나 메시지를 어렵게 만들 수 있다. 따라서 어떤 대상이나 사실을 단순화하는 것은 시각적으로 간결하게 표현하여 해석을 쉽게 만드는 것이라고 할 수 있다.

대상의 단순한 표현은 주제의 내용을 전달하는 조명에도 효과적이고 직접적이다. 조명 디자이너는 주제의 내용을 관객에게 전달하기 위하여 시각적인 메시지를 만들어 표현한다. 조명의 시각적 메시지는 색상, 빛선, 대상의 문양, 패턴으로 이루어져 있다.

주제의 표현은 대상을 사실적으로 표현할 수 있지만, 메시지 전달의 필수적인 요소에 중점을 두고 추상적 요소들을 선택해 나가는 과정이라고 할 수 있다.

조명 이미지 표현은 대상을 있는 그대로 재현하는 것이 아니라 조명 디자이너의 주관에 의해 다시 구성되어 목적을 가진 표현으로 재창조되는 행위이다.

이번에는 조명의 시각적 메시지 중에서 조명의 문양과 패턴 같은 형태들이 어떻게 만들어지고, 구성되는지 알아보자.

01 캔버스 같은 배경

조명에 의해 만들어진 문양과 패턴 같은 형태들은 시각적 메시지의 바탕이 되는 세트와 무대 바닥 그리고 무대 배경에 표현된다. 조명 디자이너는 주제에 적합한 시각 메시지를 만들고 주제의 메시지를 효과적으로 전달할 장소를 찾아 그곳에 표현하게 된다.

(a) 세트에 표현된 창문 문양

(b) 호리존트와 바닥에 표현된 빛선

(c) 호리존트에 표현된 패턴

▲ 그림 3-22 각종 배경에 표현된 고보 패턴 문양

조명 문양과 패턴들은 주제의 특징을 살리기 위해 위에서 언급한 곳에 표현되지만 배경의 가장 일반적인 방법은 호리존트와 같은 무대 배경을 이용하는 것이다. 무대 조명에서의 배경 막에는 하늘 막, 투영 막, 망사 막이 있다.

하늘 막은 TV의 호리존트와 같은 역할을 하는 배경 막으로, 조명을 통해 하늘을 표현하거나 조명 형태들의 분위기를 표현하는 데 사용한다. 투영 막은 '리얼 스크린(real screen)'이라고도 불리며, 역광에 의해 막에 그려진 상이 나타나거나 사물의 그림자 또는 영상이 비치는 막이다. 망사 막은 막 앞의 조명에 의해서는 불투명하게 보이지만 막 뒤의 조명에 의해서는 투명하게 변하는 막이다.

 ## 호리존트(horizont)

호리존트는 TV 스튜디오에서 배경을 나타내는 배경 막으로, 하늘이나 바다 또는 무한한 공간처럼 보이게 하는 공간으로 사용하기도 하고, 조명 디자이너에게 하나의 거대한 캔버스가 되어 화가가 그림을 그리듯 프로그램의 이야기에 필요한 다양한 효과를 나타낼 수 있는 예술적 표현의 캔버스로 사용되기도 한다.

배경인 호리존트는 스튜디오의 내부 벽면이나 스튜디오 주변을 둘러싸고 있다. 호리존트 배경의 색은 흰색이나 매우 옅은 회색을 칠해 사용한다. 그 이유는 흰색 또는 회색 배경으로 촬영하면 이미지 구성 시 피사체에 시선을 집중시킬 수 있고, 조명을 사용하여 색을 넣거나 그림이나 동영상 같은 이미지를 구현할 수 있는 장점이 있기 때문이다.

(a) 거대한 캔버스로 사용된 호리존트

(b) 블루 색으로 채색되어 하늘로 표현된 호리존트

▲ 그림 3-23 호리존트의 사용

호리존트 배경의 기본 채색에는 호리존트 라이트(horizont light)라는 조명 기구를 사용한다. 호리존트 라이트는 호리존트의 넓은 면을 밝게 하거나 채색하기 위해 [그림 3-24]와 같이 위와 아래에서 조명을 하는 고정 조명 기구 설비이다. 조명 기구가 벽에서 1~2m 떨어져 위와 아래로 설비되어 있다.

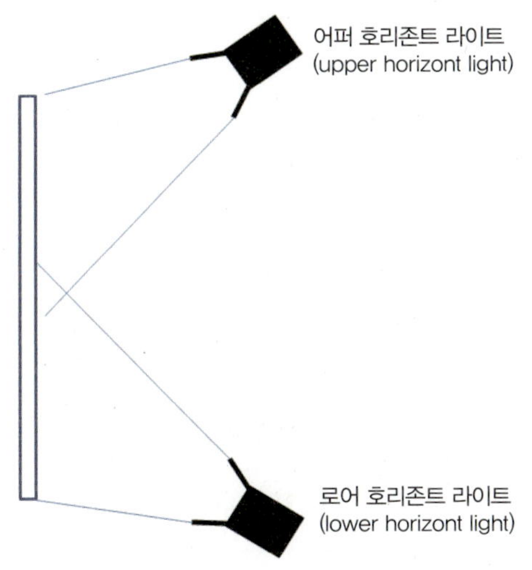

▲ 그림 3-24 호리존트 채색 방법과 회로 구성

위에서 아래로 비추는 조명 장비를 '어퍼 호리존트 라이트(upper horizont light)'라고 하고, 아래에서 위로 비추는 조명 장비를 '로어 호리존트 라이트(lower horizont light)'라고 한다.

이들은 [그림 3-24]의 오른쪽 그림과 같이 보통 4가지의 컬러 필터를 부착하여 4회로로 구성한다. 기본적으로 R, G, B, W나 R, G, B는 그대로 두고 필요에 따라 색을 교체한다. 프로그램 주제와 분위기에 어울리는 적합한 색이 없을 때에는 색을 혼합하여 새로운 색을 만들어 사용하기도 한다.

호리존트 라이트는 '호리존트'라는 배경 전체를 균일하게 비쳐야 하므로, 플러드 라이트를 사용한다. 호리존트 라이트 중의 하나인 스트립 라이트(strip light)는 주로 무대에서 무대 막과 배경 막에 사용되고, 사이크로라마 라이트(cyclorama light)는 주로 방송에서 사용한다.

배경 전체를 비출 때에는 호리존트에 얼룩이 생기지 않도록 조명 기구의 배치, 선택, 거리 등에 각별히 유의해야 한다.

TIP

• 스트립 라이트(strip light)

스트립 라이트는 주로 무대에서 무대 막과 배경 막에 사용된다. 스트립 라이트는 디자인된 일반적인 엷은 조광이 필요한 곳, 빛이 확산되는 곳 등 어떤 위치에서도 사용될 수 있다. 스트립 라이트들은 무대 제일 앞쪽 바닥에 늘어놓아 플러드 라이트로 사용되고, 주로 고전 무용이나 발레 등의 공연에도 사용된다. 또한 TV 쇼 프로그램에서 인물 표현의 확장성을 위하여 데스크 라이트용으로 밑에서 인물을 비추기도 한다.

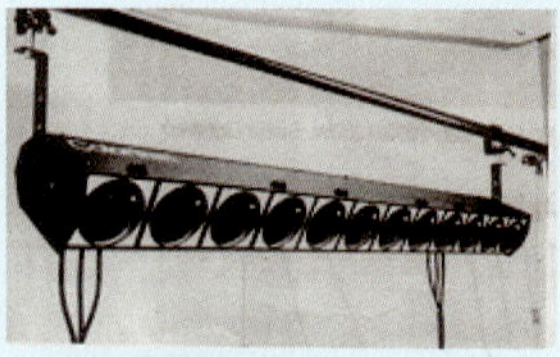

▲ **그림 3-25** 스크립 라이트 (strip light)

• 사이클로라마 라이트(cyclorama light)

사이크로라마 라이트는 호리존트 라이트로 사용하며, 4컬러를 사용할 수 있다. 경우에 따라서는 4컬러를 믹싱하여 사용하기도 한다. 배경 막 또는 무대 막의 넓은 구역 위에 부드럽고 깨끗한 빛을 얻기 위해 사용되는 등기구이다. 이것은 보통 7피트 또는 8피트 거리로부터 매우 깨끗한 빛을 얻기 위해 편심원의 반사경을 사용한다.

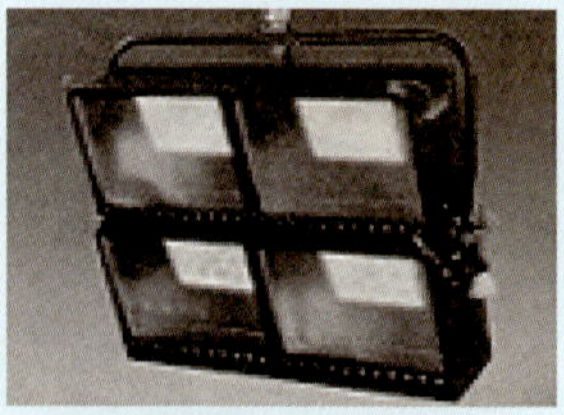

▲ **그림 3-26** 사이클로라마 라이트(cyclorama light)

디자인된 색상을 얻기 위해 컬러 필터를 컬러 프레임 홀더에 장착하여 사용할 수 있다. 사이클로라마 라이트 반사경의 경우, 반사경이 하부 쪽으로 기울어진 곡면을 갖는 것은 배경 막 상단에 설치하고, 반사경이 상부 쪽으로 기울어진 곡면을 갖는 것은 배경 막 하단에 설치한다.

호리존트의 가장 간단한 표현 방법은 호리존트 전체를 색으로 구성하는 것이다. 이전에 살펴본 로스코 화가의 색면처럼 배경에 색면의 구성으로 주제를 표현한다. 한 가지 색으로 호리존트 전체 면을 채색하여 구성하거나 로스코의 색면 구성처럼 위아래를 따로 구성하여 색채의 진동이 가져오는 감성으로 주제를 표현한다.

배경 앞에 놓인 피사체를 드러나게 하여 주목성을 높이려면, 호리존트의 색을 화이트로 처리하는 것이 좋다. 어린이 프로그램이나 제품 모델의 배경으로 화이트로 만드는 것은 주목성을 높이기 위해서이다.

주제의 내용을 강화하거나 관객의 감성을 이끌어 내기 위해서는 여러 가지 물건이나 형상 등의 문양을 단순한 형태의 시각적 이미지로 만들어 표현해야 한다. 이러한 시각적 이미지는 '보이기' 위해 만들어진다. 시각 이미지의 성질을 통해 주제의 복잡한 본성을 좀 더 잘 이해하는 데 도움을 주어 관객을 설득시키는 것이다.

조명 디자이너가 사용하는 조명에 의한 모양 패턴의 가장 기본적이고 일반적인 방법은 조명 기구 앞에 부착된 반 도어를 조정함으로써 만드는 것이다. 반 도어로 네모나 직사각형의 도형 같은 문양을 만들어 배경에 표현한다. 좀 더 진보된 시각 요소의 형태 생성은 열에 강한 재료를 이용하여 구름과 같은 문양을 만든 후, 조명 기구 앞에 두어 빛을 투사하게 함으로써 배경에 구름을 만드는 것이다. 이 원리는 문양의 모양 형태만 빛이 투과하게 하고, 나머지 부분은 빛을 차단하여 배경에 화이트의 문양만 비치게 하는 것이다. 이러한 방식은 엘립소이드 조명 기구가 출시된 후, 획기적인 변화를 가져왔다. 에립소이드 조명 기구는 다양한 고보(gobo)를 사용하여 문양을 만들 수 있기 때문이다. 고보는 스테인리스 합금으로 된 작은 원형 판에 도형, 그림, 기호 등을 뚫고 이를 고보 틀에 끼워 조명 기구에 부착하는 액세서리를 말한다.

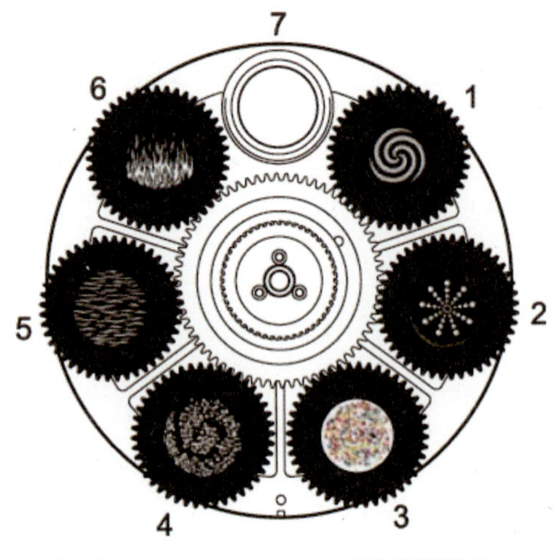

1. Spiral .... P/N 43076078
2. Radial circles .... P/N 43076079
3. Fused red/yellow .... P/N 62400446
4. Milky Way .... P/N 43076080
5. Water .... P/N 43076066
6. Flames........................... P/N 43076067

1. Crackle........................... P/N 43076068
2. Triangles small .... P/N 43076028
3. Tye dye .... P/N 43076070
4. Globo .... P/N 43076082
5. Worms .... P/N 43076023
6. Bio................................. P/N 43076073
7. Leaf breakup .... P/N 43076074
8. Les Mis .... P/N 43076081
9. Two Tone .... P/N 43076076

▲ **그림 3-27** 이펙트 무빙 라이트에 부착된 고보들

또한 이펙트 무빙 라이트의 조명 기구 안에 고보 힐이 부착되어 있어 다양한 고보에 색을 입혀 사용할 수도 있다. 이러한 고보 문양은 일반적으로 조명 장비 회사에서 생산한다. 생산된 고보는 다양하지만, 조명 디자이너는 프로그램의 주제나 특징을 살리기 위해 직접 제작하여 사용하기도 한다. 출시된 고보 문양은 다음과 같은 다양한 형태들이 있다.

1 자연적 소재

조명 디자이너의 주제의 표현에 가장 많이 사용하는 고보 문양이다. 자연적 소재는 시각적 메시지를 전달하는 데 효과적이다. 식물, 동물, 자연현상은 각각의 고유한 특성이 잘 나타나고 있는 것으로, 주제 구성에 자연스럽게 활용되는 소재이다. 이들 각각의 특징을 파악하고 분석하는 것은 구성의 특성을 전달하는 데 매우 중요하다.

▲ 그림 3-28 자연적 소재의 고보

2 인공적 소재

우리 주변에서 쉽게 발견할 수 있는 친근한 소재를 조명 고보 문양으로 사용하여 메시지를 전달한다. 인간생활의 필요에 의해 만들어진 물체로, 향수와 추억을 불러일으키는 시각적인 효과가 있다. 인공적인 조명 문양을 구성할 때에는 구도와 크기, 형, 색 등을 고려해야 한다.

▲ 그림 3-29 인공적 소재의 고보

3 상징적 소재

전달하고자 하는 주제의 형태를 가장 본질적이고 기본적인 것으로 단순화시킨 것으로, 무엇보다 단순한 형태로 축약되기 때문에 세부적인 형태는 무시된다. 가끔 조명 디자이너가 주제를 표현할 때 모든 내용을 세세하게 표현할 수 없다는 이유로 어려움에 직면하기도 한다. 이때 조명 디자이너는 주제의 대상을 시각적으로 단순화시켜 시각적 메시지 효과를 획득한다. 이때에는 일반적인 인식을 구체화할 수 있는 요소를 추출하여 사용해야 한다.

▲ 그림 3-30 상징적 소재의 고보

고보 제작의 중요한 포인트는 실제 이미지에서 불필요한 부분은 생략하고 의미를 전달할 시각 요소만 추출하는 것이다. 즉, 실제 이미지에서 필요한 부분만 필터링하여 직관적으로 만드는 것이다.

고보는 제품 회사가 만들지만 조명 디자이너가 직접 제작에서 사용할 수도 있다고 하였는데 어떻게 고보가 만들어지는지 살펴보자.

(a) 나룻배의 사진 이미지

(b) 포토샵을 이용하여 만든 음의 영역과 양의 영역

(c) 고보로 완성된 나룻배의 고보

(d) 조명 문양으로 이미지화된 나룻배 고보

▲ **그림 3-31** 고보 패턴 문양 표현 과정

① [그림 3-31]의 (a)와 같이 주제에 적합한 나룻배의 이미지를 자료 조사를 통하여 얻는다.

② (b)처럼 포토샵을 이용하여 음화/양화의 반전을 만든 후 제작 업체에 시안을 보낸다.

③ 나룻배의 윤곽선만 남기고, 여백(흰색 부분)을 기계에 의해 파공하여 (c) 나룻배 형태의 조명 고보를 만든다.

④ 나룻배 형태의 고보를 엘립소이드 조명 기구인 소스 포(source-four)에 삽입한 후 호리존트에 빛을 투사하면 (d) 조명 형태의 이미지가 표현된다.

(a) 무빙 고보

(b) 소스 포 고보

(c) 국악 무대

(d) 소스 포 고보

(e) 가요 무대

(f) 국악 무대

(g) 글라스 고보

▲ **그림 3-32** 고보 문양과 표현 조명 이미지 표현

나무의 모습, 꽃의 형태, 거미줄의 복잡한 격자무늬, 성당, 십자가, 빌딩 등 고보의 자료가 되는 대상은 자연과 인공물에 많다. 이러한 대상에 대한 세심한 관찰과 새로운 해석은 조명 디자이너에게 조명 이미지 구성의 형태 및 색채 감각을 제공한다.

다른 조명 디자이너가 생성한 시각 이미지 분석을 통해 궁극적으로 표출해내는 조명 고보가 주제에 어떻게 투영되었는지와 조명 형태의 아름다움이 좀 더 논리적이고 구체적으로 해독되어 체득된다면, 이 또한 조명 디자이너의 형태 및 색채 감각에 도움이 될 것이다.

주제를 표현한 시각 이미지는 형태 소재의 선택에서 여러 다양한 조명 형태의 고보들이 실제의 시각 이미지 속에서 주제와 어떻게 결합시켜 조명 디자이너의 의도가 어떻게 시각화되었는지를 분석하게 된다. 그리하여 좀 더 구체적으로 시각 이미지 속의 조명 형태들을 관찰하고, 그 속에 내재되어 있는 의미와 미적 질서를 발견하는 데 보탬이 될 것이다.

[그림 3-33]의 (b)는 KBS 국악 무대의 '갈대꽃' 시각 이미지이다. 한 폭의 그림 같은 이 이미지에 사용된 조명 고보들은 무엇이고, 어떻게 구성되어 있는지 살펴보자.

'대본 및 내용 분석'의 자료 조사에서 이 시각 이미지 생성의 출처는 노래 주제인 '갈대꽃'이고, 자료 조사에서 얻은 (a)의 사진 이미지이다. 조명 디자이너는 새로운 시각적 효과를 얻어내기 위해 자료 조사에서 얻은 (a)의 사진 이미지를 그대로 옮기지 않고 이것을 '어떻게' 이용하여, '무엇을 어떻게' 나타낼 것인지에 대해 다음과 같은 생각을 해야 한다.

(a) 사진 이미지 자료

(b) 국악 무대의 갈대꽃 이미지

▲ **그림 3-33** 자료와 시각화된 조명 이미지

첫째, 주제의 내용과 자료 이미지의 관계에서 시각적 효과를 위해 연결할 미적 대상은 무엇인가?

둘째, 시각적 효과를 위하여 어떤 조명 표현 양식을 택할 것인가?

셋째, 미적 대상들의 형태는 어떻게 구성할 것인가?

갈대꽃의 음악을 시각적으로 나타낼 수 있는 것은 무엇일까? 조명 디자이너는 주제의 내용(음악)과 자료 이미지의 의미가 결합되도록 미적 구조를 포착하여 새로운 형태의 시각적 효과를 창조해낸다. 즉, 조명 디자이너는 음악의 청각적 감흥과 리듬을 시각적 감흥과 리듬으로 전환시키고, 음악의 내적 울림을 색채와 형태의 조화로 시각화하여 연결시킨다. 음악과 자료 이미지의 (a)에서 조명 디자이너가 시각적 효과를 위해 포착한 미적 대상은 갈대와 구름 그리고 석양의 강렬한 색채이다. 이러한 미적 대상들이 선택되면, 조명 디자이너의 미적 감각을 바탕으로 각 시각 요소들이 새롭게 구성된다.

선택된 미적 대상들은 새로운 시각적 효과의 질서를 위해 형태의 일부분을 삭제하거나 첨가하게 된다. 미적 대상들의 형태들을 변화시키기 위한 '더하기'와 '빼기'는 조명 디자이너의 미적 지각 또는 조명 이미지의 표현 방법에 따라 구상적이거나, 추상적이거나, 사실적인 형태로 이루어진다.

조명 디자이너는 갈대, 구름, 색채와 같은 미적 대상들을 시각적 구조로 발전시키기 위하여 형태의 창조나 조직화에 들어간다.

자료 이미지의 갈대와 구름은 (b)의 시각적 요소로 지각되기 위하여 조명 문양의 형태로 변화된다. 구름의 문양은 이미 많은 종류의 고보들이 제작되어 있어 선택의 폭이 넓지만, 갈대의 문양은 조명 디자이너가 필요에 의해 직접 제작하였다. 갈대의 문양은 자료 이미지에서 갈대를 분리한 후, 시각적 효과를 위한 형태로 발전, 변화시켜 제작한다.

▲ **그림 3-34** 시각 요소로 사용된 대표적인 미적 대상들

[그림 3-34]와 같이 시각 요소인 미적 대상들은 '갈대꽃'의 음악을 시각적 이미지로 나타내기 위하여 갈대는 소스 포에, 구름의 고보는 무빙 라이트 이펙트에 삽입되어 표현된다. 시각적 효과를 증대시키기 위하여 갈대와 구름의 크기, 색깔, 명암 등을 조절한다. 전체적인 구도는 음악과 시에서 느끼는 서정성을 위하여 고요하고 편안한 수평 구도를, 갈대의 위치는 주제를 강조하기 위하여 황금 비율과 비슷한 구도를 사용하였다. 구름의 느낌을 위하여 형태의 외곽들을 부드럽게(focus out) 처리했고, 자연광의 빛 산란에 의해 나타난 저녁노을은 빨간색과 노란색의 컬러 필터를 사용하여 표현하였다.

조명에 의해 생성된 조명 문양 및 패턴 구성의 유의점

- 주제의 이미지와 특징적인 형을 파악하여 분위기를 표현한다.
- 주제의 특징을 아름답게 단순화하거나 의미를 변형하여 시각 이미지의 공간 속에 맞는 구도를 설정한다.
- 시각 이미지의 전체적인 구도를 고려하여 포인트의 위치, 형식, 방향 등을 생각하여 배치한다.
- 크고 작은 면을 적절히 배치하여 전체의 강약과 리듬감을 살려야 한다.
- 시각 이미지의 선 방향과 흐름선으로 운동감을 살려야 한다.
- 화면에서 조명 형태를 표현할 때에는 명암과 색채 구성의 원리를 이용하여 공간감을 표현하여야 한다.

픽토그램

단순한 형태의 시각이미지의 커뮤니케이션 작용은 우리가 흔히 볼 수 있는 픽토그램(Pictogram)에서도 찾을 수 있다. 픽토그램은 그림(picture)'과 '전보(telegram)'의 합성어로, 사물과 시설 그리고 행동 등을 상징화하여, 사람들이 정보를 빠르고 쉽게 이해할 수 있도록 나타낸 시각 디자인을 말한다. 픽토그램의 목적은 어떠한 장소나 의미를 그림 문자를 통해 모든 사람이 알아볼 수 있게 대상을 단순화하는 것에 있다.

우리는 위의 픽토그램을 보면서 "화장실의 남·여" 구분을, 전구를 보면 "아이디어"의 발상을, 런닝맨이 "비상구"를 나타내고 있다는 것을 쉽게 지각할 수 있다.

Memo

조명 이미지 생성

프로그램은 내용과 형식으로 구성된다. 조명 디자이너는 프로그램의 주제와 대상을 표현할 때 어떤 메시지를 전달할 것인지(what to say)와 관련된 내용 그리고 그 내용을 어떤 식으로 표현할 것인지(how to say)와 관련된 형식을 결정해야 한다. 'what to say'는 프로그램의 내용이나 정보를 말하고, 'how to say'는 창의적이고 예술적인 무게를 가진 형식을 말한다. 즉 'what'은 내용인 정보에, 'how'는 형식인 예술성에 초점이 맞춰져 있다. 조명 디자인은 'what'을 강조할 때도 있고 'how'을 강조할 때도 있지만, 'what'과 'how'를 적절하게 결합하면 더욱 효과적인 메시지를 전달할 수 있다.

Chapter

04

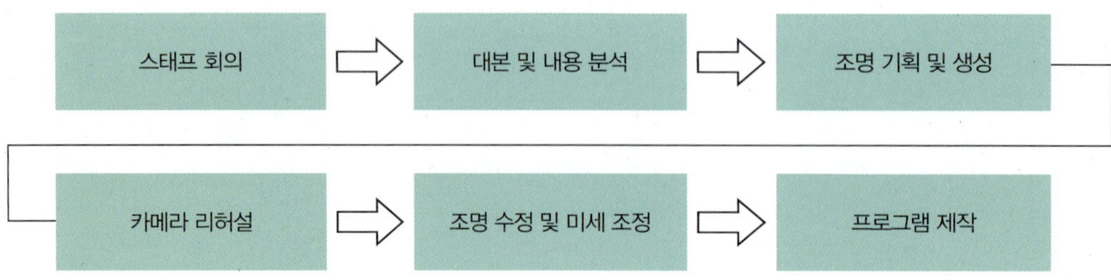

▲ **그림 4-1** 조명 이미지 생성 과정

조명 이미지 생성은 문제 해결 과정과 조명 이미지 생성 그리고 제작 과정으로 나눌 수 있다.

문제 해결 과정은 대본 및 내용 분석, 연출 미술 카메라 스태프 회의 등과 같은 조명 이미지 생성을 위한 문제점들을 하나하나 해결해 나가는 것을 말하며, 조명 이미지 생성 과정은 문제 해결 과정에서 얻은 아이디어를 시각화하는 과정인 조명 기획 및 생성, 카메라 리허설, 조명 수정 및 미세 조정이며, 제작 과정은 최종적으로 조명 이미지를 완성하는 단계이다.

01 연출·미술·카메라 스태프 회의

조명 디자이너는 프로그램 연출 의도를 구체화하기 위해 연출, 기술 감독, 음향 감독, 카메라 감독, 세트 디자이너와 함께 프로그램의 배경과 제작에 대한 토의를 하게 되며, 이러한 과정을 통해 작품의 의도, 카메라의 위치, 샷 구성, 피사체의 동선, 세트의 상황 배치 등 자세한 사항까지 논의한다.

조명 디자이너는 스태프 회의를 통해 조명 이미지를 생성하는 데 필요한 조명 기구 목록과 그에 따른 예산, 세트 위치 수정, 피사체의 동선 등을 구체화한다.

02 대본 및 내용 분석

조명 디자이너는 연출자로부터 대본과 세트 디자인을 받는다. 여기에서부터 창조적이고 예술적인 조명 이미지 생성을 위한 조명 디자인이 시작된다.

교양 · 정보 프로그램은 큐 시트(Q-Sheet)와 세트 디자인을 받고, 드라마는 큐 시트와 대본, 세트 디자인, 쇼 프로그램은 큐 시트와 가사집, 세트 디자인을 받는다.

먼저 사전에 받은 대본 및 내용을 분석하고 이해한다. 대본 및 내용 분석은 대본 읽기, 노래 듣기, 큐 시트와 세트 디자인 검토하기 등이 있다.

대본 및 내용 분석을 통하여 프로그램의 분위기와 구성을 파악하고 난 후, 음악의 성격, 시대 환경, 생활 환경, 등장인물의 성격을 분석한다.

드라마 대본에는 공원, 거실, 안방, 사무실 등 환경적인 정보와 슬픔과 기쁨, 고독, 행복과 같은 인물의 감정 및 동선이 있고, 낮과 밤의 시각의 정보, 맑은 날과 비오는 날 등 날씨에 관한 정보 등이 있다.

쇼 프로그램의 경우 큐 시트에는 진행 순서와 출연자 및 노래 제목, 간단한 프로그램 내용 등이 있다. 세트 디자인에는 세트의 구조와 위치, 크기, 세트 구조물과 스튜디오 배튼 간격과 위치 등이 있다.

철저하고 세심한 대본 및 내용 분석은 프로그램 제작 시 발생할 수 있는 문제점을 사전에 미리 제거하고, 시각적 위계와 구성적 초점에 대한 창조적인 아이디어를 제공한다.

그리고 대본 및 내용 분석에서 획득한 아이디어를 확립하기 위해 'ㅇㅇㅇ'를 진행한다. '정확하게 무엇을' '어떤 느낌', '어떤 효과', '피사체의 동선은', '사실적 또는 표현적', '세트가 조명 설치 시 문제가 되는지', '세트 표현 방법은' 등 'ㅇㅇㅇ'에는 조명 디자이너가 해결할 많은 문제점이 포함되어 있다.

▲ **그림 4-2** 문제 해결 단계

문제 해결 방법을 찾는 과정은 창의적 아이디어를 발상하고 발전시키는 과정이다. 조명 이미지 생성을 위한 디자인 아이디어란, 대본 및 내용 분석을 통해 획득된 '•개념'과 일정한 목적을 수행하기 위한 생각, 구상 등을 말한다. 그러므로 아이디어는 조명 디자인

● 개념은 마음속에 지각되는 어떤 아이디어나 생각, 이론 또는 견해를 말한다. 이러한 개념은 이미지로 표현될 수 있다.

전개의 출발점으로서 구성 과정을 추진시키는 직접적인 원동력이다.

해당 프로그램의 디자인 아이디어를 형성하기 위해 기획과 조사를 시작한다. 기획과 조사는 다음과 같은 단계를 거쳐 이루어진다.

1 문제 해결 방법을 찾기 위한 자료 조사와 정보 수집

이 작업은 아이디어의 근원이고, 이미지 형성의 출발점이다. 자료 조사와 정보 수집 방법은 다양하다. 프로그램의 주제와 대상에 대한 관련 서적 참조하기, 인터넷으로 이미지 찾기, 카탈로그 보기, 소장하고 있는 자료 검토하기 등 시각 정보가 될 수 있는 조그만 실마리라도 모두 수집하여 검토한다. 모두 창조적인 아이디어의 중요한 재료가 될 수 있다. 이러한 조명 디자이너의 자료 조사와 정보 수집은 일상화되고 훈련되어야 한다.

자연에 대한 세심한 관찰과 풍부한 경험은 새로운 아이디어를 고안해낼 때 마음 속에 이미지나 모델을 어렵지 않게 가시화할 수 있게 해준다. 자연은 예로부터 예술품의 훌륭한 아이디어 자극제이면서 제공원이었다. 또한, 명화 같은 미술품의 감상과 연구는 색과 구성, 형태 등 시각적 창조물의 풍부성을 알게 해주며, 더 나아가 문제를 해결하는 데 도움을 줄 것이다.

그리고 예술 작품들을 보고 떠오르는 아이디어가 있거나 다른 디자이너와 대화 과정에서 좋은 표현이 있는 경우에는 메모하거나 저장해 놓는 습관을 가져야 한다. 다른 조명 디자이너들의 작품을 수집하여 파일로 저장하는 것도 좋은 방법이다. 이렇게 메모하거나 이미지를 저장해 놓으면 좋은 아이디어를 위한 재료가 될 수 있다.

2 °잠재의식을 이용

아이디어가 떠오르지 않는다면 잠시 관조적인 태도를 유지하는 것도 좋은 방법이다. 예를 들어 브라운 아이드걸스의 '아부라카다브라(Abracadabra)'라는 음악을 듣고도 색의 배색과 빛의 구성, 리듬에 대한 아이디어가 떠오르지 않으면 산책을 하거나 잠을 자거나 하여 디자인에 대한 압박감과 긴장에서 벗어나는 것이다. 즉, 무의식 세계에 저장되어 있는 지식과 경험을 깨우기 위해 긴장을 완화시켜 해결책이 나타나기를 기다리는 것이다. 어느 정도 기간이 지나면 순간적으로 아이디어가 떠오르게 된다. 무의식의 세계에서 숙성된 아이디어가 밖으로 튀어 나오는 것이다. 자료 조사와 정보 수집이 논리적이고 이성적인 분석을 통하여 해결해 나가는 과정이라면, 잠재의식을 끄집어내는 것은 감정적인 직관을 통하여 해결해 나가는 과정이다. 이 2가지 과정에서 만나게 되는 순간이 '퍼뜩 떠오름'이다. '퍼뜩 떠오름'은 순간적으로 해결책을 제시하면서 분명한 기쁨과 확신, 경이로움 등과 같은 심리적 경험이 수반된다.

▲ 그림 4-3 청룡 영화제

③ 떠오른 아이디어들의 현실성을 면밀히 검토

아이디어를 확립하기 위해 필요한 조건들을 검토하고, 실행 가능한지를 점검하는 것이다. 머릿속에 있는 조명 이미지 생성을 위한 디자인 아이디어를 조명 디자인으로 구체화할 때 다르게 표현되거나 현실적인 제약 때문에 좋은 아이디어를 실행에 옮기지 못하는 경우가 종종 발생한다.

자료 조사와 정보 수집은 2가지 분류로 나누어 진행된다. 첫 번째는 프로그램의 주제와 대상에 필요한 이미지의 생성(시각화)에 아이디어를 제공할 시각 자료 및 이미지 자료에 관한 것이고, 두 번째는 조명 디자이너가 아이디어를 이미지화하는 데 필요한 재료들에 관한 기술적 자료를 수집하는 것이다.

시각 자료 및 이미지 자료는 조명 디자이너가 프로그램의 주제와 대상을 조명 이미지화

－스튜디오 세트의 색의 구성, 표현 방법, 세트의 질감 표현, 재료들의 위치－하는 데 중요한 아이디어 정보이다. 이 자료들은 머릿속에 맴돌고 있는 디자인 아이디어를 현실 속 조명 디자인으로 구체화하는 데 유용할 것이다. 조명 디자이너는 연출자가 제공한 내부 자료들을 바탕으로 필요한 외부 자료와 정보들을 수집하게 된다.

한국 영화를 총 결산하는 축제의 한마당인 '청룡 영화제 시상식'을 예로 들어 자료 조사의 중요성과 과정을 알아보자. 청룡 영화제 시상식의 시각 자료 조사는 시상식과 축하 공연의 두 부문으로 나누어 진행되었다.

첫 번째 시상식 부분에 대한 자료 조사는 시상식의 배경이 되는 무대의 빛과 색의 구성에 관해 아이디어를 얻는 작업이다. 세트 디자인을 검토한 후, 세트의 빛과 색 구성에 대한 조명 디자인 아이디어를 얻기 위하여 국내외 다른 영화제의 이미지 자료와 영상 자료를 검토하였다. 그리고 청룡 영화제만의 상징적인 색이 있는지를 파악하기 위해 홈페이지를 방문하고, 팸플릿을 검토하여 색의 구성에 대한 아이디어를 획득하였다.

▲ 그림 4-4 '청룡 영화제'의 트로피

청룡 영화제 홈페이지에는 영화제의 행사 개요를 설명하는 부분에 [그림 4-4]와 같은 황금색 트로피 이미지가 실려 있다. 필자는 수집한 자료들을 모두 검토한 후, 이 트로피의 이미지에서 노란색을 추출하였다. 그런 다음, 청룡 영화제 시상식의 의미와 주조색인 노란색 및 다른 색의 •배색에 대한 검토, 세트가 가지고 있는 물체색에 노란색을 채색하였을 때의 색 재현에 대해 검토하였다.

● 배색은 목적과 기능에 적합한 미적 효과를 얻기 위하여 여러 개의 색채를 의식적으로 짜서 맞추는 것을 말한다. 즉, 시각 이미지 작업 과정 속에서 색의 조화를 생각하는 것이다.

▲ **그림 4-5** 무대 세트에 노란색으로 채색하고 있는 모습. 본래 세트의 물체색이 보이고 있다.

노란색은 부와 명예를 상징하는 황금색이면서 고급스럽고 품위 있는 색이다. 영광의 얼굴들을 나타내는 배경으로 잘 어울린다고 생각하였다.

세트를 노란색으로 채색할 때에는 세트의 색이 무엇인지 먼저 살펴봐야 한다. 색의 구성을 검토할 때에는 물체색이 중요하다. 색상환에서 세트의 색과 동떨어진 색으로 세트를 채색하면 화면에 재현된 세트 이미지의 채도와 명도가 낮아질 수 있다. 노란색을 사용하려면 세트의 물체색은 회색이거나 노란색 또는 같은 계열의 색이어야 원하는 색과 밝기를 얻을 수 있다.

무대 구성에서 단색은 단조롭고 지루하다. 주조색이 결정되면, 노란색과 어울리는 또 다른 색을 찾기 위해 색과 관련된 자료를 검토한다. 노란색을 중심에 놓고 다른 색을 하나씩 배색하여 시상식에 어울리는 색을 찾는다.

▲ **그림 4-6** 주조색인 노란색과의 배색

좌측에서부터 첫 번째, 두 번째는 화려하고 선명한 색의 조화이고 세 번째, 네 번째는 밝고 부드러운 색의 조화이다. 각각의 배색은 나름대로 특징을 가지고 있기 때문에 검토 대상이 될 수 있지만, 영화제 시상식은 화려하고 즐거운 축제의 장이다. 영화제의 주인 공인 배우들은 길게 늘어진 레드 카펫 위를 행복한 미소를 짓고 걸어 들어온다. 따라서 영광과 환희의 색이어야 한다. 그래서 필자는 위 사항과 레드 카펫에서 아이디어를 얻어 빨간색을 선택하였다.

▲ **그림 4-7** 노란색과 빨간색이 배색된 조명 이미지

이처럼 자료 조사와 정보 수집으로 획득한 노랑과 빨강의 배색의 무대는 영화제의 흥분 과 환희를 고조시키면서도 품위와 명예를 유지하고 있다.

▲ **그림 4-8** 석양의 이미지 자료

▲ **그림 4-9** 시각화된 조명 이미지

다음으로 이미지 자료 조사는 대본과 내용 분석을 통한 조명 디자이너의 분명한 목적을 가지고 도형, 사진, 광고, 카탈로그 등을 보면서 아이디어의 발상을 기대하는 것이다. 즉, 참고 자료를 통해 어느 순간의 번뜩임을 발상하는 것이다. 린다 에식은 "조명 디자인에 있어서 가장 유용한 자료는 장면의 구체적이고 사실적인 이미지를 제공하는 것이 아니라 전체 조명 디자인에 대한 영감을 주는 것일 수 있다"라고 말했다. 이미지 자료를 조명 디자인으로 시각화하는 것은 예술적 감각과 조명 재료를 다루는 기술적 감각을 동시에 요구하는 것이다.

인간은 똑같은 자료를 가지고도 다른 방식으로 해석하고 처리한다. [그림 4-8]의 석양을 바라보는 시선 또한 서로 다르다. 세심하게 관찰하는 사람이 있는가 하면 단순히 감정의 흐름에 맡기는 사람이 있다. 과학적인 시선을 가진 사람은 석양의 진실을 물리적 질서로 바라보고, 마음의 시선을 가진 사람들은 석양을 감동을 자아내는 정열적인 자연의 향연으로 바라본다. 조명 디자이너가 이미지 자료를 보는 관점은 '관찰'과 '감성'이다. [그림 4-9]는 '갈대꽃'이라는 음악을 조명 이미지로 시각화한 모습이다.

조명 디자이너는 먼저 연출자로부터 받은 '갈대꽃'이라는 음악을 듣고, 자료 조사를 통해 김일로의 시인 '갈대꽃'을 접하게 된다. 그리고 서정적인 시에서 받은 시적 상상을 시각화하기로 결정하고, 관련된 이미지 자료를 찾는다. 그리고 자연에 대한 개인적인 경험과 예술적 관점을 가지고, 자료 이미지를 또 다른 조명 이미지로 표현한다. [그림 4-9]의 조명 이미지에서 조명 디자이너가 자료 이미지에 보았던 자연의 신비스러운 현상의 한 장면, 즉 색채의 세계를 만나볼 수 있다. 해금, 가야금, 거문고 삼중주의 아름다운 선율과 어울려 어느덧 마음은 갈대꽃이 만발한 강마을에 가 있다.

청룡 영화제의 축하 공연 음악 자료도 위와 같은 방법으로 아이디어를 얻지만, 해당 노래의 뮤직비디오, 해외 공연 자료 등도 추가한다. 뮤직비디오는 해당 노래의 특징을 살펴보는 데 귀중한 자료가 될 수 있다.

기술적 자료는 조명 이미지 생성에 필요한 재료들이다. 여기서는 시각화에 필요한 조명 장비들이다. 이러한 재료들은 조명 디자이너가 원하는 예술적 표현을 가능하게 하는 도구이다. 조명 디자이너는 조명 기구에서 방출되는 빛의 특성에 관한 검토와 이미지 생성에 필요한 조명 기구 특성 등 이미지를 창조하거나 조직화하는 과정에서 재료가 어떻게 상호관계를 가지는지에 대한 의문을 가지고 기술적 자료를 조사하여야 한다. 또한 보유한 조명 기구의 수량만으로 가능한지, 외부 장비를 임대해야 할 것인지를 결정하여야 한다.

❹ 시각 이미지 아이디어를 발상하는 방법

① 연상

조명 디자이너가 내용 및 대본 분석에서 얻은 제목이나 내용 속에 있는 단어나 문장을 이용하여 아이디어를 발상하는 가장 쉽고 간편한 방법이다. 언어가 가지고 있는 중요한 기능에는 정보 전달 기능, 표현적 기능, 미적 기능이 있다. 이 중에서 언어의 미적 기능이란, 특정 언어가 가지고 있는 이미지를 말한다. *'뭉게구름', '빨간 장미꽃', '출렁이는 바다'와 같이 언어에 내포되어 있는 색과 형태 같은 이미지는 예술적 효과를 연상시키고 창출한다. *조명 디자이너는 제목이나 단어가 연상시키는 이미지를 자유롭게 마음속으로 그려보거나 러프하게 스케치하여 발전시킨다.

예를 들면 '갈대꽃'을 시각화할 때 제목인 갈대꽃과 시에 담겨 있는 '석양', 강마을, 들녘' 등의 단어들은 이미지 아이디어를 얻는 데 활용된다. 이렇게 얻은 아이디어는 조명 디자이너의 예술적 감각을 통해 재해석되어 훌륭한 시각 이미지를 창출한다.

● 색채가 가지고 있는 감성에 대해서는 362쪽에 자세히 설명되어 있다.
● 정보 전달 기능은 말을 하여 정보를 전달하는 것을 의미하며, 표현 기능은 생각, 감정, 태도를 글로 표현하는 것을 의미한다.

214

② 은유

내용 및 대본 분석에서 얻은 개념들을 은유와 이중적 의미로 아이디어를 발상하는 것을 말한다. 은유는 획득한 개념을 새로운 시선으로, 새로운 특성을 지닌 대상으로 그리고 새로운 개념에 속하는 대상으로 봄으로써 창조적 아이디어를 발상할 수 있다. 또는 전혀 새로운 배경에서 존재할 수 있는 이미지의 유사성을 통해 독창적인 시각 이미지를 전개한다.

은유를 유발하는 주요 동기는 다음과 같은 3가지 요인으로 요약할 수 있다.

첫째, 아이디어 발상의 표현력을 풍부하게 하기 위함이다.

둘째, 사실을 감추거나 흐리게 하여 눈이 아닌 마음으로 느끼게 하기 위함이다.

셋째, 개념적으로 복잡한 현상을 단순하게 묘사하기 위함이다.

③ 결합

더 좋은 시각 상상력을 위하여 2가지 이상의 아이디어를 혼합하는 것을 말한다. 즉, 상상력의 시너지 효과를 얻기 위해 개념들을 함께 생각하는 것을 말한다.

자료와 정보를 만들고, 정리하고, 연결하고, 통일하고, 혼합하고, 융화시키고, 결합하고, 재배치하면 생각하지 못한 창조적인 시각 이미지 아이디어를 발상할 수 있으며, 유사하지 않은 것들이 창조적 문제 해법의 통합체가 될 수도 있다. 즉, 상반된 개념의 결합은 독창적인 아이디어를 발상할 수 있다.

▲ **그림 4-10** 영상 장치와 조명의 결합 　　　　　　　　　　　(출처 : Coolux Media Systems)

그림에서처럼 영상 재현 장치(LCD, LED)와 조명과의 결합은 새롭고 풍부한 시각 이미지를 제공한다.

3D 영화 '아바타'에 등장하는 나비 족의 피부는 파란색이다. 제임스 카메룬 감독은 파란색의 아이디어를 어디에서 얻었을까? 감독은 나비 족이 외부 침공을 당하는 슬픈 민족이라는 것을 나타내기 위해 슬픔의 색인 푸른색을 선택했다. 그리고 만화영화 '스머프'의 캐릭터들의 피부가 파란색이라는 데서 아이디어를 얻었다고 한다. 이와 같이 어떤 것들이 자신의 디자인과 연결될 수 있는지를 생각하고, 여러 가지 다른 감각, 서로 다른 참고 형식, 서로 다른 주요한 분야로부터 어떤 종류의 연결이 있을 수 있는지를 열려 있는 마음으로 바라봐야 한다. 또한 서로 다른 아이디어의 색과 색의 결합, 색과 형태의 결합, 형태와 형태의 결합, 이미지와 이미지의 결합을 생각해야 한다. 창조적 사고는 서로 다른 영역의 대상들을 접합시킴으로써 생겨나는 정신적 산물이다.

④ 분리

자료와 정보의 전체를 시각화하지 않고 분리하고 서로 떨어뜨려 놓고 떼어내어 아이디어를 발상한다. 자료 조사와 정보 수집을 통해 획득한 이미지나 형태의 일부분만을 사용하는 것을 말한다. 시각화할 때, 부분적으로 이미지나 시각적 영역을 분리하기 위해 사진을 찍듯이 마음속 카메라의 *뷰 파인더(viewfinder)를 사용하여 이곳저곳을 프레밍하면 훌륭한 시각 이미지의 자료를 포착할 수 있다. 어떤 요소를 분리하거나 초점을 맞출 수 있는지 생각해야 한다.

그림처럼 시각적으로 아름답게 느껴지는 이미지를 어떻게 잘라내느냐에 따라 동일한 이미지가 전혀 다른 창조적인 이미지로 표현되기도 한다. 시각 이미지 발상은 아이디어 재료 자체로부터 좋은 아이디어를 얻을 수 있지만, 이보다는 아이디어 재료 중에서 무었을 느꼈고, 그것을 표현하기 위해서는 어떻게 접근하고, 표현하고, 구성할 것인지에 대한 포인트에 달려 있다.

● 뷰 파인더는 화면에 포함될 대상물의 영역을 보여주는 카메라의 부속 장치로, 보통 화면에 나올 장면을 직접 보여주거나 거리계를 조절하여 초점을 확인하게 하고, 사진기의 노출 상태나 그 장면의 적정 노출을 나타내주기도 한다.

▲ **그림 4-11** 이미지의 분리

⑤ 추상

추상적 발상은 자료나 정보에서 획득된 개념을 시각 이미지로 표현하는 데에 좀 더 많은 유연성을 제공한다. 개념의 유연성은 곧 '발상의 유연성'이라고 할 수 있다. 접근 방법이 추상적일수록 그만큼 상상력의 공간은 더 넓어진다. 추상은 자료나 대상의 특정 성질의 부분을 추출하여 시각 이미지화한다. 예를 들어 '애국가'를 시각 이미지화할 때 화면에 태극기 형태의 이미지를 그대로 배경으로 사용할 수도 있지만, 빨강과 파랑의 색만을 추출하여 빨간색과 파란색의 빛줄기를 배경으로 사용할 수 있고, 건곤감리의 형태만을 추출하여 배경으로 사용할 수도 있다. 이와 같이 대상을 추상화하면 더 많은 아이디어를 얻어낼 수 있다.

⑥ 변형

뮤직비디오, 이미지, 미술 작품, 조형 작품 등에서 아이디어를 빌려 변형한다. 마음속의 개념들을 시각화하기 위해 다른 표현물의 유사성을 찾은 후, 이를 차용하여 그대로 사용하거나 변형한다. 미메시스(모방)는 또 다른 창조의 결과를 낳는다. 다른 이가 성공적으로 사용했던 참신하고 예술성이 뛰어난 작품을 찾은 후, 자신의 아이디어에 적용시킨다. 차용된 아이디어나 작품은 그대로 손보지 않더라도 디자이너의 목적에 들어맞을 수도 있다. 그러나 그렇지 않은 경우가 훨씬 많다. 획기적인 시각 이미지 아이디어의 발상은 말 그대로 포착하기 어렵다. 자신의 아이디어는 자신이 현재 부딪히고 있는 문제에 맞게 그것을 변형시킬 때에만 독창적이다.

유사적 차용은 간단한 변형이다. 예를 들면 빛의 색깔, 이미지의 위치, 구성을 조금 바꾸는 것이다. 변화는 전체 형태를 바꾸는 근본적인 변형이다. 가장 좋은 아이디어는 빌려 온 아이디어일 수 있다. 연출자는 종종 조명 디자이너에게 빛의 구성에 대한 자료(해외 공연물, 뮤직비디오)를 건네면서 그대로 연출해줄 것을 요구한다. 하지만 조명 디자이너는 이 자료들을 검토한 후, 기존의 아이디어를 다양한 방식으로 변형하여 또 다른 시각 이미지를 생성한다. 조명 디자이너는 빌려 온 아이디어를 자신의 것으로 만들기 위해 최선을 다해야 한다.

아이디어가 확립되고 방향이 정해지면 시각화하는 과정이 전개된다. 개념적 분석을 통한 자료 조사와 정보 수집은 시각 이미지를 발상하고 창조하여 시각화하기 위한 것이다. 조명 디자이너는 발상된 아이디어 이미지를 마음속에서 합성하고 변형하여 조명 이미지화한다. 시각화 과정은 조명 디자이너의 마음속 이미지가 가시적으로 드러나는 조명 이미지 생성 과정이다.

조명 이미지 생성은 곧 조명 디자이너의 최종적인 결과물이다. 생성 과정의 각 요소들을 효과적으로 다루지 못하면 좋은 아이디어를 발상하더라도 만족할 만한 시각 이미지를 도출하는 데 어려움을 겪게 될 것이다.

만족할 만한 시각 이미지를 생성하기 위해서는 조형 원리의 본질과 특성을 모두 적용해야 한다. 조명 이미지 생성에는 과정이 필요하다. 과정은 계획이다. 조명 디자이너는 이러한 과정에서 전개되는 각 요소들을 적절하게 조절하고 통합할 필요가 있다.

01 　조명 기획(lighting plan)

아이디어의 시각화 과정에 있어서 조명 기획은 실제 디자인이 이루어져야 할 방향을 결정해주는 기본 지침이므로, 디자인은 조명 기획이 유도하는 길을 따라 진행된다.

조명 기획은 조명 이미지의 실체화 과정의 세부 계획이다. 조명 기획이란, 최종적인 시각 이미지를 생성하기 위한 재료의 선택에서부터 조명 이미지 생성 과정을 통하여 완성되고, 사용될 때까지를 미리 고려하여 진행하는 것을 말한다.

조명 기획은 프로그램의 장르에 따라 이미지의 구체화 과정(조명 재료, 색의 사용, 빛의 구성)에서 조금 차이가 있다. 각 장르의 성격이 시각 이미지의 표현 방법을 다르게 요구하기 때문이다.

예를 들어 쇼 프로그램은 빛선과 색채의 이미지를 강조하지만, 드라마는 사실적인 표현과 감정 표현을 자세하게 보여주기 위해 색채 사용을 자제하기 때문이다. 하지만 조명 기획의 기본적인 방향은 크게 다르지 않다. 재료와 표현 방법의 차이는 있지만, 이미지의 구체화 과정에서 미적 아름다움을 추구하는 조명 디자이너의 제작 방법은 같기 때문이다.

조명 기획은 세부적인 디자인 개념 방향을 전개시키기에 앞서 프로그램의 주제를 나타내는 스튜디오 전체의 시각 이미지를 설정해야 한다.

전체 시각 이미지는 프로그램의 성격을 규정지을 뿐만 아니라 그 시각 이미지에서 프로그램의 시작과 끝을 맺는 중요한 요소이기 때문이다. 전체 시각 이미지를 어떻게 설정하는지에 따라 프로그램 조명 표현의 성공 여부가 달려 있다.

프로그램의 출발은 스튜디오 전체를 보여주는 풀 샷(full shot)에서 시작하기 때문에 전체 시각 이미지의 첫인상은 시청자의 호기심을 자극하고, 프로그램 성격에 대한 정보를 알려준다. 이와 같이 전체 공간에 대한 이미지가 설정된 후에는 프로그램을 구성하는 각 주제에 대한 전체 이미지를 고려하여 방향을 설정한다.

좋은 조명 기획은 모든 문제점과 어려운 조건들을 모두 수용하여 최선의 대안을 제시하는 것이다.

준비가 잘된 기획이라도 실제로 시각 이미지를 구체화하는 작업 공간인 스튜디오 제작 현장에서는 조명 기획을 수정해야 할 많은 변수들(세트의 물체색, 세트의 위치, 소품, 카메라 시점, 프로그램 내용 수정 등)이 존재하고 있다.

또한 제작 현장에서 연출자가 스태프 회의의 결과와 상반되는 방향으로 무리한 요구를 할 때도 있다. 이 경우, 타당한 이유를 설명하고 연출자를 설득하여 통일된 디자인 개념으로 추진하는 것이 필요하다. 이와 같이 조명 디자이너에게는 설정된 디자인 개념을 흔들림 없이 진행시켜 나갈 수 있는 확고한 의지도 요구된다.

1 프로그램 주제에 대한 시각 이미지 분위기 설정

자료나 대본 분석을 통해 프로그램의 시각 이미지 분위기가 설정된다. 시각 이미지 분위기 설정이 끝나면 조명 디자인은 구체적인 작업 단계인 세부적인 색채 이미지 설정, 형태 이미지, 조명 톤 설정이 이루어진다. 그런 다음, 형태 생성에 필요한 조명 재료와 색채를 선정한다. 조명 재료와 색채를 선정하기 위해서는 시각 이미지를 구성하기 위한 휘도 계획, 색채 계획, 조명 재료 계획을 구체화해야 한다.

2 휘도 계획

피사체, 스튜디오 공간, 세트 등 스튜디오 공간의 휘도 계획을 수립하여 분위기를 결정한다. 따라서 조명 이미지 생성 과정의 첫 번째 단계는 '휘도 계획'이다. 조명 디자이너에 있어서 빛의 통제, 즉 휘도 계획은 매우 중요하다. 빛을 적절하게 통제하면 시각 이미지의 완성도를 높일 수 있기 때문이다.

① 적정 조도

적정 조도는 카메라가 필요로 하는 최저치보다 높은 밝기를 말한다. 즉, 조명 디자이너가 생성하게 될 이미지의 화질이 손상받지 않을, 적절한 빛의 밝기이다.

밝기를 적절하게 조절하면 이미지의 화질이 높아질 수 있다. 다시 말해서 이미지가 충분히 밝지 못하면 좋은 시각 이미지를 얻을 수 없다. 적정 조도보다 낮으면 화질은 낮아지고, 색상의 채도도 낮아지며, 화면에 노이즈가 발생한다. 쉬운 예로 우리가 일상에서 흔히 사용하는 휴대용 디지털카메라로 어두운 실내에서 동영상을 촬영한 후, 저장된 화면을 재생하여 보면 위와 같은 현상이 나타나는 것을 알게 된다. 이러한 적정 조도는 카메라의 감광도에 따라 다르다. 카메라의 감광 특성 파악은 조명 디자이너에게 매우 중요하다. 이는 생성하게 될 이미지의 미학적 표현과 조명 재료의 양과도 관계가 있기 때문이다. 감광 특성이 우수하여 빛이 적게 필요하다면 조명 재료의 양도 줄어든다.

현재 제작에 사용되는 카메라는 감광 특성이 크게 개선되어 빛의 양에 대해 좀 더 자유로워졌다. 조명 디자이너는 종종 미학적 표현을 위해 적정 조도보다 낮은 빛을 주거나 많은 양의 빛을 투사하기도 한다.

② 조명 톤(lighting tone)

조명 표현 방법의 '빛의 밝음과 어둠'에서 설명하였듯이, 밝고 어둠의 대비를 조절하여 시각적 호소를 표현하는 것이다. 조명 디자이너는 빛의 주제를 드러내거나 감추기 위해 밝고 어둠의 관계를 순차적, 중립적, 극단적으로 구성한다. 밝음과 어둠의 그러데이션은 볼륨감이나 공간감을 주어 공간과 환경, 피사체를 시각적 호소의 대상으로 만든다. 이러한 변화는 나름대로 관객들에게 독특한 정서적 감흥을 불러일으킨다. 시각 이미지에서의 밝음과 어둠의 상징은 주제에 의미를 부여하고, 독특한 미학적 의미를 생성하여 주제를 문학적, 철학적으로 해석하게 한다.

3 색채 계획

색채 계획은 2개 또는 그 이상의 색으로 그것들이 다른 것과의 구별과 조화로서 이상적으로 표현할 수 있게 색채 이미지를 만들어 내는 것을 의미한다. 색채 계획의 기본은 색채 조화와 조절의 안배이다.

색은 빛의 산물이자, 조명 디자이너의 창조적인 물질적 수단이자, 언어이다. 조명 디자이너는 색채를 계획할 때 색채와 공간, 색채와 세트의 물체색, 색채와 전체적인 균형, 색채의 배합, 색채의 시각적인 혼합 등을 고려하여야 한다.

조명 디자이너의 직관에 의한 색채 선정은 예술적 감각의 산물이다. 조명 디자이너의 색채 직관은 많은 경험과 노력의 결과이다. 폭넓은 색채 감각을 가지고 있는 디자이너가 있는가 하면 이와 반대로 폭 좁은 색채 감각을 가지고 있는 디자이너도 있기 때문이다.

조명 디자이너는 주관적인 색채의 감수성을 지니고 있을 필요가 있다. 자기만의 색채로 독창적이고 창의적인 시각 이미지를 만들 수 있기 때문이다. 그러나 주관적인 색의 배색에 있어서 하나의 색에만 치중하면 그 자체가 압도적인 우위를 차지하게 되어 전체적인 색 배합이 한 가지 색의 악센트 속에 끌리는 것처럼 보이는 경우가 있다. 그리고 연출자의 입장에서 보면, 그 색에 집착하는 디자이너로 오인하기도 한다. 필자의 주변에는 쇼 프로그램에서 지나치게 파란색을 자주 사용하여 연출자와 종종 충돌하는 조명 디자이너가 있는데, 주관적인 색의 기호에 앞서 객관적인 고려가 필요하다.

조명 이미지 생성 과정에서 조명 디자이너의 타고난 사고 형식이나 감정 및 행위를 나타내는 주관적인 배색은 좋은 시각 이미지를 만들어 내는 하나의 열쇠임에 틀림없다. 조명 디자이너의 머릿속 이미지 색채는 분명하지 않고 쉽게 날아가 버리거나 색채를 선정하는 과정에서 그 방향이 전환되기 쉽다. 따라서 언어로 표현된 시각 이미지 분위기를 색채로 고정시켜 놓을 필요가 있다. 또한 자료 이미지에서 색채를 추출하여 형태 구성 요소 리스트에 언어로 기록하거나 이미지 자체를 데이터베이스에 저장해두어야 한다.

조명 이미지 생성의 색채 이미지를 창조하기 위해서는 다음과 같은 순서로 진행하는 것이 바람직하다.

① 먼저 전체적인 시각 이미지를 위해 기조색을 선정한다.
② 그와 어울리는 배합색을 결정한다.
③ 마지막으로 입체감과 포인트를 위하여 강조색을 선택한다.

④ 조명 기구 계획

조명 이미지 생성 과정에서 이미지는 조명 장비에 의해 구체화된다. 조명 이미지는 조명 장비에 의해 제한을 받지만, 이와 반대로 조명 장비를 선택 또는 발전시킬 수도 있다. 시각 이미지를 생성하는 데 사용되는 조명 장비는 매우 다양하다.

조명 기구, 조명 콘솔, 필터, 스탠드 등과 같은 조명 장비 중에서 스포트라이트, 플러드 라이트, 이펙트 라이트와 같은 조명 기구의 계획에 한정하여 설명한다.

각 조명 기구마다 투사하는 빛의 질, 빛의 강도, 빛의 효과는 다르다. 동일한 주제의 시각 이미지를 표현한다고 할 때 서로 다른 특성의 조명 기구를 사용하면 전혀 다른 느낌의 시각 이미지가 만들어질 것이다. 예를 들면 '햇빛이 들어오는 거실'을 표현할 때 강한 빛을 가진 조명 기구와 부드러운 빛을 가진 조명 기구가 창문을 통해 비추는 거실은 다르게 나타날 것이다. 또한 형태를 왜곡시키거나 공포를 느끼는 얼굴을 표현할 때에는 부드러운 빛보다 강한 빛을 가진 조명 기구가 더욱 효과적이다. 그리고 프로그램의 장르에 따라 사용되는 조명 기구는 조금씩 다르다. 뉴스 프로그램은 열이 없고 부드러운 빛을 가진 조명 기구를, 쇼 프로그램은 빛선과 색의 변화가 가능한 이펙트 조명 기구를, 드라마는 인물 표현에 적합한 부드러운 빛을 가진 조명 기구를 사용한다.

이와 같이 조명 기구의 특성은 시각 이미지를 표현하는 데 중요한 요소이다. 조명 디자이너는 각각의 기구의 특성을 잘 이해해야만 좋은 이미지를 만들 수 있다. 조명 기구에 대한 충분한 정보나 지식이 없으면 적재적소에 사용할 수 없다. 조명 기구의 정확한 이해는 조명 디자인을 효율적으로 기획할 수 있게 해준다. 조명 디자이너의 조명 기구 계획은 자료 조사와 정보 수집을 통한 개념적 분석이 바탕이 된다. 이를 통하여 이미지 생성에 필요한 조명 기구 계획은 질적인 부분과 양적인 부분으로 계획된다.

① 질적인 부분

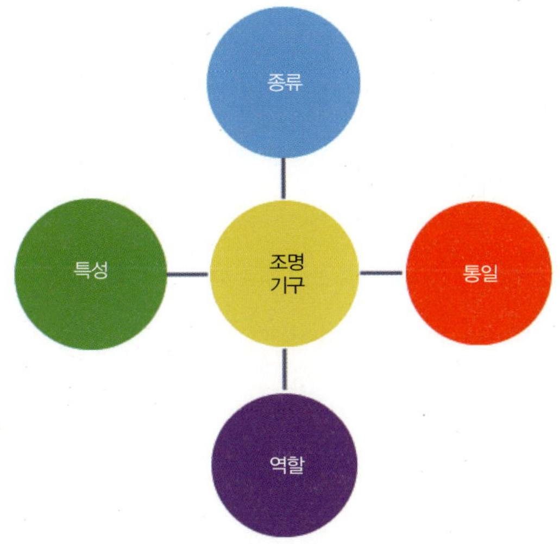

▲ **그림 4-12** 조명 기구의 질적 요소

해당 프로그램의 시각 이미지를 생성하는 '조명 기구의 종류 선택', '서로 다른 조명 기구는 어떠한 빛의 특성을 가지고 있는가?' 하는 '조명 기구의 특성', '이미지를 생성하고 공간을 구성하는 데 있어 그들은 어떤 위치에서 어떤 역할을 하는가?' 하는 '조명 기구의 역할', '각각의 조명 기구는 시각 이미지의 구성 요소로 사용할 때 통일될 수 있는가?' 하는 '조명 기구 구성의 통일성' 등을 고려하여 계획한다.

② 양적인 부분

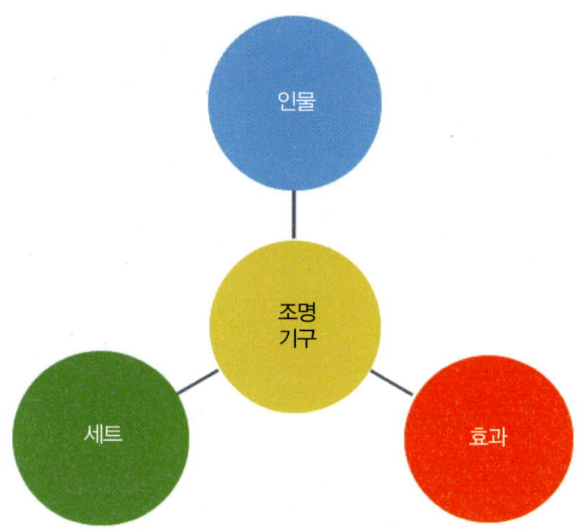

▲ 그림 4-13 조명 기구의 양적 요소

시각 이미지 구성에 사용되는 조명 기구의 양에 관한 것이다. 프로그램의 주제에 맞는 시각 이미지를 생성하는 데는 많은 종류의 조명 기구들이 필요하다. 인물 표현에 사용되는 조명 기구의 수량, 세트의 공간 구성과 질감 표현에 사용되는 조명 기구의 수량, 빛의 효과를 위한 조명 기구의 수량 등에 관한 것이다. 조명 기구를 계획할 때에는 질적인 부분도 중요하지만, 양적인 부분도 이에 못지않게 중요하다. 조명 기획을 할 때에는 시각 이미지 생성에 필요한 수량의 검토가 있어야 한다. 조명 기구의 부족으로 인해 시각 이미지 생성에 차질을 빚을 때가 종종 있기 때문이다. 조명 디자이너는 현재 보유하고 있는 장비를 검토하고 부족한 부분은 임대할 것인지를 결정해야 한다.

스태프 회의의 결과로 확정된 스튜디오의 세트 디자인에는 기본적으로 세트의 위치, 세트의 폭과 높이, 세트의 물체색, 출연자의 수와 의자 배치도, 출연자들의 동선, 방청객의 위치 등과 같은 정보가 포함되어 있다. 조명 디자이너는 세트 디자인 도면을 바탕으로 시각 이미지의 구성에 관한 자신의 계획을 구체화한다.

조도 계획, 색채 계획, 조명 기구 계획 등 조명 기획이 끝나면 프로그램 분석과 스태프 회의에서 도출된 시각 아이디어를 구체화하기 위한 조명 디자인 도면을 그려야 한다.

가장 먼저 이미지를 어떤 위치, 어느 높이, 어느 방향, 어떤 구성으로 생성할 것인지를 간단히 스케치한다. 이미지 생성의 출발점은 스케치이므로, 이를 '아이디어 스케치 과정'이라고 한다. 화가의 스케치가 좋은 그림의 출발점이 되듯이, 마음속 이미지의 스케치는 좋은 디자인의 결과를 찾아내기 위한 구체적인 발상 단계이다.

스케치가 끝나면 이를 실행에 옮길 수 있는 구체적인 표현 작업이 필요하다. 도면에 세트와 조명 기구와의 관계, 조명 기구의 종류와 수량, 설치 위치, 방향, 조명 기구 앞에 부착될 컬러 필터의 번호 등을 디자인한다.

쇼 프로그램의 경우, 각 음악에 대한 빛과 색의 구성에 대한 스케치를 첨부한다. 프로그램 장르에 따라 디자인 도면에 들어갈 내용이 달라진다. 쇼 프로그램에서 트러스(truss)를 사용할 경우, 트러스의 모양과 위치 그리고 트러스에 설치할 조명 재료와 위치 등이 그려진다.

드라마의 경우에는 세트 디자인에 조명의 위치와 방향 등이 정확하게 그려지며, 낮 장면과 밤 장면 등 시간의 변화에 대한 표시도 명기되어 있다.

1 조명 디자인의 조건

① 합리적이고 목적성이 뚜렷해야 한다.

조명 디자인은 함께 일할 스태프들과의 의사소통이자 약속이므로 조명 디자이너는 조명 이미지 생성 계획과 조명 기구의 구성 의도를 명확하게 디자인에 담아야 한다. 스튜디오 환경, 세트, 조명등 기구 수량, 일반 조명 기구, 이펙트 조명 기구, 조명 기구 출력, 필터의 종류, 스태프 등을 고려하지 않는 디자인은 효율성이 떨어져 많은 어려움에 직면하게

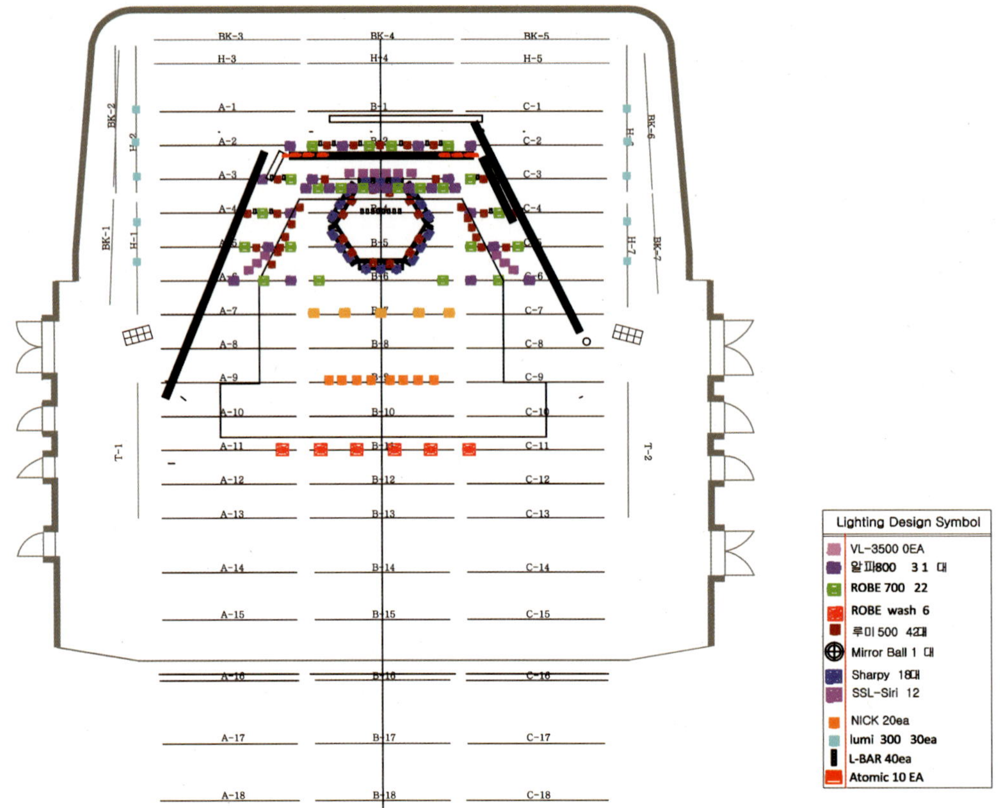

▲ **그림 4-14** 쇼 프로그램의 조명 디자인

된다. 따라서 목적 자체가 합리적으로 설정되어야 하고, 세부적인 내용도 명확해야 한다. 이를 실현시키는 과정은 주로 지적 작업으로 객관적·합리적 기초 위에서 성립된다.

② 경제성이 있어야 한다.

연출자와 조명 디자이너는 항상 많은 예산을 확보하려고 노력한다. 예산이 풍부하면 영상 이미지 구성에 많은 조명 재료들을 사용할 수 있기 때문에 이미지 구성에서 자유로울 수 있다. 뮤빙 이펙트 라이트 10개와 20개는 영상 이미지 구성에 확연한 차이가 존재하기 때문이다. 예산 문제는 제작 현장에 있어 현실적인 고민이다. 그러한 고민을 해결해야 할 조명 디자이너는 최소의 재료와 노력으로 최대의 효과를 거둘 수 있도록 디자인해야 한다.

③ 독창성이 있어야 한다.

디자인이 독창적이고, 창조적이어야 한다. 물론 완전한 의미의 독창이란 있을 수 없고, 전체적으로 비슷하다거나 부분적으로 같은 것은 어쩔 수 없지만, 적어도 디자이너의 독창적이어야 한다. 기존 디자인의 반복이나 답습은 조명 디자인이 가장 경계해야 할 대상이다.

조명 디자인에 의한 조명 기구의 설치는 조명의 업무 중 가장 중요하고 노동력이 필요한 부분으로, 대부분 세트가 세워진 상태에서 배튼에 조명 기구를 설치하게 된다.

조명 디자인에는 조명 기구의 종류와 위치 그리고 각 조명 기구와 간격이 표시되어 있다. 제대로 설치하지 않으면 빛의 강도와 각도의 미세한 차이에 의하여 빛의 구역이 겹치거나 의도하지 않은 밝기의 변화 때문에 조명 디자이너가 의도한 조명 이미지 표현에 차질을 빚을 수 있다.

조명 기구를 설치할 때에는 반드시 다음 사항을 점검해야 한다.

1 조명 기구의 위치 및 간격 확인

조명 디자인에 표시한 위치에 정확히 설치해야 한다. 잘못 설치하면 다시 조정하기 위해 배튼을 내리거나 사다리에 올라가서 조정해야 한다. 또한 조명 기구의 간격이 적당히 떨어져 있지 않으면 조명 기구끼리 간섭을 주어 조명 기구를 좌우로 움직일 수 없기 때문에 정확한 구역에 빛을 맞출 수 없다.

2 조명 기구의 램프 점검

램프가 제대로 작동되는지 확인해야 한다. 조명 기구를 설치하고 배튼의 수직 각도를 각 조명 기구의 역할에 맞게 정한 후, 빛을 조정하려고 할 때 램프에 불이 들어오지 않으면 다시 배튼을 내리거나 사다리에 올라가서 램프를 교체하는 어려운 상황이 발생할 수 있다. 램프가 작동되지 않은 경우는 다음 2가지 원인일 가능성이 크다.

첫째, 램프의 필라멘트가 단선이거나 램프의 베이스 부분이 접촉 불량인 경우

둘째, 조명 기구와 배튼의 전원 케이블과 소켓에 이상이 잇는 경우

③ 각 필터들의 점검

조명 디자인에 표시된 확산 필터의 번호, 컬러 필터의 번호를 확인하고 각각 조명 기구에 설치한다. 각 조명 기구에 필요한 필터들을 순서대로 정리해두면 편리하다.

④ 조명 기구의 사전 조정

대략적으로 각 조명 기구의 역할에 필요한 빛의 구역과 면적을 조정하기 편리하도록 미리 반 도어의 모양이나 조명 기구의 각도를 맞추어 놓는다.

⑤ 안전 점검

안전을 위하여 조명 기구와 배튼의 안전 고리 연결 상태, 조명 기구에 부착된 반 도어의 연결 상태를 확인한다.

▲ 그림 4-15 조명 기구 설치 모습

램프의 취급 및 관리

- 맨손으로 램프 표면을 만지면 손을 댄 부분에 이물질이 묻어 램프의 수명을 단축시키므로 매끄러운 장갑을 낀 상태에서 램프를 다루어야 한다.

- 램프를 점등한 채 등기구를 옮기면, 그 전등에 의해 램프 내부의 필라멘트가 손상될 수 있으므로 반드시 소등한 후에 이동하여야 한다. 특히, 메탈 핼라이드 램프의 조명 기구를 갑작스럽게 분광 조절하면, 이로 인한 진동과 움직임에 의해 램프가 크게 손상될 수 있으므로 주의해야 한다.

- 직관 램프 또는 더블엔드형 램프는 램프의 양극 부분이 사기 재질로 되어 있기 때문에 파손에 주의해야 한다.

- 램프는 융으로 된 천으로 가볍게 닦아준 후에 밀폐된 상자에 보관해야 하고, 특히 할로겐 및 수은, 크세논 램프 등은 습기 및 빛의 노출이 심한 곳을 피해 보관해야 한다.

- HMI 램프를 비롯한 자외선 방출의 블랙 라이트용 램프, 유도 방사의 레이저 빔을 오랫동안 피부와 접촉시키면 생화학 작용에 의해 피부에 손상을 입게 되므로 주의해야 한다.

- 2개의 핀을 가진 텅스텐 할로겐 램프를 소켓에 끼울 때에는 소켓 규격과 램프의 규격이 맞는지를 확인한 후에 장착해야 한다. 베이스 부분이 서로 다른 2개의 핀과 소켓을 잘못 장착하면 핀이 마모되거나 파손될 우려가 있다.

- 색온도의 변화가 적은 텅스텐 할로겐 램프 또는 고출력의 방전 램프의 경우, 장시간 점등한 상태로 둔다고 하더라도 광원의 색상이 변화하므로 주의해야 한다.

04 빛 조정

조명 기구를 배튼에 설치한 후 키 라이트가 위치한 배튼, 필 라이트가 위치한 배튼, 백 라이트가 위치한 배튼의 높이를 각각의 역할에 맞게 정한다. 여러 용도의 조명 기구를 조명 기획 의도에 맞게 방향과 각도 그리고 조명 기구의 초점을 조정한다. 또한 조명의 밝기를 조절하는 디머 콘솔(dimmer console)에 기능별, 시제별, 신별 그룹으로 묶어 조정할 수 있도록 조명 기구를 연결한다. 그런 다음, 하나씩 불을 켜 빛 조정을 시작한다.

▲ 그림 4-16 빛 조정

시각 이미지 생성의 마지막 단계인 빛의 조정 방식에는 '포커싱(focusing)'과 '빛의 제한 (light restriction)'이 있다.

포커싱이란, 각 조명 기구에 목적과 역할을 부여하는 것을 말한다. 연기자의 동선과 공간 표현, 환경에 대한 시각 설명 등을 통해 획득한 정보를 통해 빛의 포인트를 설정하여 시각적 초점을 확립하고, 빛의 위계질서를 정하는 것이다.

빛의 제한이란, 포커싱된 빛을 다듬고 재단하는 것을 말한다. 즉, 빛의 누광을 막아 빛의 포커싱을 완성하는 것이다. 빛의 조정은 세트 조명을 위한 조정, 인물 조명을 위한 조정, 빛선과 색 구성을 위한 조정 등이 있다.

05 카메라 리허설

작품 분석과 내용 분석, 스태프 회의, 조명 기획 등을 통해 만든 조명 디자인은 완벽하지 않다. 실제 디자인과 현장 상황은 달라질 수 있고, 카메라 리허설 도중 카메라의 위치나 연기자의 움직임이 수정되는 경우가 있으므로, 리허설을 통해 조명 기구의 위치, 방향, 각도, 초점 상태 등을 점검해야 한다.

그리고 디자인된 빛선과 색채의 표현이 주제를 표현하는 데 적합한지를 점검하고 표시해두어야 한다.

06 조명 미세 조정 및 변경

카메라 리허설을 통해 미비한 점이나 변경, 수정할 부분이 있으면 리허설이 끝난 후 최종적으로 조명 기구의 위치 방향, 구역, 빛의 제한 등을 통해 미세 조정하거나 빛과 색을 변경해야 한다.

07 프로그램 제작

모든 것이 끝나면 조명 큐와 콘티에 따라 최종적으로 관객에게 전달하는 조명 이미지를 만들게 된다. 조명 디자이너는 완성된 프로그램의 조명 이미지로 평가받는다.

인물 조명

이 장에서는 실제로 피사체를 모델링하는 방법에 대해 알아본다. 빛이 피사체의 어떤 면을 비추는지에 따라 피사체의 형태가 판이하게 달라진다. 빛의 방향과 높이, 거리에 따라 피사체인 인물에서 느끼는 감성이 다르게 표현되기 때문이다. 즉, 빛과 인물이 가지고 있는 내외적인 특성들이 서로 어울려 사실과는 다른 장면 또는 어떤 이미지들을 만들어 낸다. 이와 같이 빛이 만들어 내는 인물의 이미지는 복잡하고 다양한 요소들의 상호 작용과 결합에 의해 표현된다는 것을 기억해야 한다. 이 장에서는 이를 바탕으로 인물 표현에 따른 빛의 기본 구성 방법에 대해 알아본다. 이들 구성에 따른 다양한 감성들을 분석하면 전문적이고 효과적인 조명 이미지를 생성해내는 데 중요한 열쇠를 제공하게 될 것이다.

Chapter

05

실외에서의 인물 촬영은 쉬울 것 같으면서도 매우 까다롭다. 자연광은 태양의 위치, 대기, 날씨에 따라 크게 변하기 때문에 의도한 이미지를 만드는 데 많은 문제점을 발생시킨다.

태양의 고도는 스튜디오 램프의 수직 각도에 해당하므로, 고도에 따라 두광, 순광, 역광이 될 수 있다. 대기에 따라서는 강한 직사광선이 될 수 있고, 부드러운 빛이 될 수도 있다. 또한 대기와 날씨의 상태에 따라 색온도의 차이가 발생하여 붉은 색조가 될 수 있고, 푸른 색조가 될 수도 있다. 실외에서 촬영할 때에는 이러한 문제점을 인식하고 해결해야 주제에 맞은 촬영 조건을 최대한 만들 수 있다. 먼저 주제에 맞는 이미지를 결정한 후 어떤 조건의 광원을 선택할 것인지, 그 광원을 어떻게 이용할 것인지를 결정해야 한다.

01 하드 라이트에서의 촬영

자연광의 직사광선인 하드 라이트는 인물의 눈 주변, 코 아래, 광대뼈 아래에 그림자를 만들어 인물이 거칠고 딱딱하게 표현된다. 주제가 폭력성과 주름, 광대뼈의 질감 표현과 같이 강한 콘트라스트를 강조하여 극적이고 표현적인 가치를 강조하는 이미지라면, 하드 라이트를 사용해도 무방하다. 하지만 그렇지 않다면 다른 빛을 찾거나 빛을 조절하고 다듬어야 한다. 자연광으로 인해 생기는 문제점은 다음과 같다.

- 햇빛의 방향이 동에서 남으로 변한다.
- 대기에 따라 빛의 질이 변한다. 콘트라스트가 낮은 상태도 있고, 높은 상태도 있다.
- 색온도는 시간, 방향 그리고 날씨에 따라 변한다.
- 광선의 분포는 한결같지 않다. 한 피사체가 그늘져 있는가 하면, 다른 피사체들은 눈부신 광선을 받기도 한다.
- 장면 내의 콘트라스트가 너무 클 때도 있다.

▌ 그늘 찾기

자연광이 너무 강해 좀 더 부드러운 이미지를 얻고 싶다면, 나무 또는 건물의 그늘 속으로 인물을 이동시켜 촬영하면 된다. 그늘 속의 빛은 구름 낀 밝은 날의 소프트 라이트처럼 인물을 부드럽게 감싸안는다.

모든 그늘이 동일한 효과를 만들지 않으므로, 특색 있고 방향성을 가진, 그리고 인물과 잘 어울리는 빛을 찾아야 한다.

그늘 촬영이 너무 단조롭거나 배경이 너무 밝은 경우에는 반사판이나 차광판을 이용하여 콘트라스트를 조절하면 된다. 또한 문제가 되지 않는다면 배경에 살짝 직사광선을 스며들게 하면 전체적인 이미지에 약간의 활기를 제공할 수 있다.

그늘진 곳의 빛은 푸른 파장이 많아 색온도가 변하므로, 화이트 밸런스를 다시 맞추거나 색온도를 보정해야 한다.

▲ **그림 5-1** 그늘 촬영 이미지. 얼굴 전체가 부드럽다.

또한 얼굴 이미지가 너무 평이하다면 그늘에 맞는 색온도를 가진 스포트라이트를 키 라이트로 투사하거나 텅스텐 할로겐 스포트라이트에 색온도 보정필터를 부착하여 사용한다면 원하는 입체감을 만들 수 있다.

▲ 그림 5-2 확산판 사용

실외에서 인물 촬영을 할 때 가장 유용한 것은 빛을 부드럽게 해주는 확산 필터를 가진 '확산판'이다.

확산판을 사용하면 강한 하드 라이트의 특성을 소프트 라이트로 변환시켜 인물을 부드럽게 표현할 수 있다. 스포트라이트 조명 기구 앞에 확산 필터를 사용하여 부드러운 빛을 얻듯이, 확산판을 자연광과 인물 사이에 설치하면 부드러운 빛을 인물에 닿게 할 수 있다.

확산판은 자연광의 특성을 변환시켜야 하므로 인물을 감싸안을 수 있는 큰 확산판이 필요하다. 큰 확산판은 바람이 불면 바람을 직접 맞기 때문에 바람에 흔들리지 않도록 단단히 고정해야 한다. 그래서 확산판은 동적인 인물 표현보다 고정되어 있는 정적인 인물 표현에 사용된다.

3 반사판 사용

태양이 높거나 인물의 약간 뒤쪽에 있어 그림자(shadow)에 의해 인물의 얼굴이 거칠고 딱딱해지는 경우, 아래에서 각도를 주어 빛이 인물에 반사되게 하면, 그림자를 약화시켜 인물이 훨씬 부드러워진다.

▲ **그림 5-3** 반사판 사용의 예

또한 부득이하게 인물이 역광을 받고 있을 때, 반사판을 카메라 가까운 곳에 설치하고 반사된 빛을 인물에 정면에 떨어지게 하여 빛의 양을 더하면 인물의 밝기를 높일 수 있고, 좀 더 밝고 부드러운 이미지를 만들 수 있다.

▲ **그림 5-4** 반사판의 방향

반사판을 사용할 때에는 태양의 조건을 고려하여 카메라 위치를 선택하는 것이 좋다. 태양의 반대쪽, 즉 피사체의 정면에서 반사판을 사용하면 일반적으로 단조롭고 거칠어진다. 또한 반사된 빛이 피사체의 눈부심과 광체를 일으킬 수 있다. 완전 사이드 반사판은 효과가 별로 없고(특수한 촬영을 제외하고), 적합한 반사판의 위치는 30~45도가 적합하다. 하지만 눈부심만 피한다면 뉴스에 필요한 인터뷰나 다큐멘터리 프로그램은 정면 반사판으로 순광을 만들어 사용하는 것도 괜찮다.

02 소프트 라이트에서의 촬영

'레오나르도 다빈치의 빛'에서 설명한 것처럼 야외에 가장 이상적인 빛은 구름이나 대기에 의해 만들어진 매우 밝은 부드러운 빛이다. 구름이나 대기의 상태는 커다란 확산 필터 역할을 하고, 강한 햇빛을 반사, 산란, 굴절시켜 부드러운 빛을 만든다. 이런 날은 그림자 없는 이미지나 콘트라스트가 적은 이미지를 만들 수 있다.

빛의 양과 부드러운 정도는 구름의 높이와 두께에 의해 결정되므로, 이미지의 표현 정도에 따라 구름이나 대기의 변화를 잘 살펴봐야 한다. 구름 낀 날에 촬영할 때, 배경과 인물이 밝기가 차이가 없어 밋밋한 이미지가 될 때 반사판을 이용하면 콘트라스트가 있는 매력적이고 산뜻한 이미지를 만들 수 있다. 구름 낀 날의 빛은 색온도가 높거나 피사체의 움직임에 따라 색온도가 변하므로, 인물의 색 표현에 주의하여야 한다.

TIP

대기와 빛의 산란

빛은 흡수, 반사, 산란, 굴절, 간섭, 회절 등을 통하여 피사체에 영향을 미치고 소멸된다. 산란은 반사의 일종으로, 빛이 표면에 도달하여 분산되어 퍼져 나가는 현상이다. 우리가 새벽 빛의 느낌, 낮의 자연광, 흰구름, 먹구름, 저녁노을 등 하루의 대기 변화를 느낄 수 있는 것은 대기 중의 빛의 산란과 관계가 있고, 산란은 가시광선의 파장 길이와 관계가 있다.

• 아침노을

자연광이 대기 중을 통과할 때에는 먼지나 공기 분자로 인하여 산란을 하게 되며, 단파장(청색 부분)은 쉽게 산란한다. 아침 해가 뜰 때에는 태양의 고도가 낮아 빛의 대기를 통과하는 거리가 멀기 때문에 단파장이 사라지고, 붉은색 부분만 보이게 된다.

- **저녁노을**

자연광이 지평선 가까이를 통과하는 동안 파장이 짧은 푸른색의 빛은 공기 분자 또는 미립자에 의해 산란되어 관측자가 있는 곳까지 도달하지 못하지만, 파장이 긴 붉은색의 빛은 산란되지 않고 관측자가 있는 곳까지 도달하여 하늘이 붉게 보인다.

- **푸른 하늘**

하늘이 푸르다는 것은 공기 중의 미립자층이 두껍지 않아 파장이 짧은 푸른색 산란광이 우세하다는 것을 의미한다. 한편 대기 중에 떠 있는 미립자에 의한 산란광의 세기는 보통 때에는 변화가 없지만, 대기 중의 미립자가 많으면 하늘의 푸른색은 없어지고 흰색으로 보이게 된다.

03 조명 기구 사용

야외 촬영을 할 때 빛이 부족하거나 밤 촬영을 하는 경우, 하드 라이트에 의해 인물의 얼굴에 드리워진 그림자를 완화하기 위해서는 인공광의 조명 기구를 사용한다. 자연광은 날씨에 따라, 대기 상태에 따라 빛의 양과 밝기가 수시로 변한다. 또한 피사체인 인물이 이동하거나 고개를 돌렸을 때 빛을 받는 쪽과 받지 않는 쪽은 극심한 대비를 이루게 된다. 그리고 날씨에 따라 색온도의 변화를 가져와 이미지의 색 불균형을 초래할 수 있다. 인공광은 이러한 문제를 해결하기 위한 것이다.

1 플래시 조명

플래시는 실외 인물 조명에 사용되는 인공광 가운데 가장 많이 사용된다. 반사판에서 얻을 수 있는 효과와 비슷한 효과를 낼 수 있다. 즉, 자연광이 충분하지 않을 때 빛을 제공해주는 역할과 인물의 그림자를 완화해주는 역할을 한다. 플래시는 빛의 양이 적어 전체적인 조명을 할 수 없기 때문에 대부분의 플래시는 보조 광원의 역할을 한다.

카메라에 장착하는 플래시는 간단한 조명 기구이고, 인물에 따라 카메라가 함께 움직일 수 있기 때문에 여러 장의 반사판을 사용하는 것보다 유용하다.

휴대용 플래시는 카메라 장착용 플래시보다 좀 더 유연하게 사용할 수 있다. 이동용 보조광 역할을 하여 빛이 부족한 부분의 면적을 채우는 역할을 하며, 플래시의 빛을 반사시켜 인물에 반사광을 받게 한다.

하지만 플래시는 사용하는 데 한계가 존재한다. 카메라와 인물 간의 거리를 적당히 조절하지 않으면 인물에 노출 과다 현상이 발생하고, 배경에는 노출 부족 현상이 발생할 수 있다. 이 경우 플래시의 발광량, 즉 강도를 줄이면 인물이 자연스럽게 표현될 것이다. 그리고 전력 공급인 건전지의 수명은 광량과 연결되므로 충분하지 못한 건전지 충전은 광량의 부족과 색온도 변화를 가져올 수 있다.

❷ 핸드 헬드 조명(hand held light)

핸드 헬드는 말 그대로 손으로 들고 사용하는 조명 기구이다. 주로 인터뷰 조명에 사용한다. 흔히 '선건(sun gun)'이라고 하며, 건전지를 사용하는 모든 조명 기기를 지칭하는 일반적인 용어로 사용하고 있다.

이는 이동하기 편하도록 소형으로 되어 있고, 렌즈가 달려 있지 않은 개방형 조명 기구이다. 램프는 텅스텐과 HMI의 2가지 종류가 있다. 텅스텐 조명 기구는 건전지 벨트의 12V 또는 30V의 전압을 사용하는 150W, 250W, 350W가 있다. 선건의 건전지 작동 시간은 30분 정도이다. 일부 특수한 경우에는 램프와 전원 케이블을 변형하여 사용하기도 한다.

HMI 선건은 일광의 색온도를 가지며, 그 효율이 텅스텐 선건에 비해 높고, 대용량의 건전지를 사용하므로 선건 작동 시간 역시 텅스텐 선건에 비해 길다.

LED 램프의 개발에 따라 오랫동안 사용할 수 있고, 효율이 좋은 선건과 같은 이동용 소형 조명 기구들이 많이 등장하고 있다. 핸드 헬드 조명 기구는 소형이기 때문에 다음과 같은 상황에서 요긴하게 사용할 수 있다.

- 조명 설치가 적당하지 못한 곳
- 공간이 한정되어 있는 곳
- 지극히 소규모 설비로 많이 움직이는 동작을 따라 조명할 때
- 카메라가 팬(pan)할 때 사용 가능한 모든 빛을 그에 따라 움직여 주어야 할 때

이러한 장점에도 불구하고 핸드 헬드 조명은 플래시 조명처럼 피할 수 없는 단점이 있다.

- 열이 나서 조명 기구를 오래 들고 있을 수 없다.
- 피사체에 떨어지는 각도가 좋지 않다.

- 1개의 조명 기구를 사용하기 때문에 피사체가 단조롭고 거칠어질 수 있다.
- 조명을 피사체에 가까이 하면 핫 스폿이 생기고, 일정 거리 이상 벗어나면 광량 부족 현상이 발생한다.
- 건전지 출력이 쉽게 떨어져 오랫동안 촬영할 수 없고, 그에 따라 색온도도 변한다.

이러한 문제점을 해결하기 위해서는 촬영하기 전에 건전지를 충분하게 충전해야 한다. 요즘에 출시되는 LED 조명 기구는 건전지 출력 시간이 오래 가고, 핸드폰 충전용 건전지를 사용하는 것도 있다. 그리고 간단한 반사판을 이용하여 부족한 면을 조명하면 좀 더 나은 피사체 이미지를 얻을 수 있다.

❸ 조명 기구의 조명

플래시 조명과 핸드 헬드는 조명 시간이 짧고, 광량이 부족하며, 전체 면적을 밝힐 수 없기 때문에 사용하는 데 많은 제약이 있다. 따라서 많은 양의 빛을 낼 수 있고, 오랫동안 촬영할 때, 그리고 넓은 면적을 비출 때에는 독립적으로 사용할 수 있는 조명 기구를 사용해야 한다.

야외 조명에 적합한 조명 기구에는 HMI 조명 기구, MSR 그리고 고성능 형광 조명 기구가 있다.

이러한 조명 기구들은 소비 출력이 높기 때문에 자연광과 함께 사용할 수 있다. 조명 기구를 사용하여 보조광으로 사용할 경우, 날씨와 대기의 변화에 따른 빛의 변화와 색온도의 변화에 대응할 수 있고, 인물의 이동과 빛의 닿는 면의 변화에도 쉽게 대응할 수 있다. 이 밖에도 요즘에는 적은 광량의 조명이 필요한 경우, 이동이 간편하고 조명 기구의 열 발산이 적은 LED 조명 기구를 사용하기도 한다.

야외이든 실내이든 우리 주위에는 사용 가능한 조명들이 많다. 예를 들어 실내에서 촬영할 때 빛이 부족하면 실내등을 이용하면 된다. 또한 실내등을 반사시켜 사용해도 좋다. 반사판을 이용하거나, 반사판이 없으면 B4 용지나 주위의 흰색 판을 반사판으로 사용할 수도 있다. 핸드폰 플래시도 보조광으로 충분히 유용할 수 있다.

1점 조명이란, 하나의 주 광원으로 인물을 표현하는 간단하고 손쉬운 조명을 말한다. 1점 조명이라는 용어가 낯설지만, 우리가 흔히 알고 있는 3점 조명과 비교하여 설명하기 위해 1점 조명이라 부르기로 한다. 우리는 피사체를 표현할 때 하나의 광원보다 여러 개의 광원이 더 좋은 결과를 가져올 것이라고 생각한다. 하지만 비록 하나의 광원이라 하더라도 잘 이용하면 여러 개의 광원을 사용하는 것보다 더 좋은 결과를 얻을 수 있다.

01 조명 구성

하나의 광원을 사용할 때에는 광원의 종류, 광원의 거리와 높이, 빛이 닿지 않는 다른 면의 처리를 고려하여야 한다. 광원은 인물의 성격을 드러내는 주 광원이기 때문에 광원이 작은 하드 라이트를 사용하면 인물은 거칠고 딱딱해 보이지만, 그림자에 의한 인물의 질감과 표현적인 가치를 나타낼 수 있다. 이러한 조명은 어둠 속의 인물, 삶의 무게를 느낄 수 있는 인물의 얼굴 표정, 긴장감을 유발하는 시사 프로그램에 종종 사용된다.

하지만 하나의 광원을 사용하여 인물을 표현할 때에는 면적이 큰 광원을 사용하여 촬영한다. 면적이 크다는 것은 빛이 부드럽다는 것과 인물 전체를 부드럽게 감싸안을 수 있다는 것을 의미한다.

부드럽고 깨끗한 인물 이미지를 얻고 싶다면, 광원이 큰 소프트 라이트를 사용하는 것이 좋다. 이러한 조명은 미인 이미지나 인터뷰 조명에 사용한다.

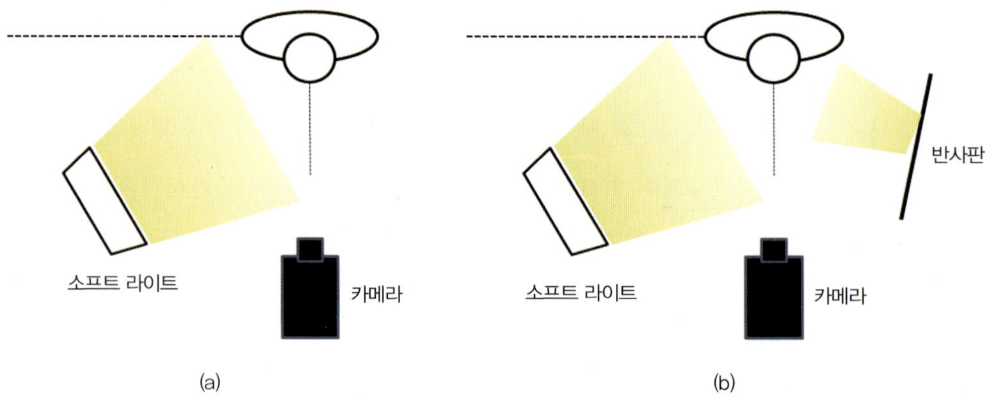

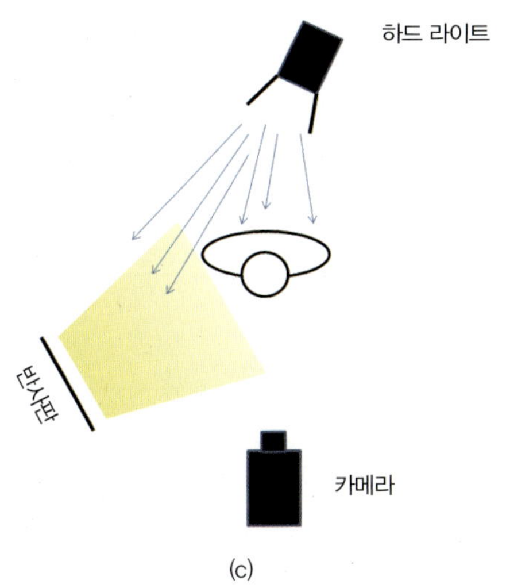

▲ **그림 5-5** 하나의 광원으로 피사체를 표현하는 방법

빛이 닿지 않은 인물의 다른 면을 보완하면 그림자 사이의 미세하고 점진적인 변화로 또 다른 인물의 성격을 표현할 수 있다. [그림 5-5]의 (b)와 같이 광원 반대편에 반사판을 설치하면, 광원에 의해 생긴 그림자를 표현 의도에 맞게 조절할 수 있다.

인물의 머리와 어깨를 살리고 싶다면 그림 (c)와 같이 광원을 인물 뒤에 놓고 광원이 머리와 어깨를 스치게 한 후, 반대편에 반사판을 설치하여 인물에 조명하면 된다. 반사되어 인물에 닿는 빛은 반사에 의해 소프트한 성질이 강화된다.

하나의 광원으로 조명할 때 광원의 크기가 인물 이미지 표현에 영향을 미치지만 광원의 높이, 위치, 거리에 따라 인물의 표현 정도가 달라진다. 광원을 카메라 가까이에 배치하면 순광이 되어 밋밋하고 입체감이 없어 보인다.

광원이 한쪽으로 치우치면, 인물의 일부만 표현된다. 또한 지나치게 높으면 눈 주위, 코의 그림자가 지나치게 드리워져 불안정한 이미지가 된다.

가장 일반적이고 이상적인 조명은 광원을 (a)와 같이 수평 각도는 45도, 수직 각도는 40~50도(높이 : 2.5~3m)에 광원을 놓는 것이다. 이 위치는 인물 이미지를 아름답고 부드럽게 보이게 한다. 이 조명을 '키 트라이앵글(key triangle)'이라고 부르며, 빛이 인물의 반대쪽 얼굴의 눈에서 시작하여 뺨을 거쳐 입술 선까지 삼각형 모양으로 연결되는 것을 말한다.

Section 03 | 2점 조명

2점 조명은 2개의 광원으로 촬영하는 것을 말한다. 하나의 광원으로만 촬영하더라도 우리는 만족할만 한 이미지를 만들 수 있다. 2개의 광원으로 촬영하면 하나의 광원으로 촬영할 때보다 쉽게, 더 좋은 인물 이미지를 만들 수 있다.

01 조명 구성

하나의 광원 외에 추가한 또 다른 광원은 다양한 용도로 사용할 수 있다. 하나의 광원이 하지 못한 콘트라스트를 줄이거나 피사체에 입체감을 줄 수 있고, 배경을 분리시켜 피사체를 드러내기도 한다. 이렇게 2점 조명은 피사체를 표현하는 데 좀 더 유연성을 가지고 다양한 조명을 할 수 있다. 추가된 광원은 보조 광원으로, 배경 조명으로, 백 조명으로, 키커 조명으로 사용할 수 있다.

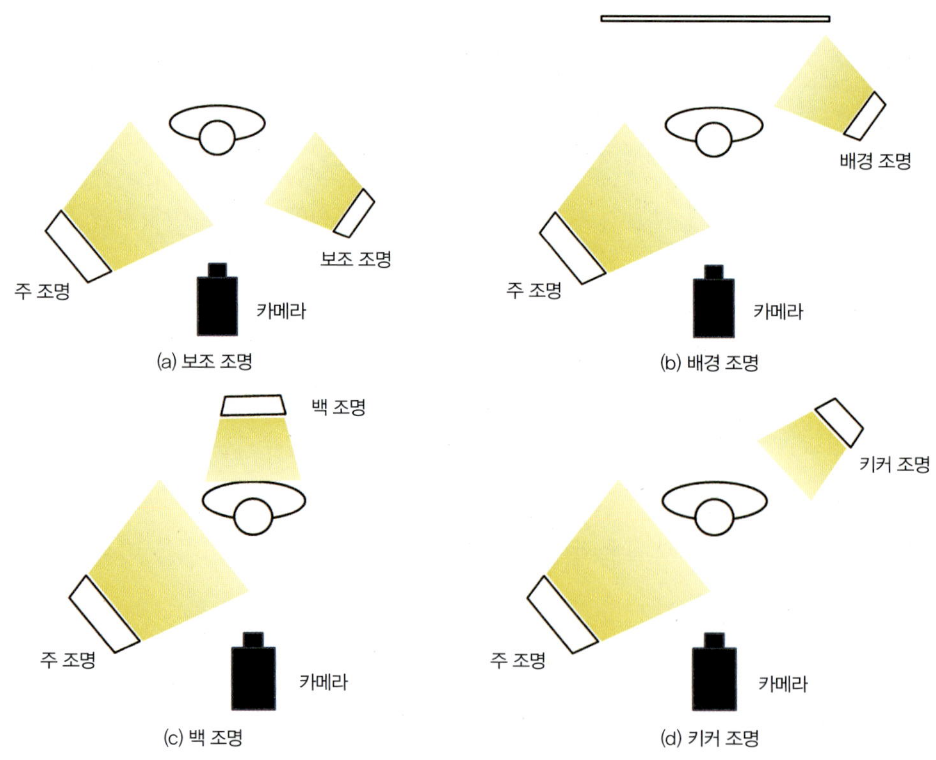

▲ **그림 5-6** 2개의 광원으로 피사체를 표현하는 방법

02 보조 광원으로

주 광원에 의해 반대편에 생기는 그림자를 완화시키거나 없애기 위해서는 또 다른 광원을 사용해야 한다.

인물에 나타난 그림자는 인물의 성격을 나타낼 수 있는 요소이기 때문에 [그림 5-6]의 (a)와 같이 보조 광원으로 주 광원에 의한 생긴 그림자를 주제의 분위기에 따라 단계적으로 드러나게 조정하여 분위기를 표현한다. 이 두 번째 광원을 주 광원의 보조 역할을 한다고 하여 '보조 광원'이라고 부른다. 보조 광원은 주 광원보다 밝기가 낮아야 한다.

03 배경 조명으로

[그림 5-6]의 (b)처럼 첫 번째 광원은 인물 조명에, 두 번째 광원은 배경 조명에 사용된다. 촬영할 때 배경이 있고 백 라이트가 없다면 인물은 배경 속에 묻혀 있어 입체감이 없어 보인다. 이러한 이유 때문에 인물과 배경을 떨어지게 보이고, 인물 이미지 효과를 나타내기 위해 배경에 조명을 하는 것이다. 배경의 밝기는 인물의 밝기보다 낮아야 인물이 돋보인다.

04 백(back) 조명으로

[그림 5-6]의 (c)처럼 두 번째 조명을 백 조명으로 사용하게 된다. 백 조명을 하게 되면 인물의 어깨의 의상과 머리카락에 빛이 닿아 질감을 느끼게 되고, 인물이 활기차고 생기 있게 보인다. 이때 보조 광원으로 반사판을 사용하여 부가적으로 그림자를 완화시키면 더욱 좋다.

05 키커 조명으로

[그림 5-6]의 (d)와 같이 키커 조명으로 사용한다. 키커와 백 라이트를 흔히 혼용하여 부르고 있지만 키커 조명은 인물의 측면에서 머리카락, 어깨 측면 선, 얼굴 측면의 일부에 하이라이트를 만들기 위해 사용한다. 하이라이트를 주면 인물이 매력적으로 표현된다.

키커 조명이 너무 밝으면 헐레이션이 일어나기 때문에 주 조명보다 낮게 설정하고, 자칫하면 카메라에 빛이 새어 들어오기 때문에 주의해야 한다.

이번에는 인물 이미지 표현에 가장 많이 사용하는 3점 조명(three-point light)에 대해 알아보자. 3점 조명이란, 우리가 흔히 말하는 주 조명인 키 라이트(key light), 보조 조명인 필 라이트(fill light), 백 라이트(back light)를 말한다.

01 3점 조명 구성

3점 조명은 전통적으로 이어져 내려온 기본 조명 방법이다. 입체감은 키 라이트로 나타내고, 키 라이트에 의한 그림자 조절(분위기)은 필 라이트로, 배경과의 분리감은 백 라이트로 이루어져 있다. 인물 조명 구성은 흔히 3점을 기본으로 하고 있다.

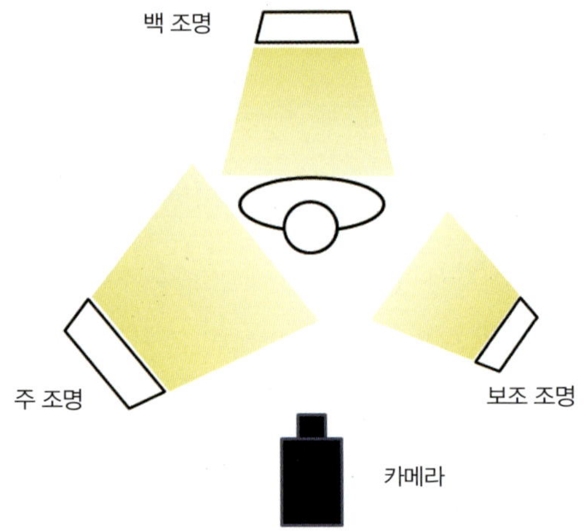

▲ **그림 5-7** 3점 조명

사진 촬영과 달리 방송 조명의 입장에서 보면, 인터뷰 조명은 3점 조명이 효과적이고 유용하다. 하지만 방송 스튜디오의 조명은 배경 조명(background light)을 추가한 4점 조명과 광량 확보를 위해 베이스 조명(base light)을 추가한 5점 조명이 필요하다.

인물의 이미지를 생성하게 위한 기본 조명을 설치하는 순서는 다음과 같다.

1. 키 라이트(key light)를 설치한다.

2. 필 라이트(fill light)를 설치하여 그림자 부분과 콘트라스트를 조절한다.

3. 백 라이트(back light)를 설치하여 인물과 배경을 분리한다.

02 피사체 이미지 생성

얼굴 특징과 프로그램의 분위기는 키 또는 인물 표현에 영향을 미치는 램프 위치를 결정 짓는 가장 중요한 요소이다. 주제에 적합한 인물을 표현하기 위해 키 라이트를 설치할 때에는 인물의 시선과 카메라 위치가 어디에 있는지 살펴보는 것이 중요하다. 분위기는 키 라이트의 카메라 시점과 관련하여 수평 각도와 수직 각도의 조합에 의해 결정된다. 각 각도에 따라 얼굴에 나타나는 효과가 부드럽거나 거칠어질 수 있다.

우선 얼굴에 있는 빛을 주의 깊게 살펴보고, 굽은 정도, 구부러진 코, 깊이 가라앉은 눈, 기울어진 아이라인, 점이나 상처 또는 비대칭 레이아웃을 확인해야 한다. 조명 디자이너 는 이 결함을 강화하거나 약화시킬 수 있다. 예를 들어 비대칭 얼굴에 키 라이트가 들어 오면 비대칭이 더욱 강조된다. 이때에는 넓은 면의 측면 밝기를 줄이고, 반대쪽의 측면 밝기를 높이면 비대칭 요소가 감소될 수 있다.

특히 여자들은 얼굴에 조명을 비추는 것을 경계한다. 사실, 많은 유명한 여배우들은 조 명, 심지어 카메라 앵글에 관해 매우 민감한 반응을 보이고 심지어 그들만의 조명 규약 을 정해 놓고 있다. 이는 카메라 옆에서 눈에 조그마한 빛을 발산하는 것을 가지고 있어 야 할 수도 있다는 것을 의미한다. 드라마 촬영 당시 모 여배우는 움직이는 동선에 따라 아이 라이트(eye light)를 요구하는 경우도 있고, 뉴스를 진행하게 된 새로운 앵커가 찾 아와 자신의 얼굴 상태를 설명하고 특별한 조명을 주문하는 경우도 있다.

효과적이고 매력적인 이미지를 표현하기 위해서는 다음과 같은 사항을 고려해야 한다.

1 얼굴 피부

얼굴 피부의 반사율은 보통 백색 피부 30~40%, 갈색 피부 20%, 남자 28%, 여자 30% 를 가지고 있다. 피부 반사율은 조명의 강도를 정하는 데 중요하다. 똑같은 광량을 투사

● 아이라이트(eye light)는 특별한 경우에 사용하는 필 라이트로, 배우들의 눈동자를 빛나게 하거나 음푹 들어간 눈자위 부근에 일정한 광량을 주어 보충하는 역할을 한다. 주로 소형 조명 기구를 사용한다.

하더라도 피부 반사율에 따라 카메라에 나타난 밝기가 다르게 나타난다. 얼굴의 피부 상태 또한 중요하다. 얼굴이 깨끗한 사람들이 있지만, 여드름이나 수두에 걸려 얼굴이 곰보인 사람도 있다. 이 또한 조명의 수평·수직 각도의 조합과 강도를 결정하는 데 중요한 요소가 된다.

2 코

인물 이미지의 좋고 나쁨, 편평함과 입체감을 결정짓는 중요한 요소 중의 하나가 인물의 중심에 위치하고 있는 코이다. 조명의 수평·수직 조합에 의해 코의 그림자는 길게 보일 수 있고, 구부러지거나 일그러진 것처럼 보일 수 있다. 얼굴의 움직임에 따라 그림자가 생기기도 하고, 없어지기도 한다. 2개의 키 라이트와 강한 필 라이트에 의해 2개의 코 그림자가 생기고, 이로 인해 뺨에 세모꼴이 생기거나 심지어 콧수염처럼 보일 수도 있다. 또한 하이라이트가 떨어지면 코가 주먹코 또는 뾰족코로 보이게 되고, 코의 측면에 떨어지면 부러진 것처럼 보이기도 한다.

3 눈

'눈은 마음의 창'이라고 한다. 조명에서 눈을 잘 표현하면, 인물이 생동감 있게 보인다. 눈에는 부분적으로 또는 전체적으로 그림자가 드리워지게 마련이다. 이는 코와 눈썹에 의해 생긴다. 코의 그림자에 의해 눈의 어두운 안쪽 언저리 측면으로 기울어진 조명은 눈이 들어간 것처럼, 즉 해골처럼 보이게 만든다. 백 라이트나 측면 라이트에 의해 눈썹 언저리가 빛나게 되면 눈은 더욱 어두워진다. 때로는 속눈썹의 그림자가 눈 밑에 나타나기도 한다. 특히, 여자 출연자의 긴 인조 속눈썹은 눈 밑에 그림자를 만든다.

*하이라이트가 없는 눈은 죽어 있거나 무표정하게 또는 창백하게 보인다. 눈동자에 반사광이 많으면 이상하게 보일 뿐만 아니가 부정한 인상을 풍기기도 한다.

4 안경

안경은 조명 디자이너를 가끔 혼란스럽게 한다. 반사광 때문에 눈을 잘 보이지 않거나 안경이 거울 같은 역할을 하여 조명 기구의 모습이 안경알에 비치기도 한다. 또한 눈 밑,

● 하이라이트는 이미지에서 두드러진 부분을 말하며, 명암 대비에 의해 밝은 부분은 입체적으로 보인다. 조명에서는 하이라이트를 이용하여 질감을 나타내기도 하고, 공간을 구성하기도 한다.

눈 옆에 원치 않는 안경 그림자를 만들기도 하고, 안경 안의 눈 밑에 다크서클 같은 옅은 그림자를 형성하기도 한다.

5 머리카락

머리카락은 종종 어두운 배경과 분리시키거나 인물에 생동감을 주기 위해 사용한다. 특히 머리가 검은 동양인의 머리카락 조명은 매우 중요하다. 하이라이트가 없는 검은 머리는 배경에 묻혀 머리 부분이 부분적으로 보이지 않게 된다. 또한 부드러워 보이지 않고 조각해 빚어 놓은 것처럼 보이게 된다.

하이라이트의 도가 지나치면 너무 반짝거려 오히려 혼란스럽게 보인다. 백 라이트를 너무 위쪽에 설치하면 왕관 모양의 밝은 부분이 생기거나 납작하게 보이기도 한다. 백 라이트의 측면으로 너무 기울어져 있거나 강하면 부드럽고 가는 머리칼이 돼지처럼 보이기도 한다.

6 귀

백 라이트가 강하거나 측면으로 치우치면 귀가 튀어 나와 보이는 동시에 반투명체로 보인다. 너무 한쪽으로 치우친 조명은 귀를 보이지 않게도 한다.

7 턱

조명을 할 때 턱의 모양은 키 라이트의 수평·수직 각도에 의해 발생한다. 턱은 목 아랫부분의 그림자를 결정한다. 턱이 길고 뾰족하면 수평·수직 각도가 똑같더라도 턱의 그림자가 길게 나타난다. 특히, 그림자가 어깨 위에 대각선으로 또는 측면으로 떨어질 때에는 턱이 축 늘어진 듯한 효과를 나타내어 인상이 추해진다.

8 이마

이마가 밝게 툭 튀어 나온 사람은 그 부분에 번쩍거림이 생기고, 얼굴이 넓어 보인다.

지금까지 인물 조명을 할 때 얼굴의 중요한 요소들을 살펴보았다. 그렇다면 효과적이고 매력적인 이미지를 생성하기 위해 3점 조명을 어느 방향에서, 얼마나 멀리, 얼마나 높이 해야 할까?

3점 조명을 설명하기 전에 카메라, 피사체, 각 광원의 위치와 그와 관련된 시선에 대해 알아보자. 이는 3점 조명을 설명하는 데 편리한 규약을 제공한다.

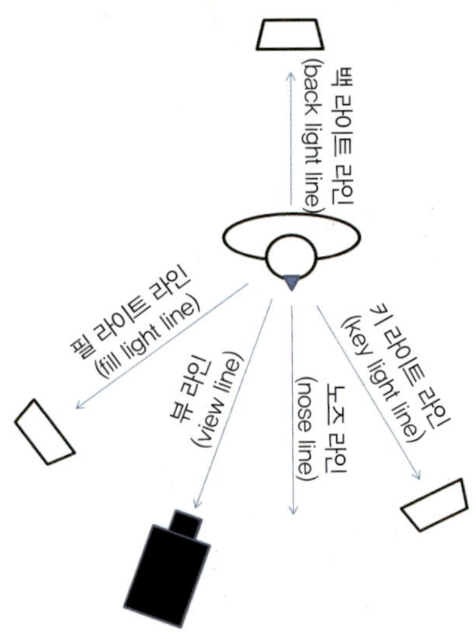

▲ **그림 5-8** 각종 라인 표시

- 뷰 라인(view line) : 카메라와 인물을 잇는 선이다. 이것을 '0시'로 한다.
- 아이 라인(eye line) 또는 노즈 라인(nose line) : 인물의 얼굴이 향한 방향을 나타나는 선이다. 뷰 라인이 일치할 때도 있지만, 이러한 경우는 극히 드물다.
- 키 라이트 라인(key light line) : 키 라이트의 광축선 조명의 생명을 결정하는 선이다.
- 필 라이트 라인(fill light line) : 필 라이트의 주 광축인 키 라이트와 밀접한 관계가 있다.
- 백 라이트 라인(back light line) : 백 라이트와 인물을 잇는 선으로, 뷰 라인과 밀접한 관계가 있다.

3점 조명에서 가장 먼저 결정해야 하는 것은 피사체를 비추는 주된 라이트인 키 라이트이다. 키 라이트는 말 그대로 피사체 또는 한 장면의 중심이나 특징을 나타내는 것으로,

'주 광원(main light)'이라고도 부른다. 키 라이트는 자연스러운 효과가 요구될 때 가시적인 그림자나 적어도 가장 중요한 그림자를 만든다. 만약, 한 피사체에 하나의 조명이 있다면 그것이 키 라이트이다. 한 피사체에 교차하는 그림자를 만들어 내는 2~3가지의 밝은 빛은 부자연스러운 그림자를 만들어 혼란을 초래한다.

키 라이트에는 다음과 같은 기능이 있다.

• 카메라로 보여주는 품질 좋은 조명 이미지를 생성한다.
− 키 라이트는 화면의 좋고 나쁨을 결정하는 요소이다.
• 피사체의 모델링(modelling)을 제공하고, 입체감과 질감을 나타낸다.
− 키 라이트는 피사체의 주된 그림자를 만들고, 그 피사체의 형태, 표면의 모양과 질감을 나타내어 피사체에 분위기를 생성한다.
• 노출의 기본값을 결정하는 역할을 한다.

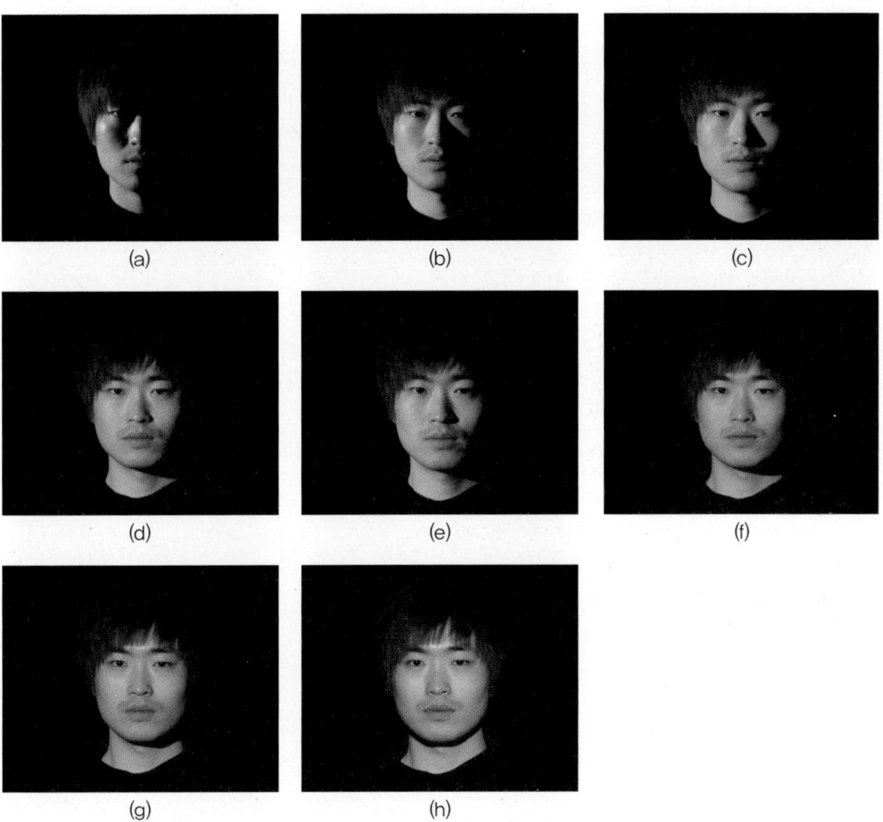

(a)   (b)   (c)
(d)   (e)   (f)
(g)   (h)

▲ **그림 5-9** 키 라이트 방향에 따른 피사체 표현 모습

🔳 키 라이트의 수평 각도 정하기

피사체의 모델링은 키 라이트의 수직 방향보다 수평 방향의 각도가 더 많은 영향을 미친다는 것을 알고 있어야 한다. 키 라이트로 사용할 조명 기구를 수평 방향으로 움직일 때마다 피사체의 목과 코의 그림자 길이가 결정되고, 키 라이트의 반대 측면 어두운 부분의 비율이 변한다. 또한 수평 각도는 대부분 측광인 관계로 얼굴 모양, 코, 주름살 등 얼굴의 상태에 따라 질감의 양을 표현하게 된다. 이는 수평 각도에 따라 각기 다른 독특한 분위기를 생성한다는 것을 알 수 있게 한다.

[그림 5-9] (a)에서 알 수 있는 바와 같이 피사체의 측면에서 90도 조명을 하면 강렬하면서 극적인 표현이 가능하다. 키 라이트로 사용될 조명 기구가 카메라 쪽으로 이동하면 (각도가 작아지면) 키 라이트의 드라마적인 표현이 더 강화되고, 좀 더 옆으로 가면 '렘브란트의 빛'처럼 생생하고 건강한 인상으로 보인다. 하지만 이러한 극적인 긴장감은 카메라 가까이에 근접할수록 점점 약화된다. 결국 (h)와 같은 평면적인 빛은 모든 분위기를 감소시켜 분위기는 사라지게 된다.

사진 촬영이나 인터뷰 조명은 콘셉트에 따라 빛의 수평 방향이 결정되지만, 방송 조명의 수평 방향은 이론적으로 정해져 있다.

카메라 뷰 라인 방향 반대쪽 10~30도 방향에서 결정한다. (d), (e), (f)와 같은 키 라이트 위치는 코와 목의 그림자를 얼굴에 길게 떨어뜨려 불안하고 거칠게 보이도록 한다.

여러 사람이 등장하는 대담 · 토크 프로그램은 얼굴이 좌우로 움직이기 때문에 카메라의 샷 구성 따라 수평 각도가 정면일 수 있고, 측면이 될 수 있으므로 키 라이트의 위치를 잘 살펴야 한다.

방송 스튜디오에서 수평 각도를 정할 때에는 가장 먼저 피사체에 투사할 강도를 고려하여 조명 기구의 거리를 결정해야 한다. 그리고 피사체와 일직선상(0도)에 서서 조명 장비를 천천히 카메라 반대 방향 쪽으로 움직여 피사체의 코와 목 그림자, 뺨의 형태를 보고 적합한 위치를 정하면 된다.

전통적으로 키 라이트의 수평 각도는 10~30도가 적당하다(g). 매력적인 이미지 표현을 위한 이 각도 안에는 무수한 많은 빛이 존재하고, 각기 다른 피사체 모델링을 표현할 수 있다. 그 선택은 오로지 조명 디자이너에게 달려 있다.

❷ 키 라이트의 수직 각도 정하기

피사체의 모델링은 수평·수직 각도의 조합에 의해 결정된다. 키 라이트의 수평 방향이 정해지면 수평 방향에 적합한 수직 각도를 선택해야 한다. 피사체와 카메라가 뷰 라인을 형성하고 있다면, 키 라이트는 수직으로 30~45도에 위치하는 것이 좋다.

정면 수평은 평화롭고 안정감이 있어 평온한 인상을 주지만, 평면 조명으로 인해 밋밋하게(입체적이지 않게) 보이는 경향이 있다. 또한 인물의 그림자를 배경에 드리우게 한다. 그럼에도 불구하고 배우의 눈을 강조하기 원한다면, 수평 방향의 순광을 사용하는 것이 바람직하다. 순광 상부는 정적이며 안정감 있는 인상을 주지만, 각도가 너무 높으면 인물의 눈이 눈 아래와 눈썹에 의해 생긴 그림자에 묻히게 되어 무표정하고 불안정하게 보인다. 또한 인물의 어깨가 조잡하고 난잡하게 보이고, 길고 거친 코의 그림자가 생긴다. 각도가 너무 낮으면 얼굴이 너무 넓게 보이거나 괴이하게 보인다.

방송 현장에서 각도기를 가지고 키 라이트의 높이를 정하는 것에는 어려움이 많다. 대형 스튜디오처럼 배튼의 높이가 원하는 만큼 높이 올라가면 문제가 없지만 소형 스튜디오나 사무실을 개조하여 만든 스튜디오는 배튼의 높이가 한정되어 있기 때문에 키 라이트의 높이를 결정하는 데 어려움이 많다.

이러한 환경에서 키 라이트의 이론적인 각도는 무의미하다. 이 경우에는 눈과 피사체의 코와 목 그리고 카메라를 이용하여 수직 각도를 정하는 것도 좋은 방법이 될 수 있다.

① 눈을 이용하여 결정하는 방법

키 라이트로 사용할 조명 기구의 수평 방향 위치를 정한 후, 피사체가 있는 곳에 가서 앉는다. 그런 다음, 두 눈에 들어오는 빛이 감지되면 조명 기구를 수직으로 조금씩 움직이면서 위치를 정한다. 머리를 살짝 들어 눈에 빛이 들어오면 그곳에 키 라이트의 위치를 정하면 된다. 키 라이트는 항상 두 눈에 모두 들어오게 해야 한다. 이러한 방법을 사용하면 눈에 생기를 불어넣을 수 있을 뿐만 아니라 눈썹과 안경에 의해 발생하는 결점도 해결할 수 있다. 하지만 이렇게 키 라이트를 정할 때에는 피사체가 카메라를 보고 있을 때 눈이 부시지 않아야 하고, ●프롬프터를 보는 데 지장을 초래하는 위치는 피해야 한다.

● 프롬프터는 카메라 앞 헤드에 부착하여 진행자가 카메라를 보면서 자연스럽게 원고 내용을 읽을 수 있게 해주는 장치이다. 특히 뉴스는 대부분 프롬프터로 원고를 읽기 때문에 키 라이트의 높이에 유의해야 한다.

② 코나 목의 그림자를 이용하여 결정하는 방법

코나 목의 그림자가 보기 좋게 나타나려면, 키 라이트의 높이가 적당해야 한다. 코의 그림자는 키 라이트의 반대편에 생기는데, 코 그림자는 가능한 한 윗입술 안쪽, 코에 가까운 곳에 생겨야 한다.

눈을 이용하는 방법처럼 키 라이트로 사용할 조명 기구의 수평 방향과 거리를 정한 후, 조명 기구를 수직 방향으로 천천히 움직여 코 그림자를 관찰하면서 위치를 정한다. 키 라이트의 위치가 매력적인 위치에 도달하면 그곳이 키 라이트의 수직 방향이 되는 것이다. 피사체의 형태는 수평, 각도의 결합에 의해 빛을 발한다. 이때의 결합은 단순한 결합이 아니라 각각의 특성을 가지고 하나로 결합되어 시너지 효과를 내는 결합을 말한다.

❸ 키 라이트의 강도

조명은 다양한 빛들이 서로 조합되어 하나의 이미지를 생성한다. 그 다양한 빛의 결합 중에서도 가장 중요한 역할을 하는 키 라이트의 강도를 정하는 것은 조명 이미지의 품질을 정하는 데 있어 중요한 요소이다. 당연한 이야기지만, 빛이 충분하지 않으면 좋은 품질의 이미지를 만들 수 없다. 카메라에서 받아들일 수 있는 적정 조도는 매우 중요하기 때문이다. 카메라가 필요로 하는 최저값보다 밝으면 좋은 이미지를 만들 수 있다.

그렇다면 어떤 빛과, 어느 정도의 광량이 필요할까? 이러한 빛의 단계를 선택하는 데 영향을 미치는 것은 프로그램의 장르와 주제의 분위기이다. 빛의 양은 드라마나 음악, 인터뷰와 같은 장르와 주제의 분위기를 결정하기 때문이다.

인터뷰 조명에서 입체감이 뚜렷하고 생생한 이미지를 만들려면 점 광원과 같은 하드 라이트를, 그림자가 옅은 부드러운 이미지를 만들려면 면 광원과 같은 소프트 라이트를 투사하는 것이 적합하지만, 이에는 특별한 법칙이 있는 것이 아니기 때문에 둘 다 시험해 보고 원하는 이미지에 맞는 것을 사용하는 것이 좋다.

빛의 강도는 광원의 면적과 거리에 따라 다르므로 2가지 요소를 고려하여 선택한다. 광원의 면적은 피사체의 닿는 부분의 면적을 결정하고, 그 면적은 피사체의 분위기를 표현하므로 주제에 적합한 강도를 사용하는 것이 중요하다.

강도를 조절하기 위하여 피사체와 키 라이트의 거리를 가깝게 하면 국부 조명이 되어 너무 딱딱하고, 멀리하면 너무 밋밋하여 입체감을 표현하기 어렵다. 따라서 적당한 거리를 찾는 것이 중요하다.

방송 스튜디오 조명에서 키 라이트는 조명 이미지의 좋고 나쁨을 결정짓는 요소이므로, 필요한 밝기를 얻기 위해서 주로 하드 라이트인 스포트라이트를 사용한다.

프로그램 주제에 따라 다르지만, 카메라에 필요한 적정 조도가 800lx라면 키 라이트의 출력은 1kW나 2kW를 사용하여 최소 300lx 이상의 광량을 얻어야 한다. 이때에는 필 라이트, 백 라이트, 베이스 라이트 간의 균형을 조절하여 정하는 것이 중요하다.

▼ 표 5-1 키 라이트 용도의 하드 라이트와 소프트 라이트의 비교

	하드 라이트	소프트 라이트
특성	그림자를 만들고 방향성이 강함.	확산되어 그림자가 생기지 않고 방향성이 없음.
장점	• 윤곽의 입체감이 강함. • 그림자가 생기며, 형태와 질감을 잘 표현함.	• 부드러운 빛이 요구되는 조명에 적합함. • 보기 흉한 그림자가 없음. • 입체감과 질감이 약함.
단점	• 입체감이 매우 강함. • 그림자가 지나치게 뚜렷하여 보기 싫음. • 국부적으로 핫 스폿이 생김.	• 과용하면 입체감이 없어짐. • 피사체를 평면화하고, 선명도가 약함. • 강한 조명의 광원으로는 불충분함.

05 필 라이트(fill light)

하나의 광원으로 만족할 만한 결과를 얻었다면 문제가 없지만, 조명 디자이너의 입장에서 볼 때 주제에 적합한 이미지를 하나의 광원으로 표현하는 것은 현실적이지 못할 뿐만 아니라 바람직하지도 않다. 피사체의 형태 구성에서 그림자는 중요한 역할을 한다. 키 라이트가 정해지면, 키 라이트의 반대 부분을 위한 또 다른 조명, 즉 보조 조명인 필 라이트를 설치한다. 필 라이트의 주요 기능은 다음과 같다.

• 주제에 따라 피사체의 그림자 농도를 조절하여 '분위기'를 제어한다.
• 피사체가 인물 조명이나 TV 제작 시스템의 기술적 한계 내에 있도록 대비 콘트라스트를 제공한다.

필 라이트의 중요성은 필 라이트에 의해 빛을 받게 되는 피사체의 적절한 부분과 그 부분이 지니고 있는 기능에 의해 결정된다. 즉, 피사체의 분위기는 그림자의 표현 면적과 농도가 중요한 영향으로 작용한다. 조명 디자이너는 키 라이트에 의해 생긴 피사체의 그림자 부분을 필 라이트의 수평·수직 위치로 면적과 농도를 조절하여 주제에 부합하는 분위기를 생성해낸다.

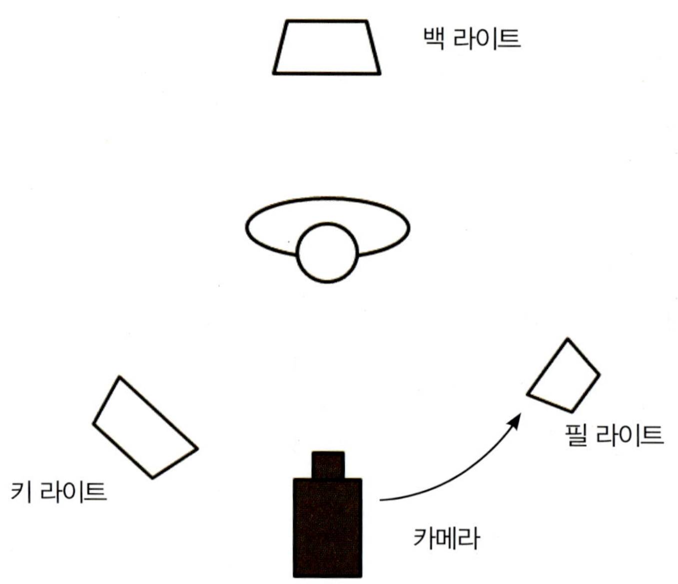

▲ **그림 5-10** 필 라이트의 수평 방향 이동 각도 범위

[그림 5-10]에서 알 수 있는 것처럼 필 라이트의 수평 방향은 일반적으로 카메라로부터 키 라이트와 최대 90도까지 떨어진 곳에 위치한다. 각 각도에 따라 빛을 받는 피사체 부분이 달라져 피사체의 표현 면적이 달라진다. 조명 디자이너는 필 라이트의 수평 각도로 피사체의 원하는 부분 만큼만 드러내어 사용할 수 있다. 카메라 쪽에 가까운 필 라이트는 코 옆 가까운 곳의 그림자에 그 빛이 닿게 되어 그쪽 부분은 세부가 드러나고, 그곳에서부터 귀 쪽 부분은 여전히 그림자가 존재하여 그 세부가 드러나지 않게 된다. 이 부분은 형태로 존재하지 않거나 옅게 보여 피사체가 극적으로 표현되거나 얼굴이 작아 보인다. 이와 반대로 키 라이트와 90도 위치에 가까울수록 필 라이트의 빛이 피사체에 닿는 면적이 늘어나 그 세부가 점점 드러나고 극적 요소는 점차 사라지게 되어 사실적 표현

요소가 나타난다. 또한 수평 각도가 클수록 얼굴의 코 및 목 부분의 그림자를 더 옅게 할 수 있다. 필 라이트의 0도에서 90도까지의 영역 속에는 조명 디자이너가 표현해낼 수 있는 무수히 많은 예술적 표현이 숨어 있다.

② 필 라이트의 수직 각도 정하기

필 라이트도 키 라이트와 마찬가지로 수평 각도와 수직 각도의 적절한 조합에 의해서만 그 기능을 다할 수 있다. 수평 각도가 빛이 닿는 면적을 좌우한다면, 수직 각도는 피사체의 그늘진 부분을 없애거나 농도를 낮추어 매력적인 표현을 가능하게 한다. 키 라이트의 수직 각도에 의해 발생한 코와 턱의 그림자는 다른 곳에 생긴 그림자보다 짙게 나타난다. 이 영역은 매우 빛이 잘 닿지 않는 부분이다. 이러한 이유 때문에 필 라이트의 수직 각도가 중요한 요인으로 작용하는 것이다. 결론부터 말하자면 필 라이트는 키 라이트의 수직 각도보다 낮게 투사해야 이 영역에 빛을 채울 수 있다. 피사체의 시선에 방해가 되지 않고, 배경에 영향을 미치지 않으면 가능한 한 피사체의 위치까지 내려오는 것이 좋다. 그래야만 아무런 방해 없이 빛이 닿지 않은 이 사각지대를 채워 그림자를 약화시킬 수 있다. 필 라이트의 수직 각도가 피사체보다 높으면 빛의 사각지대를 적절하게 채울 수 없고, 또 다른 그림자를 만들 수 있다. 이와 반대로 피사체보다 낮으면 이 영역을 충분히 채울 수 있지만, 강도에 따라 코나 입술 위쪽에 그림자가 발생하여 예상하지 못한 이미지가 나타날 수 있다.

③ 필 라이트의 강도

필 라이트의 수평·수직 각도가 정해지면 필 라이트의 강도를 정해야 한다. 필 라이트의 강도는 피사체의 이미지에 많은 영향을 미친다. 이상적인 필 라이트는 노출에 영향을 미치지 않아야 하고, 그 스스로 그림자를 만들지 않아야 하며, 키 라이트의 효과를 감소시키지 않아야 한다.

필 라이트의 강도는 결코 키 라이트의 강도보다 높아서는 안 된다. 왜냐하면 필 라이트의 목적 자체가 좀 더 첨가해주어 피사체의 분위기를 결정하고, 키 라이트의 대비 콘트라스트를 제공하는 데 있기 때문이다.

필 라이트의 강도가 키 라이트의 강도와 같거나 높을 경우, 그림자 부분이 제거되어 피사체의 이미지는 극적 요소는 사라지고, 입체감도 생기지 않는다. 또한 필 라이트로 인하여 또 하나의 코 그림자가 발생하고, 목 아래는 2개의 빛에 의하여 삼각형의 그림자가 발생한다.

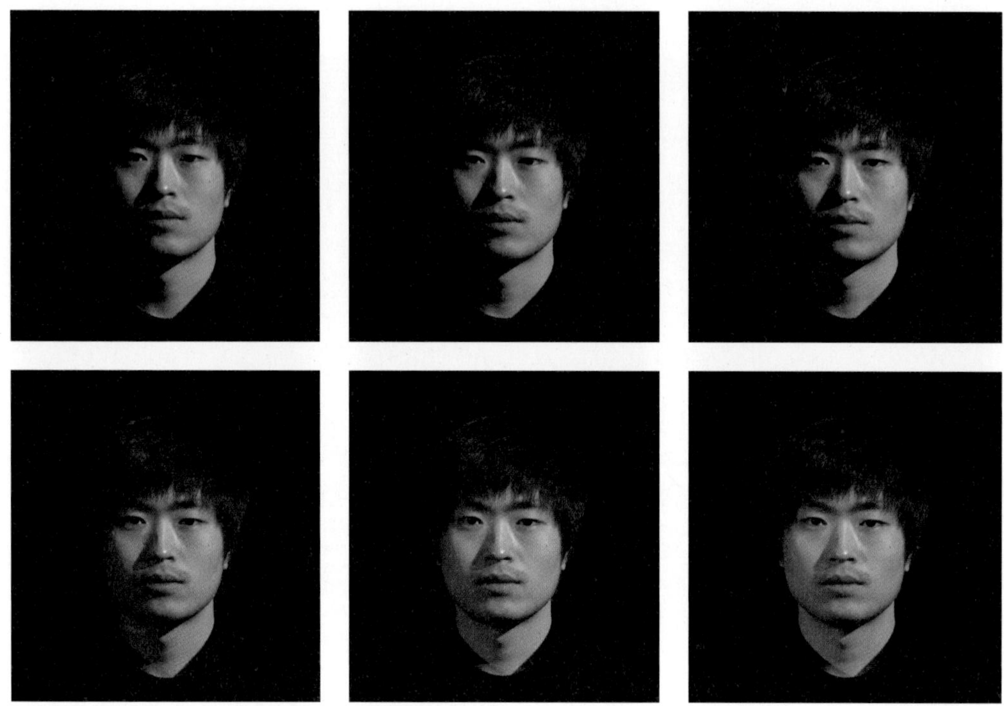

▲ **그림 5-11** 필 라이트 강도에 따른 피사체의 변화

그럼 필 라이트의 강도는 어떻게 정해야 할까? 이는 키 라이트와 마찬가지로 주제의 분위기에 따라 단계적으로 조절해야 한다. 전통적으로 필 라이트의 강도는 키 라이트의 1/3에서 1/2 정도가 좋다고 한다. 그러나 이것은 민감한 조명의 균형을 이루기 위한 하나의 예에 불과하다.

필 라이트로 사용할 광원은 하드 라이트가 좋을까, 소프트 라이트가 좋을까? 일반적인 원칙은 필 라이트 광원은 클수록 좋다는 것이다. 필 라이트는 좀 더 부드럽게 보강해주는 역할을 하기 때문이다. 그래서 광원이 클수록 소프트 라이트가 되어 전체적으로 그림자를 부드럽게 약화시킬 수 있기 때문이다. 또한 키 라이트가 만들어 내는 그림자와 충돌할 염려도 없다.

하지만 상황에 따라 꼭 광원이 큰 부드러운 빛에서 올 필요는 없다. 부드러운 광원의 문제는 물리적으로 넓고, 반 도어가 없기 때문에 빛을 통제할 수 없어 원하는 곳뿐만 아니

258

라 원하지 않는 곳까지 누광이 발생한다는 것이다. 이는 1인 조명에서 문제가 되지 않지만, 방송 스튜디오 같은 집단 조명의 경우, 배경과 다른 피사체에 빛이 새어 들어가 조명의 균형을 유지하는 데 문제가 발생할 수 있다. 그래서 대부분의 스튜디오 조명에서는 반 도어를 가진 스포트라이트에 확산 필터를 부착하여 필 라이트로 사용하고 있다. 반 도어를 사용하여 빛을 머리와 어깨에만 비추면 배경이나 다른 피사체의 조명 균형을 손상시키지 않고 대비 제어를 제공하는 목표 하나를 달성할 수 있기 때문이다.

▼ 표 5-2 필 라이트의 하드 라이트와 소프트 라이트의 비교

	하드 라이트	소프트 라이트
특성	그림자를 만들고 방향성이 강함.	확산되어 그림자가 생기지 않고 방향성이 없음.
장점	· 손쉽게 조명 범위 통제 가능 · 장거리 조명에 효과적임. · 강도가 급격히 떨어지지 않음.	· 불필요한 그림자가 생기지 않음. · 음영 부분이 부드럽고 세부가 잘 보임.
단점	· 강도에 따라 또 다른 그림자가 생김. · 집중 광으로 부드러운 입체감이 파괴됨.	· 광원 면적이 커서 통제와 조절이 어렵고, 인접 부분까지 빛이 확산됨. · 거리에 따라 강도가 급격히 약화됨.

06 백 라이트(back light)

백 라이트는 그 이름과 같이 카메라와는 반대 위치가 된다. 피사체의 뒤에 있으며, 가능한 한 빛이 직접 카메라에 들어오지 않는 위치에 설치해야 한다. 백 라이트는 피사체의 뒤쪽에서 비추는 빛으로 피사체의 등이나 머리카락을 비추어 피사체를 배경에서 분리시킴으로써 깊이감과 입체감을 강조한다.

백 라이트의 주요 기능은 다음과 같다.

- 머리와 어깨를 강조하여 배경과 분리시킴으로써 공간의 깊이를 만든다.
- 이 빛은 피사체가 공간 속에 존재하게 하여 3차원으로 보이게 함으로써 입체감을 향상시킨다.
- 머리와 어깨 표면의 질감을 느끼게 한다.
- 머리와 어깨에 빛이 닿게 함으로써 질감이 풍부한 이미지를 만든다.

1 백 라이트의 수평 각도 정하기

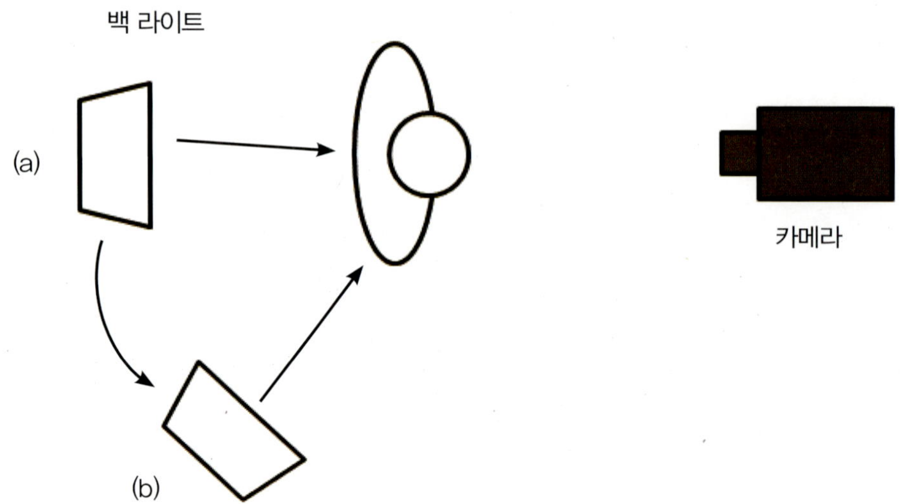

▲ **그림 5-12** 백 라이트의 수평 각도 범위

백 라이트의 수평 각도 또한 수직 각도와 적절한 조합을 이루어야 좋은 이미지를 생성할 수 있다. 적합한 수평 각도는 [그림 5-12] (a)처럼 빛과 피사체 그리고 카메라가 일직선 상에 있어야 한다. 이 위치에 대한 의견은 서로 다를 수 있다. 하지만 필자는 이 위치가 가장 좋은 위치라고 생각한다.

이 위치에서는 머리와 어깨의 밝기가 대칭으로 일정하게 형성되어 보기에도 좋고, 다른 문제점이 발생하지 않는다. 하지만 (b) 쪽으로 이동하면 빛이 머리, 어깨, 귀 그리고 팔 전체에 이르기까지 한쪽 면만 비추게 되어 피사체의 이미지가 비대칭적으로 보이는 단점이 있다. 즉, 한쪽은 밝아지는 반면에 반대쪽은 어두워져서 배경에서 대칭 효과를 제공하지 않는다.

빛을 한쪽 측면으로 더 이동하면 피사체의 얼굴에 빛이 닿는 면적이 많아져 그쪽만 밝게 되므로 원하지 않은 이미지를 생성할 수 있다.

▲ **그림 5-13** 측면 백 라이트 현상

이러한 측면 백 라이트는 2명의 피사체가 붙어 있고, 백 라이트를 1대로 설정했을 때 옆 피사체에 빛이 새어 들어가 한쪽 얼굴이 밝게 되는 경우가 발생하므로 주의해야 한다.

또한 가르마 쪽의 머리숱이 없어 움푹 들어간 경우, 약간의 빛이라도 그곳의 피부에 닿으면 그곳이 핫 스폿이 되어 불쾌한 인상을 줄 수 있다.

이러한 문제점을 해결하기 위해서는 백 라이트 위치를 설정하기 전에 피사체의 노즈 라인(nose line)과 카메라 방향을 살펴보아야 한다. 가끔 스튜디오 무대 의자 방향을 보고 백 라이트 위치를 설정하는 경우가 있는데, 의자 방향과 피사체가 앉아 있는 방향은 달라질 수 있다. 이는 의자의 방향과 달리 피사체가 카메라를 보는 몸 위치에 따라 노즈 라인이 달라질 수 있다는 것을 의미한다.

백 라이트는 뒤쪽 중앙에 위치하기 때문에 빛이 닿는 부분이 대칭적으로 이루어져야 한다는 것을 기억하기 바란다.

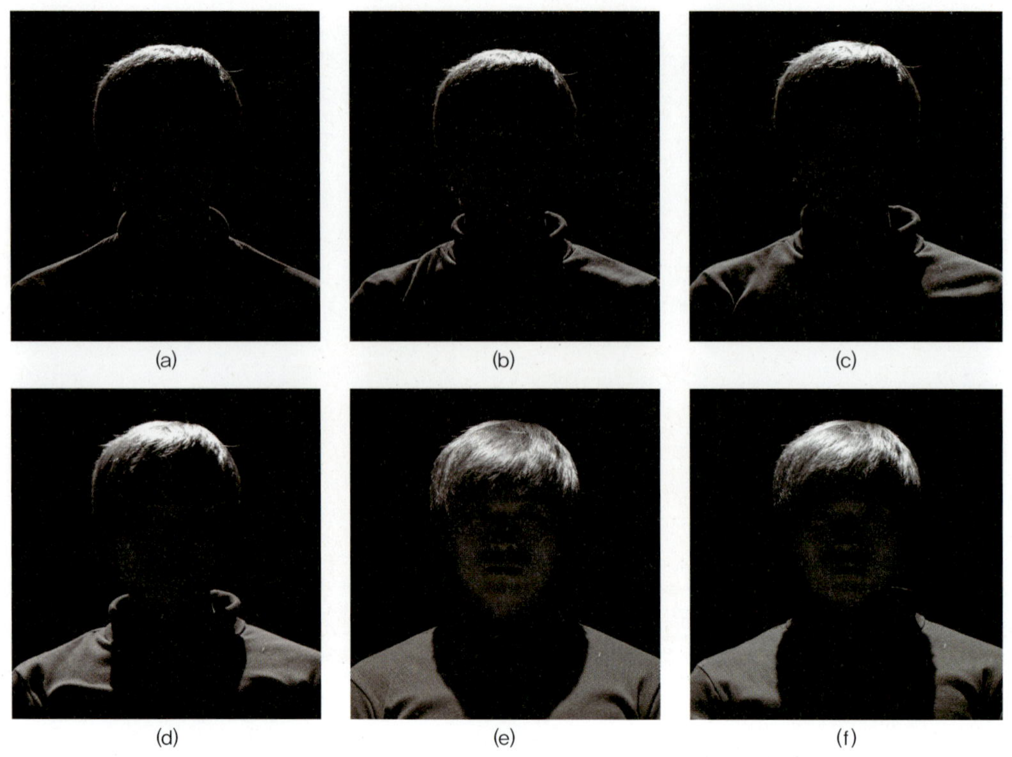

▲ **그림 5-14** 백 라이트의 수직 각도 변화에 따른 피사체 표현 모습

2 백 라이트의 수직 각도 정하기

백 라이트의 효과는 수직 각도에 영향을 받는다. 백 라이트의 수직 각도는 키 라이트보다 높으며, 30~60도가 적합하다.

백 라이트의 수직 각도가 카메라와 일직선상에 있으면 피사체에 가려 보이지 않는다. 수직 각도가 조금 올라가 백 라이트의 빛이 0~20도 사이에 있으면, 즉 적정 각도보다 낮으면 플레어 현상이 발생하여 카메라 렌즈가 손상될 위험이 있다. [그림 5-14]의 (a) 또는 (b)에서 보는 것처럼 적정 각도(30~60도)에 빛이 설정되면, 어깨와 머리의 윗부분 그리고 머리카락이 빛나게 된다. 그리고 어깨와 팔의 윤곽선과 의상의 질감도 드러나게 된다. (d), (e), (f)와 같이 각도가 너무 가파르면 앉아 있는 피사체 머리의 그림자가 가슴에 어두운 그림자가 형성되고, 나머지 부분에는 밝은 빛이 형성되어 불쾌한 이미지가 될 수 있다. 이는 백 라이트 수직 위치가 고정되었을 때 사람이 낮은 소파 또는 낮은 의자에 앉아 있는 경우에도 발생할 수 있다.

또한 피사체가 위를 향해 있거나 뒤로 기댈 때 코끝과 이마는 백 라이트 빛이 이마에 닿아 밝게 빛나게 되므로 이러한 현상이 나타나지 않도록 주의해야 한다. 이를 방지하기 위해서는 빛의 수직 각도를 정하기 전에 피사체가 앉을 의자가 소파인지, 스탠드인지를 확인해야 한다.

백 라이트의 수직 각도는 스튜디오 무대 바닥의 피사체 그림자 길이를 결정하고, 바닥의 밝기에 영향을 미친다. 너무 낮으면 피사체의 그림자가 무대 중앙에 길게 늘어져 보기 싫고, 바닥이 밝아진다.

③ 백 라이트의 강도

백 라이트는 일반적으로 스포트라이트를 사용한다. 이 빛은 머리와 어깨에 강하게 투사되어 백 라이트의 목적에 부합될 수 있다. 또한 반 도어가 장착되어 있어 빛이 닿는 면적을 조절할 수 있고, 조명 기구에 달린 빔을 이용하여 강도를 조절할 수도 있다.

백 라이트의 강도는 키 라이트 보다 같거나 높아야 한다. 그래야만 피사체에 닿는 다른 빛이 상쇄되고, 다른 부분보다 밝아져 반짝이는 머릿결과 어깨선의 질감을 표현할 수 있다. 이러한 이유 때문에 백 라이트로 사용하는 조명 기구의 램프 출력은 키 라이트의 램프 출력과 같거나 높은 출력을 사용한다. 예를 들어 키 라이트의 램프 출력이 2kW라면, 백 라이트의 램프 출력도 2kW이거나 이보다 조금 높아야 한다.

하지만 예외적으로 백 라이트 램프 출력이 키 라이트보다 낮을 수 있다. 스튜디오 환경, 즉 배경이 피사체에 더 가깝게 있을 경우에는 낮은 출력을 사용하여 강도를 조정한다.

일반적으로 백 라이트의 광원으로 하드 라이트인 스포트라이트를 사용하지만, 상황에 따라 소프트 라이트를 사용할 수도 있다.

배경으로 사용할 세트가 피사체에 가깝거나 높으면 만족할 만한 백 라이트 수직 각도를 설정할 수 없다. 이 경우 자연스럽게 백 라이트 각도가 높아져 백 라이트가 피사체에 보기 흉한 이미지를 형성할 수 있다. 이 경우, 소프트 라이트로 투사하면 이런 걱정을 하지 않고 머리카락과 어깨에 빛을 주어 미약하게나마 백 라이트 효과를 거둘 수 있다.

소프트 라이트는 음악을 연주하는 음악가에게도 유용하다. 백 라이트용으로 스포트라이트를 사용하면 강한 빛으로 인해 악보에 피사체의 그림자가 떨어지게 되어 악보가 그림자에 의해 보이지 않게 된다. 소프트 라이트는 이러한 현상을 방지할 수 있다.

백 라이트로 피사체에 초점을 맞출 때에는 조심스럽게 반 도어를 설정하고, 그들이 빛을 받아야 하는 영역에 집중해야 한다. 백 라이트의 빛이 그 영역 외에 다른 곳에 빛이 새어 들어가는 현상, 즉 누광을 허용해서는 안 된다. 누광은 다른 피사체나 스튜디오에 많은 문제점을 야기시킬 수 있다. 조명 작업에서 늘 겪는 일이지만, '하나의 조명 기구로 하나의 일만' 하는 것이 바람직하다. 하나의 조명 기구로 2~3가지 일을 하기 위하여 반 도어를 열게 되면, 누광 문제가 발생하여 애초에 원했던 이미지의 콘트라스트가 무너지는 결과를 초래한다.

백 라이트가 반드시 필수적인 것은 아니다. 피사체의 머리가 희거나 대머리인 경우, 백 라이트로 인해 지나치게 밝아지거나 머리 부분의 피부에 핫 스폿이 생겨 곤란한 경우가 발생한다. 이때 확산 필터를 부착하거나 소프트 라이트로 교체할 시간적 여유가 없는 경우, 이를 해결할 목적으로 조명 콘솔에서 디밍(dimming)을 하여 강도를 낮추면 색온도가 매우 낮아지고, 이는 색온도의 변화를 초래하여 사람의 머리를 이상하고, 매력적이지 않게 보이도록 한다. 이 경우에는 백 라이트를 끄는 것이 낫다. 또한 백 라이트로 인해 가슴에 보기 흉한 빛이 떨어질 경우에도 조명을 끄는 것이 낫다.

백 라이트 강도는 피사체의 전체적인 균형을 위하여 적절히 사용해야 한다. 모든 것은 카메라에 비친 이미지를 눈으로 보고 판단하여 결정하는 것이 바람직하다.

07 베이스 라이트(base light)

앞에서 설명한 인물 조명에 사용하는 3가지 빛 외에 방송에서 꼭 필요한 빛이 있는데, 이를 '베이스 라이트(base light)'라고 한다. 베이스 라이트란, 스튜디오 전체에 균등한 조명을 주기 위한 많은 양의 부드러운 빛을 말한다. 이러한 이유 때문에 베이스 라이트의 조명 기법은 사진 조명보다 방송 스튜디오 조명에서 많이 사용되고 있다.

베이스 라이트의 주요 기능은 다음과 같다.

- 화면 전체에 카메라가 필요로 하는 적정 조도를 제공한다.
- 피사체나 세트에 기본적인 광량을 줌으로써 노출이 부족하여 발생하는 화면의 노이즈를 방지한다.
- 필 라이트 역할을 한다.
- 피사체에 부족한 부드러운 빛을 피사체에 제공하여 매력적인 이미지를 생성한다.

빛이 부족한 어두운 방에서 일반 카메라로 사진을 찍으면, 화면이 어둡고 자글자글한 노이즈가 발생하는 것을 알 수 있다. 방송 카메라도 일정한 수준의 빛이 없으면 불필요한 신호가 발생하고, 빛이 부족한 부분이 자글자글하게 표현되어 프로그램의 목적에 맞는 좋은 이미지를 생성할 수 없다. 그래서 방송 카메라를 동작시키기 위해서는 일정량의 밝기가 필요하다. 이러한 용도로 제공되는 '빛을 베이스 라이트'라고 한다.

태양은 큰 면적의 광원으로, 지구 전체에 기본이 되는 빛을 제공한다. 베이스 라이트는 구름 낀 태양처럼 많은 양의 부드러운 빛으로 스튜디오 공간 전체를 비춘다. 이 빛은 소프트 라이트이므로 확산, 반사되어 세트의 세부적인 곳까지 빛이 들어가 노출 부족으로 인한 노이즈를 방지한다.

발광 면적이 큰 조명 기구인 플러드 라이트 수십 대를 이용하면 적정량의 빛을 얻을 수 있다. 베이스 라이트의 목적은 인물과 세트 전체에 균일하게 비추는 것이므로 강한 집중광인 하드 라이트를 사용하면 피사체에 영향을 미치기 때문에 피하는 것이 좋다. [그림 5-15]는 방송에서 사용되고 있는 플러드 라이트의 종류를 나타낸 것이다.

(a) 형광 조명 기구

(b) 할로겐 조명 기구

(c) LED 조명 기구

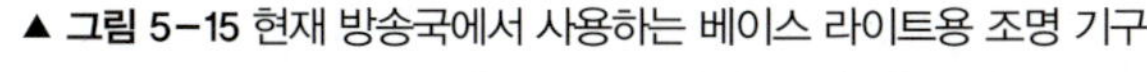
▲ 그림 5-15 현재 방송국에서 사용하는 베이스 라이트용 조명 기구

▲ 그림 5-16 베이스 라이트가 설치된 모습

베이스 라이트 무

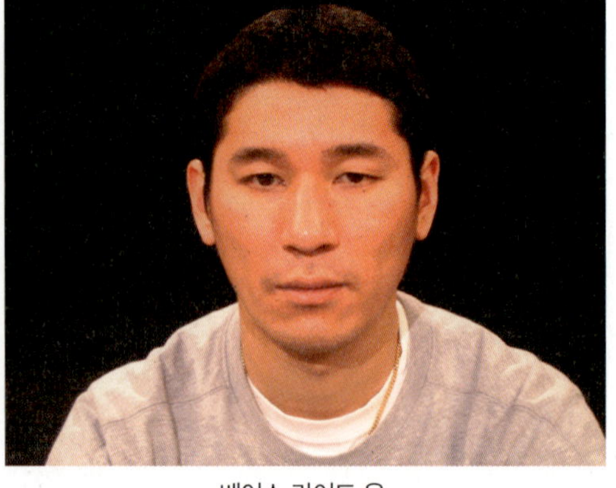
베이스 라이트 유

▲ **그림 5-17** 베이스 효과

베이스 라이트는 필 라이트와 함께 키 라이트에 의해 발생한 보기 흉한 그림자를 제거하고, 부드러운 빛을 피사체의 얼굴에 제공하므로 부드러운 이미지를 생성한다. [그림 5-17]의 왼쪽 그림은 키 라이트+필 라이트+백 라이트의 빛을 투사한 이미지이고, 오른쪽 그림은 베이스 라이트를 추가한 이미지이다. 베이스 라이트로 인해 피사체의 옆면, 코, 목의 그림자가 약화되어 거친 이미지가 부드러운 이미지로 변화된 모습을 볼 수 있다.

베이스 라이트는 로 키(low key)와 하이 키(high key)의 경우에는 필요없지만, 다른 분위기를 만들 때에는 베이스 라이트를 배치하는 것이 전제 조건으로 되어 있다. 전문가들 사이에는 베이스 라이트를 생략하는 경우도 있지만, 이는 경험이 많은 조명 디자이너의 상황 판단에 따른 것이므로, 일반적으로는 반드시 베이스 라이트를 사용해야 한다.

베이스 라이트 수평 방향은 [그림 5-16]처럼 주로 정면에서부터 좌우 측면으로 고르게, 좌우 대칭되게 조명 기구를 설계한다. 수직 방향은 키 라이트보다 낮게 설치한다. 베이스 라이트를 인물에 집중해서 과도하게 비치면 얼굴과 배경에 얼룩이 생길 수 있다. 카메라나 마이크 붐의 조작이 허용할 수 있는 범위 내에서 낮게 조명하는 것이 좋다.

08 배경 조명(background light)

공간은 보이지도 않고, 만질 수도 없지만, 보이고 만져지는 것들에 의해 느낄 수 있다. 공간의 성격은 형태, 크기, 빛, 재료 등의 차이에 따라 달라진다. 공간은 생명체와 같다.

각각 성격이 있고, 감정도 있다. 공간을 어떻게 표현하느냐에 따라 공간의 성격은 다른 느낌으로 다가올 수 있다.

조명 디자이너는 공간을 빛과 색으로 그들만의 질서, 방향, 영역 등의 성격을 부여한다. 조명과 형태가 만나고, 형태와 형태가 만나면 각각의 성격들이 서로 만나면서 다양한 공간을 만들게 된다.

▲ **그림 5-18** 프로그램 배경인 세트 모습

교양 프로그램 세트는 특별한 경우를 제외하고는 [그림 5-18]에서 보는 것처럼 대부분 3면의 공간으로 만들어진다. 3면 세트의 공간 성격은 안정적인 느낌을 주기 때문이다. 관객의 시선이 자연스럽게 공간의 안쪽으로 향하고, 3면이 공간 속에 있는 피사체를 감싸안으며 심리적으로 안정적인 공간을 구성한다.

교양 프로그램의 세트가 3면으로 되어 있는 또 다른 이유는 피사체의 배경과 관련이 있기 때문이다. 3면 세트의 공간 속에 있는 피사체는 위치에 따라 각기 다른 배경을 가지게 된다. 만약, 중앙 1면으로 세트가 구성되어 있고, 좌우 측에 세트가 없다면 그 공간에 있는 피사체의 배경은 어둠 속에 있게 된다.

어둠 속에 존재하는 피사체는 극적이고 표현적일지 모르지만, 화면에서 깊이와 공간을 느낄 수 없다. 그래서 피사체를 돋보이게 하거나 화면 전체에 깊이와 공간을 제공하기 위해 배경을 가지게 된다.

어둠 속에서 이야기를 풀어 나가는 것은 한계가 있다. 배경은 프로그램의 이야기를 풀어 나가는 기본적인 공간이다. 배경 조명은 용어가 말해주듯이 피사체가 아니라 피사체를 둘러싸고 있는 배경에 빛과 색으로 조명을 하여 화면에 깊이감과 공간감을 제공하여 이야기를 풀어 나간다.

배경 조명의 주요 기능은 다음과 같다.

- 배경을 드러나게 한다.
- 어두운 배경에 조명을 하여 지각하게 만든다.
- 피사체와 배경 톤을 분리하여 입체감을 만든다.
- 피사체와 배경과의 밝기의 차이를 만들어 배경과 피사체를 분리한다.
- 프로그램의 성격을 드러내고 분위기를 생성한다.
- 배경에 빛과 색의 구성으로 프로그램의 주제를 풀어 나간다.

배경 조명은 피사체의 다른 조명과 밝기의 차이를 만들어 깊이와 공간감을 만든다. 배경 조명의 밝기는 피사체의 밝기보다 낮아야 그 차이로 인해 깊이와 공간감을 느낄 수 있다. 만약 피사체보다 밝으면 배경이 앞으로 튀어 나와 보이고, 피사체는 그 밝기에 묻혀 좋은 이미지를 만들 수 없게 된다.

배경은 프로그램의 성격을 나타낸다. 밝고 명랑한 프로그램에는 파스텔 톤으로 채색되고, 어린이 프로그램에는 아기자기한 배경과 보색으로 채색된다. 아침 프로그램에는 하늘을 나타내는 파란색을 배경으로 사용하고, 심야 프로그램에는 검은색을 배경으로 사용한다. 배경 조명은 이러한 배경을 빛과 색의 구성으로 배경을 강조하거나 재창조하여 프로그램의 주제를 이야기하는 데 기여한다.

방송 스튜디오의 배경에는 무대를 포함한 세트와 스튜디오를 둘러싸고 있는 호리존트 그리고 LCD, LED와 같은 영상 장치들이 있다.

일상적으로 쓰이고 있는 배경 조명에는 세트 라이트(set light)와 호리존트 라이트(horizont light)가 있다. 영상 장치들은 그래픽이나 동영상들을 보여주는 장치이므로 조명이 따로 필요하지 않다.

세트 라이트는 배경인 세트의 어두운 부분을 보완해주는 조명으로, 통상의 세트에서는 벽면을 밝게 하고, 인물에는 영향이 없도록 한다. 이때 배경을 이루는 세트의 특성에 따라 광원의 종류가 선택된다. 예를 들어 면적이 큰 세트를 균일한 밝기로 만들고 싶다면, 소프트 라이트인 플러드 라이트를 사용하여 세트를 균일하게 할 수 있다. 이때 광원의 거리에 따라 배경에 떨어지는 빛의 크기가 다르기 때문에 적당한 거리를 유지해야 한다. 플러드 라이트는 세트의 밝기를 균일하게 만들 수 있지만, 강도가 약하다는 특성으로 인해 배경과 피사체 간의 톤의 차이를 구성하는 데 어려움이 있다. 또한 광원의 면적이 커서 부분 조명이 되지 않은 단점이 있다. 즉, 원하지 않은 부분에 빛이 새어 들어갈 수 있다. 이와 반대로 부분을 강조할 때에는 하드 라이트인 스포트라이트를 사용하여 세트를 조명한다. 스포트라이트는 강도가 강하고, 반 도어가 부착되어 있어 전체 세트 중에서 특정 부분의 세트를 밝게 하는 데 사용한다. 그리고 스포트라이트는 특정 부분에 하이라이트를 만들어 강조하거나 질감을 드러내어 세트 전체에 입체적인 이미지를 만든다. 스포트라이트는 강도가 강하기 때문에 세트를 밝게 조명할 수 있지만, 광원의 면적이 작은 집중 광이므로, 면적이 넓은 세트를 조명하기에는 한계가 있다.

플러드 라이트와 스포트라이트의 장점을 살리려면 스포트라이트에 확산 필터를 부착하여 사용하면 되는데, 이와 같이 하면 빛이 확산되고 강도가 약화되어 플러드 라이트보다 강하고 광원의 면적이 큰 부드러운 빛을 얻을 수 있다. 이 빛은 세트 조명에 효율적으로 사용할 수 있다.

(a) 세트 조명하기 전

(b) 세트 조명한 후

(c) 채색하지 않은 세트

▲ **그림 5-19** 세트의 채색

배경을 이루고 있는 세트는 나무, 플라스틱, 유리 등 다양한 물체로 이루어져 있다. 모든 물체는 고유한 색을 가지고 있다.

조명 디자이너는 백색광의 강약으로 세트의 물체 밝기와 형태에 윤곽을 주어 세트를 표현하기도 하지만, 색광으로 세트의 물체색을 강조하거나 변화시킴으로써 전체 세트의 이미지를 재구성하여 프로그램을 성격을 드러내기도 한다.

세트가 흰색이거나 회색일 때 조명 디자이너는 프로그램에 성격에 맞는 색을 사용하여 세트 전체의 색을 구성한다.

[그림 5-19]의 (b)는 인물 조명과 세트 조명을 한 프로그램 진행 조명 이미지이다. (a)보

다 세트가 부분적으로 강조되고 질감이 드러나 있어 입체적으로 보인다. (c)는 소치 올림픽 중계석의 조명 이미지이다. 동계 올림픽 주제에 맞는 세트 고유의 색을 살리기 위해 흰색의 세트에 채색을 전혀 하지 않고, 백색광으로 조명을 하여 겨울 이미지를 재현했다.

② 세트의 높이와 피사체의 위치

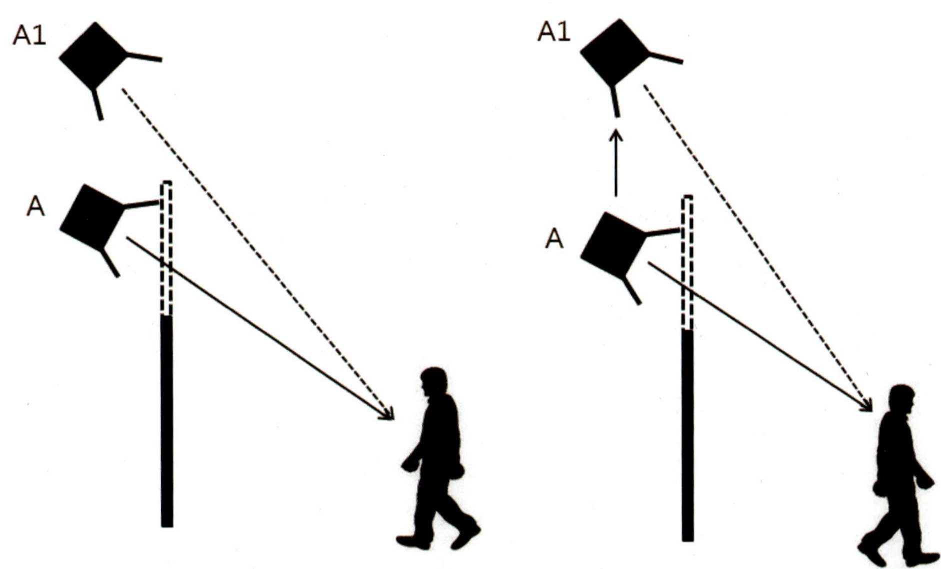

▲ 그림 5-20 피사체와 세트의 높이

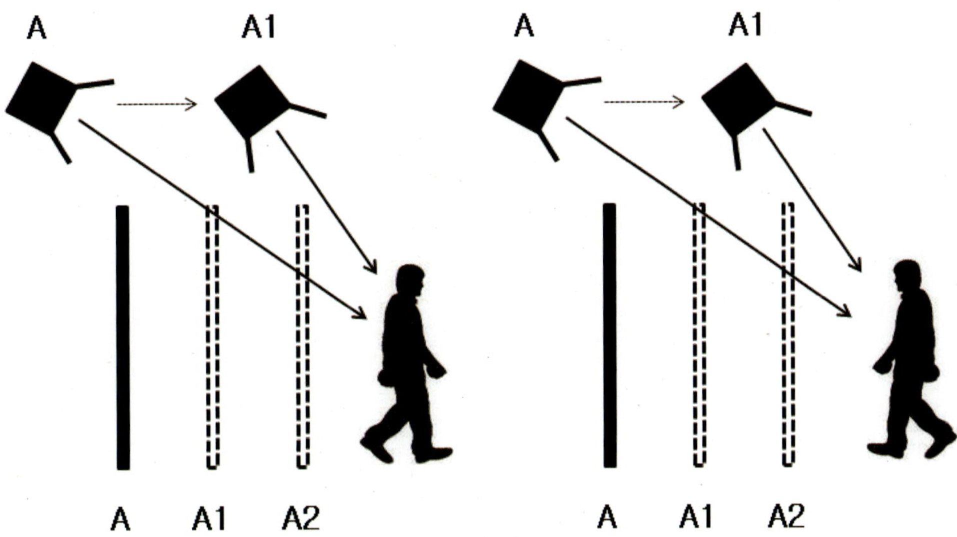

▲ 그림 5-21 피사체와 거리의 관계

271

스튜디오 조명에서 세트가 세워져 있는 평면 벽의 높이, 세트와 피사체의 거리는 피사체의 모델링에 중요하다. 피사체를 조명할 램프들은 카메라에 조명 기구가 노출되지 않도록 세트 위에 위치하고 있다. 세트의 높이는 피사체를 조명할 램프의 높이와 방향에 영향을 미친다.

우리는 피사체를 모델링하는 키 라이트와 백 라이트가 일정한 수직 각도와 수평 각도를 가지고 있어야 만족할 만한 결과를 가져온다는 것을 알고 있다. [그림 5-20]에서 보는 것처럼 피사체가 고정되어 있다면 키 라이트와 백 라이트의 수직 각도는 A 위치가 적당하다. 그러나 세트의 평면의 높이가 점선처럼 높아지면 백 라이트와 키 라이트의 조명을 조정하기 위해서는 A1처럼 램프의 높이로 올라가게 된다. 그리고 [그림 5-21]의 점선처럼 세트가 점점 피사체에 가까워지면 피사체를 조명하기 위해서는 램프의 위치 또한 A1까지 높아진다.

우리는 램프의 수직 각도가 높아지면 어떤 결과를 가져오는지 알고 있다. 그래서 조명 디자이너는 램프의 적당한 수직 각도를 위해 세트의 높이, 세트와 피사체의 조명 공간을 확보하기 위해 사전에 세트 디자이너와 조율을 한다.

09 균형 잡기(balance)

여기서 말하는 균형이란, 다양한 라이트들이 지니고 있는 강도를 조정하는 일을 말한다. 즉, 콘트라스트를 적절히 배합하는 것을 뜻한다. 이것은 키 라이트, 필 라이트, 백 라이트, 베이스 라이트, 배경 라이트의 관계를 설정하는 것이다.

라이트 밸런스는 피사체의 매력과 무드에 큰 영향을 미친다. 대비가 심한 조명은 빛과 그늘의 극적 구성을 돋보이게 하고, 대비가 섬세한 조명은 음영의 변화로 은은한 분위기를 연출한다.

이번에는 앞에서 설명한 각 라이트들을 정리하고, 스튜디오에서의 전통적인 라이트의 균형 비율에 대해 알아보자.

1 키 라이트

피사체의 인물 정면에서 투사하는 빛으로, 주 광원이다. 조명의 좋고 나쁨을 결정짓는 요소이며, 고효율로 필요한 밝기를 얻기 위하여 사용한다.

- 수직 각도 : 30~45도

- 수평 각도 : 10~30도

- 거리 : 4~7m 정도

- 기구 : 스포트라이트

- 광질 : 하드 라이트

❷ 필 라이트

키 라이트에 의해 생긴 강한 그림자의 농도를 줄여 피사체 얼굴의 어두운 부분을 부드럽게 만들어 준다.

- 수직 각도 : 키 라이트보다 낮은 위치 20~30도 정도

- 수평 각도 : 키 라이트 반대쪽 방향 45~90도

- 거리 : 3~5m 정도

- 기구 : 스포트라이트, 플러드 라이트

- 광질 : 스포트라이트로 확산된 소프트 라이트

❸ 백 라이트

피사체의 후면 조명 빛으로 피사체의 윤곽을 강조하여 입체감을 조성하고, 배경과 인물의 거리감을 만들어준다.

- 수직 각도 : 30~60도

- 수평 각도 : 빛과 피사체, 그리고 카메라와 일직선(180도)

- 거리 : 3~5m 정도

- 기구 : 스포트라이트

- 광질 : 하드 라이트

❹ 베이스 라이트

인물과 배경 전체의 영상을 부드럽고 맑게 하는 조명 기법에 사용되지만 입체감은 없다. 순광 처리하고 소프트 라이트를 주로 사용한다. 자연광의 확산, 반사광의 역할로 전체의 영상을 부드럽게 하며, 기본적인 광량을 제공한다.

- 수직 각도 : 키 라이트보다 낮은 위치 20~30도 정도

- 수평 각도 : 중앙 및 좌우 양쪽

– 거리 : 2~5m 정도 사이

– 기구 : 플러드 라이트

– 광질 : 소프트 라이트

5 배경 라이트

피사체와 배경과의 밝기의 차이를 만들어 배경과 피사체를 분리시키고, 배경에 빛과 색의 구성으로 프로그램의 주제를 풀어 나간다.

– 기구 : 스포트라이트, 플러드 라이트

– 광질 : 하드 라이트, 소프트 라이트

6 적정 비율

① 스포트라이트와 플러드 라이트의 조명 광량 비율은

　스포트라이트 : 플러드 라이트＝3 : 2

② 키 라이트의 광량을 1이라고 가정할 경우

　키 라이트, 필 라이트, 백 라이트의 빛의 강도＝1 : 0.8 : 1.2

③ 인물과 배경의 휘도 밸런스

　인물 : 배경＝3 : 2

▼ **표 5-3** 피사체 얼굴의 밝기와 배경과의 관계　　　　　　　　　　　　　　　　　(단위 : %)

배경 / 얼굴	10	20	30	40	50	60	70	80	90	100
70	×	×	×	△	◎	△	×	×	×	×
80	×	×	×	△	○	◎	○	△	×	×

◎ : 매우 좋음, ○ : 좋음, △ : 보통, × : 나쁨

교양 · 정보 프로그램의 조명

조명 기법의 기본적인 개념은 동일하지만, 조명 디자인 구성은 장르에 따라 다른 모습으로 나타난다. 예를 들면 쇼 프로그램은 이펙트용 조명 기구를 주로 사용하여 노래의 감성을 빛과 색으로 시청자에게 전달하지만, 교양 프로그램의 경우에는 빛과 색을 디자인할 때 일반 조명 기구를 사용한다. 그리고 빛과 색의 간섭과 통제를 자제하고 피사체와 배경을 자연스럽고 사실적으로 보여주기 위해 노력한다.

쇼 프로그램의 목적은 오락과 재미의 제공이지만 교양 · 정보 프로그램의 목적은 시청자의 지적 욕구를 채워주는 생활 정보와 시사, 경제, 문화, 예술, 역사, 레저 등의 정보 제공이다.

교양 · 정보 프로그램의 조명 디자인은 이러한 정보를 수용자인 시청자가 편안한 마음으로 전달받을 수 있도록 디자인되어야 한다. 즉, 정보 전달 과정에서 조명으로 발생할 수 있는 방해 요인을 최소화하여야 한다. 이러한 이유 때문에 뉴스 조명과 함께 교양 · 정보 프로그램 조명이 간단하고 쉽게 느껴질지 모르지만, 실상은 더욱 까다롭고 어려운 작업이 될 수 있다. 이 장에서는 인물 조명을 중심으로 교양 · 정보 프로그램의 조명 디자인 방법에 대해 알아본다.

Chapter

06

Section 01 | 조명 **기획**

교양·정보 프로그램을 기획할 때 조명 디자이너가 가장 주의해야 할 점은 정보 전달 주체자인 인물의 조명 설계와 그를 둘러싸고 있는 공간의 환경인 배경을 조정하는 일이다. 시청자는 정보 전달자가 전해주는 정보를 해석할 때 언어를 통해 그 의미를 파악하지만, 정보 전달자의 상태, 몸짓, 제스처, 얼굴 표정 그리고 정보 전달 공간인 배경의 세트 구성, 세트의 색채와 같은 비언어인 시각적 상징은 시청자가 정보를 수용하는 데 많은 영향을 미친다.

따라서 교양·정보 프로그램 조명 디자인은 시청자의 시선이 집중되도록 하기 위하여 불필요한 조명 효과를 자제하고, 인물 조명은 시청자가 편안하고 효과적으로 정보를 수용할 수 있도록 밝음과 어둠의 대비가 강하고 거친 조명보다는 전체적으로 부드러운 조명이 되도록 노력해야 한다. 정보 전달 공간인 세트는 시각적 미적 효과보다는 색상, 밝기, 채도, 구성 등 정보 전달자의 인물과 일치하도록 조명을 디자인하는 것이 좋다.

1 색채 계획

교양·정보 프로그램의 색 구성은 프로그램의 콘셉트와 대본을 검토한 후, 자료 조사를 통해 진행한다.

교양·정보 프로그램의 배경이 되는 세트의 컬러 배색은 대부분 같은 계열의 색이나 인근 색으로 되어 있다. 이러한 배색은 전체적으로 안정적이고, 차분하며, 통일적인 느낌을 준다.

안정적이고 차분한 분위기의 배색은 정보의 신뢰성과 정보 전달 과정에서 일어나는 수용자인 시청자의 집중도에 따라 좌우되는 교양·정보 프로그램의 특성에 기인한 것이다.

세트 디자이너가 세트를 디자인할 때에는 조명 디자이너가 개입할 여지를 남겨둔다. 그 이유는 모든 세트를 완벽하게 제작하기가 힘들고, 조명의 색광 느낌과 세트의 표면색 느낌이 다르며, 예산 문제도 존재하기 때문이다.

조명 디자이너는 세트 전체가 유사색으로 배색되어 있을 경우, 세트에 착색된 색과 같은 유사색을 사용하고, 보색으로 배색되어 있을 때에는 보색을 사용하여 분위기를 이끌어 낸다.

유사색의 배색은 실패할 확률이 적지만, 따분하고 지루한 분위기가 연출될 개연성이 존재한다. 조명 디자이너는 세트에 생기를 불어넣기 위해 프로그램의 콘셉트에 따라 세트 사이사이에 색을 추가하여 색 면적에 변화를 주거나 색상환에서 세트 색과 떨어진 색으로 세트의 일부분에 악센트를 주어 색의 변화를 모색한다. 이 밖에도 세트의 표면색에 같은 색이지만, 채도와 명도가 다른 조명의 색광을 중첩시키고 채도와 명도를 변화시켜 전체 세트에 활력을 불어넣을 수도 있다. 세트가 보색으로 배색되어 있어 색채의 강렬함이 지나칠 경우에는 이를 완화하기 위해 중간에 유사색이지만 채도가 약한 색을 삽입한다.

② 휘도 계획

교양·정보 프로그램 전체 화면의 분위기 톤은, 피사체와 배경이 되는 세트에 조명 디자이너의 간섭을 최대한 자제하여 주요 피사체를 충실히 표현되거나 콘트라스트를 적게 하여 부드러운 영상이 되도록 하이 키 톤이나 미디엄 키 톤으로 디자인한다. 이러한 분위기의 톤은 시청자가 좀 더 편안하게 정보에 접근하는 데에 도움을 준다.

교양·정보 프로그램의 인물과 배경의 휘도 콘트라스트의 비는 3:2 정도로 하여 부드러운 영상이 되도록 한다. 하지만 퀴즈 프로그램과 고발 프로그램은 시청자의 긴장감과 시각 집중도를 위해 명도의 톤을 달리하여 로 키 정도로 한다.

③ 조명 기구 계획

교양·정보 프로그램의 목적은 정보 전달이기 때문에 전체적인 조명 이미지는 하드 키나 미디엄 키로 디자인된다. 따라서 이에 상응하는 조명 기구 계획이 필요하다.

질적인 부분으로는 인물과 배경인 세트에 편안하고 따뜻한 빛을 만드는 일반적인 조명 기구들이 사용된다. 키 라이트, 백 라이트, 필 라이트용으로 사용할 스포트라이트, 베이스 라이트로 사용할 플러드 라이트, 세트용으로 사용할 스포트라이트와 플러드 라이트들이 필요하다. 요즘에는 세트 채색을 위하여 색을 자유자재로 바꿀 수 있는 이펙트용 조명 기구들이 사용되기도 한다.

만약 피사체 얼굴의 부드럽고 미적 효과를 강화하기를 원한다면, 언더 라이트용인 조그만 플러드 라이트가 필요할 것이다.

양적인 부분인 조명 기구의 수는 프로그램의 콘셉트에 따른 분위기(톤)의 설정과 진행할 스튜디오의 공간, 출연자의 수, 배경 세트의 구성을 면밀히 검토한 후에 결정해야 한다.

일반적인 교양·정보 프로그램은 하이 키나 미디어 키로 분위기를 설정하기 때문에 베이스 라이트용인 플러드 라이트가 많이 필요하지만, 퀴즈 프로그램을 로 키의 분위기로 디자인할 경우, 플러드 라이트가 필요하지 않을 수도 있다.

출연자가 많으면 기본적인 인물 조명에 필요한 조명 기구의 수가 늘어날 것이다. 또한 피사체의 구성에 따라 조명 기구의 출력이 달라질 수도 있다. 500W, 1kW, 2kW, 3kW 등 조명 출력에 따라 조명 기구의 크기가 다르다. 조명 출력이 높을수록 조명 기구의 크기는 커지고, 렌즈의 구경도 커진다. 렌즈의 구경이 넓으면 빔 각이 커져서 표면에 닿는 면적도 커진다.

여러 명으로 구성되어 있는 그룹인 경우에는 렌즈 구경이 큰 출력이 높은 1대의 조명 기구로 조명을 할 경우에는 여러 대의 조명 기구로 조명을 할 경우보다 조도 확보와 여러 대의 조명 기구의 빛으로 인한 불필요한 그림자가 겹치는 것을 방지할 수 있다.

세트 조명에 필요한 조명 기구의 수는 배경이 되는 세트 디자인을 검토한 후에 결정해야 한다. 세트의 규모가 크면 세트 조명에 필요한 조명 기구의 수도 늘어날 것이고, 세트의 구성이 단순하면 세트 조명도 간단해져 조명 기구의 수도 적어지지만, 세트 구성이 복잡하면 구석구석 어두운 부분의 조도 확보와 세트의 질감을 드러내기 위해 그만큼의 세트 조명에 필요한 조명 기구의 수도 늘어날 것이다.

이 모든 것을 염두에 두고 세트 디자인을 검토한 후, 프로그램을 진행할 스튜디오를 방문하여 조명 기구의 종류와 양을 조사해야 한다. 조명 기구 계획을 철저히 수립하지 않으면 결국 현장에서 조명 기구의 수가 모자라 조명 디자이너가 추구하는 조명을 디자인할 수 없게 되는 곤란한 상황이 발생할 수 있다.

카메라의 인물 기본 프레이밍

카메라의 샷을 알면 샷의 변화에 따른 조명 이미지를 정확하게 구성할 수 있다. 조명 디자인은 각 장면의 샷 변화에 주의해야 한다. 그 이유는 샷의 변화에 따라 조명의 인물 모델링 상태가 다르게 나타나기 때문이다.

· 클로즈 샷(close-shot, 빨간색 부분) : 옷의 깃부터 머리까지

· 바스트 샷(bust-shot, 초록색 부분) : 얼굴에서 상체 부분

· 웨이스트 샷(waist-shot, 파란색 부분) : 얼굴에서 허리까지 상반신

· 미디엄 샷(medium-shot, 노란색 부분) : 얼굴부터 무릎 부분으로, '니 샷(knee-shot)'이라고도 한다.

· 풀 샷(full-shot, 흰색 부분) : 배경을 포함한 전신

· 오버 샷(over-shot) : 두 사람이 마주보고 있을 경우에 한 사람의 어깨 너머로 다른 사람을 잡아 촬영하는 샷

교양 · 정보 프로그램의 인물 조명에서 가장 기본이 되는 조명은 1인 조명이다. 1인 조명은 인물 조명의 출발점이자 핵심이다. 1인 조명의 표현 특성 요소들을 이해하고, 이를 잘 활용하면 전문적이고 효과적인 다른 조명에 대한 기술적인 방법들을 습득할 수 잇을 것이다. 이번에는 설치 방법뿐만 아니라 그 이유와 효과에 대해서도 다룰 것이다.

01 키 라이트(key light)

TV 프로그램의 모든 인물 조명은 3점 조명에서 출발한다. 하지만 실제 제작 현장에서는 이론적인 3점 조명을 응용한 다양한 방식의 조명 기법들이 사용되고 있다. 기본적인 1인 3점 조명 방법이 교양 · 정보 프로그램에서 어떻게 응용되는지 살펴보자.

지금부터 설명하는 조명 방법이 반드시 정답이라고 말할 수는 없다. 단지, 프로그램 제작 현장에서 사용하는 조명 방법 중의 하나라고 생각하면 된다. 필자는 빛에 대한 안목을 개발하고 스스로 확신할 수 있도록 해주는 방법들을 제안하고 있을 뿐이다. 하나하나 이해하고 현장에서 실천하다 보면 언젠가는 자기만의 조명 방법을 체득할 수 있을 것이다.

(a)

(b)

▲ **그림 6-1** 1인 조명 이미지

[그림 6-1]은 MC 1명이 진행하는 'VJ 특공대' 프로그램의 스튜디오 조명 이미지이고, [그림 6-2]는 인물 조명의 위치와 카메라의 위치를 나타내는 그림이다.

카메라는 기본적으로 중앙에 1대, 좌우에 1대씩 세 위치에 자리 잡는다. 보통 좌측에 있는 카메라를 '1번 카메라', 중앙에 있는 카메라를 '2번 카메라', 우측에 있는 카메라를 '3번 카메라'라고 부른다.

[그림 6-2]에서 •키 라이트의 수평 방향은 중앙에 있는 2번 카메라의 오른쪽 10~15도에 위치하고 있다. 교양·정보 프로그램의 목적은 수평 방향에 따른 입체감과 분위기보다 정보 전달에 있기 때문에 인물의 부드럽고 깨끗한 이미지를 중요하게 생각한다. 지나치게 한쪽으로 치우친 그림자는 시선에 혼란을 주어 정보를 전달할 때 문제가 되기 때문이다.

● 편의상 각 라이트들을 다음과 같이 약어를 사용한다.
키 라이트: K, 필 라이트: F, 백 라이트: BK, 백 필 라이트: BF, 세트 라이트: S, 출연자: P

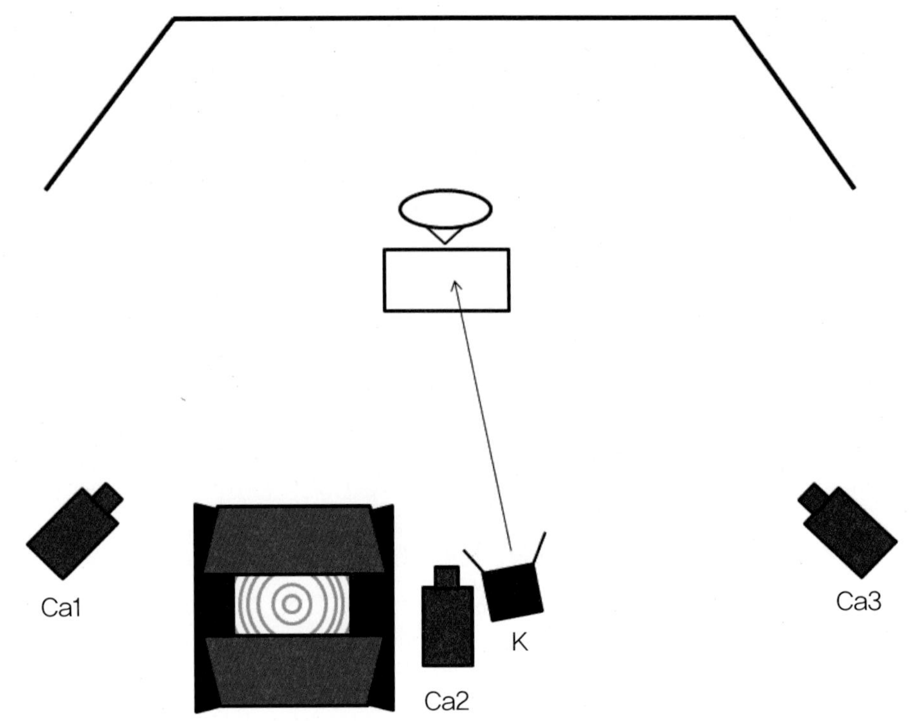

▲ **그림 6-2** 1인 조명의 키 라이트와 카메라 위치

실제 방송 조명에서는 [그림 6-2]에서 알 수 있는 바와 같이 키 라이트의 수평 방향이 목 그림자와 코 그림자로 인해 시선에 방해가 되지 않도록 카메라 옆 노즈 라인과 거의 일직선에 가까운 위치를 사용하기도 한다.

키 라이트의 수직 각도는 30~45도가 좋지만, 눈이 부시지 않고 프롬프터를 보는 데 방해가 되지 않는다면 낮을수록 좋은 이미지의 그림을 얻을 수 있다.

하지만 수직 각도가 카메라맨을 가리거나 배경인 세트에 그림자가 질 정도로 낮게 해서는 안 된다. 그림자가 배경에 떨어지지 않도록 미리 피사체와 배경이 적당한 거리를 유지하도록 조정하고, 그것이 어렵다면 키 라이트의 수직 각도를 조정하여 키 라이트에 의한 피사체의 그림자가 배경에 떨어지는 것을 최소화해야 한다.

키 라이트의 조명 기구는 2kW 스포트라이트를 사용하여 인물을 모델링하였다. 반 도어는 배경에 필요없는 빛이 새어 나가 배경 세트가 밝아지고, 배경인 영상 장치에 빛이 닿는 것을 방지하기 위해 [그림 6-2]와 같이 조정하였다. 또한 이러한 반 도어 설정은 바닥의 하얀 아크릴에 빛이 새어 나가는 것을 막을 수 있다.

그리고 [그림 6-2]와 같은 반 도어 설정은 키 라이트의 적절한 강도를 위해 필요하다. 반 도어가 너무 열리면 빛의 강도가 강해져서 피사체의 입체감이 너무 강해지고 전체적인 조명의 밸런스를 유지하는 데 어려움을 겪을 수 있다.

1 오른쪽인가, 왼쪽인가?

조명 디자인을 할 때 피사체의 주 조명인 키 라이트의 수평 위치를 오른쪽에 배치할 것인지, 왼쪽에 배치할 것인지를 고민하게 된다. 키 라이트의 위치에 따라 피사체의 코와 턱의 목 그림자 위치가 결정되고, 피사체의 얼굴에 빛이 닿는 면이 달라져 피사체의 특성을 드러내거나 감출 수 있기 때문이다. 키 라이트를 어느 쪽에 배치할 것인지를 판가름하는 데 영향을 미치는 단서는 다음을 고려해야 한다.

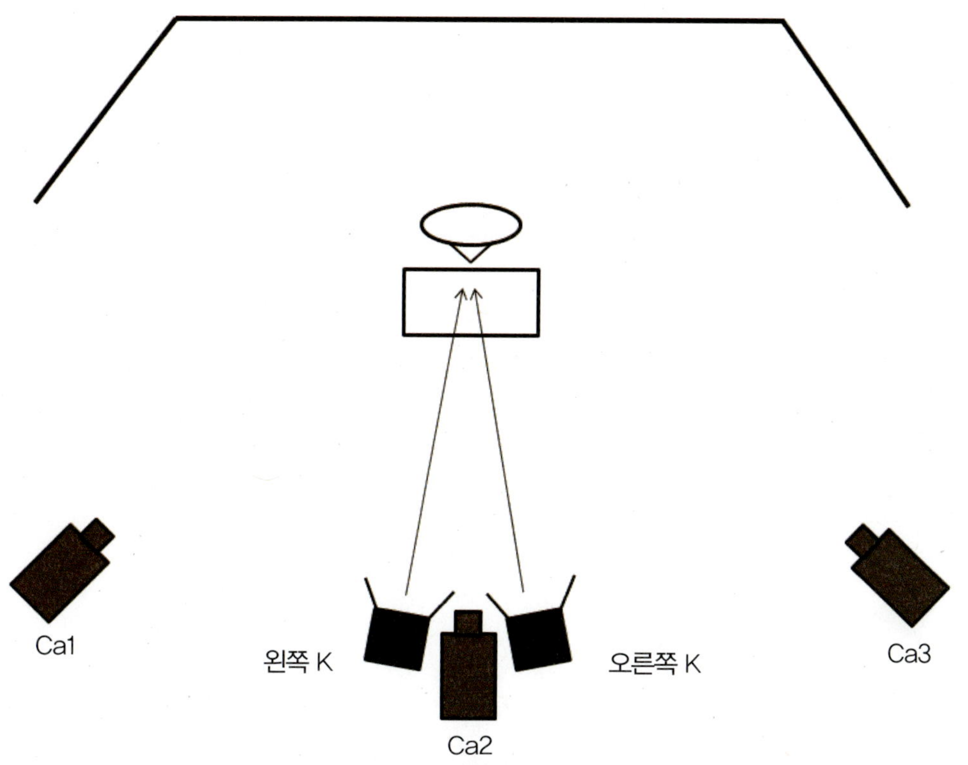

▲ **그림 6-3** 키 라이트의 위치

첫째, '피사체의 가르마가 어디에 있느냐?' 하는 것이다. 가르마가 있는 쪽에 키 라이트를 설치하여 모델링하면 머리카락에 의한 그림자를 막아준다. 특히 머리카락이 길 경우가 그러하다.

둘째, 피사체가 바라보는 시선과 카메라 위치를 고려하는 것이다. 피사체가 프로그램을 진행하면서 많이 바라보는 방향에 키 라이트를 정한다. 그래야만 시선을 바라보는 피사체의 얼굴 안쪽면의 빛이 닿는 부분이 많아져서 조명의 불균형을 해소할 수 있다.

셋째, 인지의 특성을 고려하는 것이다. 사람은 어떤 사물을 바라볼 때 습관적으로 ●왼쪽 시야를 먼저 본다고 한다. 잡지나 신문, 책은 왼쪽부터 시작하는 경우가 많다. 이를 고려하여 키 라이트에 의한 코와 턱의 목 그림자가 왼쪽보다 오른쪽에 떨어지게 하면 피사체가 깨끗하고 아름답게 인지될 수 있다.

<table><tr><td>02</td></tr></table>

02 필 라이트(fill light)

3점 조명의 기본적인 이론에 따르면, 필 라이트의 역할은 키 라이트의 반대쪽에 위치하여 키 라이트에 의해 생긴 그림자의 농도를 완화시켜주거나 그림자의 농도를 조절하여 분위기를 만드는 데 있다. 이는 하나의 키 라이트에 하나의 필 라이트로 대응하고, 1대의 카메라로 촬영할 때 효과적이라고 말할 수 있다.

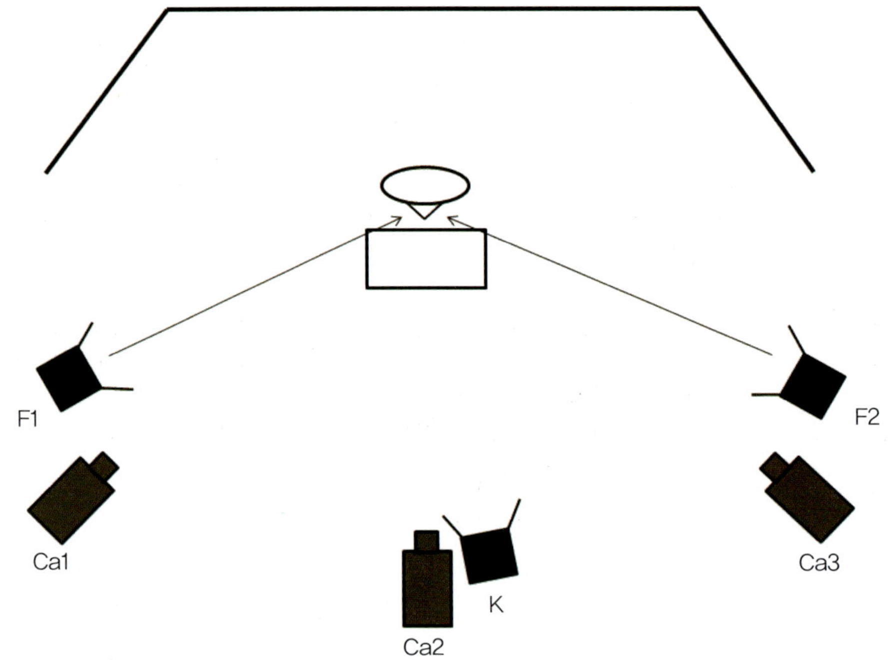

▲ **그림 6-4** 1인 조명의 필 라이트

● 오른쪽 시야는 좌측 뇌로 전달되고, 왼쪽 시야는 오른쪽 뇌에 전달된다. 보통 우뇌는 예술적인 사고를 하고, 좌뇌는 이론적인 사고를 한다.

하지만 방송 제작 현장에는 여러 가지 변수가 존재하기 때문에 이 방법이 반드시 정답이라고 할 수는 없다. 조명 디자이너는 기본적인 이론을 바탕으로 환경에 따라 적절하게 응용, 변형하여 프로그램이 원하는 좋은 조명 이미지를 만들어 내야 한다.

이론에 근거하여 [그림 6-4]를 살펴보면, 필 라이트는 키 라이트의 반대쪽 1번 카메라 쪽에 F1 하나가 존재해야 한다. 그러나 조명 디자인을 보면 3번 카메라 쪽에 하나가 더 있다. 즉, 키 라이트 반대 쪽뿐만 아니라 키 라이트 쪽에도 필 라이트가 하나 더 있다.

앞에서 설명한 바와 같이 교양·정보 프로그램의 목적은 정보의 전달이기 때문에 정보 전달자의 부드럽고 깨끗한 이미지를 중요하게 여긴다. 그렇기 때문에 대부분의 키 라이트 수평 방향의 각도는 그다지 크지 않다.

키 라이트의 수평 방향은 약간의 순광(정면광) 형태가 되어 피사체 얼굴의 좌·우 귀 쪽 부분, 빛이 충분히 닿지 못하는 경우가 발생한다.

이 경우, 1번 카메라 방향에 있는 필 라이트로 그림자의 얼굴 부분만 보충한다면 2번 카메라에서 피사체의 얼굴을 정면으로 잡았을 경우, 키 라이트 방향인 오른쪽 뺨이 상대적으로 어두워 보여 피사체 얼굴의 밝기가 좌우 비대칭이 될 수 있다.

또한 피사체가 살짝 3번 카메라 방향으로 틀었을 때, 카메라 샷 변화를 위하여 3번 카메라에서 피사체를 잡았을 경우, 노즈 라인이 바뀌게 되어 키 라이트의 수평 방향 각도 영역도 바뀌게 된다. 즉, 피사체와 2번 카메라 중심의 키 라이트 수평 각도는 피사체와 3번 카메라 중심의 키 라이트가 되어 키 라이트 수평 각도는 측광에 가깝게 변화한다. 이러한 카메라 위치 변화는 피사체의 오른쪽 얼굴 안쪽 부분이 정면 샷(shot)보다 많이 보이게 되고, 측광 현상으로 인해 정면 샷에서 보이지 않던, 빛이 부족한 안쪽 어두운 부분이 더 많이 드러나게 되어 좋지 않은 이미지를 만들 수 있다.

이러한 문제점을 해결하기 위해 3번 카메라를 위한 필 라이트를 1대 추가하여 부족한 빛을 보충하고 있다. 이제 왜 필 라이트가 왜 하나 더 있어야 하는지를 이해할 수 있을 것이라 믿는다.

TV 프로그램 제작 현장에서는 샷 구성을 위해 2~4대의 카메라를 사용하여 프로그램을 진행한다. 따라서 조명 디자이너는 각 카메라 샷에 따른 조명을 염두에 두고 디자인해야 한다.

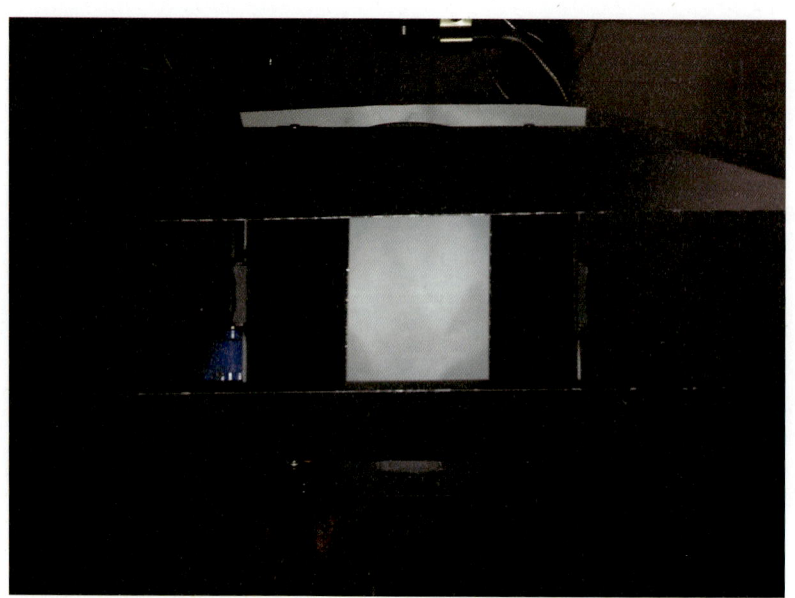

▲ **그림 6-5** 필 라이트의 강도와 특성 변화를 위한 확산 필터 사용

필 라이트의 강도는 항상 키 라이트보다 낮게 설정하여야 하고, 빛은 부드러울수록 좋다. 필 라이트에 사용할 빛을 얻기 위해서는 1kW 또는 2kW 스포트라이트에 확산 필터를 부착해야 한다. 혹자는 필 라이트용으로 부드러운 빛을 만드는 플러드 라이트의 조명 기구를 사용하지 않고, 굳이 스포트라이트 조명 기구에 확산 필터를 부착하여 사용하느냐는 의문을 제기하기도 한다. 물론 플러드 라이트 조명 기구를 사용해도 무방하다. 플러드 라이트는 부드러운 빛이라는 장점을 가지고 있지만, 강도가 약하고 면 광원이기 때문에 통제하거나 조절하기가 쉽지 않다. 하나의 빛은 하나의 역할만 하는 것이 바람직하다. 필 라이트의 빛이 투사할 피사체 외의 다른 곳에 새어 들어가면 조명의 밸런스를 유지하는 데 어려움을 야기할 수 있다. 스포트라이트는 이동이 간편하고 반 도어가 있어 좁은 공간에서도 활용할 수 있고, 빛을 자유자재로 통제할 수 있다는 장점이 있다.

03 백 라이트(back light)

백 라이트는 세트로부터 인물을 분리시켜 입체감을 살리고, 어깨의 윤곽과 머리카락의 윤기를 살려준다. 실제 프로그램 제작에서 백 라이트의 위치와 관련하여 고려할 점은 다음과 같다.

첫째, 수직 각도를 결정짓는 피사체와 배경인 세트의 거리이다. [그림 6-6]을 보면 피사체 뒤에 세트가 세워져 있다. 피사체와 세트의 거리가 백 라이트의 적절한 수직 각도에 방해가 될 수 있다. 만약, 피사체와 세트가 너무 가까우면 백 라이트의 빛이 세트에 막혀 어려움을 겪을 수 있다. 이를 해결하기 위하여 백 라이트의 수직 각도를 높이면 얼굴 그림자가 가슴에 떨어지는 현상이 발생하여 보기 흉한 이미지를 형성한다. 이를 방지하기 위해서는 항상 피사체와 세트와의 적절한 거리를 유지하도록 노력하여야 하며, 세트의 높이에 의해 백 라이트의 높이가 간섭받지 않도록 조정해야 한다.

둘째, 백 라이트는 피사체 및 카메라와 일직선상에 있어야 한다고 말한 것은 머리와 양 어깨에 빛을 고르고 일정하게 투사하여 빛이 닿는 부분이 대칭되게 하기 위해서이다.

프로그램이 카메라 1대에 의해 제작되고, 피사체의 움직임이 없다면 백 라이트의 수평 각도의 위치를 잡는 데에는 어려움이 없다.

하지만 이 프로그램에서처럼 3대 이상의 카메라로 촬영을 하게 되면 피사체의 시선이 카메라에 따라 바뀔 수 있다. 즉, 피사체의 몸이 고정이 아니라, 카메라에 따라 움직일 수 있다는 것이다. 이 경우에는 피사체가 많이 바라보는 2번 카메라를 중심으로 백 라이트의 위치를 잡는 것이 무난하다.

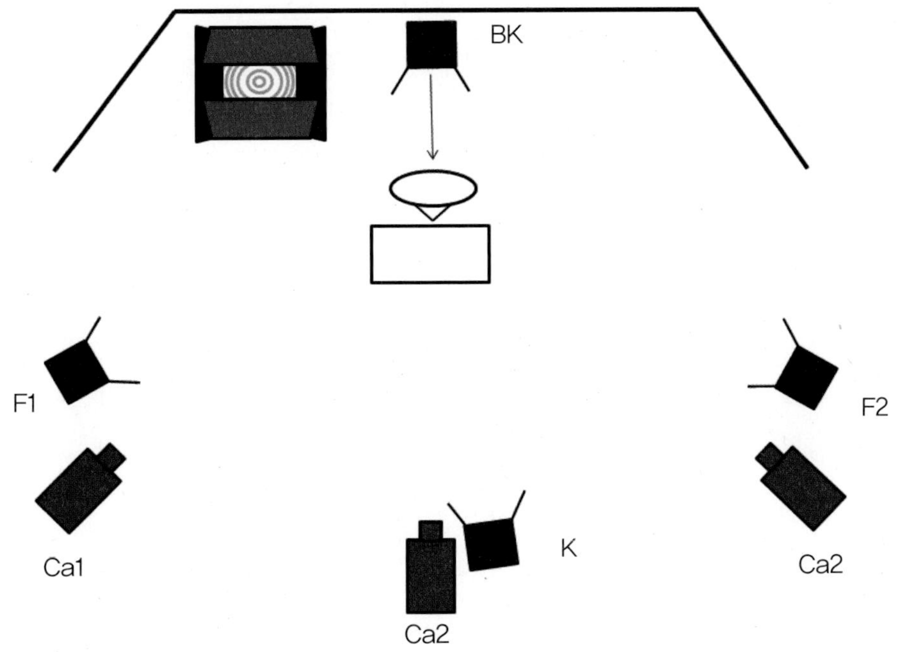

▲ **그림 6-6** 1인 조명의 1대 백 라이트

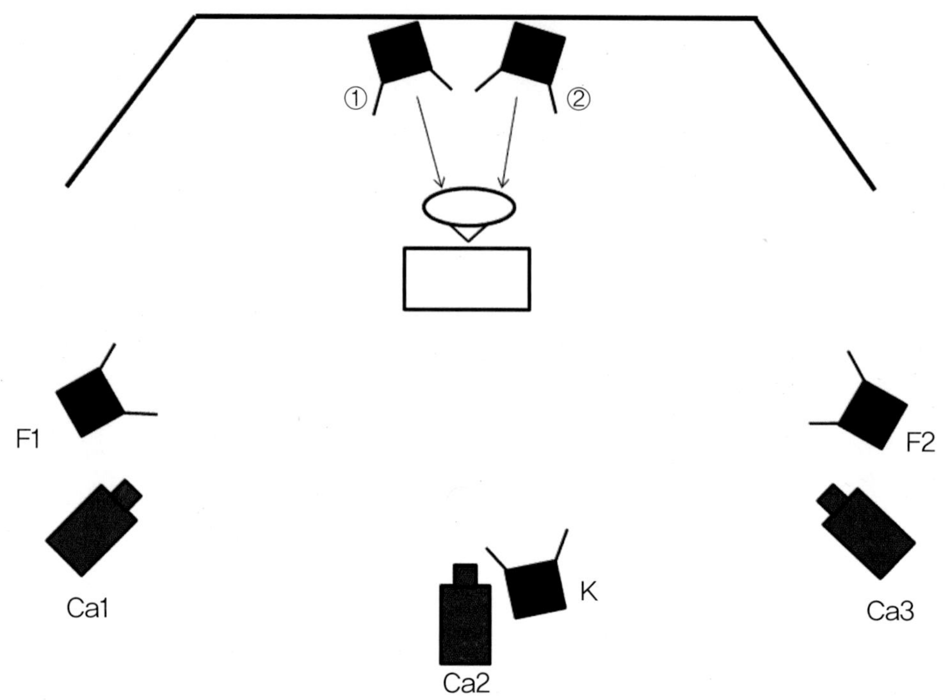

▲ **그림 6-7** 1인 조명 이미지의 2대의 백 라이트

그러나 피사체가 시선을 1번 카메라나 3번 카메라 쪽으로 자주 돌린다면, [그림 6-7]처럼 백 라이트를 2대 설치하는 것도 좋은 방법이다.

1번 백 라이트는 피사체가 3번 카메라를 보기 위해 카메라 쪽으로 살짝 몸을 돌렸을 때 빛이 부족한 왼쪽 어깨를 보충할 수 있고, 2번 백 라이트는 1번 카메라를 보았을 때 오른쪽 어깨를 보충하여 양 어깨의 밝기 밸런스를 유지하여 시선에 따른 양 어깨의 밝기 차를 줄일 수 있다. 이때에는 백 라이트의 빛을 조정할 때 어깨의 가운데 부분에 2개의 빛이 겹쳐 그 부분만 핫 스폿이 생기지 않도록 주의해야 한다. 그리고 2개의 백 라이트 각도가 너무 벌어지지 않도록 해야 한다. 너무 벌어지면 고개를 돌렸을 때 백 라이트의 빛이 얼굴의 귀 쪽 뺨에 닿아 밝아질 수 있다. 2대의 백 라이트를 사용할 때 빛의 강도는 1대를 사용했을 때보다 낮게 설정하여 조정하면 이러한 문제점을 해결할 수 있다.

과거에는 입체감을 살리기 위해 백 라이트의 빛을 강하게 투사하였지만, HD로 프로그램을 제작한 이후에는 부드럽게 빛을 투사하여 자연스러움을 살리는 경향이 있다.

'VJ 특공대'의 백 라이트 조명 기구는 2kW 스포트라이트로 빛을 투사하였으며, 반 도어는 [그림 6-6]과 같이 조정하여 인물에만 투사하였다.

백 라이트는 그 특성상 바닥에 빛이 떨어지게 되어 있다. 빛을 잘 조정하지 않으면 무대 바닥에 [그림 6-1]의 (b)의 풀샷 이미지에서 보는 것처럼 백 라이트에 의해 발생한 불필요한 빛으로 인하여 바닥에 핫 스폿이 발생되어 시선에 혼란을 야기할 수 있다. 따라서 반 도어와 조명 기구를 조정하여 이러한 문제점을 최소화하도록 노력해야 한다.

04 베이스 라이트(base light)

베이스 라이트는 그 기능을 충족하기 위해 [그림 6-8]과 같이 피사체를 중심으로 좌우에 설치되었다. 좌우의 안쪽에 베이스 라이트가 설치되면 베이스 라이트 빛이 카메라로 들어와 글레어 현상이 발생할 수 있으므로, 적절한 위치에 설치해야 한다. 베이스 라이트는 카메라에 적정 조도를 제공하고, 필 라이트의 역할을 하므로 부족함이 없이 부드러운 빛을 확보하는 것이 좋다.

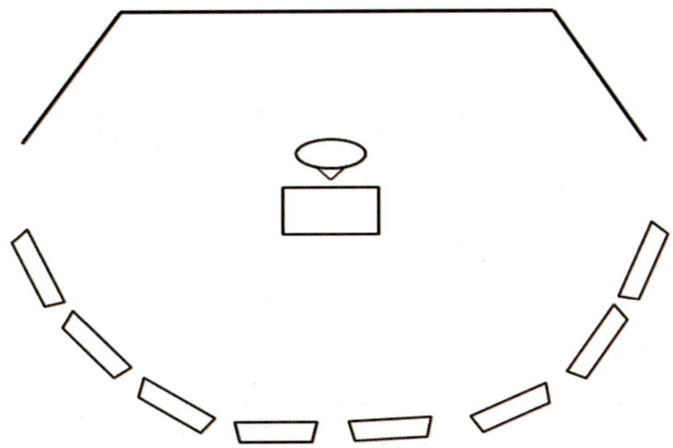

▲ **그림 6-8** 1인 조명 베이스 라이트 설치 방향

베이스 라이트용으로 [그림 6-8]과 같은 1kW 플러드 라이트를 사용하였으며, 좀 더 부드러운 빛을 얻기 위하여 확산 필터를 추가로 부착하여 사용하고 있다. 베이스 라이트는 [그림 6-1]의 (a)처럼 배경으로 영상 장치를 사용할 때에는 플러드 라이트 조명 기구를 위, 아래로 조정하여 빛이 영상 장치에 닿지 않도록 해야 한다. 많은 양의 부드러운 빛이

● 바닥의 아크릴 판은 유리와 같이 표면이 반들반들하여 빛의 반사 특성이 여러 곳으로 확산되지 않고 입사각에 따라 반사되므로 핫 스폿이 발생한다.

영상 장치에 닿으면 영상 그래픽 이미지의 크로마(chroma)가 떨어져 이미지 왜곡 현상이 발생한다.

05 세트 라이트(set light)

세트 조명은 인물 뒤 배경 세트에 주는 빛으로, 보통은 스포트라이트를 사용하지만 좀더 균일한 조명을 위해 플러드 라이트를 사용하기도 한다. 이 경우, 세트가 평탄한 조명이 되어 입체감이 결여될 수 있다.

[그림 6-1]의 (b)를 보면 피사체인 MC 뒤에 영상 장치가 있고, 대부분의 흰색 세트가 진행자를 둘러싸고 있다는 것을 알 수 있다. 무대 앞쪽에는 프로그램의 이름인 텍스트 세트가 있다. 세트의 기본적인 밝기는 베이스 라이트의 여광(餘光)으로 되어 있고, 흰색의 세트는 보라색(violet)으로, 텍스트 세트는 주황색 계통(amber)으로 채색되어 있다.

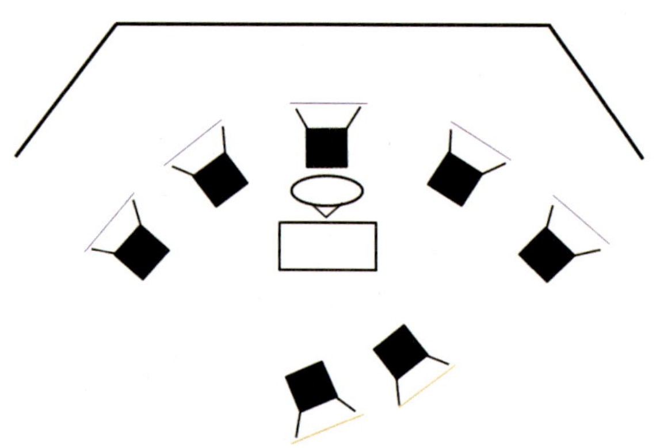

(a) 세트 라이트의 채색 위치

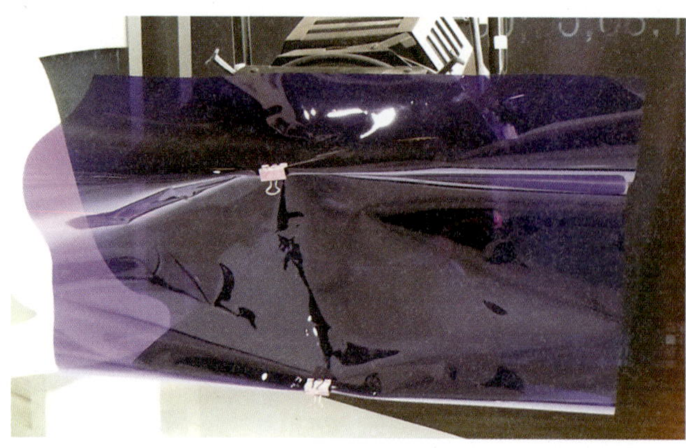

(b) 세트 라이트 조명 기구

(c) 텍스트 채색 조명 기구 위치

▲ 그림 6-9 세트 라이트 설치와 방법

각각의 색광을 얻기 위하여 [그림 6-9]의 (b), (c)와 같이 2kW 스포트라이트에 컬러 필터를 부착하여 사용하고 있다. *컬러 필터를 필터 프레임에 넣은 후, 조명 기구의 렌즈 앞 프레임 삽입구에 삽입하여 사용하지 않고 반 도어 앞에 부착하여 사용하는 이유는 필터가 열에 의해 색이 변하거나 타는 것을 방지하기 위해서이다. 보라색 색광을 가지고 세트 전체를 채색할 때에는 균일하게 채색되도록 조정하여야 한다.

입체감과 질감을 살리기 위해 수평으로 길게 세워진 'VIDEO JOURNALIST'의 텍스트 세트는 [그림 6-9]의 (c)와 같이 무대 안쪽에서 조명을 하였으며, 수직으로 세워진 텍스트 세트 기둥도 무대 안쪽 측면에서 조명을 하였다.

▲ 그림 6-10 텍스트 정면 조명

[그림 6-10]은 무대 앞 정면에서 텍스트 세트를 조명한 것이다. 이를 [그림 6-1]과 비교해 보면 텍스트 전체가 채색되어 결이 살지 않고 질감을 느낄 수 없으며, 평탄하고 건조해 보인다는 것을 알 수 있다. 또한 색이 무대 안쪽 바닥에 떨어져 보기 싫은 이미지를 만들 수 있다.

이러한 텍스트, 꽃, 기둥, 아치 등의 세트와 소품은 정면에서 조명을 하는 것보다 측면에서 조명을 하면 입체감과 질감이 만들어져 전체 화면에 생기를 불어넣을 수 있다. 앞의 텍스트 세트에는 진출색인 주황색으로, 세트 전체에는 후퇴색인 보라색으로 구성하여 화면에 깊이감을 주었다. 영상 장치를 둘러싸고 있는 흰색의 세트를 조명할 때에는 영상 장치에 빛이 새어 들어가게 해서는 안 되며, 세트를 위한 조명이 피사체 닿지 않도록 조심해야 한다.

'VJ 특공대' 조명 이미지를 위한 조명 구성

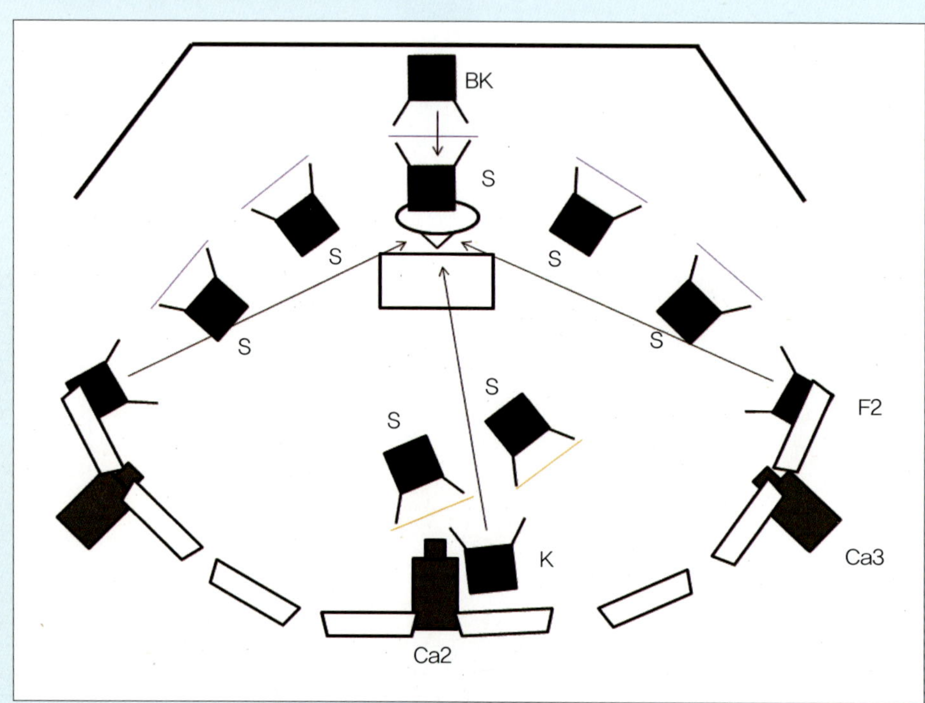

키 라이트는 진행자의 시선을 고려하여 카메라의 오른쪽에 위치시켰으며, 필 라이트는 진행자의 키 라이트 양쪽에 각각 위치시켰다. 백 라이트는 1대를 사용하여 인물의 중앙에서 모델링하였다. 세트 조명에는 보라색(violet) 컬러 필터를, 텍스트 세트에는 주황색 계통(amber)의 컬러 필터를 사용하였다.

이번에는 방송 프로그램에 많이 등장하는 2인 조명에 대해 알아보자. 1명의 피사체를 조명할 때에는 그 피사체의 특성에 적합한 조명 방법이 최소한 하나씩은 있다는 것을 알고 있다. 1인 조명과 달리 2인 조명은 피사체의 피부 반사율, 머리 상태, 의상 등 특징이 서로 다른 피사체를 각자 최상의 효과를 내면서 동시에 두 피사체가 균형을 이루도록 해야 하는 문제점이 존재한다. 또한 여러 대의 카메라를 사용하므로 샷의 변화에 따른 피사체 얼굴의 조명 변화가 민감하게 일어난다. 2인을 조명할 때, 1인 조명 방법의 원리를 가지고 응용한 다양한 방법을 적용하여 이러한 문제점을 해결할 수 있는 방안을 모색해보자.

01 나란히 앉아 있는 경우

▲ **그림 6-11** 나란히 앉아 있는 피사체 모습

이 프로그램은 장애인의 삶과 희망을 이야기하는 '사랑의 가족'이다. 이 프로그램을 선택한 이유는 프로그램을 진행하는 대표적인 2인 방식이기 때문이고, 피부 반사율이 다른 남자와 여자, 머리 모양, 안경 등 다양한 특징을 가지고 있기 때문이다. 베이스 라이트의 위치는 1인 조명과 비슷하기 때문에 여기에서는 설명하지 않고 키 라이트, 필 라이트, 백 라이트, 세트 라이트의 조명 이미지를 만드는 방법에 대해서만 설명한다.

2명이 나란히 앉아 있는 경우, 키 라이트를 설정할 때 고려할 점은 두 피사체의 피부 반사율이다. 이론적으로 남자는 28%, 여자는 30%의 피부 반사율을 가지고 있다. 하지만 실제로 남자와 여자의 피부 반사율은 얼굴의 피부 특성에 따라 편차가 크다. 얼굴이 검은 사람이 있는 반면, 유난히 흰 피부를 가진 사람이 있다. 또한 갑자기 야외 활동을 하여 피부가 검게 되는 경우도 있다.

이 경우에는 똑같은 광량을 투사하더라도 카메라에 비친 피사체의 밝기가 다르게 나타난다.

또한 의상의 밝기에 따라 피사체의 밝기가 다르게 보인다. 심리적인 영향도 있지만, 조명이 의상에 반사되어 피사체의 얼굴 밝기와 피부색에 영향을 미치기 때문이다.

이를 '반영 빛' 또는 '반영 색'이라고 하는데, 예를 들면 하얀 의상을 입는 피사체는 하얀 의상이 반사판 역할을 하여 얼굴의 목, 턱 부분이 밝아지게 된다. 또한 빨간색의 의상을 입으면 빨간색이 반사되어 얼굴에 붉은 기가 돌게 된다. 이 모든 경우를 염두에 두고 2인 조명의 다양한 키 라이트 설정에 대해 알아보자.

2인 조명인 경우에는 1대로 키 라이트를 설정하는 방법과 각각 1대씩 2대로 키 라이트를 설정하는 방법이 있다.

① 1대의 키 라이트로 두 피사체를 조명하기

일반적인 방법은 [그림 6-12]처럼 두 피사체의 중앙에서 1대의 키 라이트를 설정하여 인물을 모델링하는 것이다. 이 중앙 키 라이트는 가장 간단하기 때문에 효율성이 높다. 대부분의 2인 조명은 이 방법을 사용한다. 이 방법은 장점이 많지만, 피부 반사율이 다른 남자와 여자의 밝기를 균일하게 조정하는 것은 쉬운 작업이 아니다.

2인 조명에서 피부 반사율은 얼굴 표현에 가장 중요한 요소이다. 피부 반사율에 따라 TV 카메라에 재현된 두 명의 인물 휘도는 다르게 나타나기 때문이다.

이 프로그램의 진행자처럼 두 남녀 진행자의 피부 반사율이 다르면 다음과 같이 빛을 조정하여 균형을 맞춰야 한다.

첫째, 남자 진행자와 균형을 맞추기 위해 피부 반사율이 높은 여자 진행자의 밝기를 조금 낮추어 균형을 맞추는 방법이다. 두 진행자에게 키 라이트를 투사한 후, 여자 진행자 쪽의 반 도어를 조금 닫으면 여자 진행자에 닿는 빛의 양이 줄어들어 밝기가 떨어진다.

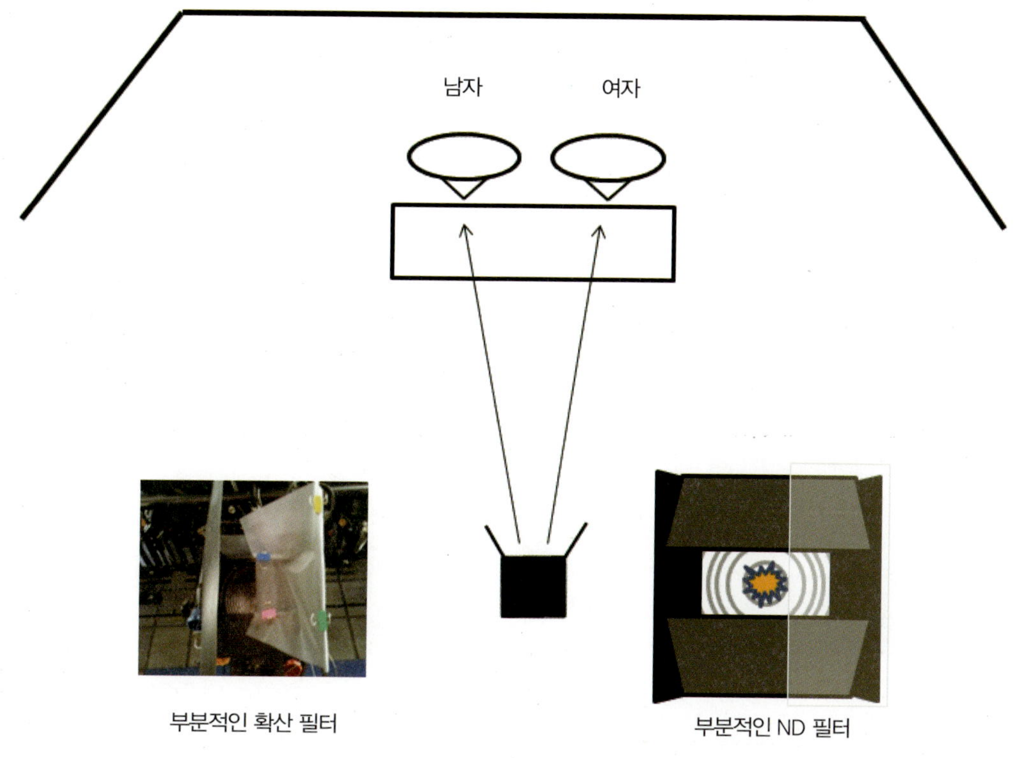

▲ **그림 6-12** 1대의 키 라이트

둘째, [그림 6-12]와 같이 키 라이트의 여자 진행자 쪽 반 도어에 부분적으로 확산 필터나 ND 필터를 부착하고, 여자 진행자의 밝기를 낮추어 두 피사체의 밝기 균형을 맞춘다. 이 방법들은 남자 진행자의 밝기를 기준으로 하기 때문에 애초에 설정되었던 두 피사체의 전체적인 밝기가 낮아질 수 있다.

셋째, 남자 진행자의 밝기를 올리는 방법이다. 키 라이트의 수평 위치를 [그림 6-13]의 (a)처럼 남자 중심으로 설정하거나 (b)처럼 키 라이트의 조명 기구 중심을 남자 쪽으로 돌려 렌즈 빛의 초점 중심 부분을 남자 쪽으로 비추게 하고, 여자 진행자는 렌즈의 초점 바깥 부분의 빛이 비추도록 하여 남자 진행자는 밝게, 여자 진행자는 상대적으로 어둡게 하여 밝기의 균형을 맞춘다.

이 방법은 두 피사체의 키 라이트의 빛을 받는 수평 위치가 달라져 목 그림자가 다르게 나타난다. 그리고 키 라이트의 빛이 여자 진행자의 얼굴 안쪽에 많이 닿아 안쪽이 밝고 바깥쪽은 어둡게 될 수도 있다. 만약 이러한 현상이 발생하면 여자 진행자 쪽의 어두운 부분을 필 라이트로 보강해주어야 한다.

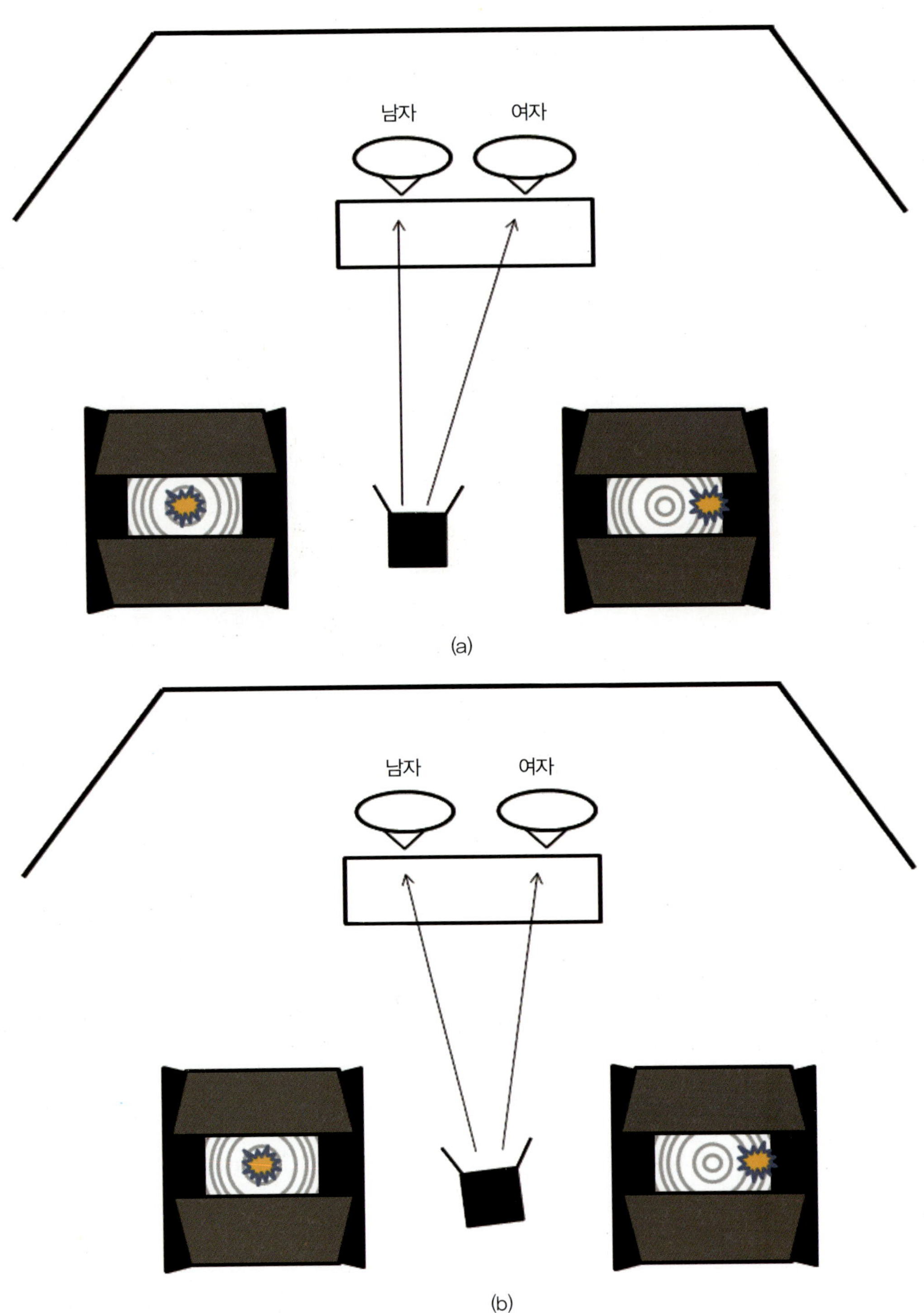

▲ **그림 6-13** 키 라이트의 중심 빛과 주변 빛

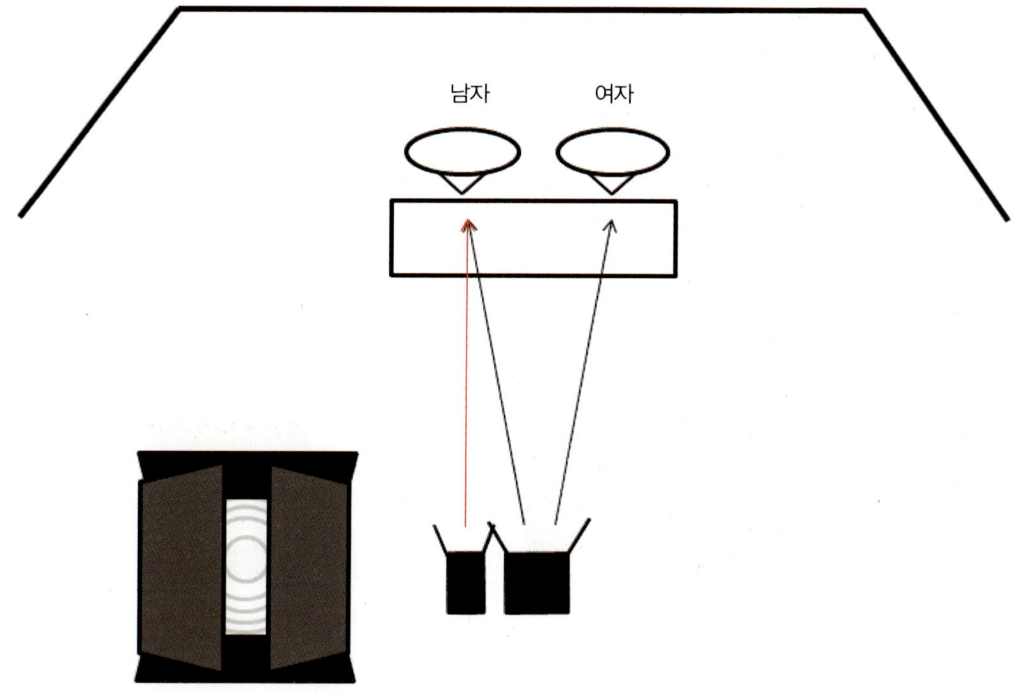

▲ **그림 6-14** 2인 조명 보조키

넷째, 남자 진행자 쪽에 강도가 낮은 출력의 보조 키 라이트를 추가하여 여자 진행자와 밝기의 균형을 맞추는 방법이다. 이 방법은 효율적이지만 2개의 빛으로 인해 인물의 모델링이 거칠어질 수 있고, 목 그림자와 코 그림자가 생길 수 있으므로, 보조 키 라이트의 강도에 주의해야 한다. 또한 보조 키 라이트의 반 도어를 그림과 같이 닫지 않으면 여자 진행자에게도 빛이 새어 나가 보조 키 라이트의 의미가 퇴색할 수 있다.

② 2대의 키 라이트로 두 피사체 조명하기

[그림 6-15]처럼 두 피사체에 각각 1대씩 키 라이트를 설정하여 모델링하는 방법이다. 이 경우, 두 피사체에 각각의 키 라이트를 설정하면 강도를 쉽게 조절함으로써 두 피사체의 밝기 균형을 맞출 수 있다.

피사체의 반사율이 적은 남자 진행자 쪽 키 라이트의 밝기는 그대로 두고, 반사율이 높은 여자 진행자 쪽 밝기를 조절하여 균형을 맞추게 된다. 강도 조정은 반 도어를 닫아 좁게 하거나 여자 진행자용 키 라이트의 반 도어 앞에 확산 필터나 ND 필터를 부착하여 밝기를 낮출 수 있다.

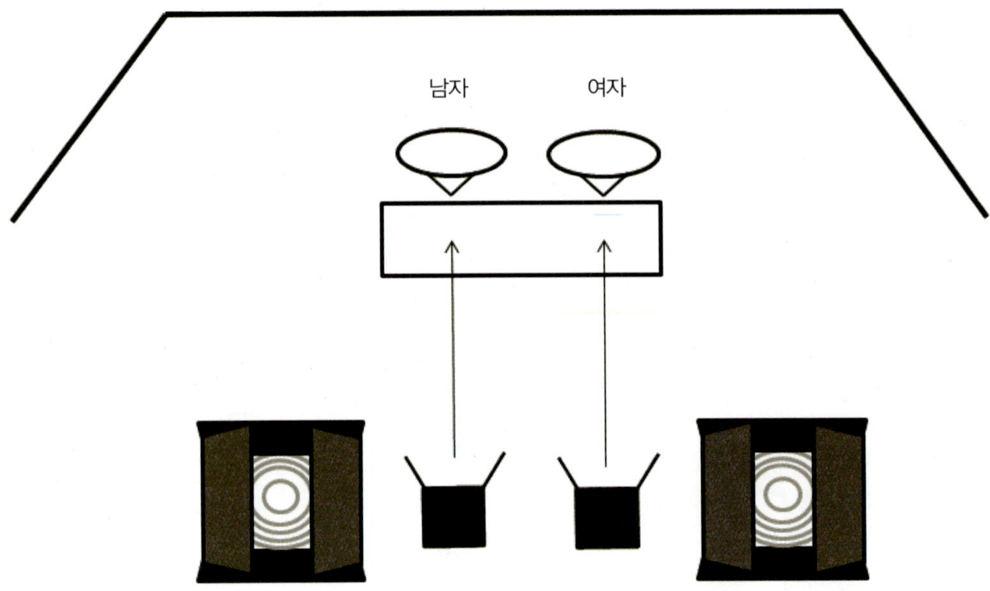

▲ **그림 6-15** 2대의 키 라이트

이 경우, 2명의 피사체가 근접하여 있는 때에는 2개의 빛을 조절하기 어려운 단점이 있다. 각각의 키 라이트 빛이 다른 쪽 진행자에게 새어 들어갈 수 있기 때문이다.

② 필 라이트

1인 조명의 필 라이트처럼 2인 조명의 필 라이트도 2kW 스포트라이트에 확산 필터를 부착하여 좌우 양쪽에서 1대씩 비추고 있다. 이 필 라이트는 두 피사체의 얼굴과 몸의 좌우 바깥쪽 부분을 보충한다.

좌측의 필 라이트는 두 피사체의 좌측면을 담당하고, 우측의 필 라이트는 우측면을 담당하도록 빛을 조정하여 최상의 효과를 내면서 균형을 이루도록 해야 한다. 이때 주의할 점은 필 라이트의 강도와 수평 위치이다. [그림 6-16]에서처럼 필 라이트의 수평 위치가 지나치게 화살표 방향으로 이동하면 한쪽 피사체의 그림자가 옆 피사체의 얼굴과 몸에서 떨어져 보기 흉하게 된다.

만약, 남자 진행자의 좌측 바깥쪽 밝기가 부족하여 얼굴이 불균형을 이루다면 남자 쪽에 필 라이트를 1대 더 설치하여 균형을 맞추면 된다. 이처럼 상황에 따라 응용을 하기도 한다. 남자 피부의 반사율은 가끔 광량을 더 필요하게 만든다.

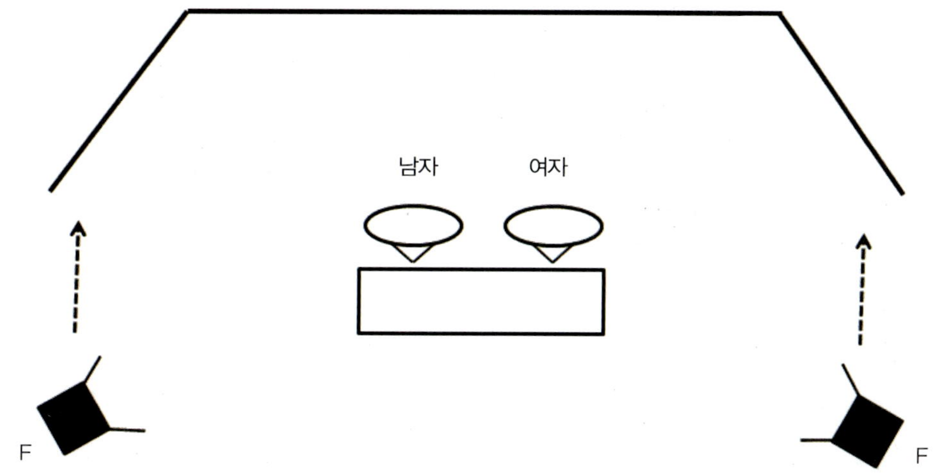

▲ **그림 6-16** 필 라이트의 수평 위치

3 백 라이트

백 라이트도 키 라이트와 마찬가지로 1대로 설정하는 방법과 2대로 설정하는 방법이 있다. 피사체의 머리 모양, 머리 색깔, 의상의 색깔에 따라 백 라이트의 효과가 다르게 나타난다. 특히 2명이 프로그램을 진행할 때에는 두 피사체의 백 라이트 조명 환경은 더욱 다양한 모습으로 다가온다. '사랑의 가족'은 백 라이트의 방법을 이해하는 데 많은 도움을 주는 환경을 가지고 있으므로, 이 프로그램을 예로 들어 설명하고자 한다.

① 1대의 백 라이트로 두 피사체 조명하기

[그림 6-17]은 2명의 피사체를 1대의 백 라이트로 조명하였다. 이 방법은 가장 일반적인 방법이다.

보통 2인 조명의 경우, 1대의 백 라이트로 조명할 때, 두 피사체의 머리와 어깨의 밝기가 차이가 없도록 똑같은 광량으로 비춘다. 그러나 두 피사체의 의상 색과 머리 모양이 다르면, 반사율에 따라 같은 광량을 비추어도 머리와 어깨의 밝기가 다르게 나타난다.

예를 들어 반사율이 적은 검은 계열 의상을 입은 피사체와 반사율이 큰 흰색 의상을 입은 2명의 피사체를 조명할 경우, 똑같은 광량으로 비추어도 흰색 의상을 입은 피사체는 상대직으로 너무 밝고, 검은색 의상을 입은 피사체는 상대적으로 어두워진다. 이 경우, 두 키 라이트와 마찬가지로 피사체 간의 밸런스를 유지하기 위해 흰색 의상의 피사체에

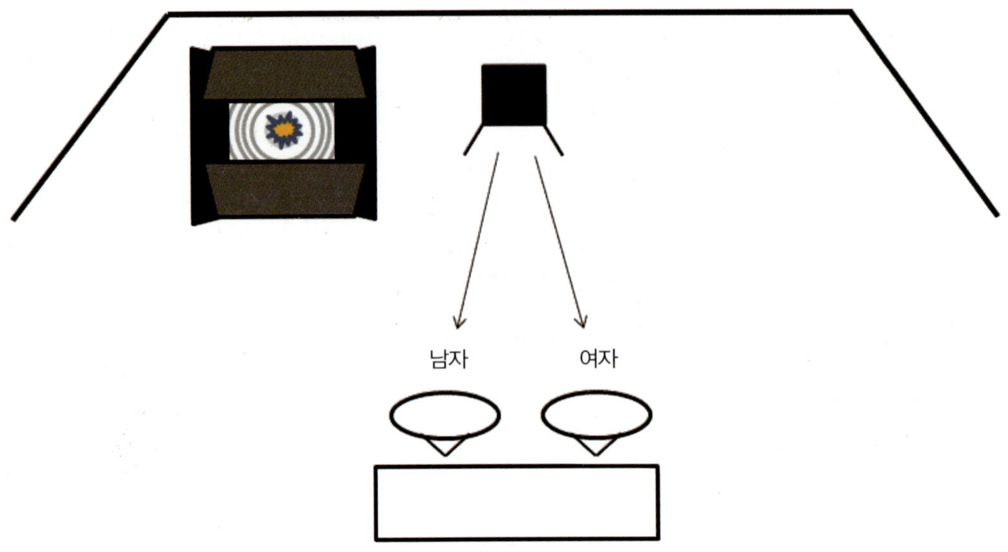

▲ **그림 6-17** 1대의 백 라이트

비추는 광량을 반 도어로 차단하거나 확산 필터 또는 ND 필터를 이용하여 감쇄시킨다.

'사랑의 가족' 두 진행자의 백 라이트 조명 환경을 살펴보면, 남자의 의상은 반사율이 적은 검은색 계열이고, 여자의 의상은 남자의 의상보다 반사율이 높은 푸른 빛이 나는 벽색(greenish blue)이며, 남자는 여자와 달리 머리숱이 없다.

남자의 의상과 여자의 의상을 보았을 때 남자 진행자 쪽에 백 라이트의 광량을 더 많이 비춰야 하는데, 문제는 남자의 머리 모양이다. 1대의 백 라이트로 남자 진행자의 머리와 어깨에 광량을 더 많이 비추거나 남녀 똑같은 광량을 투사할 경우, 숱이 없는 남자의 머리 윗부분은 플라스틱이나 유리 같은 역할을 하게 된다. 머리는 빛이 반사되어 핫 스폿 현상으로 머리 부분이 반짝거려 눈에 거슬릴 수 있다. 이러한 현상 때문에 백 라이트를 끄면 여자 진행자는 어깨의 윤곽과 머리카락에 윤기가 없는 밋밋한 피사체가 된다.

이 문제를 해결하기 위해서는 남자 머리의 핫 스폿을 줄여야 한다. 반 도어로 머리 부분의 빛을 차단하여 여자 진행자 쪽만 빛을 투사하거나 조명 기구의 렌즈 초점 중심 부분을 여자 진행자 쪽으로 이동하여 조정하는 것이다. 부가적으로 남자 진행자의 머리에 파운데이션(foundation)을 바르면 반사를 약화시킬 수 있기 때문에 어느 정도 핫 스폿을 해결할 수 있다.

이 프로그램의 진행자처럼 머리 모양, 의상 색깔이 다르고, 1대의 백 라이트로 조명을 할 경우 반사율이 달라 두 피사체의 어깨의 밝기와 머리의 문제점을 만족할 만큼 해결하기 힘들 경우에는 2대의 백 라이트를 사용한다.

② 2대의 백 라이트로 두 피사체 조명하기

1대의 백 라이트로 2인을 조명하는 이유는 공간이 제한되어 있고 조명 기구가 모자라기 때문이다. 프로그램을 녹화하기 전에 피사체의 성별이나 무대에서의 위치 등은 사전에 스태프 회의를 통해 알 수 있지만, 피사체의 의상 색깔, 머리 모양 등 자세한 정보는 알기 어렵다. 특히, 시사 프로그램에 출연하는 정치인들은 녹화 몇 분전에 입장을 한다. 이때 의상이나 머리 모양의 문제점을 발견하고 조명 기구를 추가로 설치해야 하는 경우가 있다.

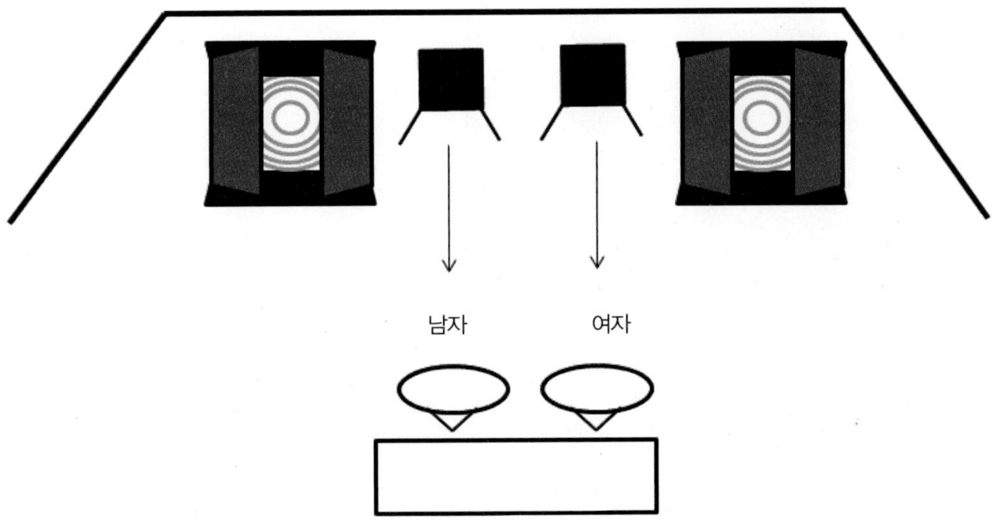

▲ **그림 6-18** 2대의 백 라이트

2인 조명 백 라이트의 경우, 1대의 백 라이트를 설치하여 두 피사체를 투사하는 것보다 [그림 6-18]처럼 2대로 각 피사체에 백 라이트를 설치하면 백 라이트 1대가 가진 문제점에 신속하게 대응할 수 있다. 이때에는 밝은 쪽만 투사되는 광량을 줄이면 된다. 시간이 없을 경우에는 밝은 쪽 백 라이트를 조명 콘솔에서 디밍(dimming)하여 강도를 줄인다. 피사체가 대머리 또는 백발로 인하여 핫 스폿이 발생할 경우, 2대의 백 라이트는 효율적으로 대응할 수 있다.

첫째, 시간적 여유가 있으면 남자 진행자의 백 라이트 조명 기구를 위, 아래로 움직이면서 빛을 조정하여 머리 부분의 빛을 차단하고 어깨 부분만 빛을 닿게 하면 된다.

둘째, 남자 진행자의 강도를 줄이고, 머리에 파운데이션을 발라 핫 스폿 부분을 줄인다.

셋째, 이 모든 것을 시도하여도 해결되지 않거나 지나친 조명 콘솔 디밍으로 색온도가 변해 보기가 좋지 않으면 차라리 백 라이트를 끄는 것이 좋다.

2대로 각각의 인물에 백 라이트를 줄 경우, 빛이 옆 인물에 새어 나가지 않도록 반 도어를 [그림 6-18]과 같이 조정한다.

4 세트 라이트

▲ 그림 6-19 세트 라이트의 조명

피사체의 배경 세트 조명은 [그림 6-19]와 같이 소프트 라이트인 플러드 라이트를 바닥에서 위로 향하게 하여 세트 전체를 균일하게 하였다. 스포트라이트를 사용하면 가운데 부분만 밝고, 세트 좌우 양쪽 끝부분은 어두워져 전체적으로 균일하지 않은 조명이 되기 쉽다. 따라서 1kW 플러드 라이트를 사용하였다.

위에서 세트 조명을 하지 않고 바닥에서 조명한 이유는 세트와 세트 사이의 공간이 좁을 뿐만 아니라 전기 장식을 위하여 '사랑의 가족' 제목 위에 가로로 길게 설치한 네모난 세트 위에서 조명을 하면 이 세트의 그림자가 '사랑의 가족' 텍스트 위에 드리워져 세트가 깔끔하지 않기 때문이다.

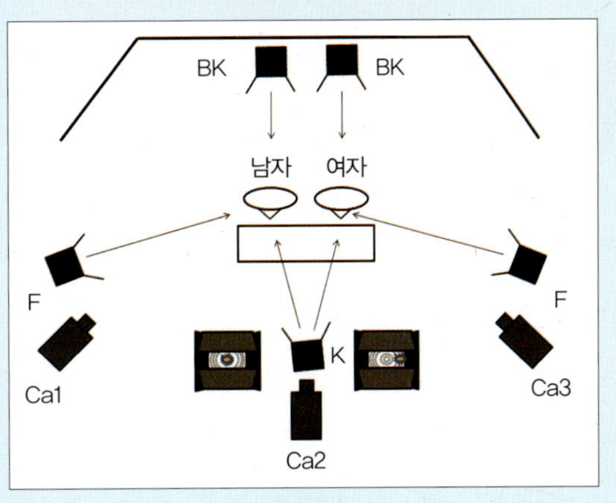

02 상대방을 서로 마주보고 있는 경우

두 진행자의 위치가 서로 마주보고 있을 때 인물을 모델링하는 방법에 대해 알아보자. 이 조명은 어렵기는 하지만, 기초적인 조명 방법이므로 올바르게 이해하는 것이 중요하다. 중앙에 있는 2번 카메라는 두 피사체를, 1번 카메라는 우측에 있는 피사체를, 클로즈 샷이나 좌측에 있는 사람을 걸쳐서 오버 샷을, 3번 카메라도 1번 카메라와 같은 샷으로 구성한다. 조명은 이러한 각 카메라의 샷에 맞게 피사체를 모델링해야 한다.

▲ 그림 6-20 두 피사체가 마주보고 있는 실제 이미지

1 키 라이트

마주보고 있는 두 피사체의 키 라이트를 설정하는 데에는 [그림 6-21]에서 보는 것처럼 키 라이트의 피사체 안쪽에서 인물을 모델링하는 방법과 [그림 6-22]와 같이 피사체 바깥쪽에서 모델링하는 방법이 있다.

안쪽 키 라이트는 두 피사체의 키 라이트에 의해 피사체의 안쪽이 밝아지고 그림자가 모두 앞쪽으로 되어 있어서 양쪽에 공평하게 입체감을 만들어주고, 윤곽을 강조할 수 있다. 바깥쪽 키 라이트는 피사체의 바깥쪽이 밝아지고 그림자가 안쪽으로 만들어져 카메라에 노출되지 않음으로써 깨끗한 이미지를 만들 수 있다.

2가지 방법 모두 키 라이트 빛을 원활하게 차단하지 않으면 키 라이트의 빛이 마주보고 있는, 즉 키 라이트 앞에 있는 피사체의 뒤쪽 머리와 어깨에 빛이 새어 들어가 불필요한 하이라이트를 만들 수 있다. 즉, 키 라이트 P1 K에 의한 빛이 P2에 영향을 미칠 수 있다. P2에 빛이 닿는 것을 차단하기 위해 반 도어를 달으면 강도가 낮아진다. 키 라이트의 수직 각도를 높여 빛이 닿지 않게 하는 방법이 있지만, 피사체가 거칠어질 수 있다.

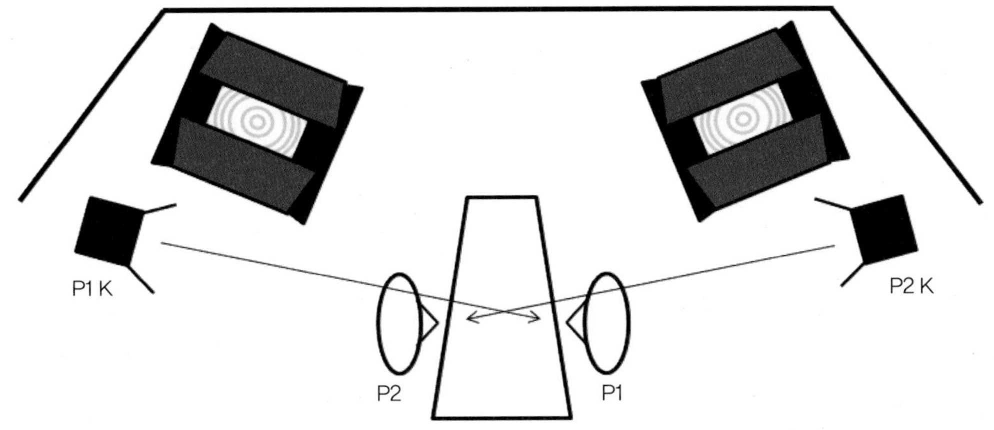

▲ **그림 6-21** 안쪽 키 라이트의 반 도어 모양과 각도

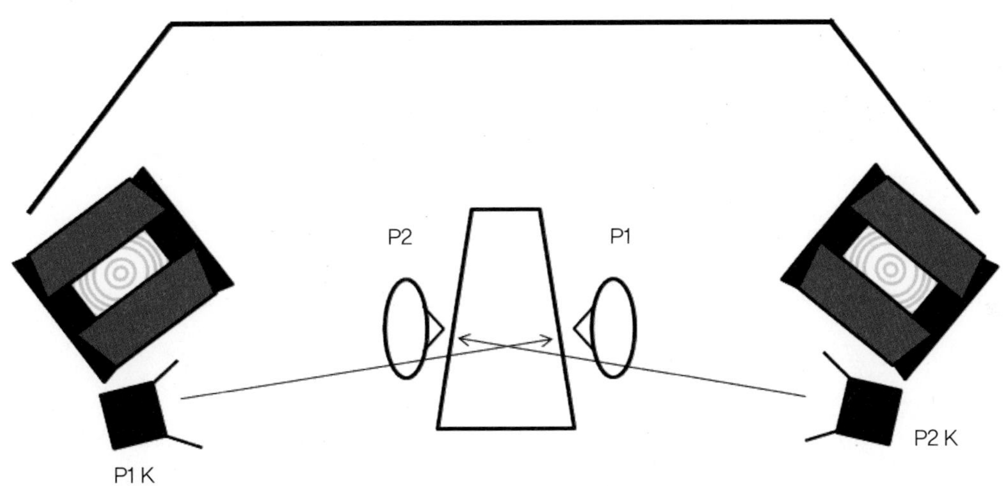

▲ **그림 6-22** 바깥쪽 키 라이트의 반 도어 모양과 각도

이 경우, 반 도어를 닫고, 반 도어의 방향을 P1 K의 각도를 그림처럼 틀면 P2에 영향을 미치지 않고 키 라이트의 본래의 역할을 다할 수 있게 된다.

안쪽 키 라이트와 바깥쪽 키 라이트 모두 장점이 있지만, 우리는 빛이 항상 안쪽에서 바깥으로 퍼진다고 인식하고 있다. 또한 바깥쪽 키 라이트는 피사체 안쪽에 또 하나의 필 라이트를 필요로 한다. 이러한 이유 때문에 대부분의 조명 디자이너는 안쪽 키 라이트를 선호한다.

2인 조명의 '나란히 보고 있는 경우'와 달리 마주보고 있는 경우의 필 라이트는 좀 더 복잡하고 디테일하다. 이 말은 마주보고 있는 피사체의 경우, 조명해야 할 것이 많다는 것을 의미한다.

[그림 6-23]을 보면 1kW 스포트라이트에 확산 필터를 부착한 필 라이트는 키 라이트 바깥쪽뿐만 아니라 키 라이트 방향의 안쪽에도 있다.

카메라 쪽에 있는 필 라이트 P1 F, P2 F는 키 라이트에 의해 생긴 어두운 부분을 보충해 주는 기능을 한다.

그렇다면 안쪽에 있는 필 라이트는 왜 필요할까? 스튜디오 방송 조명은 사진 조명 및 야외 조명과 달리 항상 카메라 샷에 따른 조명을 구성하게 된다. 각 커트마다 카메라를 이동하고 조명도 수정하면서 촬영하는 것이 아니라 그림과 같이 카메라를 설치하여 각 커트가 연속적으로 이어진다. 이러한 이유 때문에 안쪽에서 키 라이트를 하였다고 하더라도 피사체를 카메라 1번이나 3번 카메라가 세트 쪽으로 이동하여 바스트 샷을 잡을 경우, 피사체의 안쪽이 어둡게 보여 얼굴에 밝기의 불균형이 나타나게 된다.

그리고 베이스 라이트는 카메라의 기본 광량을 위하여 정면을 중심으로 좌우에 설치하기 때문에 피사체 얼굴 바깥 부분이 상대적으로 더 밝게 된다. 이러한 불균형을 줄이기 위해 추가로 안쪽에 백 필 라이트(back fill light)를 설치하여 안쪽 부분을 보충하게 된다.

교양·정보 프로그램의 목적은 다른 장르와 달리 정보의 전달이기 때문에 피사체가 가능한 한 밝고 부드러워야 한다.

백 필라이트(BF)은 새로운 조명 기법이 아니라 기존의 필 라이트를 응용하여 프로그램 제작 현장에 맞게 적용한 것이다. 하지만 상황에 따라 필 라이트를 생략할 수 있다. 조명은 일정한 규칙에 의해 피사체를 모델링하는 것도 중요하지만, 기본을 이해하면서 창조적으로 응용하여 빛의 표현 가능성을 확장해 나가는 것이 바람직하다.

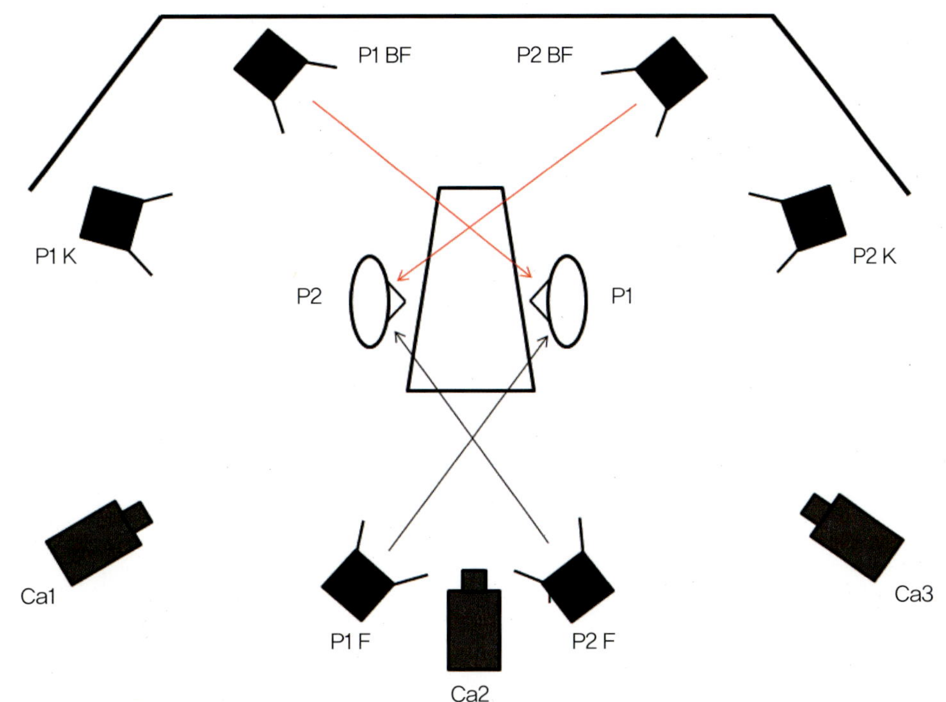

▲ **그림 6-23** 안쪽 필 라이트

❸ 백 라이트

마주보고 있는 피사체의 백 라이트 조명을 할 때 주의할 점은, 백 라이트 빛이 마주보고 있는 피사체의 얼굴에 닿지 않도록 반 도어 조정과 수직 각도를 잘 정해야 한다는 것이다.

수직 각도가 낮은 상태에서 머리와 어깨를 조명하기 위해 조명 기구를 위로 들면 빛은 마주 편에 있는 피사체에 영향을 미치게 될 것이다.

또한 이 프로그램에서처럼 피사체 중간에 탁자가 놓여 있을 경우, 백 라이트에 의한 피사체의 그림자가 길게 또는 짙게 드리우지 않도록 세심하게 수직 각도 높이와 반 도어를 조정해야 한다.

일부 조명 디자이너는 [그림 6-25]와 같이 키 라이트가 동시에 백 라이트 역할을 부여하는 조명 방법을 사용하기도 한다. 다시 말해서 키 라이트 K1의 빛이 P2의 머리와 어깨에 빛이 닿도록 하는 것이다. 즉, 빛의 초점 중심 빛에는 키 라이트 역할을, 부분 빛에는 백 라이트 역할을 부여하는 것이다.

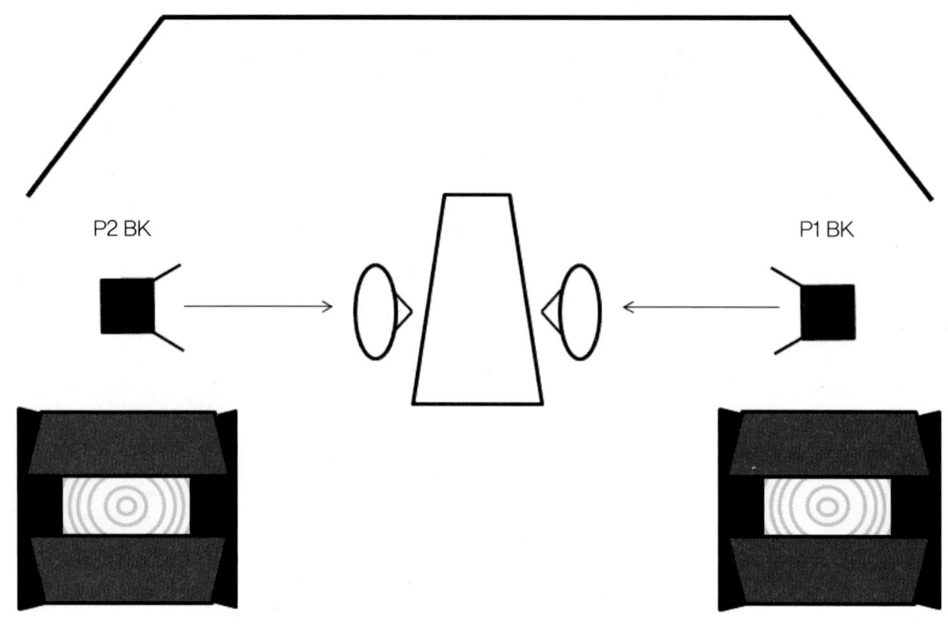

▲ 그림 6-24 백 라이트 위치

이러한 방법은 경제적으로 유용하고 간단하다. 하지만 백 라이트와 피사체의 거리, 키 라이트와 피사체의 거리가 달라 각각 빛의 강도가 달라지므로, 키 라이트와 백 라이트의 강도 비율을 적절히 맞추기가 어렵다.

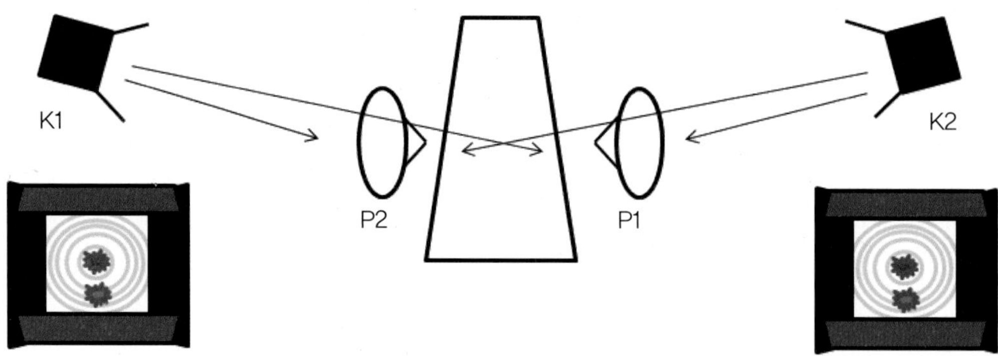

▲ 그림 6-25 키 라이트와 백 라이트를 1대로

그리고 키 라이트의 각도 때문에 백 라이트로 사용되는 빛이 어깨 부분에 닿은 위치가 달라져 백 라이트의 밝기가 비대칭이 되기 쉽다. 조명 기구 1대로 키 라이트와 백 라이트를 동시에 비추는 것은 고도의 전문가가 아니면 만족할 만한 결과를 얻기 어렵다. 이전에 말했던 "하나의 조명은 하나의 기능만 하도록 해야 한다"는 사실을 잊지 말자.

④ 베이스 라이트

피사체 2명이 마주보고 있는 경우, 베이스 라이트는 그 기능을 충족하도록 [그림 6-26]
과 같이 피사체를 중심으로 세트 안쪽으로 더 설치해야 한다. 베이스 라이트의 부드러운
빛이 각 피사체의 안쪽 얼굴까지 닿도록 하는 것이 좋다. 그래야만 피사체가 좀 더 부드
러운 이미지가 된다.

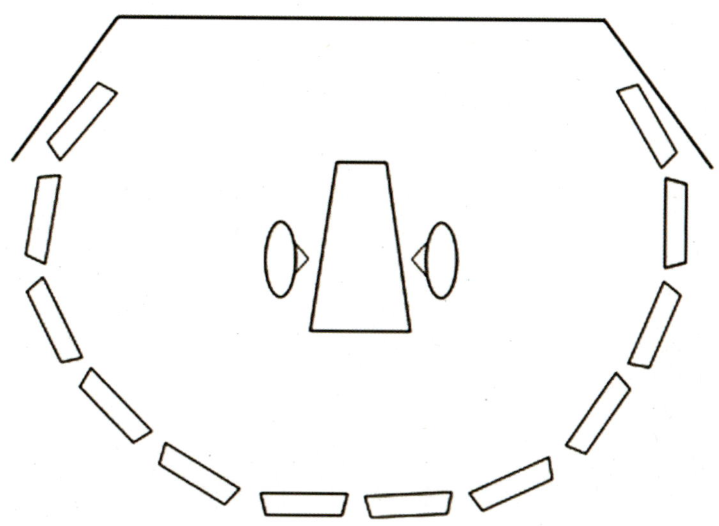

▲ 그림 6-26 베이스 라이트의 위치

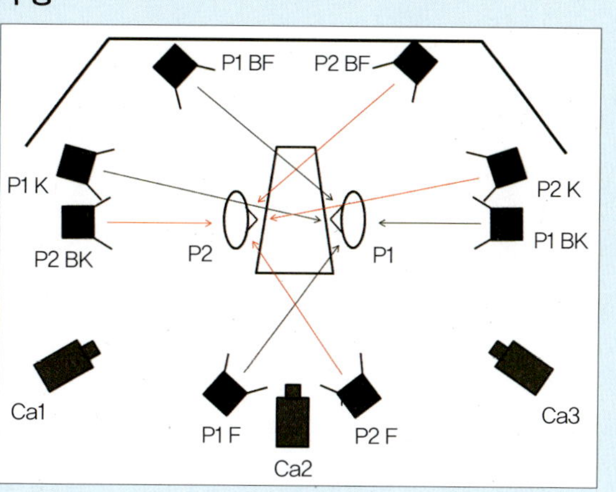

이 경우는 '마주보고 있는 경우' 2인 조명 방법과 유사하게 피사체를 모델링하면 된다.

▲ **그림 6-27** 약간의 각도를 보고 있는 경우의 실제 이미지

1 키 라이트

키 라이트의 수평 방향은 서로 시선을 마주보면서 대화를 하는 경우가 많으므로, [그림 6-28]처럼 피사체의 노즈 라인이나 카메라가 샷을 잡는 각도보다 10~20도 정도 안쪽에 설정하여 코와 턱의 목 그림자가 바깥쪽으로 향하도록 모델링한다.

화면에서 볼 때 무대 중앙 쪽이 밝아야 두 피사체에 집중감이 생기고, 그림자의 통일성을 유지할 수 있으며, 피사체의 무대 안쪽 얼굴 쪽이 어두운 것을 방지할 수 있다.

키 라이트 P K, MC K의 수평 각도가 노즈 라인의 안쪽, 마주보고 있는 피사체에 가까이에 위치하고 있기 때문에 마주보고 있는 출연자 P, MC의 얼굴 옆쪽에 빛이 닿아 하이라이트가 발생하고, 목 그림자가 이중으로 생길 수 있다. 이를 방지하기 위해서는 키 라이트의 수직 각도의 높이를 적절하게 조정해야 한다. 그리고 조명 기구의 반 도어를 [그림 6-28]과 같이 조정하면 피사체 바깥쪽 부분에 빛이 닿는 것을 차단할 수 있다.

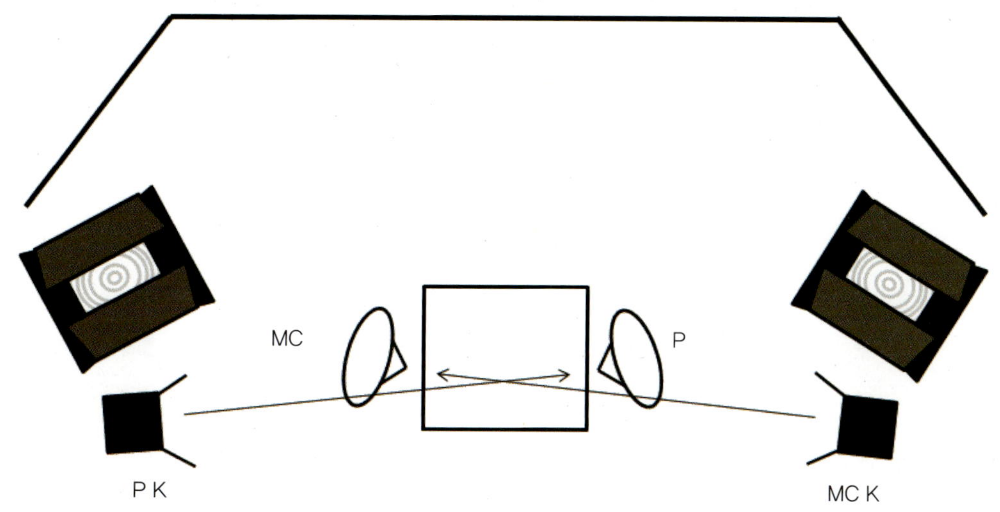

▲ **그림 6-28** 키 라이트 위치

2 필 라이트

필 라이트는 '마주보고 있는 경우'와 마찬가지로 백 필 라이트(BF)와 정면 필 라이트를 설치하여 사용한다. 이들 필 라이트의 기능은 '마주보고 있는 경우'와 같다. 이때 주의할 점은 백 필 라이트의 수직 각도를 낮게 사용하면 1번 카메라나 3번 카메라 정면에 조명을 하는 것처럼 되어, 카메라에 빛이 새어 들어가 플레어 현상이 발생하므로 높이를 조정하거나 반 도어로 빛을 차단하여야 한다는 것이다.

3 백 라이트

두 피사체는 [그림 6-29]의 빨간색 부분처럼 자주 몸을 돌려 서로를 마주보고 이야기를 하기 때문에 백 라이트의 수평 위치는 [그림 6-29]처럼 노즈 라인과 카메라와의 일직선 상에 있는 것이 아니라 약간 바깥쪽에 위치하여야만 피사체의 양쪽 어깨를 균일하게 비출 수 있게 된다. 만약, 일직선상에 백 라이트를 설치하면 피사체가 상대방의 얼굴을 보기 위해 몸을 무대 안쪽으로 돌리기 때문에 바깥쪽 어깨에 빛이 적게 닿을 수 있다.

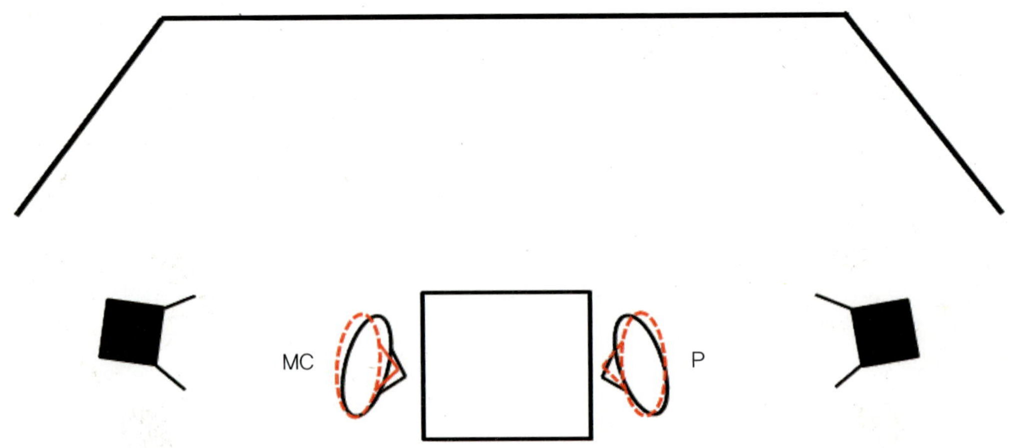

▲ **그림 6-29** 백 라이트 위치

④ 세트 라이트

이 프로그램 세트 조명의 주안점은 세트의 본래 색을 살리는 것이다. 세트 전체가 부드러운 파스텔 톤으로 편안함과 안정감을 주고 있다. 그래서 조명 디자이너는 세트 전체를 채색하지 않고 백색광으로만 세트의 밝기를 조절하였다.

2kW 스포트라이트에 확산 필터로 빛을 부드럽게 만들어 세트 전체를 균일하게 비추고 소품인 나무 세트는 스포트라이트로 위에서 빛을 주어 밝기와 입체감을 살렸다.

'한국 한국인' 조명 이미지를 위한 조명 구성

키 라이트는 바깥쪽에, 필 라이트는 바깥쪽과 안쪽에 설치하였다. 백 라이트는 인물들의 시선을 고려하여 카메라와 인물의 노즈 라인보다 약간 바깥쪽에 설치하여 인물이 마주보고 대화할 때 안쪽 어깨 부분이 비대칭이 되는 것을 방지하고 있다.

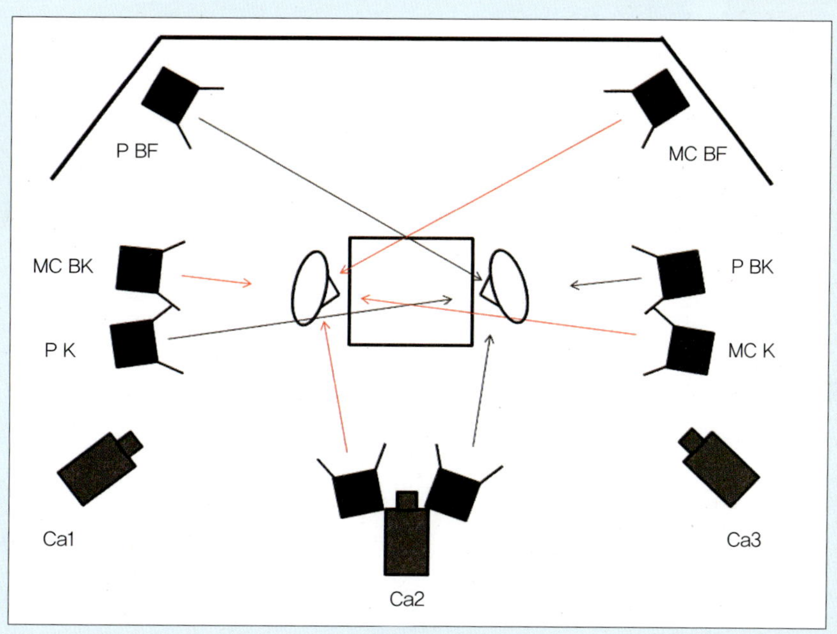

04 사각으로 보고 있는 경우

(a)

(b)

▲ **그림 6-3**0 사각으로 보고 있는 실제 이미지

🔲 키 라이트

이번에는 사각으로 위치하고 있는 2인 조명에 대해 알아보자. [그림 6-31]에서 보는 것처럼 진행자의 키 라이트 수평 위치는 다음 사항을 고려하였다. 진행자는 2번 카메라의 정면과 출연자를 교대로 바라보므로, 뷰 라인(view line)보다 15도 정도 출연자의 오른쪽 방향에서 조명하였다. 이는 진행자가 출연자를 볼 때 왼쪽 얼굴에 빛을 주어 어둡게 되는 것을 방지하기 위해서이다. 출연자의 키 라이트의 수평 위치도 15도 정도 진행자 방향 무대 안쪽에서 조명을 하였다.

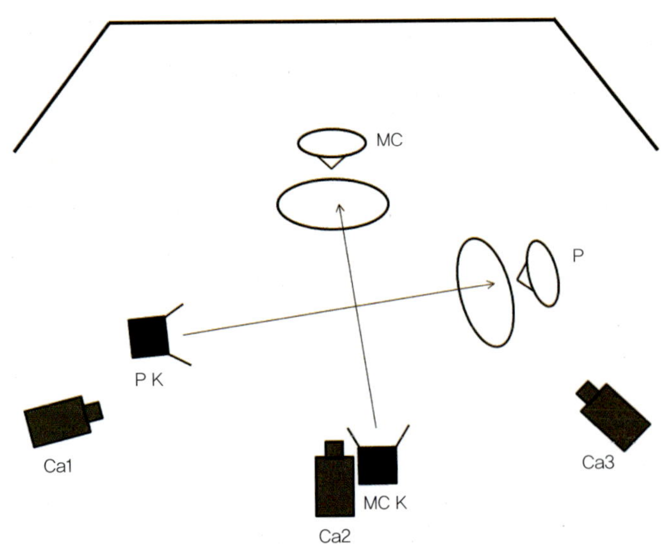

▲ **그림 6-31** 키 라이트의 위치

만약, 진행자의 키 라이트를 중앙 카메라인 2번의 왼쪽에서 조명하고, 출연자의 키 라이트를 뷰 라인 쪽에서 조명하면 [그림 6-30]의 (b)처럼 두 사람이 대화를 나눌 때, 1번 또는 3번 카메라에서 바스트 샷이나 클로즈 샷 구성을 할 경우, 지나친 측광이 된다.

② 필 라이트

필 라이트는 [그림 6-32]에서 보는 것처럼 4대가 사용되었다. 진행자를 위하여 검은색 화살표 MC F를 좌우 양쪽에 설치하였다. 특히 카메라 3번 쪽에 있는 필 라이트는 진행자가 3번 카메라를 보고 이야기할 때 중요한 역할을 한다. 출연자인 P를 위하여 바깥쪽에 필 라이트 PF를, 안쪽에 백 필 라이트 P BF를 설치하였다.

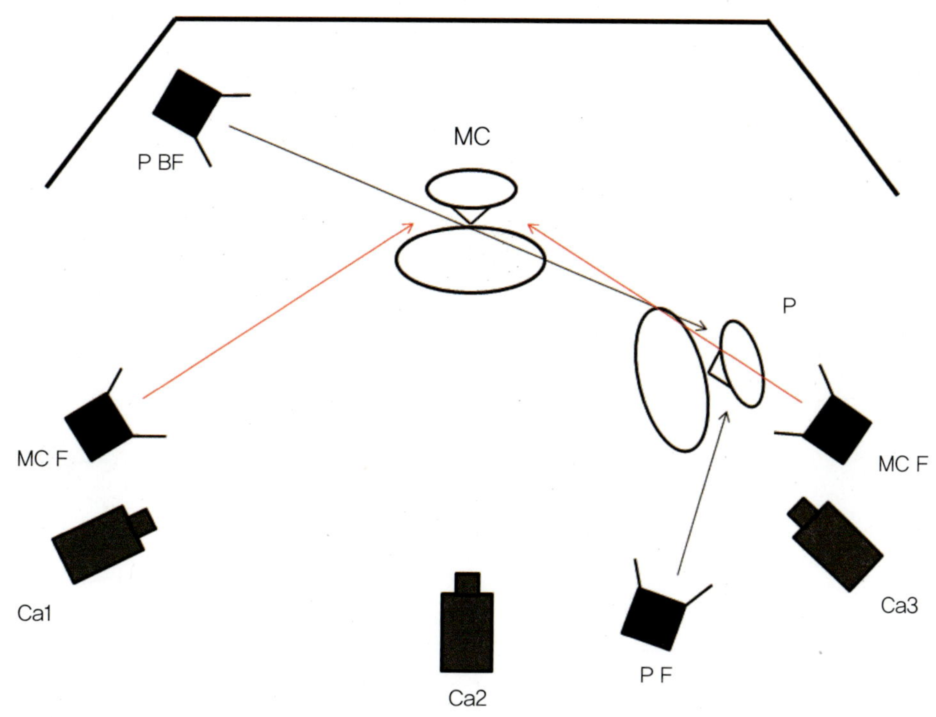

▲ 그림 6-32 필 라이트의 위치

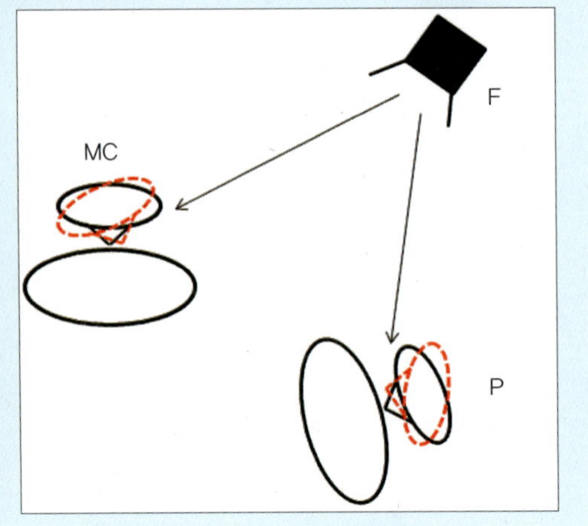

❸ 백 라이트

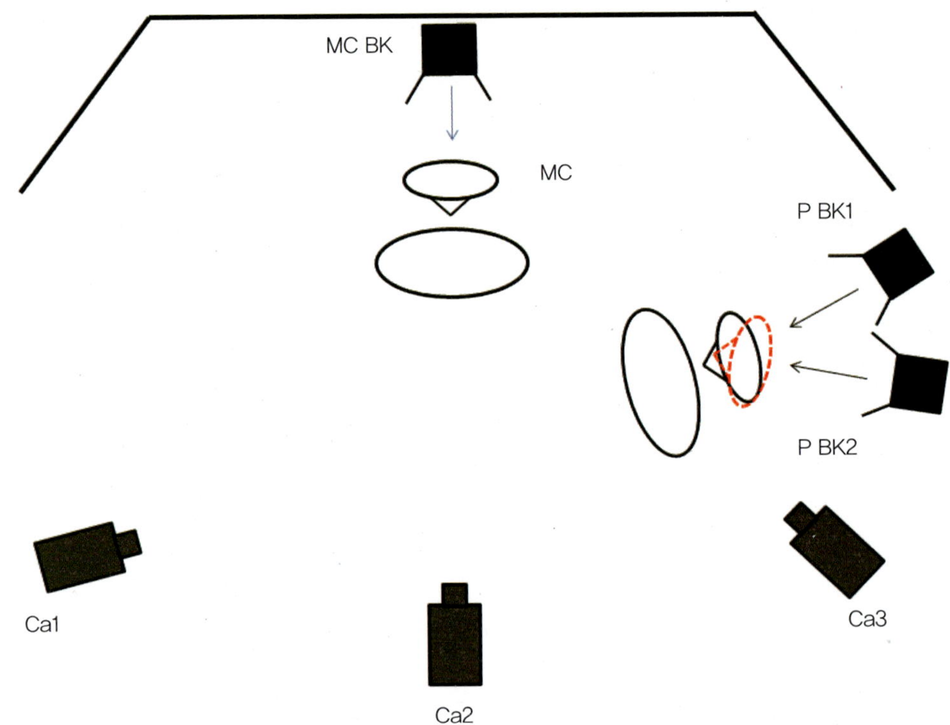

▲ **그림 6-33** 백 라이트의 위치

사각으로 보고 있는 경우, 출연자의 백 라이트는 2개를 설치하였다. 진행자는 2번 카메라를 보고 있을 때가 있고, 출연자를 보고 있을 때도 있으므로 백 라이트는 중앙에 1대를 설치하였지만, 출연자는 1번 카메라 또는 진행자를 보기 때문에 어깨의 밝기의 대칭을 위하여 백 라이트를 1대 더 추가하였다.

4 세트 라이트

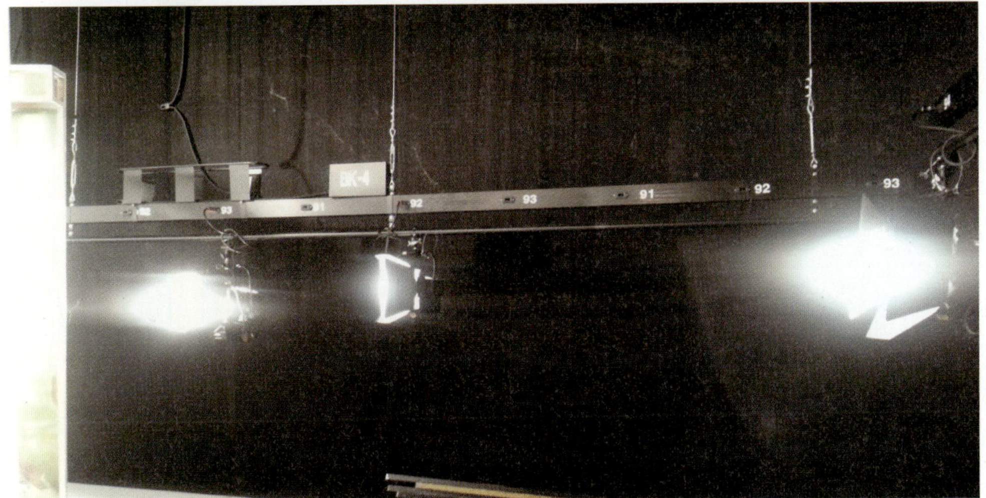

▲ **그림 6-34** 세트 라이트의 위치와 조명 방법

[그림 6-34]를 보면 진행자와 출연자의 배경 세트가 아크릴 세트로 되어 있다. 아크릴 세트는 앞에서 세트 조명을 하면 밋밋하게 보인다. [그림 6-34]와 같이 뒤에서 조명을

하면 아크릴 질감이 살아나고, 아크릴에 새겨진 그림의 입체감이 미세하게 나타난다.

세트를 조명하기 위해 배튼을 내려 무대 뒤쪽에서 2kW 스포트라이트로 세트 조명을 하였다.

이때에는 아크릴 세트의 밝기를 지나치게 조정하여 콘솔에서 디밍을 하면 색온도가 떨어져 세트의 표면색이 누렇게 변하므로, 강도를 조절할 때 확산 필터를 사용하는 것이 좋다.

'세상은 넓다' 조명 이미지를 위한 조명 구성

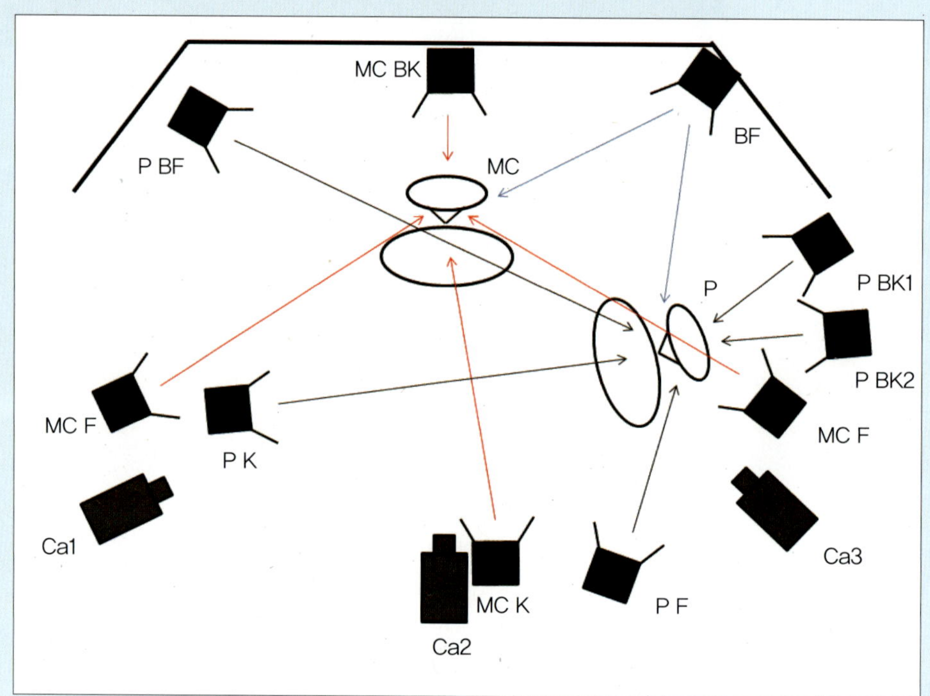

조명 기구 배치도에서 중요한 점은 출연자의 백 라이트를 2대로 모델링한 것과 진행자와 출연자의 얼굴 안쪽 면 밝기를 보강하기 위해 두 피사체 사이에 필 라이트 1대를 더 추가한 것이다.

Section 04 | 그룹 조명

그룹 조명은 토론 프로그램이나 퀴즈 프로그램과 같이 3명 이상 나오는 집단을 모델링하는 것을 말한다. 그룹 조명은 모델링할 피사체가 많기 때문에 초보자의 경우에는 당황하게 된다. 하지만 우리가 지금까지 배운 1인 조명과 2인 조명을 잘 이해하고 있다면, 여러 사람이 나온다고 하더라도 문제될 것이 없다. 이번에는 1인 조명과 2인 조명의 방법들이 그룹 조명에 어떻게 적용되는지 알아보자.

01 그룹 조명 방법

[그림 6-35]는 TV 프로그램에서 많이 볼 수 있는 피사체의 구성이다. 스튜디오 중앙에 진행자가 있고 좌우 양쪽에 출연자가 일렬로 구성되어 있어 있다. 이런 좌석 배치의 피사체를 모델링하는 방법에 대해 살펴보기 전에 이와 비슷한 구조를 가진 3인의 피사체를 모델링하는 방법을 알아보자.

▲ 그림 6-35 그룹 이미지

[그림 6-36]과 같은 좌석 배치는 토론 프로그램의 가장 기본적인 형태이다. 이 토론 프로그램의 조명을 이해하면 [그림 6-35]와 같은 토론 프로그램도 쉽게 조명할 수 있을 것

이다. 모든 토론 프로그램은 형식은 같은데, 조금 변형되거나 출연자의 수가 추가될 뿐
이다.

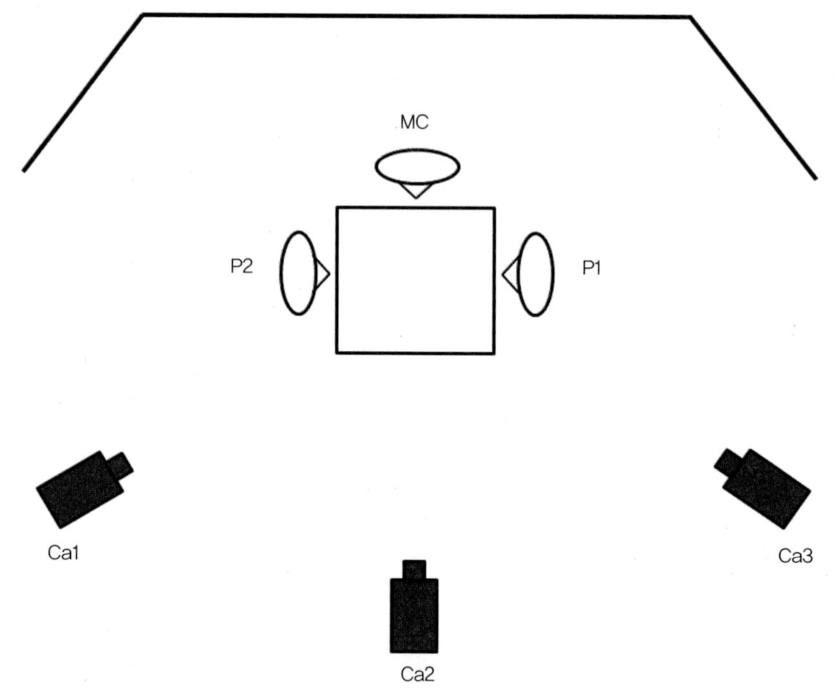

▲ **그림 6-36** 대표적인 3인 토론 프로그램 배치도

먼저 조명 디자인 방법을 알아보기 전에 좌석 배치에 따른 시나리오를 알아보자. 가운
데 있는 진행자는 2번 중앙 카메라를 보면서 이야기하고, 양쪽 출연자를 보면서 토론
을 나누므로 클로즈업이나 1번 카메라, 3번 카메라에서 투 샷 또는 오버 샷을 받게 될
것이다. 출연자들은 1번 또는 3번 카메라에서 클로즈 샷이나 진행자를 포함한 투 샷이
될 것이다.

이러한 좌석 배치의 경우, 중요한 조명 디자인 포인트는 다음과 같다.

① 출연자들을 보고 있을 때의 2번 카메라에서 잡는 진행자의 클로즈 샷

② 1번 또는 3번 카메라에서 잡는 진행자의 오버 샷

③ 진행자를 보고 있는 1번 또는 3번 카메라에 잡는 출연자들의 클로즈 샷

위에 열거한 각각의 샷에 따른 조명의 불균형을 해소하는 조명 디자인을 계획해야 한다.
먼저 디자인을 살펴보자.

322

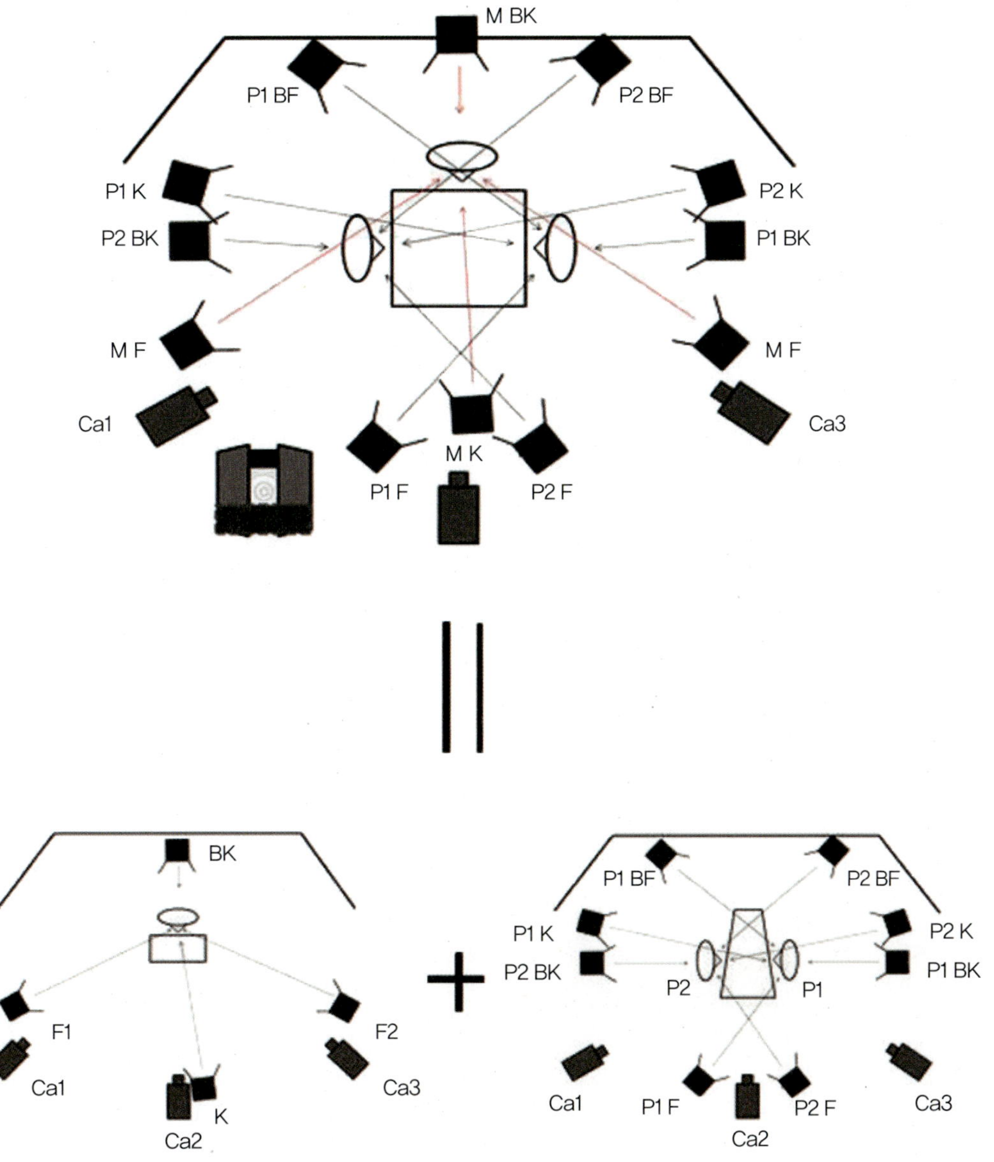

▲ **그림 6-37** 3인 조명의 분해에 따른 1인 조명 2인 조명 구성도

피사체가 아무리 많고 복잡하더라도 지금까지 살펴본 인물 조명 디자인을 응용하면 쉽게 해결할 수 있다. [그림 6-37]을 보면 복잡할 것 같지만, 1인 조명 방법과 2인 조명 방법을 분리하여 생각하면 쉽게 해답을 찾을 수 있을 것이다.

진행자의 조명 디자인은 [그림 6-37]처럼 빨간색 화살표로 표시한 '1인 조명'의 기본 도식을 가지고 있고, 좌, 우 2명의 출연자들은 검은색 화살표로 표시한 '2인 마주보기 조명'의 기본 도식을 가지고 있다.

이것을 기억하면서 3명의 토론 프로그램의 조명 포인트를 살펴보자.

[그림 6-37]의 진행자 필 라이트 M F(진행자 필 라이트)는 조명 포인트 ①과 ②를 위한 조명이다.

①번과 ②번 샷은 진행자가 출연자들을 바라볼 때 키 라이트가 측광이 되어 빛이 부족한 안쪽 얼굴 면이 드러나 보기 싫은 조명 이미지가 된다. M F는 부족한 안쪽 얼굴 면에 빛을 보충하여 어느 정도 조명의 불균형을 해소한다.

P1 BF, P2 BF는 조명 포인트 ③을 위한 조명이다. 이 조명도 안쪽 얼굴 면의 빛을 보충하는 역할을 한다. 이때에는 피사체 숫자에 따른 여러 대의 조명 기구를 사용하게 되므로, 각각의 빛들이 다른 피사체에 영향을 미쳐 불필요한 그림자가 생기지 않도록 해야 하고, 전체적인 조명 밸런스를 해치는 일이 없도록 빛들을 잘 통제하고 조절해야 한다.

출연자들의 키 라이트 반 도어는 '2인 조명 마주보기'처럼 정리되어야 하고, 특히 진행자 키 라이트는 출연자들에게 누광이 되지 않도록 [그림 6-38]과 같이 반 도어를 조정해야 한다. 그리고 진행자 키 라이트의 빛 누광으로 테이블 정면이 밝아지는 경우가 발생하면 [그림 6-38]과 같이 블랙 호일과 같은 차광 재료를 이용하여 테이블에 들어 가는 빛을 차단한다.

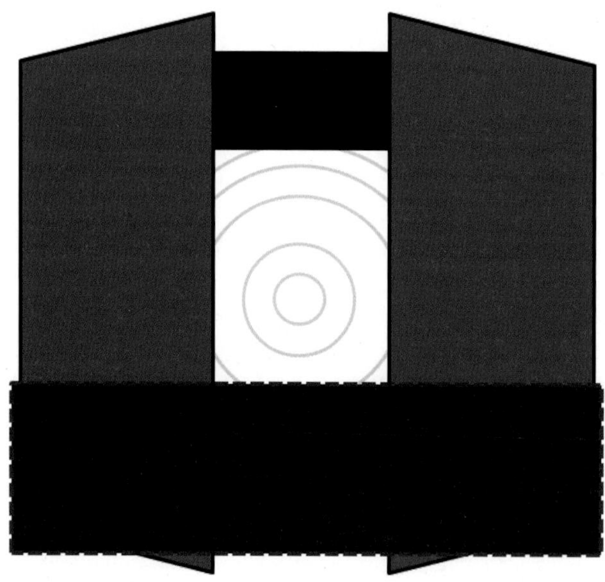

▲ **그림 6-38** 키 라이트 반 도어(위)와 블랙 호일(아래)

이제 [그림 6-35]의 각 피사체를 모델링하는 방법에 대해 알아보자. 이 그림은 '연예가 중계'의 풀 샷 이미지이다. 3인 조명과 비슷하게 각 피사체들이 위치를 잡고 있다. 3인 조명과 다른 점은 중앙이 1인이 아니라 2인이고 좌우의 피사체도 1인이 아니라 3인이라는 점이다.

1 키 라이트

그러면 3인 조명을 기본으로 삼아 '연예가 중계'의 그룹 조명 키 라이트에 대해 살펴보자. 기본적인 3인 조명에서 설명하였듯이 진행자와 출연자를 분리하여 피사체를 모델링하면 해답을 쉽게 찾을 수 있다.

중앙에 있는 두 진행자의 경우, 2인 조명의 '나란히 있는 경우'의 여러 방법 중 1대의 키 라이트(2kW 스포트라이트)로 두 진행자를 모델링하는 방법을 사용하였으며, 남자 진행자의 경우 보조 키(1kW 스포트라이트)를 사용하여 여자 진행자의 밝기와 균형을 맞추었다.

좌우 3명의 피사체가 나란히 있는 경우의 조명 방법은 '2인 조명의 나란히 있는 경우'를 확장하여 생각할 수 있다.

첫째, [그림 6-39]처럼 키 라이트 1대로 전체 피사체를 조명하는 방법이다. 1대로 3명을 모델링하므로 가장 간단하고, 손쉬우며, 효율성이 높다. 이 방법으로 피사체를 모델링하려면 3명의 피사체를 충분히 비출 수 있도록 키 라이트의 거리를 적당히 유지해야 하며, 같은 출력을 가지고 있더라도 조명 기구의 렌즈의 구경이 넓은 것을 사용해야 한다. 렌즈의 구경이 커야 광원의 면적이 크기 때문이다. 단점은 각 피사체 얼굴의 반사율이 다를 경우, 균형을 맞추기 힘들다는 것이다.

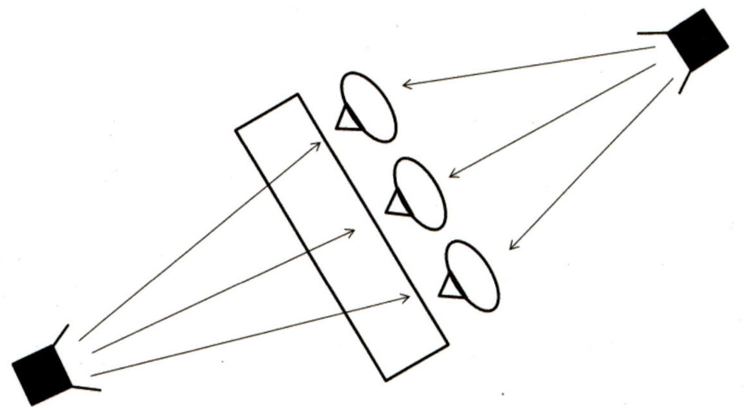

▲ **그림 6-39** 1대의 키 라이트와 백 라이트

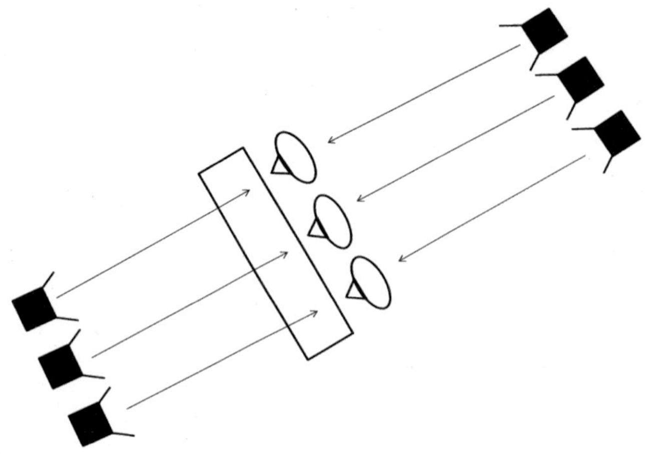

▲ **그림 6-40** 각각의 키 라이트와 백 라이트

둘째, 각 피사체마다 [그림 6-41]처럼 개별로 키 라이트를 설정하는 방법이다. 이 방법은 각 피사체의 키 라이트 빛이 옆 피사체에게 새어 들어가지 않게 조정될 수 있다면, 가장 좋은 방법이 될 수 있다. 각각의 키 라이트는 각 피사체의 반사율에 대응할 수 있으므로, 각 피사체의 균형을 쉽게 이룰 수 있다. 단점은 효율성이 떨어지고 옆 피사체의 빛이 새어 들어가지 않게 반 도어를 닫거나 차단할 경우 강도가 조금 떨어진다는 것이다.

그럼 3명을 1대의 키 라이트로 피사체를 모델링하고자 할 때 '연예가 중계'의 이미지처럼 피사체 반사율이 높은 여자 피사체가 가운데 있고, 남자 피사체가 좌우에 있으면 어떻게 휘도 밸런스를 맞춰야 할까?

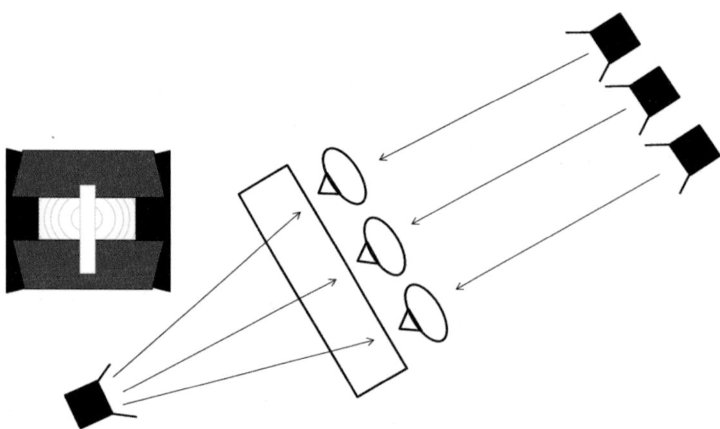

▲ **그림 6-41** 1대의 키 라이트로 모델링하는 방법

326

첫째, 여자 피사체의 밝기를 낮추는 방법이다. 이 방법은 [그림 6-41]과 같이 반 도어 중간에 확산 필터나 ND 필터를 부착하여 여자 피사체가 닿는 가운데 부분의 빛만 강도를 떨어뜨려 여자 피사체의 밝기를 낮추는 것이다. 단점은 번거롭고 가운데 여자 피사체에만 정확하게 초점을 맞추기 힘들다는 것이다.

둘째, 남자 피사체의 강도를 높이는 방법이다. 남자 피사체에 각각의 낮은 보조 키 라이트를 추가로 설치하여 남자 피사체의 강도를 높임으로써 여자 피사체와 밝기의 균형을 맞추는 것이다.

어느 방법이 좋은 이미지를 만들지는 스튜디오의 환경과 조명 디자이너의 선택에 달려 있다. 이 프로그램에서는 1대의 키 라이트를 사용하고, 남자 피사체에는 보조 라이트를 사용하여 모델링하였다.

2 필 라이트

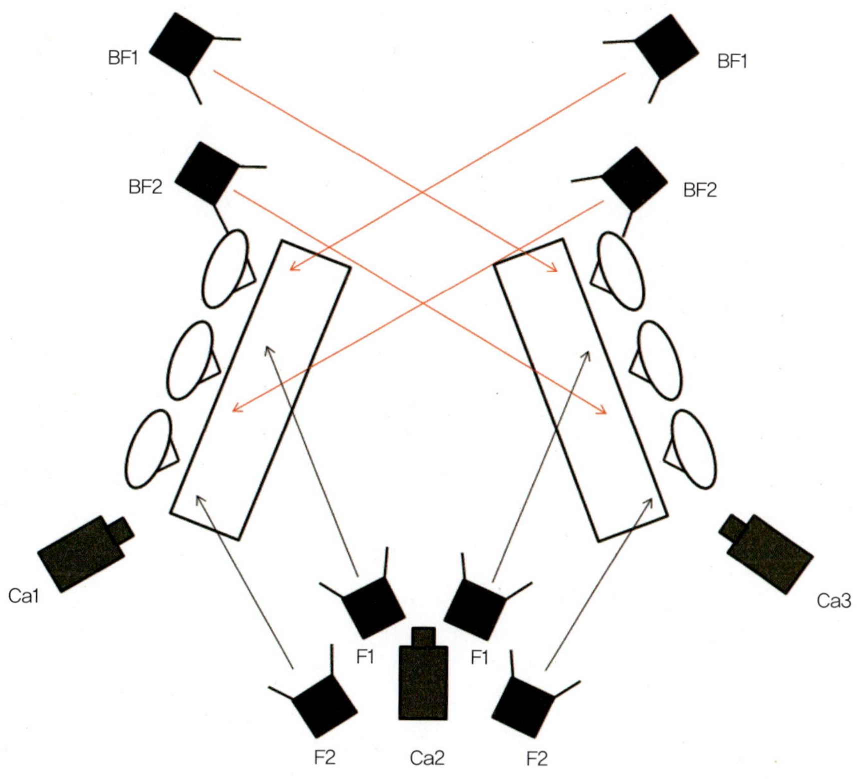

▲ 그림 6-42 필 라이트 조명 구성도

그룹 조명의 필 라이트도 키 라이트처럼 부분으로 나누어 생각하면 쉽게 피사체를 모델링할 수 있다. 진행자 부분과 출연자 부분을 나누어 생각하여 필 라이트를 구성하면 된다. 진행자 필 라이트는 좌우 양쪽에 설치하였고, 출연자 필 라이트는 백 필 라이트와 정면 필 라이트를 2대씩 설치하여 3명을 모델링하도록 하였다. 1대의 필 라이트로 3명을 모두 모델링하기는 부족하기 때문에 2대를 사용하여 모델링하였다. [그림 6-42]처럼 앞쪽에 있는 필 라이트는 3명 중에서 먼 쪽을, 뒤쪽에 있는 필 라이트는 가까운 쪽을 모델링하게 한다.

❸ 백 라이트

백 라이트는 [그림 6-39]와 [그림 6-40]처럼 1대로 3명을 모델링하는 방법, 각각 1명에 1대씩 모델링하는 방법 등이 있다. 이 프로그램에서는 각 피사체에 1대씩 모델링하였다. 1대씩 모델링하는 경우, 하나의 백 라이트가 옆 피사체에 빛이 새어 들어가지 않도록 반도어 및 차광 장치로 빛을 차단해야 한다.

교양·정보 프로그램 조명 디자인의 중점 사항

① 정보 전달 주체인 인물 조명에 세심한 배려

교양·정보 프로그램의 인물 조명은 강한 입체감보다는 부드러운 조명을 필요로 한다. 정보 전달의 주체인 MC나 출연자의 조명이 강한 직사광선으로 인해 거칠어지면 수용자인 시청자의 입장에서 볼 때 편안하게 느끼지 않을 수 있다. 예를 들어 키 라이트로 인한 강한 목 그림자, 길게 떨어진 목 그림자, 충분하지 못한 베이스 라이트와 필 라이트는 시선에 혼란을 일으켜 정보 전달의 장애 요인이 될 수 있다. 또한 인물보다 배경이 밝으면 카메라에서 노출을 설정할 때 밝은 배경 때문에 아이리스(Iris)를 줄이는 만큼 비례해서 인물에 닿는 빛의 양이 적게 되어 인물이 어둡게 된다. 결국 자연스럽지 못한 인물 조명으로 인해 시청자의 감정에 영향을 미쳐 정보 전달에 방해가 될 수 있다.

② 정보 전달 방해 요인을 최소화

– 현재의 교양·정보 프로그램의 추세는 이펙트용 무빙 라이트를 사용하여 프로그램에 변화를 주고 있다. 이펙트용 무빙 라이트를 이용하여 세트에 고보나 색으로 채색할 경우, 지나친 움직임은 시선에 방해가 되어 정보 획득에 방해가 된다.

– 전기 장식의 점멸 속도나 밝기가 전체 조명 톤과 시선의 집중에 영향을 미치지 않아야 한다. 전기 장식의 지나친 점멸이나 밝기는 전체적인 조명 분위기를 해칠 수 있다.

③ 배경으로 사용되고 있는 영상 장치의 밝기와 영상의 움직임에 주의해야 한다.

인물 뒤의 배경으로 사용하고 있는 영상 장치가 지나치게 밝으면 인물이 배경의 밝기에 묻히고, 영상의 지나친 움직임은 시선에 혼란을 주어 정보를 놓칠 수 있다. 또한 영상 장치 그래픽의 색이 인물의 얼굴에 묻어 나오는 경우가 있으므로 주의해야 한다.

④ 방청객의 조명도 중요하게 생각한다.

교양·정보 프로그램에서 방청객은 프로그램의 이야기를 풀어 나가는 보조 역할을 하는 존재이다. 정보의 신뢰성과 재미의 효과를 부가시키기 위해 제작할 때 중간중간에 객석의 표정을 삽입한다. 방청객의 표정 하나하나는 시청자를 대표하는 성격을 가지고 있기 때문이다. 그리고 방청객은 또 다른 출연자의 역할을 한다. 가끔은 프로그램 제작 시 방청객에게도 발언권을 주어 의견을 묻기도 한다.

조명 디자이너는 프로그램의 내용에 반응하는 방청객의 표정을 담아 낼 수 있도록 충분한 노출을 확보해주어야 한다. 방청객도 세트와 마찬가지로 화면의 구성 요인이므로 전체적인 휘도 밸런스도 고려해야 한다. 여기서 주의할 점은 주객이 전도되지 않도록 해야 한다는 것이다. 진행자나 출연자의 바로 뒤쪽에 방청객이 배치되었을 때 방청객이 진행자나 출연자보다 밝으면 카메라의 노출을 방청객에 맞출 수밖에 없기 때문에 진행자나 출연자가 어두워진다.

드라마 조명

우리는 일상생활 속에서 '드라마' 또는 '극적'이라는 표현을 많이 사용한다. 이 말은 우리의 삶이 곧 드라마 같다는 것을 의미한다. 우리의 삶속에는 4가지 감정, 곧 기쁨, 노여움, 슬픔, 즐거움이 존재한다. 드라마는 이 4가지 감정을 갈등의 구조로 만들어 이야기를 풀어 나간다. 드라마는 연기자를 통해 갈등의 감정을 보여준다. 즉, 대사는 행동을 설명하고, 행동 그 자체이기도 하며, 이야기를 진전시킨다. 이야기가 등장인물의 대사와 행동을 통해 생생하게 묘사됨으로써 시청자는 드라마에 나타난 인물들의 4가지 감정을 따라 가게 된다. 즉, 등장인물의 행동을 통해 시청자를 이야기 속에 몰입시키고 사실과 같은 강렬한 충격을 주는 것이다.

조명은 이와 같은 드라마의 이야기를 풀어 나가는 데 도움이 되는 분위기를 만들어 시청자에게 정서적인 반응을 유발시킨다. 빛은 사람처럼 연기할 수 없지만 연기자의 정서와 유사하게 감정의 흐름에 따른 환경적 정서를 만들어 낸다.

Chapter

07

Section 01 | 조명 **기획**

드라마 속의 연기자들은 뚜렷한 동기와 목적을 가지고 행동한다. 즉, 언제(시대), 어디서(환경), 왜(동기), 어떻게 되는지(결말)와 같은 스토리를 가지고 의식적인 행동을 하게 된다. 이러한 행동 속에는 감정이 포함되어 있다. 빛은 그러한 행동의 흐름에 따라 감정을 표현해 나간다.

조명 기획은 언제(시대), 어디서(환경), 왜(동기)를 구체적이며 합리적인 방법으로 분석하고, 파악하는 것에서부터 시작한다.

시대적 배경, 낮과 밤의 시제, 인물과 환경 사이의 관계, 개별 장면의 구조, 등장인물의 성격과 심리 등 조명과 관련된 시각적인 단서를 하나하나 구체적으로 실행해 나가야 한다. 조명 기획의 단서는 대본 분석을 통해 이루어진다. 대본 분석은 시대 속에서, 환경이라는 공간 속에서 빛을 어떻게 특성화하고 조직화해야 하는지에 대한 실마리를 제공한다. 드라마 조명에서 대본 분석은 조명을 결정짓는 가장 중요한 작업이다.

01 자료 조사

주제와 대본을 파악한 후 드라마의 전체적인 분위기와 개별 장면의 분위기에 필요한 빛을 구성하기 위해서는 여러 가지 자료를 조사해야 한다. 자료 조사를 통해 우리가 필요로 하는 빛에 관한 요구 사항들을 갖추게 될 것이다.

드라마의 자료 조사는 현대극과 역사극으로 나눌 수 있다. 현대극은 빛의 표현이 자유롭지만 역사극의 빛 고찰에 대한 자료 조사는 매우 중요하다. 그 시대 상황에 맞는 조명 이미지 표현은 광원의 선택에 달려 있기 때문이다. 그 시대의 이미지를 검토하거나 시대 상황에 대한 조사는 조명의 분위기 표현에 도움이 된다. 예를 들어 고려 시대는 촛불, 등잔과 같은 낮은 광원이 필요하고, 해방기에는 전구와 같은 높은 광원이 필요하다.

조명 환경을 고찰하는 것 또한 중요하다. 예를 들어 스튜디오에 1970~80년대 나이트장 세트가 세워진다고 가정하면, 그 시대의 나이트장 광원의 종류와 조명 기구에 대한 자료를 검토해야 한다.

좀 더 사실적인 표현을 위해 현장 답사를 하는 것도 도움이 될 것이다. 만약, 한옥을 조명을 해야 한다면 현장에 가서 햇빛이 한옥의 마당과 방안을 어떻게 비추고, 그림자는 어떤 형태로 공간에 표현되는지를 살펴보는 것도 좋다.

필자는 가끔 어디를 가든 그곳의 조명 환경을 유심히 관찰하곤 한다. 이와 같이 빛은 현실 세계를 반영하므로, 드라마의 자료 조사는 세밀하게 진행되어야 한다.

02　휘도 계획

드라마 조명 작업을 할 때에는 크게 시대 상황별 계획과 각 장면에 대한 휘도 계획을 나누어 생각해야 한다. 시대 상황별 계획에 있어 현대 드라마는 미디엄 키나 하이 키 톤을 이용하여 사실적이고 따스한 분위기를 만든다. 역사극은 밝은 빛이 없는 로 키로 강한 콘트라스트를 만들어 시대 상황을 표현한다.

개별 장면에 대한 휘도 계획은 극의 희로애락에 따른다. 조명 디자이너는 기쁨과 즐거움을 표현하기 위해 의도적으로 공간 전체에 부드럽고 따뜻한 빛을 사용한다. 극적 긴장감, 슬픔, 주제를 강하게 드러내기 위해서는 강한 콘트라스트로 공간을 거칠고 공격적인 빛으로 구성해야 한다.

공간의 밝음과 어두움의 분포 비율은 시각에 자극을 주어 관람자에게 정서적 반응을 불러일으킨다. 어두운 공간은 슬픔이나 절망, 더 나아가 신비스러운 느낌을 주지만, 밝은 공간은 진지하거나 위협적으로 느껴지지 않는다.

드라마에서 콘트라스트는 일종의 미학적 표현의 모험이다. 콘트라스트는 고정적이지 않고 카메라 샷에 따라 연기자들과 함께 이동하면서 만들어진다.

지나친 콘트라스트는 관객의 시각을 해칠 수 있고, 화면의 연속성도 잃기 쉬우므로 주의해야 한다.

1 조명 톤(lighting tone)

드라마에서 조명 톤이란, 드라마 전체를 일관되게 표현하는 조명의 구성을 말한다. 조명은 드라마가 가지고 있는 표현적 가치를 설명하는 역할을 하므로, 각 장면들의 분위기와 정서를 표현하기 위해서는 빛의 위계질서를 유지하여야 한다. 모호하면서도 변화가 심한 빛의 분포는 장면의 분위기와 드라마 전체의 표현적 가치를 해친다.

2 방법(method)

모든 빛은 장면에 존재하는 광원에서 나오도록 설정하여야 한다. 각 장면에는 희노애락의 극적 요소들이 존재한다. 빛은 이러한 장면의 요소에 참여하여 연기자의 정서와 유사한 빛이 말하도록 공간 구성을 해야 한다. 연기자의 얼굴과 공간은 조명에 의해 조절된다.

03 색채 계획

드라마에서는 색채 계획이 중요하지 않다고 생각할 수 있다. 주로 밤 장면을 위한 색채 계획이 전부라고 생각하기 때문이다. 예를 들어 푸른 달빛을 만든 후 창문을 통해 실내에 들어오게 하면 된다고 생각한다.

하지만 그것이 전부가 아니다. 사실적 조명을 위해서든, 창조적 조명을 위해서든 색의 적용은 드라마 곳곳에 존재한다. 여관에서 잠을 자는 장면을 촬영하는 경우에도 색을 발견할 수 있다. 바로 창문을 통해 비치는 네온의 깜빡이는 색이다. 사실적 표현을 위하여 우리는 네온의 깜빡임을 인위적으로 만들 수 있다.

또한 스튜디오에 골목길 세트가 세워졌을 때 바닥에 떨어지는 가로등의 황색은 좋은 이미지 구성의 예가 될 수 있다. 카페의 분위기는 색의 적절한 개입이 필요한 공간이다.

필자는 '파랑새는 있다'를 촬영할 때 스튜디오 골목길에 물을 뿌리고 길거리의 화려한 색을 바닥에 표현하기도 했다. 이 드라마의 연출자는 20m 높이에서 롱 풀 샷으로 250평이 넘는 스튜디오에 설치된 판자촌 마을 전체를 한적한 밤 분위기로 촬영하고 싶다는 요구를 하기도 했는데, 그 넓은 공간을 밤 분위기로 조명한다는 것은 불가능했다. 하지만 조명을 사용하지 않고 촬영을 진행했다. 가로등 불빛만 남기고 모든 조명을 끈 상태에서 광원의 색온도를 이용하여 스튜디오 작업등인 수은등으로 동네 전체를 푸른색이 낀 어스름한 동네 분위기를 만들었다. 이렇게 대본을 읽고 각 장면 곳곳에 숨겨져 있는 색들을 찾아내어 드라마의 각 장면에 적용하면 좀 더 사실적이고 미학적인 표현을 할 수 있다.

04 조명 기구 계획

아날로그 시절에는 카메라 필름의 감광 능력이 좋지 않았기 때문에 스튜디오에서 드라마를 촬영할 때 많은 양의 빛이 필요하였다. 그렇기 때문에 조명 기구의 외형도 크고 조명 기구의 출력도 컸다. 하지만 디지털화되면서 적은 양의 빛으로도 촬영을 할 수 있게 되었다. 그래서 이제는 드라마에서 빛의 양보다 질에 중점을 두고 있다.

드라마에서 조명 기구 계획은 조명 양식에 따라 다르게 구성된다. 사실주의 현대극에서는 시각의 쾌적함을 위하여 밝고 따뜻한 부드러운 빛을 만드는 조명 기구가 필요하고, 역사극에서는 명암 조명을 위하여 국부 조명을 위한 조명 기구가 필요하다.

HD로 프로그램을 제작하면서 피사체의 부드러운 이미지를 얻기 위하여 직접적인 플러드 라이트 사용을 자제하고 빛을 반사시켜 좀 더 부드러운 빛을 얻는 방법들이 동원되고 있다.

조명 디자이너는 드라마 크랭크 인을 할 때 스태프 회의를 통해 작품 의도를 파악한 후 전체적인 휘도 설계에 필요한 조명 기구를 확보해야 한다.

현대극에서는 주로 키 라이트, 필 라이트, 백 라이트용으로 1kW 스포트라이트를 사용한다. 역사극에서는 국부 조명을 위하여 500W, 200W 등과 같은 소형 라이트를 사용한다. 하지만 세트 환경을 기존의 조명 기구로 비출 수 없을 때에는 손바닥만 한 조명 기구가 필요할 때도 있다.

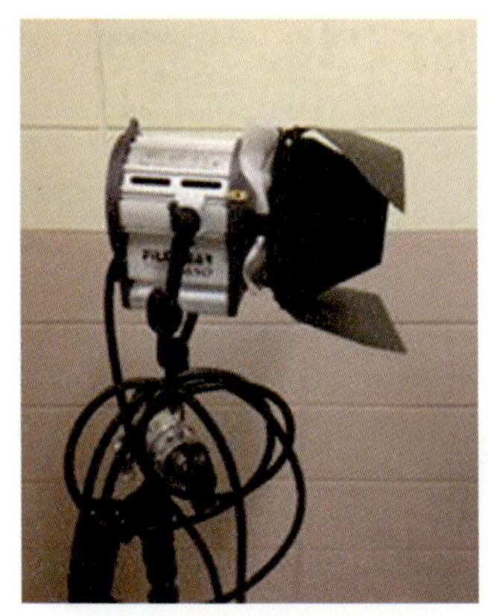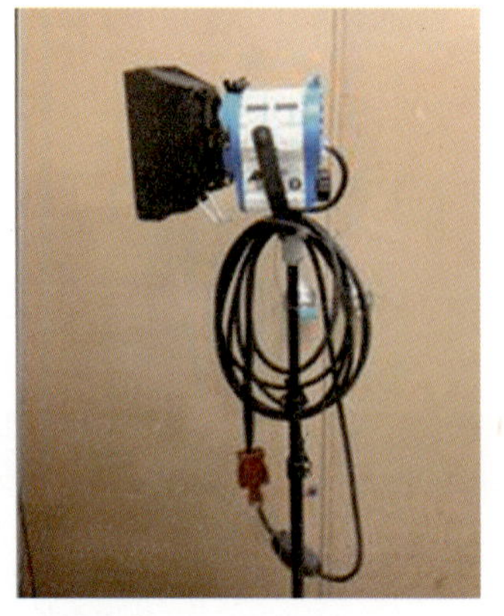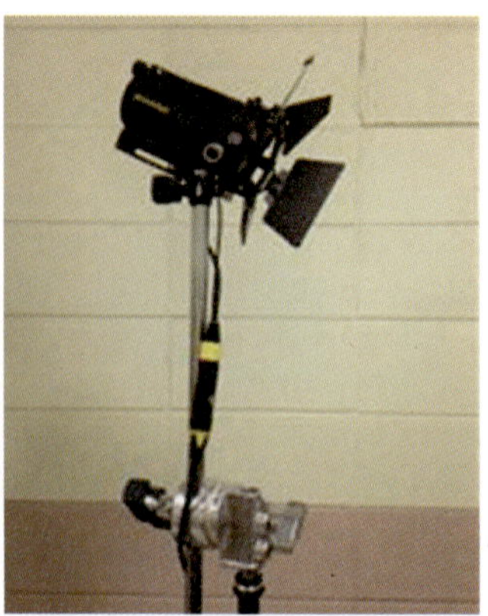

▲ **그림 7-1** 드라마에 사용하는 소형 조명 기구들

▲ **그림 7-2** 드라마에 사용하는 소형 조명 기구로 조명하는 모습

조명 양식은 '조명 이미지 표현 방법'에서 살펴본 것처럼 드라마 장면의 이미지 표현 방법이다. 따라서 드라마의 구조에 영향을 받는다. 조명 디자이너는 드라마 구조에 따라 실제의 삶을 그대로 드러내거나 시각적 효과의 과장을 위해 장면을 극화시켜 장면의 환경을 공격하고 변형시킨다.

조명 디자이너의 빛 간섭은 사실주의와 창조적 표현주의의 형태로 나타난다. 경계가 모호할 때가 많기는 하지만 여기서는 2가지로 나누어 설명한다.

01　드라마의 사실적 표현

사실주의적 표현은 모호한 아름다움과 극적 묘사가 아니라 우리의 눈앞에 전개되는 대상을 사실 그대로 묘사하는 것이다. 즉, 어떤 공간이나 대상을 표현할 때 실제 공간이나 대상의 특징적인 조명 환경을 충분히 고려하여 시청자들이 공감할 수 있는 자연스러운 이미지를 표현하는 것이다. 사실적 표현에 있어 조명 디자이너는 빛의 간섭을 최대한 자제하고, 있는 그대로를 생생하고 솔직하게 표현하게 된다. 사실적 표현은 주로 드라마 장면의 시각적 단서와 관계가 있다. 시각적(時刻的) 단서란, 낮과 밤, 날씨, 장소, 햇빛의 길이와 각도 변화에 대한 시간의 경과(정오의 그림자는 짧고, 해질녘 그림자는 길다), 계절에 따른 햇빛의 그림자(여름에는 태양이 높아 빛 그림자가 짧고, 겨울에는 길다)등과 같은 환경과 관련된 정보를 말한다. 사실주의는 이러한 환경들을 장면의 분위기에 맞게 재창조하여 현실 세계를 인식하게 하는 것이다.

예를 들면, 낮의 표현을 위하여 백색광을 창문에 비추고, 밤을 표현하기 위하여 푸른 달빛을 창문에 비춘다. 또한 화창한 날씨를 표현하기 위하여 거실에 강한 직사광으로 창들의 형태를 드러내고 흐린 날씨는 부드러운 빛으로 거실을 비춘다.

사실주의는 역사적 광원의 특성을 그대로 드러낸다. 역사극은 촛불의 양식을 위하여 낮은 광원으로 피사체의 그림자를 배경에 떨어지게 한다. 그리고 역사적 공간은 밝음이 적은 콘트라스트가 강한 형태로 재창조된다. 이렇게 함으로써 관객은 재창조된 환경과 연기자의 정서가 만나는 지점에서 극의 현실성을 느끼게 된다.

02 드라마의 창조적 표현주의

드라마 조명의 기본 원칙은 빛이 실제의 삶과 유사하도록 만드는 것이다. 그리고 점차 시각적인 효과를 과장하는 것이다. 그리고 어떻게 빛이 상징적이고, 감정적이고, 표현적으로 표출될 수 있는지를 고려하여 구성하는 것이다.

창조적 표현주의는 대상이나 환경이 만들고, 가꾸고, 다듬어 형태를 변형시킨다. 빛이 정서적인 반응을 자극하기 위해서는 감정적이고, 심리적이며, 역동적이고, 극적이어야 한다. 이를 위하여 빛은 연기자의 얼굴에 실행되고, 연기자들의 얼굴은 빛에 의해 조절된다. 즉, 공간과 대상은 극화되고, 은유화되고, 주관화된다. 빛이 극화되어 의미를 취할 때, 그 빛은 극화된다는 사실 자체만으로도 현실의 빛과 다른 낯선 빛이 된다.

▲ **그림 7-3** 극화된 드라마 조명 이미지

03 동적인 조명

앞에서 교양 · 정보 프로그램 조명에서 정적인 조명, 즉 움직임이 크지 않은 피사체를 모델링하는 방법에 대해 알아보았다. 이번에는 드라마에서 필요한 움직이는 피사체를 조명하는 방법에 대해 알아보자.

교양 프로그램과 같은 정적인 조명은 피사체의 조명 상태를 미리 보고 부족한 부분을 보완할 수 있는 시간적인 여유가 존재한다. 하지만 움직이는 피사체는 움직이는 동선에 따라 조명의 변화가 다르게 나타나기 때문에 그 효과를 예측할 수 없다.

풀 샷인 경우에는 움직임에 따른 조명의 변화를 느끼지 못하지만, 바스트 샷으로 움직이는 피사체를 잡을 경우에는 조명의 변화가 얼굴에 바로 나타난다.

움직이는 피사체의 조명에는 카메라 이동과 동선에 관계없이 조명 효과의 연속성이 존재하여야 한다. 즉, 피사체가 움직일 때마다 피사체에 닿는 빛의 양이 최소한 동일하게 유지될 수 있도록 조명해야 한다.

1 피사체의 이동

동선에 따른 빛의 변화를 최소화하기 위해서는 급격한 집중 조명은 피해야 하고, 움직이는 전체 구역을 균일하게 배광해야 한다. 움직임을 위한 조명 방법에는 여러 가지가 있지만 기본 방법은 2점 조명, 3점 조명이 유용하다.

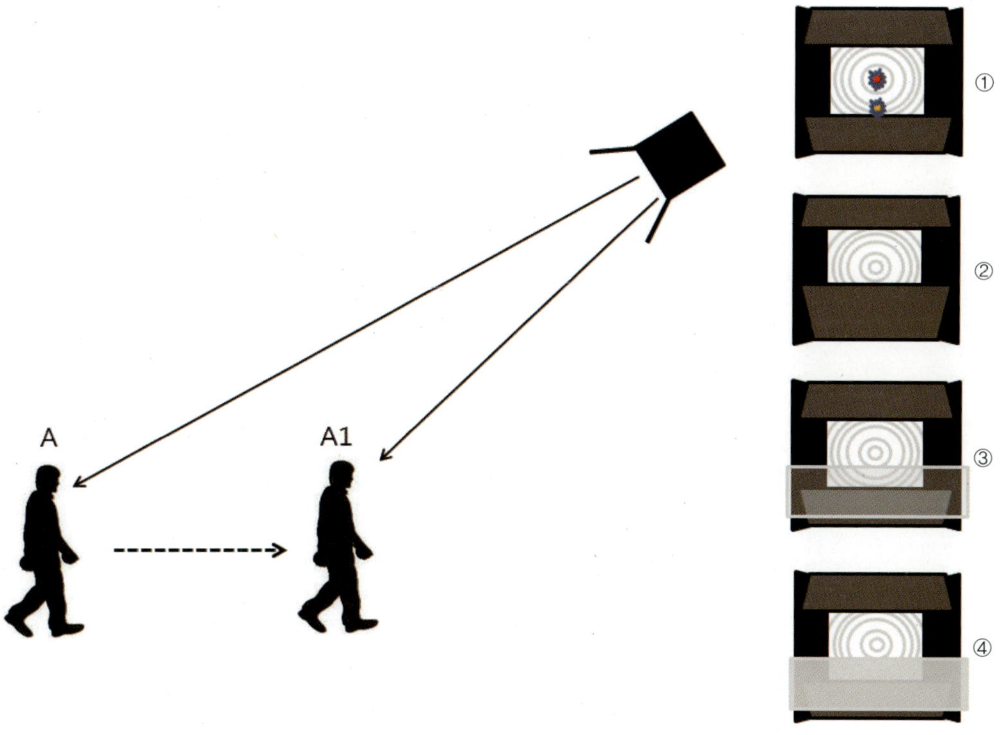

▲ **그림 7-4** 피사체의 이동에 따른 조명 방법들

[그림 7-4]는 피사체가 앞으로 이동할 때 어떻게 조명해야 하는지를 보여주고 있다. 광원과 거리의 관계에서 살펴보았듯이 A의 피사체가 A1으로 움직일수록 그에게 떨어지는 광량은 점차 증가한다. 조명 기구 1대로 이동하는 피사체를 조명할 때 피사체의 광량을 일정하게 유지하기 위해 조명의 광량을 어떻게 배분해야 할 것인지를 고민하게 된다. 피사체의 광량을 최대한 동일하게 유지하는 방법은 다음과 같다.

① 조명의 중심 광과 주변 광 부분을 이용

렌즈 초점의 중심 부분은 A의 피사체에 맞추고, 여광 부분은 A1에게 맞추는 방법이다. 피사체를 비출 때 조명의 밝기는 렌즈의 중심이 제일 밝고, 주변 빛의 밝기는 점차 떨어지는 것을 이용하는 것이다. 이 방법은 제일 간단하지만 빛이 피사체에 직접 비추므로 빛을 동일하게 유지하기 위해서는 정확하게 배분해야 한다.

② 반 도어를 이용

반 도어를 이용하여 광량을 조절하는 방법이다. 반 도어를 닫으면 전체 광량이 줄어들지만, 반 도어를 열면 빛이 닿는 구역의 빛 광량은 높아진다. 또한 반 도어를 닫으면 그 부분의 빛은 좀 더 부드러워진다. A1은 렌즈의 빛이 직접 닿게 하고, 앞으로 이동하는 피사체는 아랫부분의 반 도어를 닫아 광량을 줄이는 방법으로, 제작 현장에서 자주 이용하는 방법이다.

③ ND 필터 사용

ND 필터를 이용하여 앞으로 이동하면서 증가하는 피사체의 광량을 감소시킴으로써 전체 움직임에서 균일한 광량을 유지시킬 수 있다. ND 필터 외에 빛을 제안하는 네트를 사용할 수도 있다.

④ 확산 필터 사용

확산 필터를 사용하면 이동하면서 증가하는 피사체의 광량을 줄일 수 있다. 확산 필터는 빛의 강도를 줄이면서 부드러운 빛으로 좀 더 넓은 구역을 조명할 수 있다.

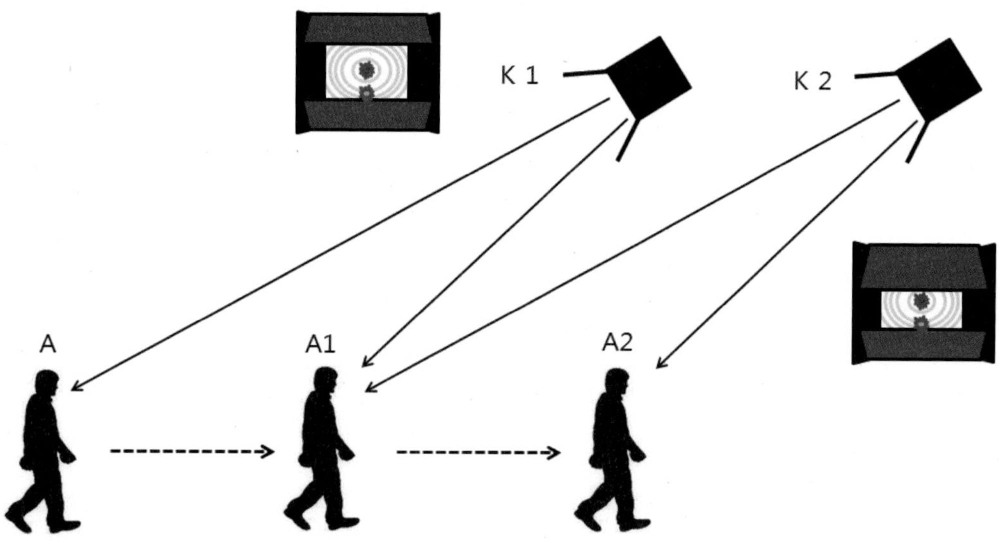

▲ **그림 7-5** 피사체의 이동 거리가 긴 경우의 키 라이트

[그림 7-5]와 같이 이동 거리가 크면 2대의 조명을 이용한다. A의 피사체는 K1의 조명 렌즈 중심에 맞추고, A1은 K1의 주변 빛과 K2의 렌즈의 중심 빛, A2는 K2의 주변 빛으로 비춘다. 여기에서 문제점은 A1의 빛이 중첩된다는 것이다. 이는 A1의 피사체의 광량이 증가되어 A와 A2보다 밝을 수 있다는 것을 의미한다. 이 경우에는 두 번째 조명의 위쪽 반 도어를 닫고 광량을 줄여 균형을 맞추면 움직임에 따른 광량의 변화를 동일하게 유지할 수 있을 것이다.

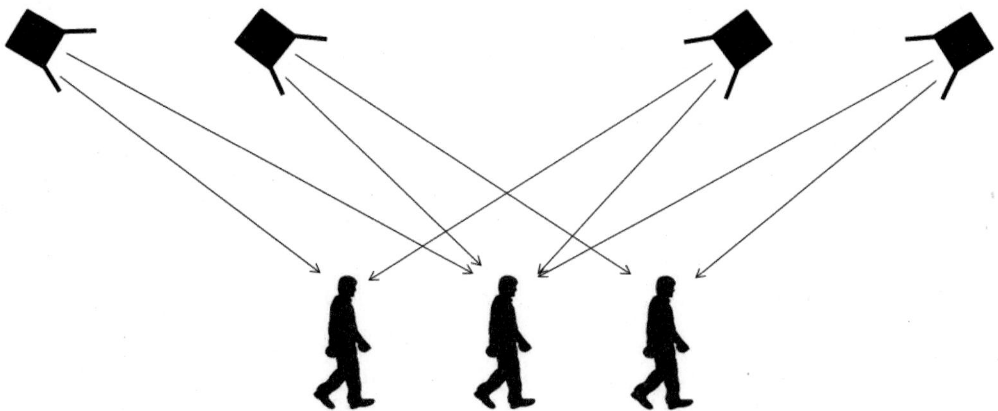

▲ **그림 7-6** 피사체의 이동 거리가 긴 경우의 백 라이트

[그림 7-6]은 키 라이트에 백 라이트를 추가한 것이다. 피사체의 이동에 따른 백 라이트

의 조명 방법은 키 라이트와 유사하다. 백 라이트는 키 라이트와 달리 빛이 얼굴에 직접 닿지 않아 피사체의 광량의 분포가 좀 더 자유롭다. 백 라이트의 광량 조절은 키 라이트의 여러 방법 중 하나를 선택하여 사용하면 된다.

② 피사체의 행동 변화

피사체가 이동하지 않은 상태에서 앉아 있다가 일어서거나 몸을 돌려서 다른 곳을 바라보는 등 몸의 행동 변화는 또 다른 조명 변화를 일으킨다. 이 경우에 피사체에 닿는 빛의 양은 급격한 변화를 일으킨다. 갑자기 광량이 많아지거나 아예 광량이 부족한 경우가 발생하는 것이다. 조명 디자이너는 대본의 숙지와 스태프 회의를 통해 피사체의 행동 변화를 숙지하여 이러한 변화에 대비하여야 한다.

▲ **그림 7-7** 피사체가 앉아 있다가 일어서는 경우

[그림 7-7]과 같이 피사체가 앉아 있다가 일어서면 피사체의 얼굴 부분이 광원과 갑자기 가까워져 얼굴의 밝기가 앉아 있을 때와 달리 밝아진다. 특히, 드라마와 같은 좁은 공간에서의 이런 행동 변화를 미리 예측하지 않으면 조명 디자이너가 당황하게 된다.

이러한 문제를 해결하는 가장 간단한 방법은 앉아 있는 상태의 피사체를 렌즈의 중심 부분으로 비추고, 일어선 상태의 피사체를 주변 빛으로 비추는 것이다. 이 방법을 사용하면 어느 정도 피사체에 닿는 광량의 차이를 줄일 수 있다. 조명 기구 앞에 전체적으로 확산 필터를 사용하여 강도가 약한 부드러운 빛으로 조명하면 광량 변화가 급격하게 일어나지 않아 훨씬 수월하게 빛의 일관성을 유지할 수 있다.

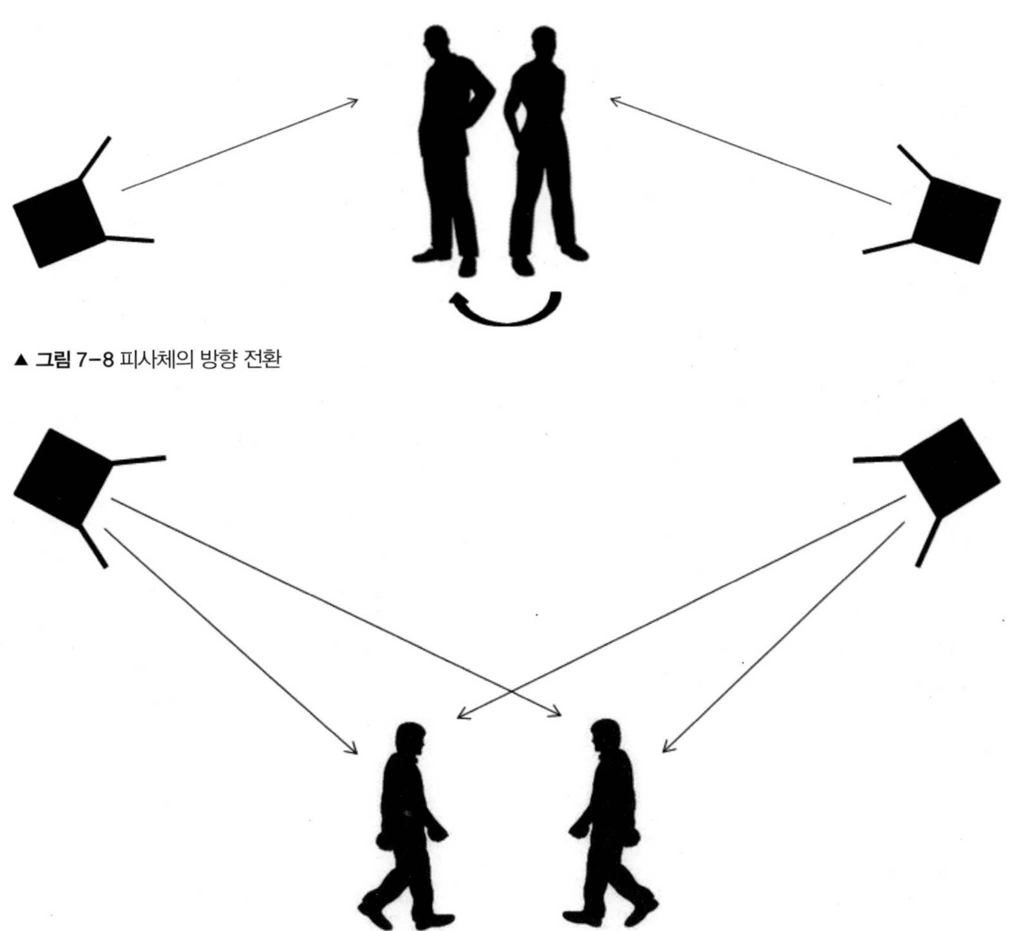

▲ **그림 7-8** 피사체의 방향 전환

▲ **그림 7-9** 두 피사체가 마주보고 대화하는 경우

[그림 7-8]처럼 피사체가 반대로 회전하는 경우에는 회전하는 쪽에도 조명을 설치하여 빛을 주어야 한다. 또한 [그림 7-9]와 같이 두 사람이 마주보고 있는 경우에는 키 라이트가 맞은편에 있는 피사체의 백 라이트 역할을 하도록 조명하는 것이 좋다. 교양 프로그램은 피사체마다 키 라이트와 백 라이트를 각각 나누어 주는 것이 맞지만, 드라마와

같이 공간이 좁고 약간의 움직임이 있는 경우에는 이 조명이 실용적이고 효과적이다.

대본에는 조명과 관련된 대본의 요구 사항, 인물과 환경 사이의 관계, 개별 장면의 분위기와 구조, 피사체의 동선, 카메라 샷 구성 등에 관한 정보가 있다. 조명 디자이너는 대본을 이해하고 문제점을 해결하기 위해 다음 사항을 검토해야 한다.

- 한 장면이 요구하고 있는 분위기와 그에 따른 환경은 어떻게 이루어져 있는가?
- 각 장면의 시각적 단서인 날씨와 시간의 구성은 어떻게 이루어져 있는가?
- 각 장면의 연기자 수와 동선은?
- 각 장면의 조명 분위기가 다음 분위기와 어떻게 연결되어 있는가?
- 특히 야외 촬영과 스튜디오 촬영의 장면이 연결될 때 휘도 설계는?
- 카메라 샷 구성에 따른 조명 효과를 어떻게 나타낼 것인가?
- 실내 전등, TV, 컴퓨터의 빛은 부분 조명 효과가 있는가?

조명 디자이너는 위와 같은 사항을 해결하기 위해 세트 디자인을 검토하고 대략적인 조명 구성을 진행한다. 그런 다음, 리허설을 통하여 세부적인 사항을 추가하고 수정한다.

1 방 조명

방 세트의 기본적인 구조는 [그림 7-10]처럼 창문이 있는 3면으로 되어 있다. 이러한 단순한 구조의 세트 공간에 있는 피사체의 인물을 자연스럽고 아름답게 표현하려면 다음 사항에 중점을 두어야 한다.

- 입체감과 원근감이 있어야 한다.
- 인물의 살색이 예쁘고, 얼굴 표현이 자연스러워야 한다.
- 배경과 인물의 휘도 밸런스가 맞아야 한다.
- 얼굴의 표정을 촬영의 목적에 맞춰 뚜렷하게 돋보일 수 있도록 하며, 양질의 영상을 재현시킨다.

방 세트의 기본 조명을 위하여 조명 기구가 [그림 7-10]처럼 구성되어 있다고 가정해보

자. A, B는 스포트라이트로, 조명의 강도는 다른 램프보다 강하다. 우리는 보통 광원은 항상 안쪽에 있고, 실내의 빛은 안쪽에서 밖으로 나오는 것으로 생각한다. 그렇기 때문에 강도가 다른 램프보다 6:4 정도의 비율로 높기 때문에 키 라이트나 백 라이트의 역할을 한다. C, D, G는 스포트라이트로, 주로 필 라이트 역할을 담당하며 확산 필터를 사용하여 부드러운 빛을 얻는다. E, F는 베이스 라이트 역할을 하며, 플러드 라이트를 사용한다. 또한 방 전체를 균일하게 채우는 역할과 따뜻하고 부드러운 빛으로 사실적인 조명의 근간을 만드는 역할을 한다.

C, D, E, F, G는 행거(hanger)를 사용하여 램프의 높이를 낮게 하여 피사체에 비춘다. 그 이유는 이 조명들이 주로 필 라이트 역할을 하기 때문이다. H는 방안의 햇살을 만드는 조명이다. 주로 스포트라이트를 사용한다.

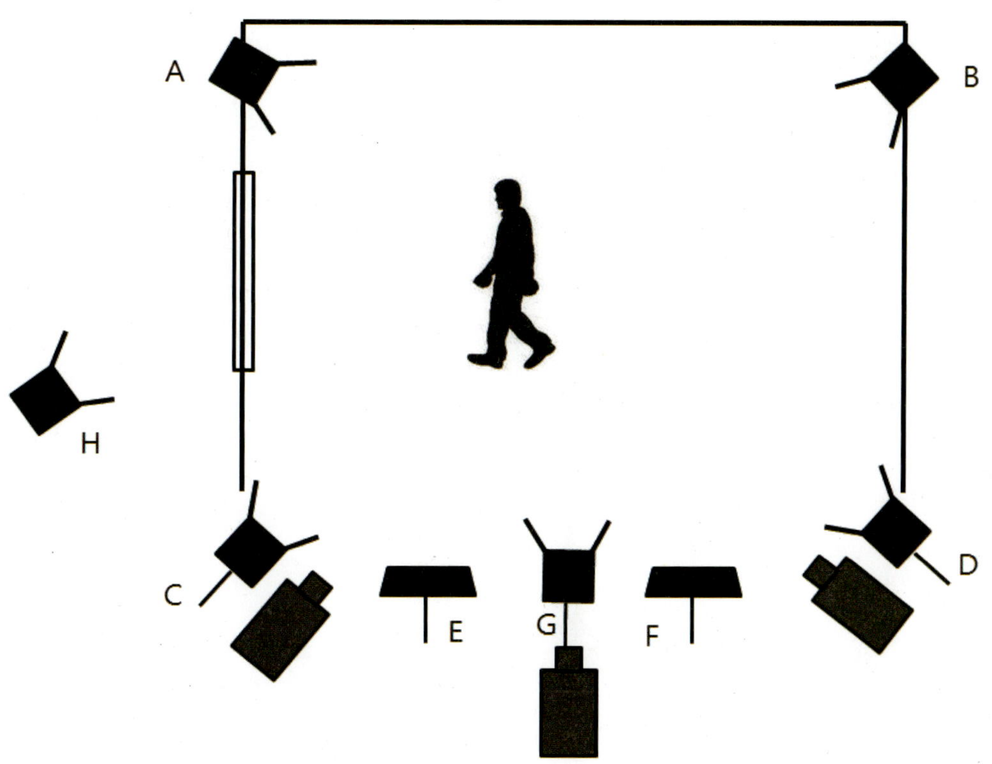

▲ **그림 7-10** 방 조명의 기본 구성

필자가 [그림 7-10]에서 A, B, C, D, G의 각 조명들을 키 라이트나 백 라이트 등으로 분류하지 않은 이유는 무엇일까? 그림 속의 방을 '철수의 방'이라고 가정하자. 스튜디오에서 드라마를 촬영할 때 '철수의 방'은 한 장면만 있는 것이 아니라 여러 장면들이 있다. 이야기 구조에 따라 그림처럼 창문의 오른쪽 벽에 가까이 있을 수 있고, 피사체가 둘이 될 수 있고, 혼자 구석에 있을 수도 있다. 1대의 카메라로 각 장면을 촬영할 때마다 조명 세팅을 다시 할 수도 있지만, 스튜디오에서 3대의 카메라로 촬영할 때 각 장면마다 조명 세팅을 다시 하는 것은 현실적으로도 맞지 않고, 비경제적이다. 그렇기 때문에 조명 디자이너는 대본 분석을 통해 여러 장면에 유용하게 사용할 수 있도록 조명을 구성한다. 그렇기 때문에 각각의 조명 기구들은 '철수의 방'에서 이루어지는 각 장면에 따라 각 조명들의 역할이 다르게 나타난다.

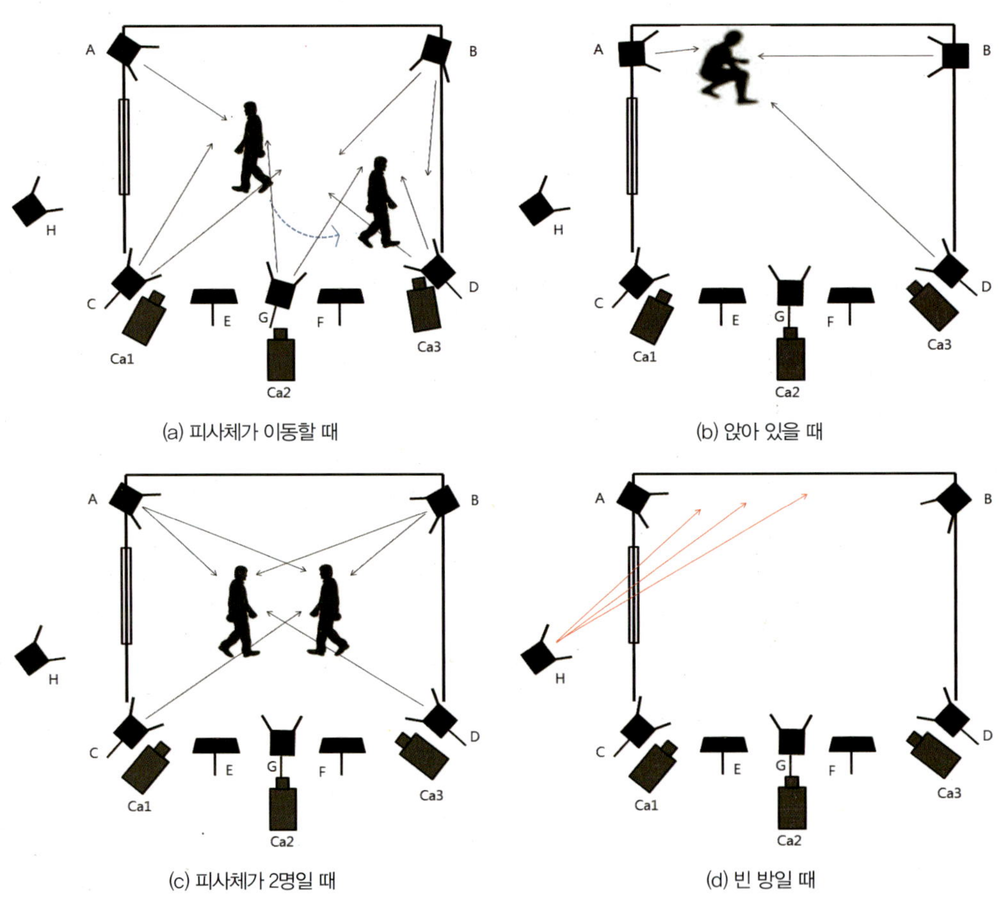

▲ **그림 7-11** 상황에 따른 다양한 방 조명 방식

346

① 피사체가 이동

피사체가 [그림 7-11]의 (a)와 같이 이동할 때와 이동 전 1번 카메라가 피사체를 잡고 있을 때에는 A 조명이 피사체의 키 라이트인 주광이 되고, C 조명은 필 라이트가 되어 바깥쪽 부분을 보충한다. 그리고 베이스 라이트인 E와 F는 방안 전체를 균일하게 비춰줌과 동시에 피사체가 이동할 때 빛이 부족하지 않도록 해준다. 피사체가 2번 카메라를 보면서 이동하면, G 조명이 이동 공간을 채우므로 G 조명 기구가 키 라이트 역할을 하고 B 조명은 백 라이트, D 조명은 약간의 필 라이트 역할을 한다. 마지막으로 피사체가 3번 카메라 앞에 도착하여 카메라를 보면 D 조명이 키 라이트 B 조명 기구는 백 라이트 또는 측광이 되어 필 라이트 역할을 한다

② 앉아 있을 때

(b)와 같이 창문을 통하여 햇빛이 들어오지 않는 컴컴한 방에서 피사체가 외롭게 앉아 있는 분위기 있는 장면을 연출할 때에는 B 조명이 키 라이트, A 조명이 백 라이트가 되어 콘트라스트를 만들고, D 조명은 피사체의 대비 콘트라스트를 주어 입체감으로 장면의 분위기를 만든다.

③ 피사체가 2명일 때

그림 (c)처럼 방안에서 2명의 피사체가 대화를 나눌 때, A와 B의 조명은 각 피사체의 키 라이트와 백 라이트가 되고 ,C 조명과 D 조명은 필 라이트가 된다. 이때 강한 백 라이트가 되는 것을 피하기 위해서 A와 B 조명의 주변 빛이나 각 조명 기구의 반 도어 밑을 약간 닫아주면 피사체의 밝기의 균형을 맞출 수 있다.

④ 빈 방일 때

각 장면을 분위기와 연결하기 위하여 가끔 피사체가 없는 빈 방을 연출할 때가 있다. 이 때에는 쓸쓸하면서도 미학적인 이미지를 만들어야 한다. 모든 조명을 끈 후, 창문 밖에 있는 H 조명의 위치와 각도를 조정하고, 방안 깊숙이 빛을 주어 분위기를 조성해 나간다. 콘트라스트를 위한 방안 공간의 빛은 반사와 여광으로도 충분히 채울 수 있다.

2 거실 조명

드라마에서 거실은 가족들이 모여 이야기를 하고, 손님을 접대하는 장소이기 때문에 피사체도 많고, 움직임도 빈번하다. 따라서 조명할 포인트도 많고, 조명 기구도 많이 필요하다.

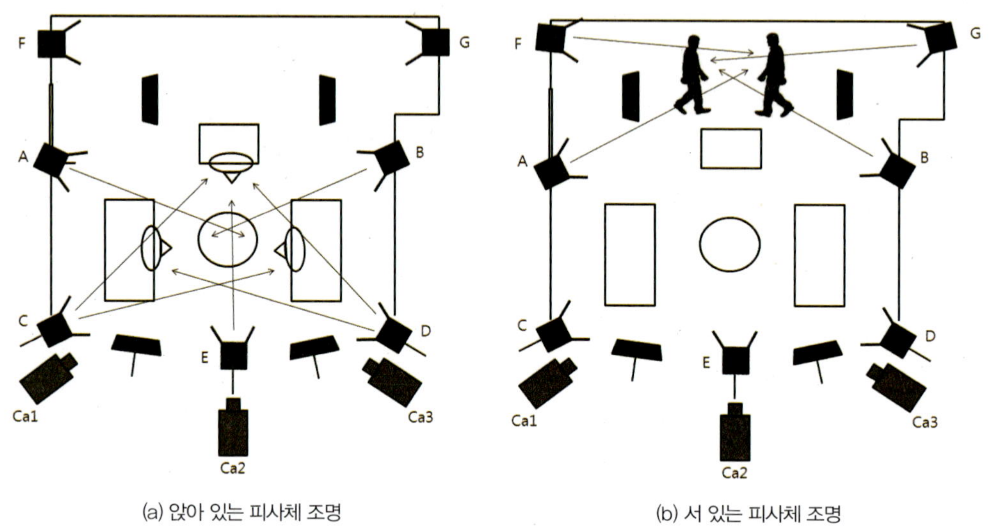

(a) 앉아 있는 피사체 조명   (b) 서 있는 피사체 조명

▲ **그림 7-12** 거실 조명 방식

[그림 7-12]의 (a)에서 A, B, E 조명은 앉아 있는 각 피사체의 키 라이트이고, C, D는 각 피사체의 필 라이트이다. 여기서 주목할 점은 C, D의 조명은 양쪽에 있는 피사체뿐만 아니라 중앙에 있는 피사체의 필 라이트도 담당하고 있다는 것이다. 이는 중앙에 앉아 있는 피사체가 양쪽에 있는 피사체를 번갈아 볼 때 얼굴 측면의 어두운 부분을 보충하기 위한 것이다.

(b)의 F와 G는 각 피사체의 키 라이트 겸 백 라이트이고, A와 B는 각 피사체의 필 라이트로 사용되었다. 이때에는 방 조명에서와 마찬가지로 거실에서도 기본 조명을 설치하고 각 장면마다 각 조명의 역할을 바꾸어 사용한다.

3 마당 조명

스튜디오 촬영에서의 마당 조명은 사실적으로 표현하기 위한 조명으로 구성되어야 한다. 마당은 실내가 아니라 실외를 뜻하므로 날씨의 변화, 계절의 변화, 낮과 밤이 뚜렷하게 나타나도록 표현한다.

마당 조명에서 가장 중요한 것은 맑은 날의 태양 역할을 하는 강한 주광을 설정하여 명암 대비를 강하게 하는 것이다. 주광은 다른 램프보다 소비 출력이 높은 것을 사용해야 효과가 있다. 조명 기구와 스튜디오 환경이 허락될 경우, 시간 변화에 따른 주광을 설정하면, 더욱 사실적인 조명이 될 것이다.

주광을 받고 있는 벽 세트의 그림자와 피사체의 그림자를 마당에 떨어지게 만들어 사실적으로 표현한다. 얼굴 표현은 빛이 닿는 부분과 그렇지 않은 부분을 명확히 구분하여 입체감을 살린다. 마당 마루는 빛이 충분히 스며들게 하여 밝음과 어둠의 대비의 미를 표현한다. 빛이 실내의 창문까지 깊숙이 들어가게 하면 창문 창호에 세트의 그림자가 나타나 사실적인 조명으로 분위기를 느낄 수 있다.

▲ **그림 7-13** 마당의 모습, 마당 조현을 위한 조명 기구들이 배튼에 달려 있다.

구름 낀 날은 주광을 끄고, 소프트 라이트로 화면 전체를 부드럽게 하여 그림자를 흐르게 만들고, 인물 표현은 입체감을 피하고 부드럽게 만든다.

마당의 시각 표현 방법은 정밀한 시간, 분 단위로 표현하기가 어려우므로 아침, 오전, 정오, 오후, 저녁노을, 밤으로 구분한다.

▲ **그림 7-14** 마당의 주광

낮의 시간 표현은 그림자의 위치와 크기에 따라 표현한다. 밤의 표현에는 [그림 7-13]처럼 소프트 라이트인 브로드 라이트에 블루 컬러를 부착하여 마당 전체를 블루 톤으로 만든다.

마당에 있는 호리존트 표현은 아침, 저녁노을은 로어(lower) 부분에 주황색 필터를 사용하여 황혼을 나타내고, 오전, 정오, 오후에는 블루 필터로 파란 하늘을, 그리고 밤에는 다크 블루(dark blue)를 사용한다.

마당의 조명은 낮과 밤을 구별하여 세팅한다. 밤을 표현할 때 중요한 것은 마루의 안쪽에서 밝은 빛이 마당으로 떨어지게 하여 장면의 광원이 마루의 안쪽에 있다는 것을 알 수 있도록 해야 한다는 것이다.

마당에 있는 피사체의 조명은 조명 기구의 반 도어를 닫아 피사체 외의 다른 곳에 누광되지 않도록 한다. 그리고 마당 곳곳의 세트에 국부 조명을 하여 영상 화면에 화이트 부분을 만들면, 전체적인 밤 분위기의 콘트라스트를 만들 수 있다.

4 창문 조명

사실주의 조명 구성의 경우 환경의 표현은 매우 중요하다. 이러한 환경의 표현은 관객이 실제 존재하는 것처럼 보이게 한다. 이러한 면에서 볼 때 창문 조명은 마당 조명보다 실내 장면에 있어서 중요한 장치라고 할 수 있다. 창문에 비춘 빛은 우리에게 시각적인 단서인 실외 환경의 특징을 보여줄 수 있으며, 마당 조명처럼 하루 중의 시간을 알려주고, 심지어 날씨, 계절까지도 알려주는 까닭이다. 창문을 통해 실내로 들어온 빛은 실내의 공간을 드러나게 하여 장면의 분위기나 무드에 영향을 미치기도 한다. 실내의 벽이나 바닥에 떨어진 창문의 모양은 내외부 조명에 영향을 미친다.

① 빛의 질

창문을 통해 실내에 들어온 빛의 질은 외부 환경에 대한 시각적인 단서가 되고, 실내 분위기와 조명 분포에 영향을 미친다.

[그림 7-15]의 (a)처럼 구름 낀 날의 빛은 부드럽기 때문에 실내에 비친 빛은 창문 문양을 드러내지 않고 방안 전체를 부드럽게 한다.

실내에 들어온 빛은 실내의 곳곳에서 반사되기 때문에 실내 표면들의 색깔 톤을 띠게 된다. 또한 실외 빛의 질은 실내의 피사체에 영향을 미친다. 반사된 빛은 모든 곳을 비추기 때문에 피사체를 부드럽게 한다.

(b)처럼 맑은 날의 빛은 강하기 때문에 창문의 문양은 실내에 콘트라스트를 가지고 표현된다.

실내에 들어온 빛은 직사광선이므로 반사된 빛이 적어 실내는 밝은 곳과 어두운 곳의 명암차가 뚜렷이 나타내고, 피사체 또한 실내의 빛이 닿지 않는다면 상대적으로 어두워질 수 있다.

(a) 구름 낀 날의 실내의 빛

(b) 맑은 날의 실내의 빛

▲ **그림 7-15** 빛의 질에 따른 실내 빛의 양상

실내에 들어온 빛이 어떠하든 피사체와 실내 모두를 조명해야 한다. 구름 낀 날의 실내 빛에 있는 피사체가 너무 밋밋하다면 보조 광원을 사용해야 하고, 실내에 들어온 빛이 강하다면 실내의 어두운 곳에 조명을 하여 콘트라스트를 조절하고, 인물 또한 보조 광원을 사용하여 부드럽게 만든다.

스튜디오 제작 현장에서는 광원을 조절하여 실내의 빛을 만든다. 구름 낀 날의 실내 빛을 만드는 데에는 스포트라이트에 확산 필터를 부착하여 부드러운 실내의 빛을 만드는 방법과 창문 외부에 광목천으로 부착하여 빛을 투과하게 만드는 방법이 있다.

맑은 날의 실내 빛은 스포트라이트를 사용한다. 이때 실내의 빛은 실내의 강도보다 조금 높은 출력의 조명 기구를 사용한다.

② 창문의 형태

실내에 만들어진 창문 문양은 시간, 장소, 장면의 분위기를 연출할 수 있다. 실내에 창문 문양을 만드는 데에는 스튜디오의 창문 세트를 그대로 드러나게 하는 방법과 인위적으로 실내에 창문 문양을 만드는 방법이 있다.

• 세트 이용

실내 세트의 창문은 장면의 환경에 따라 다르게 만들어진다. 방의 창문이 불투명한 유리로 되어 있는 경우, 창문에 빛을 주면 문양이 나타나지 않고 확산된 빛이 실내로 들어온다. 이 경우, 장면의 분위기를 위하여 실내에 문양을 만들고 싶다면 창문을 열면, 여는 폭에 따라 실내에 창문의 문양이 만들어진다. 거실의 창은 창의 장식에 따라 실내에 문양이 만들어진다.

사무실의 블라인드 커튼은 분위기를 만드는 데 좋은 재료이다. 블라인드 커튼의 개폐에 따라 실내의 벽에 만드는 문양이 달라진다. 피사체가 블라인드 커튼 앞에서 촬영하게 되면 피사체의 얼굴은 블라인드로 인해 밝은 부분과 어두운 부분으로 표현되어 또 다른 분위기를 만든다.

• 인위적인 창문 문양

창문이 없는데 창문 문양이 필요할 경우, 창문을 통과하는 빛이 좋지 않은 문양을 만들 경우, 조명 디자이너는 장면의 분위기를 위해 주제에 적합한 창문 문양을 만든다.

인위적인 창문 문양은 실제 세트가 만든 창문 문양보다 좀 더 다양하고 자유롭게 표현할 수 있다. 창문을 만드는 방법은 조명 문양을 만드는 '배경의 조명 모양의 패턴 표현 방법'에서 나온 방법과 동일하다. 주제에 맞는 모양을 만든 후 엘립소이달 조명 기구에 삽입하여 비추면 세트 벽면이나 바닥에 문양이 만들어진다.

③ 시간의 표현

드라마에서 시간의 표현은 주로 실내의 창문을 통해 이루어진다. 실내에 들어온 빛의 방향이나 창문에 표현된 색은 관객에게 장면의 시간대를 알려준다. 실내에 들어온 측광은 오전이나 늦은 오후를 나타내고, 정면에서 들어온 빛은 정오 부근이라는 것을 알려준다. 낮에는 백광으로, 해질녘은 주황색 필터, 밤은 블루 필터를 사용하여 표현한다. 또한 창문의 빛을 통하여 실외 환경을 표현할 수도 있다. 모텔의 방을 표현할 경우, 창문에 반짝이는 색 조명으로 이곳이 밤이라는 시각과 유흥가라는 주변이라는 장소를 나타낼 수 있다.

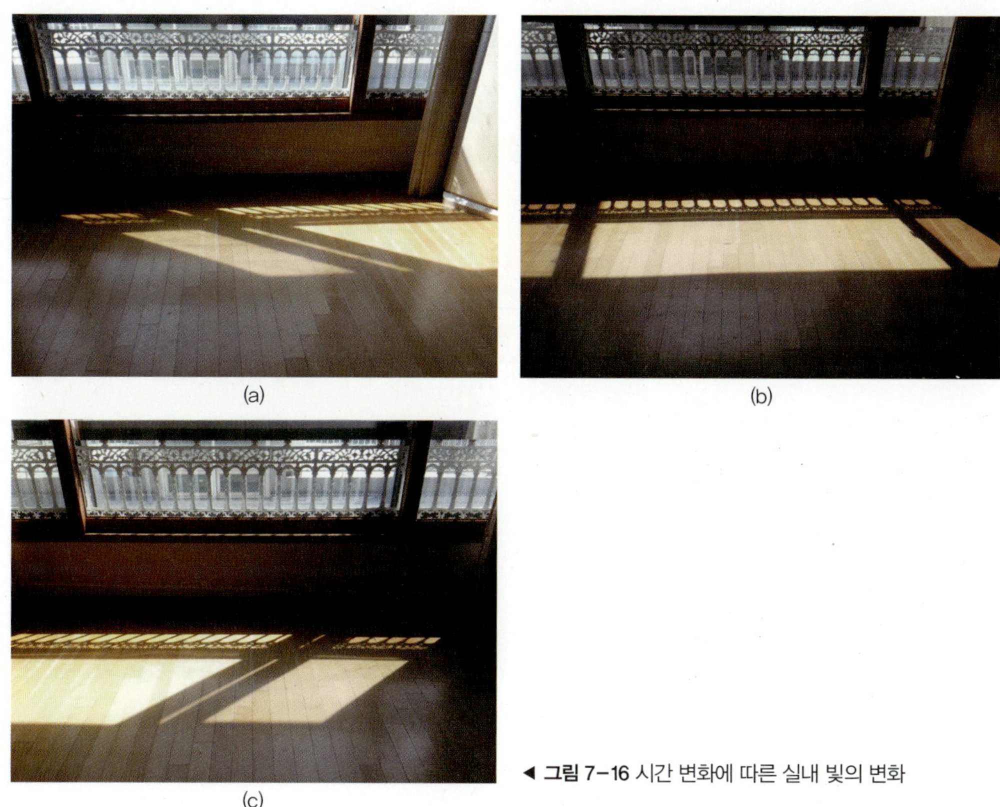

(a)　　　　(b)　　　　(c)

◀ 그림 7-16 시간 변화에 따른 실내 빛의 변화

[그림 7-16]에서 (a)는 오전 10시의 빛 방향이고, (b)는 12시, (c)는 오후 3시의 빛 방향이다. 그림을 보면 12시의 방향이 빛의 강도가 강하고 그림자의 길이가 다른 시간대보다 짧다는 것을 알 수 있다. 또한 실내에 강한 콘트라스트를 가진 창문 표현을 만들고 있다.

(a) 밤

(b) 낮

(c) 밤과 낮의 표현을 위한 조명   (d) 실외의 석등을 위한 조명

▲ **그림 7-17** 한 장소의 밤과 낮 장면

[그림 7-17]은 한 장소에서의 밤과 낮을 표현한 장면이다. 그림 (a)는 밤 장면의 조명 이미지이다. 이를 위하여 그림 (c)에서 보는 것처럼 창문 밖에서 2kW 스포트라이트에 블루 컬러를 부착하여 창문 전체에 블루 색광을 만들어 채색하였다. 또한 사실적이고 창조적인 표현을 위해 그림 (d)에서 보는 것처럼 2kW 스포트라이트에 주황색 컬러 필터를 사용하여 밖에 석등이 있는 것처럼 그림 (a)의 가운데에 밝은 주황색 석등의 불빛을 표현하였다. 이 조명은 분위기와 시각적 미학의 상징을 동시에 가지고 있다.

④ 창문 빛의 분위기

창문을 통해 들어오는 빛을 이용하면 장면의 분위기를 강조하거나 극적 효과를 나타낼 수 있다. 조명 디자이너는 빛의 각도와 방향을 인위적으로 바꾸어 피사체의 얼굴에 빛을 닿게 함으로써 창문에 들어오는 빛의 효과를 증대시킨다.

[그림 7-18]은 감옥 창문의 빛을 조절하여 피사체의 몸 전체에 빛이 닿게 함으로써 얼굴에 흑과 백의 대비로 옥살이하고 있는 자신의 처지를 고뇌하는 모습을 표현했다. 반면, 창문의 빛은 옥살이를 벗어날 수 있다는 희망의 빛으로 작용할 수 있다.

그림은 창호에 들어오는 햇살을 매개로 실내 전체를 밝음과 어둠의 강한 대비로 만들고, 피사체의 얼굴에 빛이 측광으로 닿게 하여 고뇌하는 장군의 모습을 강조하고 있다. 하지만 창문의 빛을 이용한 분위기 표현이 전체 이야기 구조에 연결되는지를 살펴보아야 한다. 창문 빛을 통한 지나친 강조는 극의 흐름에 방해가 될 수 있다.

(a)

(b)

▲ **그림 7-18** 창문의 분위기 표현

드라마에서의 부드러운 빛 생성

드라마가 HD로 제작하면서 인물 표현을 부드럽게 표현할 필요성이 대두되어 화면에 좀 더 부드러운 빛이 필요하게 되었다.

그래서 드라마 제작 현장에서는 좀 더 부드러운 빛을 얻기 위해 반사판으로 반사된 부드러운 빛과 광목천을 사용하여 방안 전체에 부드러운 빛을 비추고 있다.

이러한 빛은 인물을 부드럽게 감싸안아 얼굴을 깨끗하고 부드럽게 만들 수 있지만, 지나치면 인물의 입체감이 결여된다.

쇼 프로그램 조명

쇼 프로그램은 다양한 조명 기구 및 특수 조명 효과 장비를 이용하여 무에서 유를 창조해낸다. 따라서 예술적이고 회화적인 요소가 가장 강한 조명 영역이라고 할 수 있다.

쇼 프로그램 조명은 음악의 이미지를 시각화하기 위해 시각 요소인 색채 구성과 점. 선. 면의 형태를 이용하여 2차원의 평면에 공간을 구성하고 3차원 조명의 감성 언어를 표현한다. 이는 쇼 프로그램의 조명 이미지 표현은 음악 속에 내포된 그림 요소를 이끌어 내고. 다시 그 그림 속에서 음악이 표출되도록 하는 작업이라는 뜻이다.

조명 이미지 표현은 점. 선. 면의 형태와 색채 구성을 이용하여 단순히 조형적이고 회화적인 미적 가치만을 추구하는 것이 아니다. 회화처럼 감각에 소구(訴求)하는 형식을 통해 심리적 작용을 이용하여 전달하는 창의적이고 예술적인 작업이라고 할 수 있는 것이다.

Chapter

08

조명 이미지 표현

색채는 여러 가지 조형 요소들과 마찬가지로 시각 예술인 조형 예술에 있어서 중요한 대상이다. 이러한 면에서 음악의 감성을 이미지화하는 TV 쇼 프로그램은 그 표현 매체가 주로 2차원의 화면이라는 점에서 색채의 요소가 좀 더 강력하게 작용한다. 색채는 물리적·심리적 효과를 주고, 시각과 음향처럼 청각을 일깨워주며, 보는 이의 시각과 더불어 감수성에 호소하기보다는 오히려 내적 음향의 울림으로 인해 관람객의 영혼에 호소한다. 즉, 쇼 프로그램에서 음악의 감성이 색채의 감성을 불러일으키고 다시 색채의 감성은 음향의 울림으로 관객의 감성에 작용할 수 있다.

따라서 조명 디자이너는 음악의 감성을 전달하기 위해 조명 이미지의 시각적 리듬을 청각적 리듬으로 전환시키고, 색채의 조화를 음악과 연결시켜야 한다.

01 쇼 프로그램의 색채 계획

쇼 프로그램의 색채 계획은 음악의 감성에 따른 빛선의 색, 세트나 무대의 색, 객석의 색 등으로 진행된다. 전체적으로 음악의 감성에 따른 색 설계가 주요한 지표가 되며, 나머지는 그에 따른 배합이나 강조의 색으로 결합된다.

중요한 것은 색채를 계획할 때 영상 장치의 그래픽 색 구성을 고려하여 색채를 설계해야 한다는 것이다. 조명 이미지의 색과 영상 장치의 그래픽 색이 불일치하면 조명 디자이너가 계획한 음악의 감성이 관객에게 잘 전달될 수 없는 상황이 된다.

❶ 주조색(key color)을 결정한다.

먼저, 전체적인 조명 이미지를 위해 기본색인 •주조색(主調色)을 선정한다. 주조색이란, 화면 중에서 가장 많은 면적을 차지하는 색으로, 보통 미학적 판단을 가름하는 카메라의 풀 샷으로 결정된다. 먼저 조명 디자이너는 음악을 듣고 음악의 감성과 그 음악에 관련된 자료를 조사한 후, 세트와 가수의 의상 색을 참조하여 주조색을 결정한다.

● 주조색은 배색의 기본이 되는 색으로, 약 60~70% 면적을 차지하는 가장 넓은 부분의 색을 말한다.

① 제목을 보고 색을 결정하는 방법

제목을 보고 색을 결정하는 방법에 대한 예를 들어 보자. 만약, 김건모의 '잠 못 드는 밤, 비는 내리고'라면 밤과 비 등을 연상하여 블루를 주조색으로 정하는 것이다. 이 방법은 비교적 쉬운 반면, 단조롭다는 단점이 있다.

② 가사 내용을 보고 결정하는 방법

국악 '갈대꽃'은 김일로의 시 '갈대꽃 아련한 강마을, 달을 물고 나는 기러기'를 읽고 느낀 이미지의 감흥을 해금, 가야금, 거문고의 삼중주로 작곡한 노래이다. '갈대꽃'의 가사를 보면 '산은 서 있고 들녘 누웠는데 고물고물 기는 시냇물 강마을에 저녁노을 기다리다 지쳐서 조는 나룻배, 갈대꽃 아려한 강마을 달을 물고 나는 기러기'라는 내용이 있다. 조명 디자이너는 '갈대꽃'의 전체적인 가사를 보고, 주조색으로 석양을 연상시키는 빨강과 주황을 선택하게 된다. 이때 주의할 것은 제목이나 가사를 너무 문자 그대로 받아들일 것이 아니라 이것에서 엿볼 수 있는 '감성'을 표현하는 것이 좋다.

③ '곡의 전체적인 느낌'을 보고 결정하는 방법

이 방법은 가장 어렵고, 음악의 색 선정에 있어서 우선되어야 할 중요한 작업이다. 조명 디자이너의 주관적인 감정이 개입되기 쉽기 때문에 실패하기 쉽지만, 창조적이고 예술적 표현이 자유롭다. 음악의 느낌으로 색을 선정할 때에는 음악의 소리와 가수의 음색이 부가적으로 고려된다. 음악은 여러 가지 소리에 의해 미적으로 구성된다. 이에는 멜로디가 있고 리듬이 있으며, 음색이 있다. 음악은 소리를 자유롭게 다스려 작곡가의 감정이 음악을 듣는 이에게 강하게 전달되도록 한다. 이와 같이 음악의 소리 [●]콤비네이션(combination)에도 인간의 감정에 영향을 미치기 때문에 이를 색채 이미지에 매칭(matching)시키는 것도 한 가지 방법이다.

노래를 부르는 가수에게는 특유의 음색이 있다. 이 음색을 달콤하다, 차다, 부드럽다 등 인간의 미각, 시각, 촉각 등에 빗대어 표현하는 것처럼, 음색은 여러 가지 감정을 느끼게 해준다. 하지만 따로따로 감정을 갖는 것이 아니라 하나의 음악으로서 듣는 이의 감정을 불러일으킨다. 감정에도 기승전결이 있으므로 이를 바탕으로 결정하는 것이 바람직하다.

주조색이 선정되면 그 다음에는 그와 어울리는 배합색과 강조색을 결정해야 한다. 주조색에 대한 배합색과 강조색은 배색의 색채 효과를 증대시키기 위해 사용된다. 보통 우리의 시야 속에 하나의 색만 존재하는 경우는 별로 없으며, 만약 색이 하나뿐이라면 너무 단조로울 것이다.

이처럼 몇 가지 색이 조화를 이루어야 좀 더 색채에 의한 이미지를 강하게 만들 수 있다. 여기서 배색(配色)이 좋고 나쁨이 나타나게 된다. 배색이란, 이와 같이 몇 가지의 색이 모여 어떤 감정을 만드는 것으로, 그 평가는 목적에 의해 전혀 다른 것이 되므로, 적절한 배색에 힘써야 할 것이다.

이러한 색의 배색과 강조색의 선택은 색의 3속성인 색상, 채도, 명도의 특성을 고려하여 선택하여야 한다.

02 색 감성을 이용한 조명 이미지 표현

색채는 느낌의 언어로서 강하고 직접적인 호소력을 가지고 있다. 색채는 감정을 나타내는 수단으로 사용하기도 하며, 색채 그 자체의 아름다움을 나타내기도 한다. 또한 색채를 처음 보았을 때 물리적 인상은 정신적 동요로 이어져 심성에 직접적인 영향을 미치며, 미적 체험을 하게 된다.

색채는 각각 고유한 성격을 가지고 있다. 그 성격은 하나 또는 여러 가지 색이 배색되어 감성을 불러일으킨다. 그리고 인간은 어떤 소리를 듣게 되면 음에 따른 감성의 변화를 느끼고 색채를 연상할 수 있다.

소리의 자극에서 색채를 느낄 수 있는 경우를 '색청(色聽)'이라고 한다. 그리고 시각적인 현상을 청각적으로 표현하거나 청각적인 현상을 미각적으로 바꾸어 표현하는 것처럼, 감각을 전이시켜 표현하는 것을 '공감각 현상'이라고 한다.

색과 소리에 대한 인간의 반응에는 공통점이 많기 때문에 음악의 감성을 색채로 전이시키는 작업은 매우 자연스러워 보인다. 흑인들의 슬픔과 애환을 담은 음악인 '블루스'의 어원이 '블루'에서 나왔듯이, 음악을 표현할 때 색과 연관된 용어를 사용하는 것만 보아도 색과 소리의 관계는 충분히 짐작할 수 있다. 즉, 음악의 시각화 작업은 음악과 색채의 접점에서 성립된다. 그래서 음악의 시각화는 이러한 색채의 심리와 이미지를 이용한다. 쇼 프로그램은 색의 구성과 색채의 효과가 중요하게 작용하므로, 색채가 가지고 있는 감성적 특성을 이해하는 것이 중요하다.

조명 디자이너가 주제를 표현할 때 가장 고민을 하는 부분이 조명 이미지의 색의 선택이다. 여성에 관한 프로그램의 세트를 채색할 때 어떤 색이 가장 잘 어울릴까? 어떤 색으로 슬픔을 표현할까? 이렇게 조명 디자이너는 항상 색의 선택에 직면하게 된다. 따라서 색채의 감성적 특성을 이해하는 것이 매우 중요하다.

문화권에 따라 색채가 다르게 인식되거나 사용되는 경우도 있지만, 색채가 지닌 감성적 특징은 보편성을 가진다. 일반적으로 빨강은 정열, 흰색은 순결, 녹색은 생명력, 파랑은 하늘이나 바다, 그리고 검정은 어둠, 차분함을 떠오르게 하는 식이다. 이와 같이 심리적으로 활용되는 다양한 색채의 상징성은 역사와 지역에 따라 약간의 차이가 있지만, 많은 공감대를 형성한다. 이와 같이 색과 감정 간의 관계는 우연이나 개인적인 취향의 문제가 아니라 일생을 통해 쌓아가는 일반적인 경험, 어린 시절부터 언어와 사고에 깊이 뿌리내린 경험의 산물이며, 심리학적인 상징과 역사적인 전통에 근거를 둔다. 색채의 감성은 다음과 같이 고찰할 수 있다.

첫째, '사회학적 접근법'으로, 색채를 통해 고대 인도의 카스트 같은 신분 제도를 살펴보는 등 사회관계 속에서의 색채 의미를 살펴보는 것이다.

둘째, '문화사적 접근법'으로, 생활 문화, 종교, 민속학, 문학, 역사 등의 광범위한 영역 속에서 다양한 색채 현상을 분석하는 것을 말한다.

셋째, 회화 등과 같은 예술 작품에 표현된 색채를 중심에 놓고 작품을 평가하는 '미학적 접근법'이다. 예를 들어 개별 화가와 색채를 연결지은 연구의 전형으로 고흐의 '해바라기'를 들고 있다. 이는 고흐의 강렬한 태양과 해바라기를 향한 노랑의 색채 감각에 대해 알아보는 것을 뜻한다. 색의 역사는 곧 미술의 역사라고 불러도 좋을 만큼 오랫동안 미를 표현하고 향유하는 대상이자 방법으로 선택되어 왔기 때문이다. 이러한 회화의 역사적 배경과 심리학적 배경은 색채 감성의 보편성을 설명해준다.

넷째, '심리학적 접근법'은 빨강은 따뜻한 느낌을 주고 파랑은 차가운 느낌을 준다는 식으로, 각각의 색깔은 사람들에게 공통된 이미지를 떠올리게 하는 등, 색채와 심리가 밀접한 관계를 맺고 있다는 심리학적인 측면으로 설명하는 것을 말한다.

조명 디자이너는 색채가 가지고 있는 사회학적, 문화적, 미학적, 감성적 특성을 이해하고, 주제를 표현할 때 주제의 감성을 색으로 치환해야 한다. 하지만 '이 색이 꼭 이러한 감성을 가지고 있다'라고 할 수는 없다. 색의 감성은 개인에 따라 다르게 느껴질 수 있지만, 보편타당한 색채의 감성을 이해하고 있어야만 주관적인 색채의 표현력을 확장시킬 수 있다.

색채가 가지고 있는 감성적 이미지를 알고 있으면 조명 디자인 색 표현의 열쇠를 가지게 되는 것이다. 지금부터 TV 프로그램에서 자주 사용하는 색을 중심으로 색채가 가지고 있는 감성에 대해 알아보자. 그림 예시는 회화를 통한 미학적 접근법을 바탕으로 필자가 디자인한 조명 이미지 표현과 비교하였다.

1 빨강의 감성 표현

난색 계열인 빨강은 사람이 이름 붙인 첫 번째 색이며, 태초의 색이다. 색(色)과 빨강이 같은 단어인 언어도 드물지 않다. 스페인 어로 '콜로라도(colorado)'는 '색'인 동시에 '빨강'을 뜻한다. 빨강은 한계가 없고, 특징적인 따뜻한 색이라고 한다. 이는 내적으로 생기에 차 있고, 활동적이며, 동요하는 색이지만, 사방으로 자기 힘을 소모하는 노랑의 경솔함이 없다고 한다. 거의 외부로 향하지 않고, 주로 내부에서 분출하고 작렬하는 빨강은 소위 남성적으로 성숙한 색이라고 한다. 그래서 빨강은 불타는 열정과 사랑의 색이라고 할 수 있다.

빨강은 정치와도 관련이 있는데, 중세 시대 유럽에서 붉은색은 권력자들의 색이었다. 붉은 염료가 비싸서 서민들은 붉은색의 옷을 못 입었기 때문에 붉은색은 부유한 자들의 권위를 나타내는 귀족의 색이기도 했다. 로마 시대에도 빨강은 권력자의 색이었다. 국회의사당 회의실로 올라가는 계단에 빨간 카펫을 까는 것은 지금도 빨강이 권위를 나타냄을 방증한다. 또한 영화제 시상식 날, 주인공인 배우들이 길게 늘어진 빨간 카펫 위를 행복한 미소를 띠며 걸어 들어오는 것을 보면 빨강은 영광의 색이자 환희의 색이기도 하다.

빨강은 인간이 최초로 인식한 색이고, 생존을 위한 피의 색, 가장 원시적인 색, 무엇보다도 생명의 색이라고 한다. 빨강은 검정을 배경으로 한 악마적이고 불길한 주황으로부터 감미로운 천사와 같은 분홍에 이르기까지 천국과 지옥의 중간 계단을 모두 표현할 수 있다고도 한다. 이 의미는 천국과 지옥의 중간에는 바로 죽음을 앞둔 인간의 삶이 있고, 삶 중간에는 피가 존재하며, 그것은 고통과 불안, 두려움을 의미한다고 한다.

노르웨이 화가 뭉크의 '절규'에 표현된 빨강은 어린 시절 연속된 충격에서 오는 죽음의 슬픔과 공포, 무엇보다 육신의 사랑을 죽음에 의해 빼앗긴 기억, 더욱이 그것을 극복하고 살아가려고 할 때에 분출되는 생의 에너지, 전체가 빨강이 되어 그림 속의 하늘에 울려 퍼지고 있다. 마치 궁극의 감정이 분출할 때 빨강이 파멸의 색이라고 말해주는 것이 뭉크의 그림이다. 앞에서 살펴본 바와 같이 긍정의 빨강은 영광과 정열 그리고 사랑의 색이지만, 부정의 빨강은 죽음과 고통의 색이다.

▲ **그림 8-1** 절규(뭉크 작)

▲ **그림 8-2** 빨간색 감성의 조명 이미지

뭉크의 '절규'에서 느낀 빨강의 고통과 파멸의 감성을 조명 이미지 표현에 차용하면 [그림 8 -2]와 같이 사용될 수 있을 것이다.

[그림 8-2]의 조명 이미지는 '가시나무새'의 노래 감성을 표현한 것이다. '가시나무새'의 가사와 멜로디에서 느껴지는 질감을 빨강으로 표현하고, 배색으로 주황을 사용하였다. 이 노래에서 표현된 빨강은 가장 아름답고 가장 순수한 사랑의 처절한 고통을 승화한 슬픔과 희생의 색이다. 일생에 한 번 가장 슬픈 노래를 부르고 가시에 가슴을 찔려 죽는 가시나무새의 이미지를 빨강과 주황을 대비시켜 표현하였다.

② 노랑의 감성 표현

노랑은 태양의 색이기 때문에 밝은 빛과 따뜻함을 상징하며, 명랑하고 쾌활한 색이다. 황금을 나타내기 때문에 황제의 색이고, 성스러운 색이기도 하다. 그래서 중국 역사극에서 황제는 노란 옷을 입고 있다. 또한 노랑은 예술과 철학의 색이며, 미래의 희망과 총명함을 암시한다.

괴테는 "황색은 전적으로 따뜻하고, 안락한 인상을 주며, 그래서 황색은 회화에서 밝고 활동적인 부분을 나타내는 데 사용한다"라고 말했다. 고흐의 '노란 방'은 사람과의 뜨거운 만남을 몹시도 갈망하던 고흐의 심정을 반영하고 있다. 반 고흐는 정신적으로나 물질적으로 피폐해져 있었기 때문에 스스로 변화하기를 희망했다. 화가들과의 관계를 희망했던 고흐는 노랑으로 집을 칠하면서 고갱을 기다렸다. 고흐에게 있어서 노랑은 '희망'과 '만남'의 색이다.

하지만 노랑은 흥분을 유발하는 불화의 시기와 질투의 색이기도 하다.

이렇듯 노랑이 황금색과 같은 계통임에도 불구하고 정반대의 의미를 지니고 있는 것은 유럽에서 노랑은 대개 부정의 의미를 가지고 있기 때문이다. 지오토 디 본도네가 그린 '유다의 입맞춤'에서는 그리스도를 배반한 제자 유다를 노란색으로 그렸다. 중세의 예술인들이 노랑을 유다의 복장으로 상징화시킨 것이다. 이처럼 노랑은 중세 이래 유럽 등지에서는 배신자 유다, 매춘부, 이단자를 구별하는 데 쓰였다. 긍정의 노랑은 희망과 기다림을 나타내지만, 부정의 노랑은 질투와 시기 그리고 정신적 갈등을 나타낸다.

쇼 프로그램에서 노랑은 대부분 밝은 노래나 동요의 노래에 사용되기도 한다. "그 오랜 떡갈나무에 노란 리본을 매달아 주오. 3년이란 세월이 흘러도 아직도 날 사랑하나요? 만약 그 오래된 떡갈나무에 노란 리본이 매달려 있지 않다면"

'Tie a Yellow Ribbon Round The Ole Oke Tree'이라는 유명한 팝송 가사의 일부분이다.

▲ **그림 8-3** 노란 방(고흐 작)

▲ **그림 8-4** 노란색 감성의 조명 이미지

이 노래의 가사에서 우리는 노랑의 질감을 느낄 수 있다. 교도소에서 출소하여 귀향하는 전과자의 마음은 사랑하는 사람의 용서와 화해 그리고 행복해지고 싶은 희망을 노랑 리본에 기대고 있다.

이러한 감성은 [그림 8-4]의 노래 '만남'의 조명 이미지로 표현할 수 있다. 무대 공간과 커튼 세트 그리고 가수 뒤의 공간에 표현된 노랑의 조명 이미지는 사랑하는 사람과의 만남과 헤어짐을 가슴 아파하면서 다시 만나기를 은연중에 기대하는 회한과 기다림의 색이라고 할 수 있다.

❸ 파랑의 감성 표현

헬러에 따르면 파랑은 사람들이 가장 좋아하는 색이라고 한다. 독일 남자의 46%, 여자의 44%가 파랑을 가장 좋아한다고 대답했다. 파랑을 좋아하지 않는 사람은 남자의 1%, 여자의 2%에 불과하다.

또한 파랑은 백색과 함께 우리 민족이 가장 선호하는 색으로, 유교적 금욕주의에 의한 정신적이고 고결한 색의 상징으로 여겨져 왔다고 한다. 이처럼 환경이 달라도 남녀 모두 파랑을 선호하는 이유는 파랑이 차가운 느낌을 주는 색이기는 하지만 호감, 조화, 우정, 신뢰 등을 상징하는 색이기도 하기 때문이다.

색채 감정의 경우, 우리는 더 큰 연관 관계를 생각할 수 있다. 파랑은 '하늘'이다. 그래서 파랑은 신성한 색, 영원한 색이다. 파랑은 하늘이고, 신은 하늘에 살기 때문에 파랑은 신을 둘러싸고 있는 색이라고 한다. 그래서 파랑은 여러 종교에서 신의 색으로 사용된다고 한다. 이러한 파랑의 의미는 성화에 잘 나타난다.

하지만 파랑은 차갑고 고요한 느낌 때문에 슬픔이나 우울함의 감정을 불러일으킨다고 한다. 밝은 파랑은 보기 흉하고, 어두운 파랑은 사람을 불안하게 한다고 생각해 '죽음'이나 '어린아이'와 연관되는 일이 잦았다고 한다.

*피카소의 그림 '늙은 유태인' 속의 파란색은 고독과 슬픔, 불안감의 색이다. 그의 파랑에는 형언할 수 없는 불안감과 슬픔과 고독이 묻어 있다. 차가운 인디고와 코발트 블루를 즐겨 사용하여 자신을 사로잡았던 우울한 감정을 투영하였다. 유태인과 아들로 보이는 인물의 창백한 얼굴은 저항할 수 없는 가난과 슬픔의 인생 그 자체이다.

▲ 그림 8-5 늙은 유태인(피카소 작)

● 피카소의 청색 시대란, 피카소가 그림을 주로 청색을 사용하여 그림을 그린 시대를 말한다. 친구의 죽음으로 인한 내면의 슬픔을 표현하기 위하여 청색으로 그렸다는 이야기가 있다.

▲ **그림 8-6** 파란색 감성의 조명 이미지

[그림 8-5]의 '늙은 유태인'의 슬픔과 좌절을 내포한 파랑의 감성은 노래 '총 맞은 것처럼'의 조명 이미지로 표현될 수 있다. 전체적인 노래의 질감인 사랑의 상실과 아픔의 감성을 슬픔의 색인 다크 블루(dark blue)를 이용하여 스튜디오 공간과 나무 세트에 채색하였다.

④ 주황의 감성 표현

주황은 빨강과 노랑을 혼합한 색이다. 노랑이 고조되면 주황이 된다. 이 색의 영어 이름인 오렌지(orange)는 말 그대로 오렌지 열매를 가리킨다. 주황은 빨강의 흥분과 열정, 노랑의 따뜻한 이미지를 모두 가지고 있다. 또한, 축제와 파티의 색이기도 하다. 그 이유는 유쾌하고, 발랄하고, 활기찬 인상을 주기 때문인데, 이는 주황의 가장 훌륭한 장점이다. 빨강과 노랑은 너무 대립적이어서 함께 어우러지는 즐거움을 만들어 내지 못하지만, 주황이 들어가면 이 둘을 조화롭게 만들어 흥거워진다고 한다. 주황은 파랑과 보색이므로, 파랑의 정신적이고, 사색적이며, 고요한 특성과 정반대의 특성을 갖는다. 주황은 파랑으로 둘러싸여 있을 때 가장 영향력이 커진다. 파랑은 진할수록 어두워지며, 주황은 진할수록 빛을 발한다.

색채의 마술사 샤갈의 '댄스' 속 주황은 유쾌하고, 발랄하며, 활기찬 축제를 의미하는 색이다. 축제의 흥분과 열정을 나타낸다. 보색인 주황과 파랑, 빨강과 초록은 생동감을 더해준다.

긍정의 주황은 환희, 기쁨의 색이지만, 부정의 주황은 변덕과 불안을 나타내고 너무 튀어 보이는 색, 흔히 사용되는 색으로 고급스러운 이미지를 주기 어렵다. 값싸고 천박스러운 이미지가 주황의 부정적 의미이다.

샤갈이 즐거움과 기쁨을 나타내기 위해 주황을 주조색으로 사용하였듯이 흥겨운 음악이나 즐거운 파티 분위기의 조명 이미지를 표현하기 위해서는 빨강보다는 주황을 사용하여 분위기를 고조시킨다.

▲ **그림 8-7** 댄스(샤갈 작)

▲ **그림 8-8** 주황색 감성의 조명 이미지

샤갈의 '댄스'에 표현된 주황은 [그림 8-8]의 스페인 세비야 뮤지컬 '돈 주앙'의 조명 이미지에서도 찾아볼 수 있다. 주조색인 주황은 스페인 댄서의 화려하고 열정적인 플라멩코의 춤과 강렬한 라틴 음악이 어우러진 생동감 있고 화려한 색이다. 배경의 파랑은 주황의 보색이므로 주황의 흥겨움을 더해준다. 주황이 파랑으로 둘러싸여 있을 때 가장 큰 영향력을 가진다. 그리고 좌우 세트에 배색된 유쾌한 색인 노랑과 붉게 타오르는 태양은 분위기를 고조시키고 있다.

5 초록의 감성 표현

초록은 노랑과 파랑을 혼합하여 만든다. 초록은 봄을 연상시킨다. 봄은 계절의 맨 처음이며, 긴 여정의 시작을 의미한다. 초록은 심리적으로 안정감을 준다.

초록은 그 어디에서도 중심을 잃지 않는다. 빨강은 뜨겁고, 파랑은 차가우며, 초록은 적당한 온도이다. 빨강은 적극적이고, 파랑은 수동적이며, 초록은 마음을 안정시켜준다. 건강한 것은 초록을 띤다. 초록으로 가득 찬 들판을 보면 생명의 고귀함과 자연의 고마움을 느끼게 된다.

▲ 그림 8-9 녹색 드레스의 카미유(모네 작)

▲ **그림 8-10** 초록색 감성의 조명 이미지

이와 같은 초록의 감성은 회화에서 잘 나타난다. 모네의 '녹색 드레스의 카미유'에서 명도와 채도가 낮은 어두운 빨강의 배경과 보색인 녹색 대비로 여인의 풋풋함과 신선함을 보여준다.

초록의 부정적 이미지는 독의 이미지가 강하여 회화에서 악마, 용, 뱀은 녹색으로 그려졌다. 초록은 풍성과 충족감, 평안, 희망으로 표현 가치를 높였으며, 지식과 신앙의 융화이며 상호 침투라고 했다. 그러나 맑은 초록에 회색을 혼합해 색이 둔해지면, 슬픈 쇠퇴감을 가져온다.

노래 '상록수'의 조명 이미지인 초록은 끈질긴 생명력과 꺾이지 않는 팔팔한 의지의 색이다. 인생의 고단함과 세찬 바람에도 흔들리지 않고 자신의 인생을 걸어가는 푸른 소나무의 색이다.

초록과 노랑을 배색하여 거친 들판에서 피어난 노랑의 희망을 말하고 있다.

6 보라의 감성 표현

붉은 기도, 푸른 기도 띠지 않은 보라를 정확하게 규명하는 것은 쉽지 않다. 보라의 암색을 명확하게 식별할 수 있는 사람도 드물다. 의식을 나타내는 노랑과는 정반대로 보라는 무의식을 나타내는 색이며, 대비 효과에 따라 때로는 신비적이고 인상적이다.

보라는 빨강과 파랑, 남성적인 것과 여성적인 것, 감각적인 것과 정신적인 것의 혼합이기 때문에 직관적인 색이며, 자수정처럼 정신적이고 사려 깊은 색이라고 한다. 그래서 보라의 이중성은 내면의 사랑과 증오, 강함과 약함, 희망과 절망 등 상반된 마음이 받아들여지도록 만드는 어떤 것이라고 한다.

보라는 특별히 미묘한 분위기를 자아내기 때문에 꿈과 영혼을 상징하며, 세련된 마음과 정신을 암시하는 색깔이다. 예술이나 문화적인 취향이 있는 사람들이 보라를 좋아하는 이유도 바로 이 때문이다. 보라는 낭만적이고, 열정적이며, 마술적이다. 보라는 가장 개인적인 색이면서 자유분방한 색이다. 보라 옷을 입은 사람은 튀고 싶어 하고, 대중과 자신을 구분지으려고 하는 성향이 강하다.

▲ 그림 8-11 대화(마티스 작)

▲ 그림 8-12 보라색 감성의 조명 이미지

사랑이라는 감정의 색에 대해 정열적인 육체의 사랑은 주황 속에 불타고, 파랑을 띤 빨강과 보라는 정신적인 사랑을 암시한다고 한다. 그래서 야수파 화가 마티스의 '대화' 속 보라는 신비의 색이면서 애증의 마음이 융화된 치유의 색이다. 보라를 추구하는 기분 속에는 빨강으로 대표되는 감정의 앙양과 파랑으로 대표되는 감정의 침체를 융화시켜 균형을 잡으려는 욕구가 고통을 치유한다고 한다. [그림 8-11]에서 잠옷을 입은 화가가 자신의 부인과 이야기하는 장면 속 배경의 보라는 일상의 평범한 광경을 신비로운 분위기로 전환시키며, 갈등을 회복하려는 치유력으로 나타난다.

마티스의 '대화'에서 느껴지는 감성은 [그림 8-12]의 '그대 음성에 내 마음 열리고'로 표현될 수 있다.

'그대 음성에 내 마음 열리고'는 '삼손과 데릴라' 중에 나오는 오페라이다. "죽음을 실어 나르는 화살보다도 빠르게 사랑하는 사람이 그대 팔 안으로 날아간다. 아, 내 사랑에 응답하여 나를 황홀감 속에 잠기게 해 다오. 내 사랑에 응답해 다오"라는 내용이다. '그대 음성에 내 마음 열리고'의 가사와 멜로디는 데릴라의 아름답고 관능적인 유혹에 넘어가 자신의 운명과 조국의 운명까지 흔들고, 자신의 비밀을 말하는 사랑의 치명적 유혹과 환상의 감성을 표현한다. 이러한 감성을 표현하기 위해 조명 이미지의 주조색으로 보라를 정하고, 가수의 배경은 빨강 속에 노랑 불꽃을 표현하여 타오르는 감정을 표현했다.

▼ 표 8-1 색과 이미지 관계

	시각 이미지	언어 이미지(긍정)	언어 이미지(부정)
빨강	태양, 불꽃, 피, 빨간 옷, 립스틱, 와인, 소방차	기쁨, 정열적인, 영광스러운, 강렬한, 흥분하는	고통스러운, 사악한, 무서운, 위험한, 답답한
노랑	해바라기, 금, 병아리, 바나나, 레몬, 유채꽃, 공사 현장	희망적인, 행복한, 따뜻한, 위험한, 밝은	불안한, 안절부절못하는, 불안한, 질투하는, 아픈
파랑	하늘, 바다, 눈, 블루베리, 젊음, 평화, 상상	신뢰할 수 있는, 안정적인, 무한한, 집중력 있는	슬픈, 추운, 쓸쓸한, 고독한, 불안한
주황	오렌지, 굴, 석양, 당근, 구명조끼, 할로윈, 비파	화려한, 즐거운, 건강한, 밝은, 명예로운, 중후한	충동적인, 버릇 없는, 칙칙한
초록	자연, 에메랄드, 삼림, 채소, 시작, 온기, 명랑, 평화, 기쁨, 건강, 안정	안전한, 조화로운, 상쾌한, 평화로운, 질긴, 희망, 휴식, 고독, 생명	고독한, 위험한, 우울한
보라	페미니즘, 가지, 붓꽃, 자수정, 라일락, 라벤더	신비스러운, 고귀한, 우아한, 섬세한, 섬세함, 권력, 퇴폐	퇴폐적인, 괴로운, 우울한

디자인적인 관점에서 점, 선, 면은 기본적인 시각적 요소로, 시각적 관심과 의미를 전하고 명암과 재질을 이루는 형태 특성이며, 역동적인 감각을 가지고 있다.

쇼 프로그램의 특징은 시각적 효과가 강하게 나타나는 데 있다. 이는 점, 선, 면의 형태에 색채가 주는 효과에 기인한다. 그것은 점(여기에서 점은 광원이나 광원에 의해 만들어진 형태의 점)에서 출발한다. 점이 이어져 만들어진 빛선은 방향성과 운동성을 나타내며, 빛선이 집합하여 면이 형성되고, 형태의 성격을 고려하면서 양적인 밸런스를 잡아 나간다. 즉, 점에서 선, 면으로의 요소 변화로 그 성격적 특징의 여러 가지 공간적 감각을 나타내고, 또한 점, 선, 면은 추상적인 모티브에 의한 화면 구성에서도 그 모티브를 화면 위에서 점, 선, 면의 어떤 성격을 가진 것으로서 포착해 갈 수 있다. 조명 이미지 표현의 원천인 점, 선, 면의 분석과 이해는 예술적 표현의 기반이 될 수 있을 것이다.

01　점의 표현에 의한 조명 이미지

우리가 생각하는 점은 동그란 모양의 가장 작은 형태이다. 이러한 점은 기호학에서 0차원이며, 유일한 특성은 위치나 장소만을 정의하는 것이다. 하지만 점은 [그림 8-13]과 같이 사각형 프레임 속의 2차원 평면이나 3차원의 공간에 위치할 때 움직임을 위한 장력을 가지며, 자유로운 형상으로 모든 구성의 기초가 되고, 하나의 점으로 화면 전체에 복잡한 변화를 만들 수 있다. 점은 그림을 그리는 도구가 화면이라는 물질, 즉 기초 평면과 일단 부딪침으로써 생겨나는 결과이다. 그렇기 때문에 점은 외적인 의미나 내적인 의미에서 회화의 원천적인 요소이며, 특히 그래픽의 원천적 요소이다. 모든 조명 예술의 시작은 '점'이다. 점이 빛의 출발점인 광원이라면 그 구성 형태에 따라 다양한 조명 이미지를 구성할 수 있다.

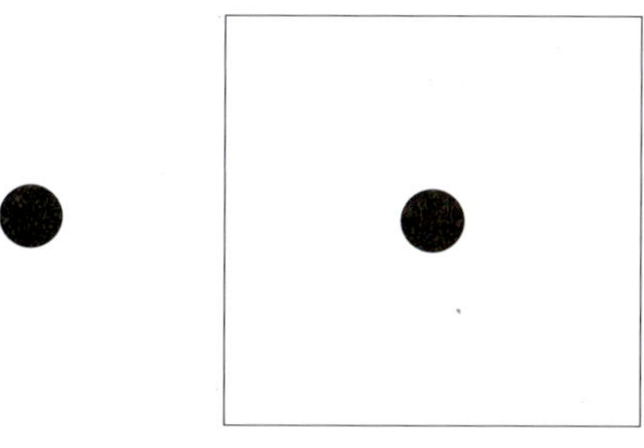

▲ **그림 8-13** 점의 위치 표적

▲ **그림 8-14** 점의 표현

이때 점이 가지는 느낌을 표현하기 위한 점의 구성은 쇼 프로그램의 예술적 표현의 시작

점이 될 것이다.

V. Symphonie Beethovens.(Die ersten Takte.)

베토벤의 제5 심포니(제1음절)

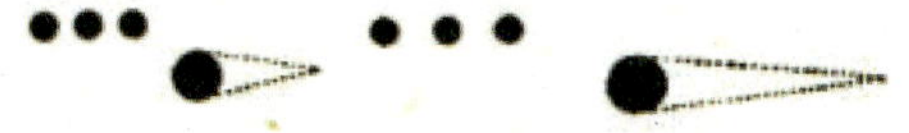

위 악보를 점으로 옮겨 놓은 것

▲ **그림 8-15** 악보와 점의 움직임

칸딘스키는 [그림 8-15]처럼 베토벤의 리듬을 점의 운동으로 표현하여 그림을 그렸다. 조명 디자이너도 [그림 8-14]처럼 음악의 감성을 점의 움직임으로 표현할 수 있다. 또한 점을 연결하여 표현하면 화면에 운동성과 시각의 연속성을 부여하여 3차원의 공간을 만들 수 있다. 점은 직선, 사선, 원, 아치 등의 기하학적인 형체로 구성된다. 점의 공간적 감각으로서의 기능은 형이나 양적인 것이 가진 강약보다는 화면에서의 위치, 점과 점 사이의 공간 밸런스나 점의 연결에 의한 운동감, 리듬감, 원근감에 의해 살아난다.

'화룡정점'이라는 말이 있다. 어떤 화면의 구성에서 점은 특별한 의미를 가지게 된다. 그림에서 점은 관람객의 시각적 초점의 중심이 되어, 보는 이의 정서적 감정을 부가시킨다.

02 선의 표현에 의한 조명 이미지

시각선인 선은 형이나 형태, 물체, 구조물을 표현하는 데 이용될 수 있다. 그리고 조명의 시각 선인 빛선은 [그림 8-17]에서처럼 예술적인 개념과 감정을 표현할 수 있고, 끝없는 변화의 세계를 창조해낼 수도 있다. 조명 디자이너는 빛선의 구성으로 프로그램과 개별 주제의 의미와 상징성을 전달하고, 시각적 형상을 표현하며, 메시지를 전달할 수 있다.

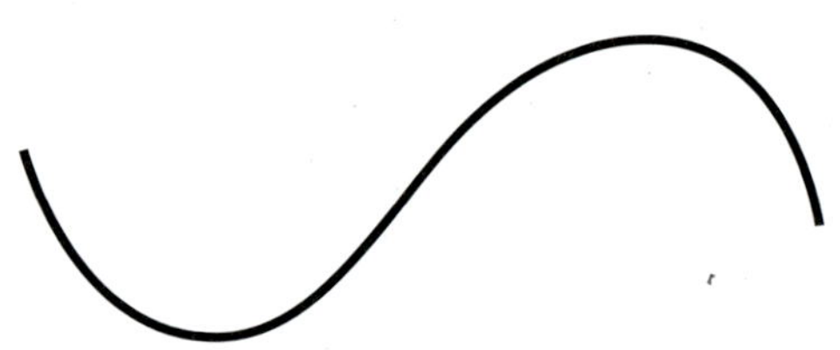

▲ **그림 8-16** 선의 위치 표적

조명의 빛선은 서예의 선처럼 명암이나 질감과 같은 표면의 특성을 표현할 수 있다. 조명 디자이너는 빛선을 굵고, 가늘고, 우아하고, 활동적이고, 팽팽하게 하여 의미를 재해석하거나 창조한다.

또한 빛선에 성격을 부여할 수도 있다. 상승 사선과 하강 사선, 수평, 수직, 평행선으로 방향성과 움직임을 표현하여 감성을 전달한다.

이것들은 빛선이 모이는 일로써 강조된다. 그리고 빛선은 점과 같이 그 배치 방법에 의해 여러 가지 표현을 만들어 내는 것이 가능하다. 예를 들면 빛선을 교차시키는 것에 의해 무수한 각도와 면이 생성된다. 또한 밀집시키면 면이나 입체를 형성하는 것도 가능하다. 빛선은 화면을 분할할 수 있다. 면과 면의 경계에 위치하는 것도 빛선이다. 빛선의 시각화는 추상적 개념과 빛선이 가지는 물리성(운동, 장력 등)을 바탕으로 구성되어야 한다.

빛선은 2차원 또는 3차원적 공간 영역을 분할하고, 구도를 형성하여 시각적 대상으로 이용될 수 있다. 빛선에 의하여 표시되는 공간 영역은 규칙적이거나 불규칙적일 수 있다. 또한 빛선은 수직으로 놓으면 분할과 의지, 강인함, 입체적 공간 등을 연상시키고, 수평으로 놓으면 안정되고 온화함을 나타내며, 바다와 하늘의 경계를 연상시킨다. 그리고 원의 공간은 평온함을 느끼게 한다.

점을 이어 이루어진 선은 집합하여 면을 형성하여 간다고 한다. 면은 여러 가지 형 (form)을 갖고 있고, 정방형이나 삼각형, 원 등의 기하학적 형태나 구체적인 형을 구성한다. 면은 색채의 힘을 빌려 가장 큰 영향력을 갖는다고 한다.

[그림 8-18]과 [그림 8-19]처럼 조명의 면은 점과 선이 모여 이루어진다. 기본적인 면은 스튜디오의 호리존트와 무대이며, 조명의 면은 시각적인 점의 조밀한 상태와 선의 집합과 움직임, 조명 연출로 만들어진 형태이다. 이들 두 면의 관계는 후자의 표현 방법에 따라 전자의 면 형태가 변한다는 것이다.

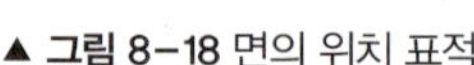

▲ 그림 8-18 면의 위치 표적

▲ 그림 8-19 면의 표현

호리존트나 무대는 조명의 효과(effect)에 따라 면의 구획이 정해지고, 빛의 모양, 즉 형이 만들어지기 때문이다. 이 형들이 가진 특징(성격)을 살려 화면을 구성하고, 빛선에 의해 분할된 면이나 점의 겹침으로 인해 만들어진 면 등도 고려하여 형의 크기, 고유성을 구성한다. 면의 구성에 있어 형의 겹침은 새로운 형을 만들어 낸다. 불투명한 질감을 가진 형끼리의 겹침에 의하여 태어난 형도 있다. 형의 겹침은 길이의 공간을 만들어 내기도 하고, 수평, 수직, 경사의 방향성으로부터 3차원의 공간감을 형성하기도 한다. 면은 조명 디자인에서 형태를 생성하는 요소로서 중요하다. 3차원적 형태를 만들면서 부피를 갖는 형태뿐만 아니라 2차원 구성에서도 사용되기 때문이다.

03 조형적 구성을 기반으로 한 감성 표현의 빛선

조형에서의 선은 수평선, 수직성, 사선, 곡선으로 구성된다. 수평선은 조용하면서도 정적인 느낌을 주고, 수직선은 성장 등의 의미를 내포하기도 하며, 남성의 강한 힘과 높이를 강조하기에 적당하다. 사선과 대각선은 활동과 움직임을 연상시킨다. 그리고 곡선은 여성적인 우아함과 부드러운 느낌을 내포한다.

조형은 그 형태 속에서 만들어 낸 사람의 마음을 읽을 수 있다고 한다. 왜냐하면 조형은 그 사람의 느낌과 생각의 표현이기 때문이다.

조명 디자이너는 빛선의 조형적 구성을 통해 노래의 감성을 관객에게 전달하려고 한다. 즉, 노래의 감성을 빛선의 하강과 상승, 집중과 분산, 대칭과 사선 등 빛의 조형적 구성으로 표현한다. 이번에는 빛의 구성이 어떤 감성을 가지고 있는지 살펴보자.

01 빛선의 하강과 상승

수평선으로부터 받는 인상은 무한으로 펼쳐지는 지평선, 안정감 있는 대지 그리고 잠자리에 들었을 때의 안도감 등 종합적인 인상이 얽혀 있기 때문에 안정, 침착, 고요, 확대, 무한 등의 정적이고 소극적인 요소가 강하다고 한다.

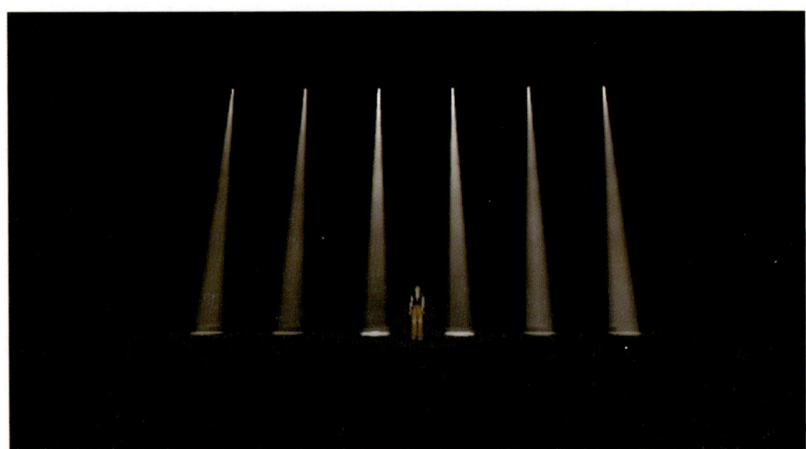

▲ 그림 8-20 빛선의 하강

▲ 그림 8-21 하강의 조명 이미지

▲ 그림 8-22 빛선의 상승

▲ 그림 8-23 상승의 조명 이미지

수직성의 인상은 수평선과 똑같이 가장 기본적인 구조를 가지며, 직선적이고 명쾌하게 해결된 인상을 준다. 그리고 하강, 상승의 순간성이 강한 운동력이 가해져 직접적이고 긴박한 긴장감을 표출한다. 빛선의 방향성은 감성에도 영향을 미친다.

하강은 빛선이 아래로 향하고 있기 때문에 무거운 중량감과 억제된 감성의 느낌을 받을 수 있다. 하강은 역학성이 강하고, 적극적인 상향 움직임을 가지고 있는 것에 비하여 지면을 향하여 어두운 후퇴의 인상이 생긴다.

상승은 움직임이 가해질 때에는 매우 밝고 건강한 의미성이 강해져 상승, 생장, 희망, 미래 등의 인상을 준다. 빛선이 화면의 위쪽으로 향하고 있어 공간의 비상, 경쾌함, 해방감을 갖고 있으며, 감정의 상승과 뜨거움을 느낄 수 있어 다이내믹하게 표현된다. 상승은 노래의 감성이 고조될 때 사용될 수 있다.

02 빛선의 집중과 분산

빛선을 이용하면 역동적인 움직임을 시각적으로 나타낼 수 있다. 선은 점의 운동으로부터 생성된다. 점이 내포한 완전한 정지의 의미를 깨뜨리고 정적인 것으로부터 동적인 것으로 비약된다. 그래서 선은 2차원이나 3차원의 형식 안에서 위치와 방향에 따라 정적, 활동적, 역동적으로 표현할 수 있다.

▲ 그림 8-24 빛선의 집중

● TV 제작 스튜디오 구조상 조명 기구들은 배튼에 달려 있기 때문에 그 조명 기구에서 나오는 빛은 아래로 향하게 되어 있다. 그래서 대부분의 음악에 따른 빛선의 구조는 하강으로 되어 있다. 하지만 조명 기구를 무대 바닥에 놓거나 빛선을 위로 향하게 하여 음악의 감성 폭을 확장할 필요가 있다.

▲ 그림 8-25 집중의 조명 이미지

▲ 그림 8-26 빛선의 확산

▲ 그림 8-27 확산의 조명 이미지

[그림 8-25]와 같이 빛선들을 한곳으로 집중시켜 관객의 시각적 초점을 만들고, 가수의 호흡과 객석의 정서적인 반응을 무대 안의 가수와 소통하도록 할 수 있다. 또한, [그림 8-27]의 빛선 확산처럼 가수의 감정을 무대 밖으로 분산시킴으로써 가수의 호흡과 감정을 객석으로 이입해 객석의 분위기를 고조시킬 수도 있다.

선의 대칭과 사선

대칭은 오래전부터 '미'가 갖추어야 할 기본 조건이었다. 인간의 시각은 자연에 이미 존재하는 대칭과 질서에 익숙하기 때문에 대칭의 특성을 가진 사물을 통해 시각적인 만족을 느끼기 쉽다. 우리의 지각 체계에서 이 규칙성은 조화를 이루는 미적 요소이다. 대칭은 시각적으로 균형을 유지하여 영구성, 강인성, 안정감을 줄 수 있다. 하지만 대칭은 정적이고, 보수적이며, 딱딱한 느낌을 줄 수 있기 때문에 자주 반복된다면 답답하고 지루한 느낌의 구성이 될 수 있다.

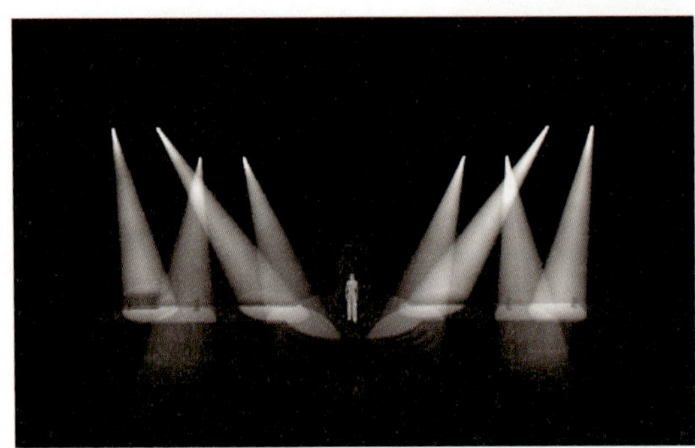

▲ 그림 8-28 빛선의 대칭

▲ 그림 8-29 대칭의 조명 이미지

▲ 그림 8-31 사선의 조명 이미지

비대칭적 균형(사선)은 우연적이고 무계획적인 것으로 보이는데, 이러한 측면은 물론 잘 못된 것이다. 이러한 비대칭적 균형을 이용하는 것은 대칭적 균형을 이용하는 것보다 훨씬 복잡하고 까다로운 문제이다. 그 이유는 중앙 축 좌우에 비슷한 구성 요소들을 똑같이 배치하는 것은 그다지 어렵지 않기 때문이다. 그러나 비슷하지 않은 요소들로 균형을 이루기 위해서는 여러 가지 미묘한 요소들을 고려해야 한다.

비대칭 균형은 대칭 균형과 달리 그때그때의 상황에 따라 그 대응에도 폭이 있고, 구성 방법에 따라 좋은 균형을 얻게 된다면 동적인 공간을 표출할 수 있다.

[그림 8-29]의 대칭 조명 이미지 표현은 조명 장비의 배치를 대칭적으로 구성하고, 빛도

대칭적으로 표현했다. 또한, 배튼의 높낮이 차이를 구성하여 대칭에서 오는 정적인 느낌을 동적으로 구성하여 균형을 이루었다.

04 가는 선과 굵은 선

시각적 느낌은 선의 굵기에 따라 다르게 나타난다. 가늘고 긴 선의 형태는 날카롭고 강인함이 드러나 보이고, 굵은 선의 형태는 중량감과 무게감이 드러나 보인다.

[그림 8-33]의 가는 선 조명 이미지는 무빙 라이트를 이용하여 각각의 출연자에 가늘고 긴 선을 톱에 가까운 백 라이트로 사용하여 출연자의 개별성을 표현함과 동시에 강한 통일감과 날카로움, 강한 이미지를 제공하고, 시각의 주목성을 나타내고 있다.

[그림 8-35]에서 알 수 있는 바와 같이 굵은 선의 조명 이미지는 가는 선에서 느끼지 못한 선의 질감과 부피감을 느낄 수 있다. 이로 인하여 화면 전체는 안정감 있고 무게감이 있어 보인다.

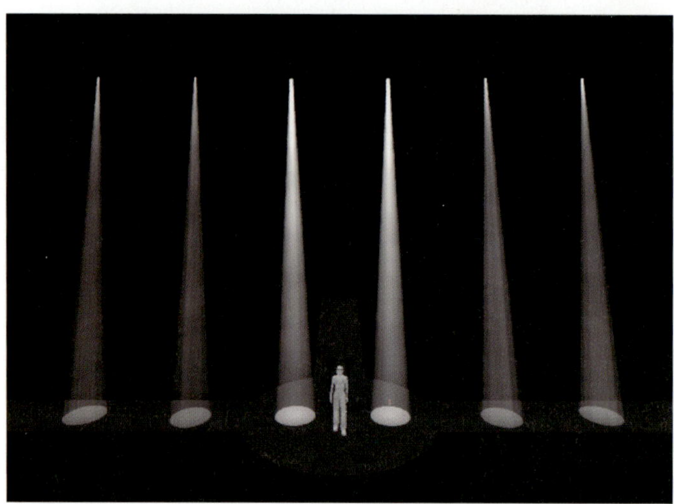

▲ **그림 8-32** 가는 빛선

▲ 그림 8-33 가는 빛선의 조명 이미지

▲ 그림 8-34 굵은 빛선

▲ 그림 8-35 굵은 빛선의 조명 이미지

이미지 표현의 기본 원리

쇼 프로그램의 조명 이미지 구성은 점, 선, 면의 기본적 요소와 구도로 순수 형태를 체득하거나 추구함은 물론, 조형상의 통일성과 질서를 가지게 하는 형식미를 추구하는 심리적 활동이다. 이러한 형식미를 결정하는 원리를 '미의 원리' 또는 '형식 원리'라고 하며, 이는 형태, 색채, 질감, 양감, 크기 등의 서로 다른 요소들이 평면상에 표현될 때 일어나는 현상을 아름답고 조화롭게 만들어 내는 미의 규칙이다. 이 형식 원리의 개념은 미학의 문제로서 과거부터 지금까지 많은 것이 제시되어 왔으며 그 내용은 크게 조화, 변화, 율동, 강조 등으로 구분할 수 있다.

01 조화

조화란, 둘 이상의 요소 또는 부분이 상호 관계에 대한 미적 가치 판단으로 서로 분리하거나 배척하지 않고 통일된 전체로서 종합적으로 고차의 감각적 효과를 발휘할 때에 일어나는 미적 현상이다. 풀 샷일 때의 미적 표현과 클로즈 샷일 때의 피사체의 감정 표현, 조명 이미지와 영상 장치의 명도 밸런스와 색채 구성의 관계, 조명의 리듬과 영상 장치 그래픽의 리듬 조화, 세트의 표면 색, 조명 색과의 관계 등 통일의 조건이 될 수 있는 조화는 전체적으로 질서를 잡아주는 역할을 해내며, 다양의 통일성 또는 변화의 통일성과 같이 양면에서의 작용을 하고 있다. 이러한 양면 작용은 구도의 적합성이나 색채 구성 전반에 걸친 문제점을 해결함으로써 쇼 프로그램에서의 예술적인 표현을 가능하게 한다. 조화가 부족한 형식은 다른 원리가 충실하다고 하더라도 총괄적 통일감이 없는 산만한 느낌을 주게 되는 종국적 위치라고 볼 수 있다. 또한 조화는 혼자서 이루어질 수 없는 것이고, 둘 이상의 상호 관계에 의해 생기며, 같은 요소가 지나치게 조화되면 단조로워지기 쉽다.

02 변화

변화는 조화와 떼려야 뗄 수 없는 관계에 있다. 그러나 필요 이상의 복잡한 변화에서 조화라는 질서와 정리가 없다면 구성이 산만해질 것이고, 주체성마저 약해질 것이며, 조화에 너무 치중하면 시각의 정지를 초래할 것이다.

음악에 따른 알맞은 변화라는 것은 조화의 영역을 침해하지 않는 한도 내에서 이루어져야 변화의 가치를 얻을 수 있으며, 그 필요성도 느끼게 된다. 적절한 변화를 이루기 위하여 비례, 율동, 점증, 동세 등을 잘 조화시켜 나가야 한다.

03 율동

율동은 통일성을 전제로 한 동적 변화의 원리이다. 다시 말해서 음악 요소들의 강약이나 단위의 장단이 주기성이나 규칙성을 가지면서 연속되는 운동을 말한다.

리듬은 반복되는 악센트, 순환하는 강약, 시각적 자극과 자극 간의 간격이라고 할 수 있으며, 리듬에는 일종의 질서와 분위가 조성되어야 한다. 정적인 것과 동적인 율동은 이러한 규칙과 요구에 따라 이루어진다.

조명 이미지 구성에서 율동이 무시되었을 때에는 부드러운 질서와 운동감을 느끼지 못하게 되며, 화면이 건조하고 어색한 느낌을 준다.

음악은 여러 가지 소리에 의해 미적으로 구성되어 있다. 이에는 멜로디가 있고 리듬이 있으며, 음색이 있다. 또한 소리에는 높은 음, 낮은 음이 있다. 소리의 강약 변화는 리듬을 만든다. 리듬에서도 감정의 격함, 긴장이나 이완(弛緩)의 느낌, 움직임의 상태 등이 전달된다.

피아노 소리, 바이올린 소리, 기타 소리 등 악기에는 특유한 음색이 있다. 이 음색을 달콤하다, 차다, 부드럽다 등 인간의 미각, 시각, 촉각 등에 빗대어 표현하는 것처럼 여러 가지 감정을 느끼게 해준다. 악기의 음색은 관객에게 어떤 감정을 불러일으키므로 조명 색 변화의 리듬에 주의해야 한다.

04 점증

점증은 조화적인 단계에 의하여 일정한 질서를 가진 자연적인 순서의 계열로, 기본적으로 유사한 일련의 흐름을 나타내는 것이다. 음악의 기승전결에 따라 빛의 리듬과 색의 변화를 점증적으로 모색한다. 점증의 효과는 무엇보다도 빛선의 시각적 요소에 따라 감정의 폭도 점차 확대해 나간다.

05　반복

일정한 간격을 두고 되풀이되는 것을 '반복'이라고 한다. 단순한 반복은 단조롭고 쉽지만, 시각적 반복의 변화를 가진 연속적인 리듬을 되풀이할 경우에는 매력적인 리듬이 되는 데, 이러한 복잡한 연속 리듬에 의한 반복을 '교차'라고도 한다.

같은 빛선이나 색 등이 화면에서 균형적으로 반복되었을 때 통일감과 안정감을 느낄 수 있지만, 반복이 지나칠 경우에는 흥미가 없어지고 지루하거나 싫증이 나게 된다.

어떤 디자인에서 동일한 형태를 2회 이상 사용할 때, 우리는 그것을 반복한 셈이 된다. 반복이야말로 디자인하는 데 있어 가장 단순한 방법이다. 단위 형태의 반복은 항상 즉각적인 조화감을 불러일으킨다.

06　강조

강조란, 음악의 분위기에 따라 특정한 부분을 강하게 하여 변화를 주는 요소이다. 모티브의 주체를 어디에 두는지에 따라 강조를 재확인시켜주거나 강조하고자 할 때 사용하는 원리이다. 주제 음악의 변화에 따라 빛을 한곳에 모아 가수에게 집중시키는 방법, 음악의 강약에 따라 빛의 움직임 속도를 조정하는 방법, 색채의 변화를 통해 주제를 표현하는 방법 등이 있다. 또한 마스킹 효과를 이용하여 부분을 강조하거나 주목성과 명시도가 높은 색을 사용하는 등 여러 가지 방법이 있다. 그러나 강조가 하나 이상 주어지면 그 힘의 발휘가 오히려 작아지는 수가 있다. 강조의 크기 또한 필요 이상 확대될 수 없는 제한성이 있다. 그러나 강조 부분을 전체 화면에서 하나만을 사용할 때 역시 단조롭고 운동감이 결여되기 쉬우므로 빛의 움직임, 형태 변화, 색채, 명도 등의 강조 요소들을 잘 배치하여 시각 효과를 높일 수 있도록 해야 한다. 구성의 실제에 있어서도 강조 지점을 매우 중요시하며, 전체적인 조명 연출에 강조가 없으면 주제가 잘 나타나지 않는다. 강조 부분의 크기와 위치 변화를 주면서 배치해보는 것도 시각의 균형과 움직임을 학습하는 데 필요하다.

쇼 프로그램 조명에서 스튜디오 무대 공간은 명도 조절에 따라 확장되어 보일 수 있고, 수축되어 보일 수도 있으며, 개별 음악의 분위기를 좌우할 수도 있다. 쇼 프로그램의 조명 명도 톤은 교양 프로그램의 명도 톤과 달리 고정되어 있지 않다. 그 이유는 음악의 강약과 기승전결에 따라 조명 구성이 달라지기 때문이다. 하지만 일반적인 음악의 분위기에 따라 기본적인 톤을 설정할 수도 있다. 이러한 기본적인 톤의 설정으로 다양한 변화를 추구할 수 있다. 쇼 프로그램 조명의 명도 톤 적용은 다음과 같이 설정할 수 있다.

1 로 키(low key)

애조를 띤 곡에 주로 사용하며, 화면에서 어두운 부분의 비율을 늘리고 중간과 밝은 부분을 제한하여 중후하고 안정감을 주는 조명 방법을 말한다. 대부분을 어둡게, 밝은 부분은 악센트, 밤 장면, 음침한 분위기, 어두운 찻집의 담배 연기가 희게 피어오르는 모습, 주위의 어두움이 강조되도록 부분을 밝힌다.

2 하이 키(high key)

주로 희극에서 사용되는 방법으로, 밝고 명랑한 곡에 주로 사용한다. 화면에서 어두운 부분을 가급적 줄이고 가수의 의상이나 세트의 색깔도 밝은색을 선택한다.

3 소프트 키(soft key)

차분한 곡에 주로 사용하며, 주광과 보조광의 비율을 적정(3:1, 2:1)하게 조절하여 그림자를 부드럽게 살려주는 기법이다. 화면의 효과가 부드럽고, 정서적이다. 주광은 직접 조명으로, 보조광은 간접 조명으로 하면 효과를 볼 수 있으며, 가장 밝은 부분과 가장 어두운 부분의 차를 줄이고 중간 부분을 많이 사용함으로써 참신하고 부드러운 시적인 정취를 표현할 수 있다.

4 하드 키(hard key)

격렬함이 있는 곡에 주로 사용하며, 화면의 대부분을 암부로 형성하고, 보조광의 가급적 억제하는 방법이다. 화면의 제일 밝은 부분을 노출의 기준으로 보고, 역광을 주광으로 볼 때도 있으며, 극적인 효과를 노릴 때에 사용한다.

뉴스 조명

정보를 전달하는 TV 뉴스 앵커의 이미지를 구성하는 요소는 '신뢰성'과 '안정감'이다. 앵커의 이미지에 따라 뉴스 정보가 수용자에게 전달되는 정도가 달라지기 때문이다. 그렇기 때문에 뉴스 앵커는 지적이고 포토제닉한 외모의 이미지로서 깨끗하고, 편안하고 안정적인 이미지를 필요로 한다. 따라서 앵커의 이미지를 결정짓는 조명의 이미지 표현은 매우 중요하다.

조명의 이미지 표현 방법은 앵커의 신뢰성과 안정감에 영향을 미칠 수 있다. 조명으로 인해 거칠고 딱딱하고 불안정한 앵커의 이미지는 시청자에 불쾌감을 주어 정보를 획득하는 데 방해가 될 수 있다.

조명은 내용을 전달하는 앵커의 이미지를 시각적이고 안정적인 이미지로 모델링하여 정보의 전달력을 확장시켜야 한다.

Chapter

09

조명의 관점에서 보면, 뉴스 영상은 크게 뉴스를 전달하는 앵커의 이미지, 앵커의 배경이 되는 영상 장치 이미지 그리고 영상 장치를 포함한 전체 세트 이미지로 나눌 수 있다. 뉴스 내용도 중요하지만, 뉴스는 이 3가지 이미지가 적절하게 조절되고 통합되어야만 정보 전달력이 확장될 수 있다. 이번에는 뉴스 조명의 구성에서 앵커의 이미지 표현 방법과 영상 장치의 특성에 관련된 조명에 대해 다룬다.

01 앵커의 조명 이미지 표현 방법

앵커 이미지를 표현하는 방법은 지금까지 우리가 배운 방법들의 밸런스를 어떻게 유지하느냐에 달려 있다. 앵커의 이미지는 입체감보다는 부드러운 이미지가 정보 전달력을 확장시킬 수 있으므로 키 라이트, 백 라이트, 베이스 라이트, 언더 라이트 등 각 요소들의 밝기를 조절하는 것이 중요하다.

뉴스 조명의 표현 방법에서는 뉴스의 가장 일반적인 형태인 2명의 앵커를 모델링하는 방법에 대해 설명한다.

1 키 라이트

정보 전달을 목적으로 하는 교양 · 정보 프로그램의 키 라이트 밝기와 수평 · 수직 방향은 프로그램의 주제와 분위기에 따라 적절하게 조정된다. 왜냐하면 교양 · 정보 프로그램은 정보의 전달뿐만 아니라 재미를 추가하기 때문에 키 라이트의 강도와 위치에 있어 뉴스와는 다른 방법들이 동원되기 때문이다. 즉, 분위기에 따라 조명 톤을 달리하여 입체감을 강조하기도 하고, 측광을 사용하기도 한다.

▲ **그림 9-1** KBS-1TV 12시 뉴스 앵커 조명 이미지

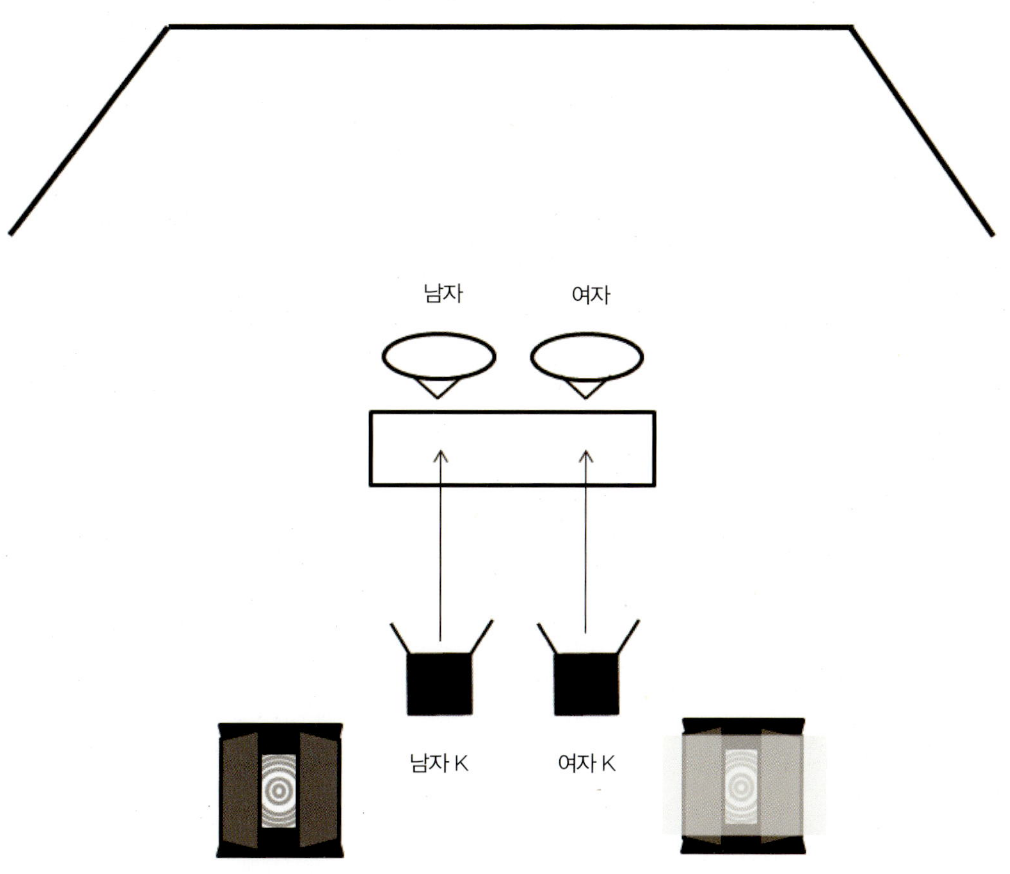

▲ **그림 9-2** 두 앵커의 키 라이트

하지만 똑같이 정보 전달을 하는 뉴스에서의 이러한 요소들은 평면적이고, 부드러운 이미지를 만들기 위해 조절된다. 키 라이트의 목적에서 설명하였듯이 키 라이트는 조명의 좋고 나쁨을 결정짓는 중요한 요소이다. 뉴스 조명에서 키 라이트의 강도는 교양 · 정보 프로그램의 키 라이트보다 적은 출력을 사용하는 것이 좋다. 왜냐하면 키 라이트의 강도가 강하면 앵커의 이미지에 짙은 그림자를 생성할 수 있기 때문이다.

키 라이트의 방향은 거의 수평 방향으로, 순광에 가까운 위치에서 조명을 하고 수직 방향은 낮게 설치한다. 이는 키 라이트의 방향에 따른 코와 목 그림자가 측면에 나타나는 것을 최소화하기 위해서이다. 불필요한 그림자는 앵커의 신뢰성과 안정성에 방해가 되므로 수용자인 시청자의 정보 수용에 방해가 될 수 있기 때문이다.

[그림 9-2]와 같이 키 라이트는 밝기 조정을 위하여 남자 앵커와 여자 앵커를 따로 설치하였다. 키 라이트의 반 도어는 각 앵커에 빛이 누광되는 것을 방지하기 위해 그림과 같이 조정되었다.

그리고 키 라이트의 밝기는 남자와 여자의 피부 반사율 때문에 여자 앵커의 조도를 낮추기 위해 확산 필터를 사용하였다. 만약, 영상 장치에 빛이 누광되는 것이 염려된다면, 강도 조절을 위해 ND 필터를 사용하는 것도 좋은 방법이다.

❷ 필 라이트

키 라이트에 의해 생긴 강한 그림자의 농도를 줄여 피사체 얼굴의 어두운 부분을 부드럽게 하는 역할이 주된 임무이다. 뉴스 조명은 다른 장르의 조명과 달리 필 라이트의 역할이 중요하다. 필 라이트는 스포트라이트에 확산 필터를 사용하여 부드러운 빛으로 보조 조명의 역할을 하게 한다.

뉴스 조명에서 필 라이트는 라이트 본연의 역할에 충실해야 하며, 용도 외에 영상 장치인 배경에 영향을 미치지 않도록 주의해야 한다. 왜냐하면 필 라이트의 수평 · 수직 각도를 적절하게 조정하지 않으면 배경인 영상 장치가 누광될 수 있기 때문이다.

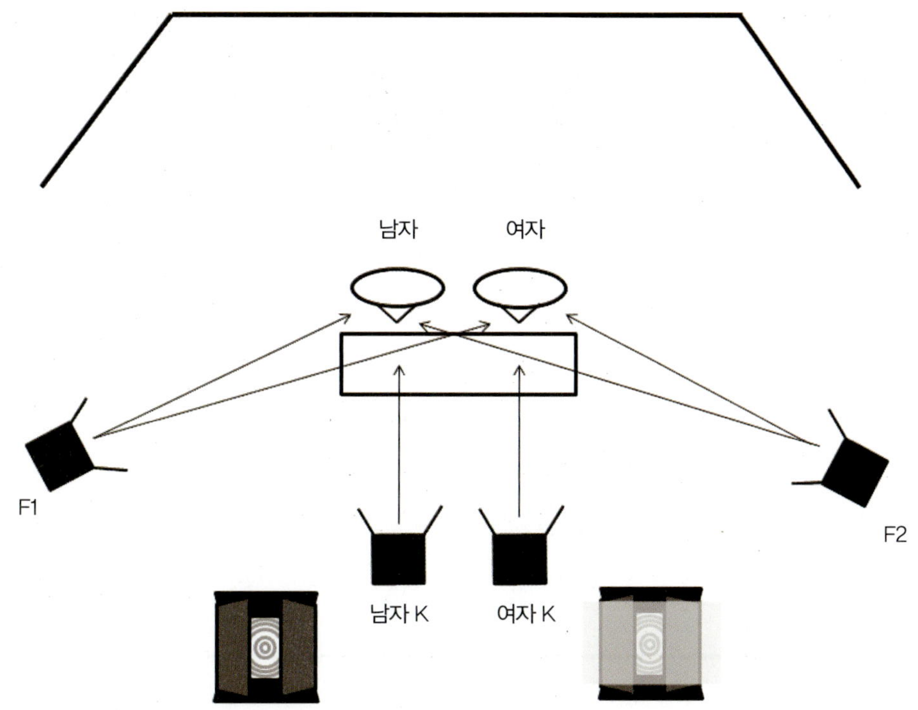

▲ **그림 9-3** 필 라이트의 구성

3 백 라이트

뉴스 조명의 백 라이트는 배경이 되는 영상 장치의 그래픽 명도가 수시로 변하기 때문에 백 라이트 역할을 위한 적당한 강도를 정하기가 어렵다. 따라서 조명 디자이너는 적당한 밝기에서 타협해야 한다. HD 뉴스에서는 좀 더 부드러운 이미지를 요구하기 때문에 지나친 밝기로 앵커 의상의 질감이 두드러지는 것을 피해야 한다. 그리고 남자 앵커와 여자 앵커의 의상이 다르기 때문에 백 라이트를 각각 1대씩 설치하여 남자와 여자의 백 라이트 밝기를 조절해야 한다.

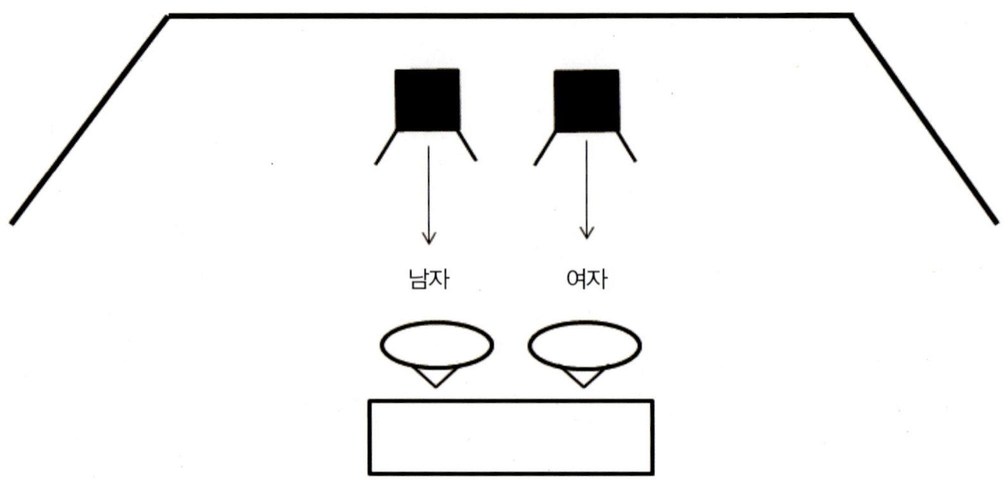

▲ **그림 9-4** 백 라이트의 구성

④ 베이스 라이트

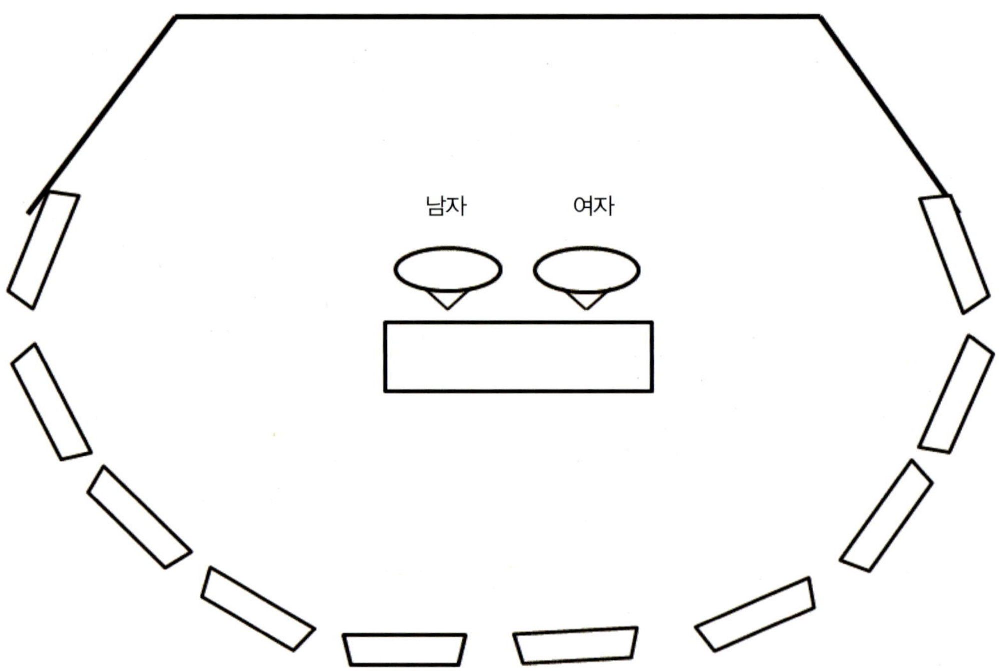

▲ **그림 9-5** 베이스 라이트의 구성

[그림 9-5]에서 보는 것처럼 뉴스 조명의 베이스 라이트는 앵커를 부드러운 빛으로 충분하게 감싸안도록 앵커의 안쪽까지 설치하는 것이 좋다. 베이스 라이트가 많을수록 피

사체는 좀 더 부드러워진다. 베이스 라이트의 조명 기구는 할로겐 조명 기구가 아닌 형광이나 LED와 같은 조명 기구를 사용하는 것이 좋다. 할로겐 조명 기구는 열이 많이 발생해 스튜디오 전체의 온도가 올라가게 되므로 앵커의 분장에 영향을 미친다.

5 언더 라이트

▲ **그림 9-6** 언더 라이트 위치

언더 라이트(하광)는 피사체의 밑에서 위로 비추는 조명을 말하며, 빛의 성질 때문에 괴기 장면이나 유령 장면에 자주 사용되고 있다. 이 밖에 보조 조명으로서 역할도 한다.

피사체의 특징은 키 라이트의 영향을 받는다. 키 라이트는 램프의 각도 때문에 피사체의 얼굴에서 코 윗부분은 밝고, 아랫부분은 상대적으로 어둡게 만든다. 그리고 코, 목, 얼굴에 섀도를 생성한다. 미인들에게는 이러한 현상이 달갑지 않을 수 있다.

언더 라이트를 적절히 사용하면 미인들에게 좋은 효과를 볼 수 있다. 피사체의 밑에 설치하여 키 라이트에 의해 생긴 얼굴의 코와 목 부분의 섀도를 완화시키고 피사체의 코밑 부분에 빛을 보충하여 전체적으로 부드럽고 깨끗한 이미지로 만든다.

언더 라이트를 보조 조명으로 사용하는 것을 데스크 라이트(desk light)라고 하는데, 그 이유는 피사체가 앉아 있는 데스크에 설치하여 조명을 하기 때문이다. 아나운서들은 이 라이트를 '천사 조명'이라고 부른다. 특히 부드러운 이미지를 중요시하는 뉴스 조명에는 필수적이라 할 수 있다.

(a)언더라이트 설치 전   (b)언더라이트 설치   (c)언더라이트 설치 후

그림에서 보면 언더라이트 설치 이후 아나운서의 얼굴이 설치 전보다 부드럽고 깨끗해진 것을 알 수 있다. 언더라이트는 언더라이트의 밝기, 크기, 거리에 따라 효과가 달라질 수 있다. 언더라이트의 밝기는 피사체의 총 밝기 대비 17%~25.5% 사이가 적합하다. 이보다 밝으면 언더라이트의 본연의 특성이 나타나 피사체를 왜곡할 수 있다. 언더라이트의 거리는 피사체와 광원이 가까우면 각도가 높아져 얼굴 일부분의 섀도우만 완화시킨다. 피사체의 얼굴 전체에 언더라이트의 효과를 나타내기 위해서는 가능한 피사체와의 거리를 최소한 40cm 이후로 광원을 설정하는 것이 좋은 의미를 가져올 수 있다. 특히 피사체가 안경을 착용하였을 경우 안경에 언더라이트의 모습이 나타날 수 있으니 거리에 주의해야 한다. 언더라이트의 광원의 크기는 최소한 20cm 이상이 되어야만 효과가 나타난다. 따라서 언더라이트의 효과를 최대한 나타내기 위해서는 강도는 총 밝기 대비 17%~25.5%, 거리는 40cm 이후, 크기는 최소한 20cm 이상이 되어야만 좋은 결과를 가져올 수 있다

6 조명의 균형

[표 9-1]은 필자가 설계한 KBS 9시 뉴스의 조명 밸런스이다. 이 표를 보면 베이스 라이트의 조도가 상당히 높고, 다른 조명들의 조도는 낮게 설정되어 있다는 것을 알 수 있다. 이는 앞에서 설명한 바와 같이 앵커의 이미지를 좀 더 부드럽게 하기 위해서이다. 현재 지상파 방송사 뉴스의 앵커의 이미지를 보면, 목에 그림자가 거의 없는 형태로 표현되어 있다. 앵커의 이미지에 대한 여러 의견이 있지만 HD 제작 방식에서는 입체감보다는 약간 평면적이고 부드러운 이미지를 선호한다.

구분			조도(lux)	총 조도(lux)
9시 뉴스	남자 앵커	키 라이트	116lx	710lx
		베이스 라이트	620lx	
		백 라이트	520lx	
		필 라이트	15lx	
		언더 라이트	35lx	
	여자 앵커	키 라이트	78lx	600lx
		베이스 라이트	570lx	
		백 라이트	410lx	
		필 라이트	15lx	
		언더 라이트	35lx	

02 뉴스 조명과 영상 장치

뉴스 앵커의 배경에는 교양·정보 프로그램과 달리 영상 장치를 주로 사용한다. 이는 정보를 전달할 때 뉴스와 관련된 시각적 이미지를 배경으로 하면 뉴스의 신뢰성이 더욱 증가하고, 이슈마다 배경을 신속히 교체할 수 있기 때문이다. 영상 장치의 이러한 장점에도 불구하고 앵커와 영상 장치의 밸런스는 조명 디자이너에게 크나큰 난제로 존재할 수 있다.

1 영상 장치의 그래픽 왜곡

앵커의 배경인 영상 장치의 디스플레이에 빛이 닿으면 영상 그래픽이 왜곡된다. 색이 있는 물감에 흰색 물감을 더하면 색이 흐려지듯이 영상 그래픽에 빛이 닿으면 카메라를 통해 재현된 영상의 색상에 본래의 색이 재현되지 않고, 물이 빠진 듯이 보인다. 따라서 조명 디자이너는 선명한 그래픽 재현을 위해 영상 장치에 닿는 빛을 최대한 제한하여야 한다.

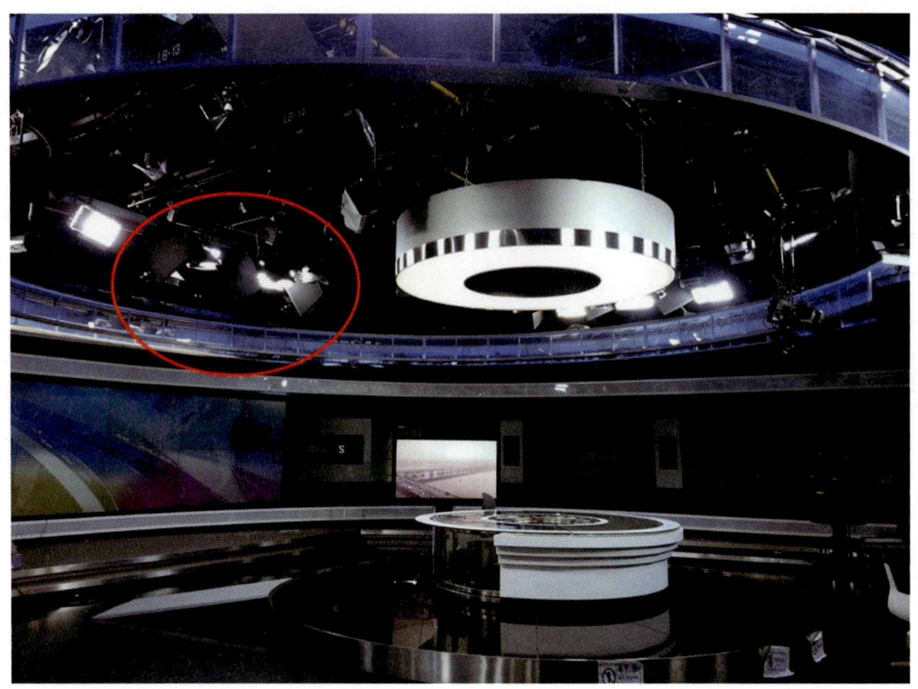

▲ **그림 9-7** 필자가 디자인한 뉴스 스튜디오

이를 위해서는 먼저 뉴스 센터 디자인 과정에서 연출자, 세트 디자이너와의 협의를 통해 앵커의 조명이 영상 장치에 닿지 않도록 최대한의 거리를 확보해야 한다. 세트가 설치되면 [그림 9-7]에 빨간색으로 표시한 것처럼, 고보인 블랙 커터를 사용하여 영상 장치에 빛이 닿지 않도록 차단해야 한다.

조명 기구마다 블랙 커터를 사용하여 빛을 차단하는 작업은 어렵고 까다롭지만, 앵커와 영상 장치의 휘도 밸런스와 색 재현의 밸런스를 위해서는 반드시 필요하다.

❷ 스필(spill) 현상

배경으로 사용하는 영상 장치는 앵커의 얼굴에 뜻하지 않은 색을 나타나게 하는데, 이를 전문 용어로 '스필 현상'이라고 한다. 스필 현상이란, 영상 장치의 그래픽 색이 앵커의 얼굴에 나타나는 현상을 말한다. 앵커의 얼굴을 자세히 보면 얼굴 양쪽 뺨에 색이 묻어 있는 것을 가끔 볼 수 있을 것이다. 이는 다음 3가지 요인 때문에 나타날 수 있다.

첫째, 앵커와 배경의 거리가 가깝기 때문이다.
둘째, 배경의 영상 장치가 인물 조명에 너무 밝기 때문이다.

404

셋째, 조명의 빛이 영상 장치에 반사되어 얼굴 쪽으로 이동하기 때문이다.

이를 해결하기 위해서는 먼저 앵커와 영상 장치의 거리를 최대한 멀리하여야 한다. 그리고 영상 장치의 밝기를 줄이고, 빛이 영상 장치에 새어 들어가지 않도록 해야 한다. 그리고 얼굴 양쪽 뺨에 충분한 광량을 주어야 한다.

03 방송 사고 방지

뉴스는 생방송으로 진행되는 프로그램이다. 생방송은 녹화와 달리 조명 시스템에 문제가 발생하여 조명이 꺼지면 바로 방송 사고로 이어지기 때문에 조명 디자이너는 방송 사고에 철저히 대비해야 한다.

방송 사고를 방지하기 위해서는 메인 콘솔에 이상이 발생하는 것에 대비하여 예비 콘솔 시스템을 운영해야 한다. 예비 콘솔에도 메인 콘솔과 똑같은 채널들을 입력하여 메인 콘솔에 문제가 발생했을 때를 대비해야 한다. 이 밖에 예비 콘솔 대신 각 채널의 디머를 거치지 않고 바로 조명을 켤 수 있는 다이렉트 스위치(direct switch)를 운영하는 경우도 있다.

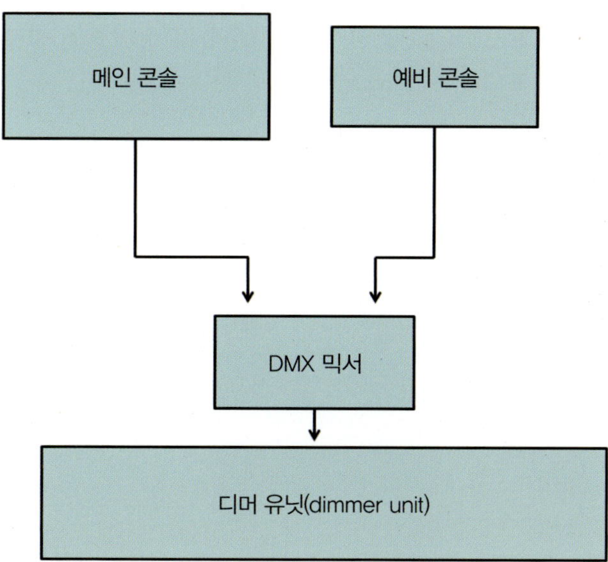

▲ 그림 9-8 방송 사고 방지를 위한 조명 콘솔 시스템 구성도

● 이 밖에 필 라이트에 피부색인 황색 필터를 사용하여 스필 현상을 감쇄시키는 방법도 있다. 하지만 이 방법은 고도의 기술이 필요하다. 자칫 필 라이트에 의해 이미지가 왜곡될 수 있기 때문이다.

만약, 한국 전력에서 공급하는 전원에 문제가 발생할 경우에 대비하여 전원 시스템을 [그림 9-9]와 같이 설계해야 한다. 한국 전력이 단전되면 바로 UPS 전원 쪽에 마그네트 릴레이가 붙어 UPS 전원에 연결되고, 스튜디오에는 UPS 전원에 연결된 최소한의 조명 기구에 불이 들어오게 된다.

UPS 전원에 연결되는 조명 기구는 피사체의 주광인 키 라이트를 연결할 수도 있고, 스튜디오 전체를 밝게 하는 베이스 라이트를 연결할 수도 있다. UPS 전원의 용량에는 한계가 있기 때문에 많은 조명 기구를 연결할 수 없다.

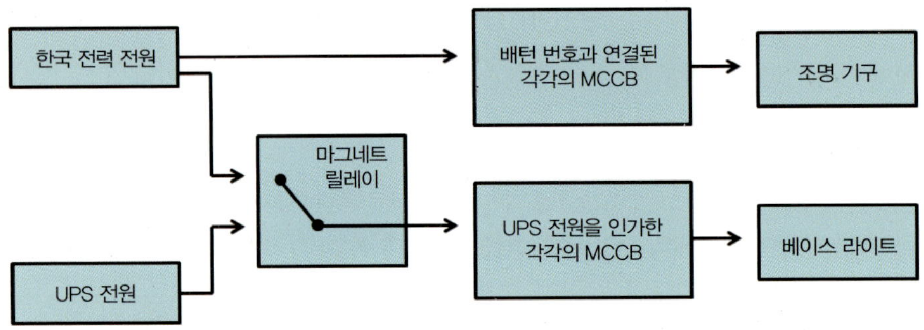

▲ **그림 9-9** 조명 전원 시스템 구성

앵커는 ATS(automatic transfer switch : 자동 절체 스위치)에 주 키 라이트와 예비 키 라이트를 연결하여 주 키 라이트의 램프가 'OFF'될 때 자동으로 예비 키 라이트로 절체되게 하여 생방송 중에 앵커의 키 라이트가 없는 것을 방지한다.

● UPS 전원은 무정전 전원 장치(uninterruptible power supply)로, 상용 전원에서 일어날 수 있는 전원 장애에 대비하기 위해 부하에 일정한 전원을 연속적으로 공급하고, 정전 시에도 축전지 전원을 이용하여 전력을 유지, 공급하는 장치이다.

크로마키 조명
(chroma key lighting)

크로마키는 2개의 영상을 합성하는 기술을 말한다. 배우가 하늘을 날거나 물속을 헤엄치는 것과 같이 실제 촬영이 불가능하거나 촬영하기 어려운 장면을 표현하기 위해 사용한다. 이러한 이름이 붙게 된 이유는 컬러텔레비전. 카메라가 적, 녹. 청의 3원색 신호를 사용하기 때문이다. 크로마키는 초기의 단순한 합성에서 가상현실 촬영에 이르기까지 다양하게 사용되고 있다.

크로마키에서 가장 중요한 것은 2개의 영상이 사실적이고 자연스럽게 합성된다는 점이다. 이러한 시각적인 사실감은 합성될 2개 영상의 조명 상태에 따라 영향을 받는다.

Chapter

10

크로마키 합성을 할 때에는 2개의 영상이 필요하다. 블루 스크린이나 그린 스크린과 같이 색을 가지고 있는 백그라운드(background)와 포어그라운드(foreground)에 있는 피사체이다. 백그라운드와 포어그라운드인 피사체의 조명이 합성하기 좋은 최적의 상태에 있을 때에만 사실적으로 느끼게 된다. 이중 1개라도 좋지 않으면 합성 결과물이 어색해진다.

01 크로마 합성의 원리

키(key)란, 텔레비전 화면의 일부를 전자적으로 잘라내고, 잘려 나간 부분을 다른 영상의 일부분으로 대체하는 것을 말한다. 즉, 크로마 합성의 원리는 키 영상을 사용하여 빼내고 싶은 피사체와 배경을 분리하고, 그것을 다른 화면에 끼워 넣는 것이다.

빼내고자 하는 피사체를 블루 스크린이나 그린 스크린 배경 앞에 세워 카메라로 촬영하고 그 출력에서 블루나 그린 성분을 제거하면 배경은 검게 되고 인물만을 뺀 신호를 만들 수 있다. 이렇게 만든 신호와 배경 신호를 전자적으로 합성한다.

▲ **그림 10-1** 백그라운드의 그린 스크린

▲ **그림 10-2** 백그라운드와 포어그라운드인 피사체의 합성

크로마 스튜디오에서 촬영된 카메라 영상을 '전경(foreground)'이라고 부르며, 주로 피사체나 촬영될 대상을 말한다. 한편, 합성될 영상이나 이미지를 '배경(backgroung)'이라고 부르며, 주로 블루 스크린이나 그린 스크린으로 이루어져 있다.

<table><tr><td>02</td><td>백그라운드의 스크린</td></tr></table>

방송 현장에서는 피사체나 물체의 뒤에 있는 배경을 '크로마판'이라고 부르지만, 정확한 용어는 '스크린'이다. 배경의 색에 따라 '블루 스크린', '그린 스크린', '레드 스크린'이라고도 한다.

TV 프로그램 제작 현장에서는 주로 블루 스크린이나 그린 스크린을 사용한다. 그 이유는 이 2가지 색깔이 보편적으로 사람의 피부에 가장 잘 맞지 않은 색깔이기 때문이다. 크로마 스크린은 TV 스튜디오의 배경인 세트처럼 공간이 포어그라운드인 피사체의 목적에 따라 구성된다. 날씨와 같은 프로그램의 크로마 스크린은 피사체의 움직임이 없기 때문에 [그림 10-3]과 같이 적당한 크기로 되어 있다.

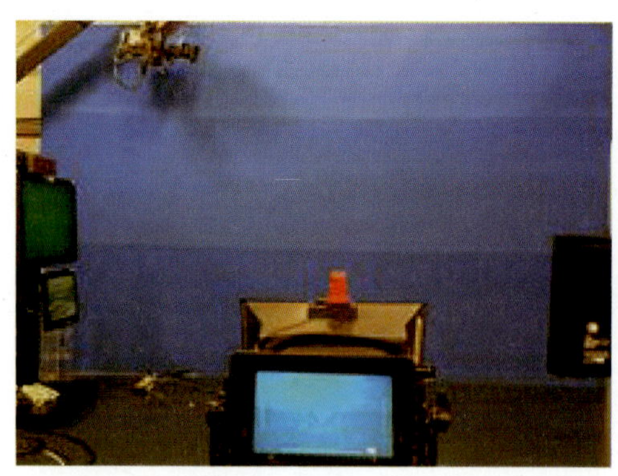
▲ 그림 10-3 간단한 블루 스크린

▲ 그림 10-4 그린 스크린의 가상 스튜디오

그러나 움직임이 많고 배경에 들어갈 이미지가 큰 경우에는 목적에 맞게 연출할 수 있도록 크로마 스크린이 [그림 10-4]처럼 넓어진다. 특히, 가상 스튜디오는 피사체와 카메라의 공간이 깊으므로, 넓게 그리고 곡선으로 만들어진다.

가상 스튜디오는 곡면으로 만들기 위해 크로마 스크린과 바닥이 직각으로 연결되어 있다. 이렇게 연결된 부분은 잘못하면 검은 라인이 생겨 크로마 합성을 할 때 심각한 노이즈가 발생할 수 있다. 또한 곡면이 만나는 부분의 빛 면적과 카메라의 각도에 따른 입사광이 작아지는 현상이 발생하므로 조명을 할 때 주의해야 한다.

1 스크린

블루 스크린은 크로마키 작업에 사용하는 가장 일반화된 스크린이다. 크로마키 작업에 블루 컬러를 사용하는 가장 큰 이유는 레드 영역인 피부색과 멀리 떨어진 보색의 영역이기 때문이다. 블루 배경을 사용한 배경은 전경에서 촬영된 많은 사람들의 피부색과 배경을 쉽게 구별해낼 수 있다. 블루 컬러는 다른 컬러들에 비해 반사율이 낮고, 빛의 파장이 짧아 피사체에 색이 스며드는 스필(spill) 현상이 적다. 하지만 의상, 소품 등 블루 계통의 오브젝트(object)가 많아 촬영 시 제약이 많고 반사율이 낮아 합성 시 많은 양의 빛이 필요하다. 이에 따른 불필요한 반사광이 높게 발생하여 키 합성에 방해 요소로 작용한다.

그린 스크린을 사용하는 이유는 카메라의 센서들이 대부분 그린 색상에 민감하고 디테일을 보강해주는 장점이 있기 때문이다. 또한 서양 사람들의 눈은 파란 눈동자를 가지고 있고 네이비 정장, 청바지 등과 같은 블루 계열의 피사체가 많기 때문이다. 한편, 비시감도(比視感度)가 높기 때문에 적은 양이더라도 인물에 스필 현상이 나타나면 쉽게 눈에 띄어 인물의 선명도가 떨어진다는 단점이 있다. 레드 스크린은 주로 사람이 포함되지 않는 장면이나 공상 과학물을 제작할 때 사용한다.

❷ 스크린 재료

스크린에는 세트에 면을 붙여 만든 것과 세트에 페인트를 칠하여 만든 것이 있다. 소재의 선택은 스튜디오 공간과 소재의 반사량에 달려 있다.

면 소재는 표면에 굴곡이 있기 때문에 페인트를 칠한 스크린보다 빛을 더 많이 흡수하여 반사량이 적고 난반사를 하므로 스필 현상을 줄일 수 있다. 하지만 면 소재의 원단으로 한 번에 전체를 감쌀 수 없기 때문에 접합 부분이 생겨 키 합성 시 검은색 라인이 생긴다. 그리고 면 소재를 바닥으로 사용할 경우, 피사체가 움직일 때마다 끌리고 신발에 의해 손상과 오염이 발생하여 키 합성에 어려움을 야기시킨다. 면 소재는 직사각형의 스크린에 적합하다.

페인트를 이용한 스크린은 면 소재의 단점을 보완해주지만, 빛이 닿은 면이 매끈하고 반사율이 높아 면 소재보다 스필 현상을 많이 일으킨다. 페인트 소재는 곡면으로 처리된 스크린에 적합하다.

크로마키 조명에는 백그라운드 조명과 포어그라운드 조명, 그리고 스필 현상을 감쇄시키기 위한 조명이 있다.

1 백그라운드 조명

백그라운드의 스크린은 전체가 균일한 광량을 갖도록 조명해야 한다. 이를 위해서는 조명 기구 중의 플러드 라이트를 사용해야 한다. 스크린의 조명이 균일할수록 키를 뽑는 작업이 수월해지고, 피사체의 귀가 사라지거나 스필과 같은 현상이 줄어든다.

스포트라이트를 사용하면 전체를 균일하게 조명을 할 수 없을 뿐만 아니라 스크린의 곳곳에 어두운 부분과 밝은 부분이 나누어져 핫 스폿이 발생하고, 합성된 배경 영상의 색이 바래 보이거나 손상돼 보이게 된다. 따라서 백그라운드 조명이 포어그라운드에 있는 피사체에 닿지 않도록 피사체 뒤에 설치하고 조명 기구의 반 도어와 위, 아래 방향을 잘 조정해야 한다.

백그라운드 조명에는 주로 백광을 사용하지만, 컬러 필터나 특정 부분의 스펙트럼을 가지고 있는 광원을 이용하는 경우도 있다.

▲ **그림 10-5** 백그라운드 조명

① 컬러 필터 이용

백그라운드 조명에 컬러 필터를 사용하여 블루 스크린이나 그린 스크린의 크로마 레벨 등을 인위적으로 조작하여 합성을 위한 최적의 환경을 구축하는 방법을 말한다. 블루 스크린의 조명 기구에는 블루 컬러 필터를, 그린 스크린의 조명 기구에는 그린 컬러 필터를 사용한다.

(a) 채색 전   (b) 채색 후

▲ **그림 10-6** 블루 컬러 채색 전과 채색 후

② 특수 광원을 이용

컬러 필터를 사용하지 않고 가시광선 파형 중 어느 한 부분의 스펙트럼 파장을 살릴 수 있도록 고안된 크로마 촬영용 특수 형광 램프를 사용하여 백그라운드에 조명을 하면 좀 더 효과적인 합성 환경을 구축할 수 있다.

일반 형광 램프의 스펙트럼은 [그림 10-7]처럼 여러 색의 파장이 분포되어 있지만, 크로마용 특수 광원은 [그림 10-8]과 같이 블루 영역과 그린 영역 등 어느 한 부분에 집중되어 있다.

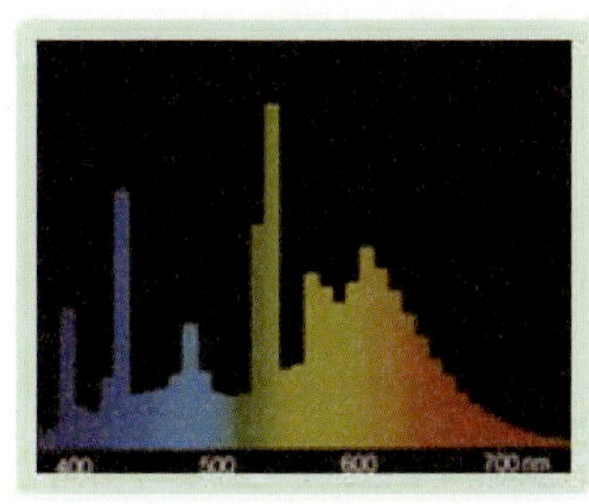

▲ **그림 10-7** 일반 형광 램프의 스펙트럼

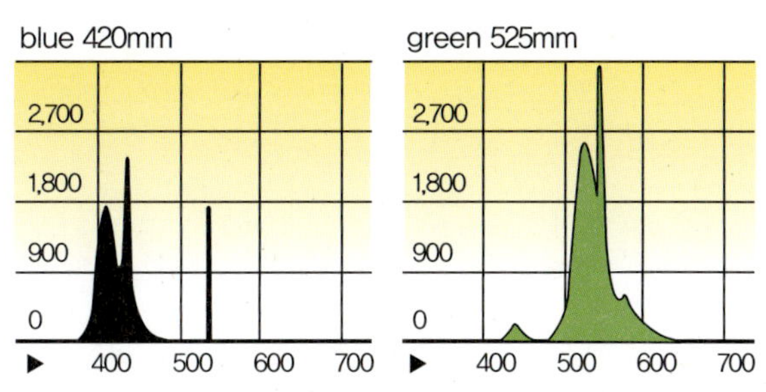

▲ **그림 10-8** 블루 스크린 램프와 그린 스크린 램프의 스펙트럼

② 포어그라운드 조명

포어그라운드에 있는 피사체의 조명이 스크린에 떨어지지 않도록 처리한다. 이 빛은 스크린의 밝기에 있어서 불균형을 초래할 수 있다. 특히, 키 라이트로 스포트라이트를 사용할 때 피사체의 그림자가 백그라운드에 강한 그림자를 남기므로, 키 라이트의 강도에 주의하고, 가능한 한 키 라이트용에는 강도가 낮고 부드러운 광원을 사용하는 것이 좋다. TV 프로그램에서는 백그라운드 조명이 중요하지만, 그에 못지않게 피사체인 인물 조명도 중요하다. 따라서 인물 조명에는 필 라이트와 베이스 라이트를 사용하는데, 이 빛들이 백그라운드에 영향을 주어 조명이 균일하지 않게 될 수 있다. 또한 이 빛들이 백그라운드의 광량을 높여 인물과 백그라운드 간의 밝기 균형을 깨지게 하므로, 이 광량을 감안하여 백그라운드 조명을 낮게 조정하거나 백그라운드에 영향을 미치지 않도록 조명 기구의 각도와 방향을 조정해야 한다.

③ 스필 현상 감쇄

스필 현상은 크로마 세트의 블루 또는 그린 컬러가 백그라운드의 스크린과 포어그라운드의 바닥에서 발산과 반사를 일으켜 피사체의 테두리에 묻어나는 현상을 말한다. 이 스필 현상은 합성 과정에서 백그라운드와 포어그라운드의 피사체 합성을 어렵게 만들고, 이로 인해 합성된 영상 화면의 사실감이 떨어지는 결과를 초래한다.

발산은 스크린 자체에서 퍼져 나가는 것을 말하고, 반사는 스크린을 조명하였을 때 스크린 자체가 커다란 반사판이 되어 피사체에 영향을 미치는 것을 말한다. 피사체에 색이 묻어나는 스필 현상을 최대한 방지하려면 다음과 같은 방법을 사용해야 한다.

① 스크린과 피사체 간의 거리를 유지한다.

'빛의 역제곱 법칙'을 활용하면 스필 현상을 최소화할 수 있다. 거리가 멀수록 피사체에 닿는 발산과 반사의 양은 감소된다.

② 스크린 조명 강도를 낮춘다.

스필 현상을 줄이려면 스크린에 의해 발생하는 반사광을 최소화하는 것이 좋다. 강도가 셀수록 그만큼 강하게 반사되기 때문이다. 백그라운드 조명은 밝을수록 좋다고 생각하는데 사실은 그렇지 않다. 밝은 것보다 균일하게 조명하는 것이 더 중요하다. 백그라운드의 밝기는 피사체의 밝기의 반 정도가 적당하다.

③ 스크린의 소재를 면 소재를 사용한다.

면 소재는 다른 소재보다 빛의 흡수가 많고 반사가 적다. 그리고 정반사가 아닌 난반사를 하여 피사체에 영향을 덜 준다.

④ 스크린과 보색 관계에 있는 컬러 필터를 사용한다.

백라이트나 키커 라이트에 보색 컬러 필터를 사용하여 스필 색을 중성화시킨다. 블루 스크린에는 황색 계통의 보색 필터를, 그린 스크린에는 마젠타 계통의 보색 필터를 사용한다. 이때 주의할 점은 빛이 다른 곳에 새어 나가지 않도록 스필 현상이 나타나는 테두리와 머리카락 부분만 사용해야 한다는 것이다. 그렇지 않으면 피사체의 얼굴, 팔, 의상 부분에 영향을 미쳐 역효과가 나타날 수 있다. 따라서 여건이 허락되면 차광판을 사용하여 발산과 반사를 차단하는 것이 가장 좋다.

⑤ 언더 라이트를 사용한다.

언더 라이트의 빛을 추가하면 바닥에서 반사되어 얼굴 아래쪽과 목 부분에 나타나는 스필 현상을 완화할 수 있다.

디지털미디어 조명

디지털 기술은 조명 이미지 표현에 많은 변화를 가지고 오고 있다. 방송 콘텐츠 표현 방식에 있어 전통적인 방식인 빛과 색만의 구성 방식이 아니라 디지털 이미지를 이용하여 전통적인 조명과 융합시키는 디지털 미디어 표현 방식이 사용되고 있다. 디지털 조명은 미디어 서버와 시뮬레이션을 이용한 조명 이미지 표현을 말한다. 디지털 조명은 조명 디자인 정보들이 네트워크를 통해 통합적으로 처리되면서 조명 디자인의 개념과 시각화 단계에서 표현력과 창의력 확장을 가지고 왔다.

Chapter

11

조명 디자인

01 디지털 미디어 조명 이미지 생성 과정

디지털 기술을 통한 새 기술의 등장은 방송 제작 현장의 영상 이미지 제작 방식에 새로운 패러다임을 열면서 영상 문화의 표현 방법을 발전시키고 있다. 디지털 시대의 방송 영상 문화는 각 미디어의 독립적인 이미지가 아니라 텍스트·사운드·이미지가 통합된 멀티미디어 생산물로 요약된다. 디지털 미디어는 디지털 신호로 모든 형태의 정보가 통합적으로 처리·전송되는 디지털 정보로 구성되어 있다.

디지털 기술은 조명 이미지 표현의 패러다임도 바꾸어 놓고 있다. 방송 영상 이미지의 근간이 되는 조명 이미지 표현 방법이 아날로그에서 디지털 개념으로 변화하고 있는 것이다. 빛과 색만을 이용해 이미지를 생성한 아날로그에서 빛과 색·그래픽·동영상·사진·사운드를 결합한 새로운 개념의 조명 이미지를 표현하는 디지털미디어 조명으로 진화하고 있다. 아날로그의 이미지 분절과 달리 조명장비·조명 시뮬레이션·미디어 서버를 이용하여 조명과 영상 시스템을 네트워크를 통해 하나의 디지털 컨트롤러로 연결하여, 조명의 표현 요소와 영상 이미지 표현 요소와 같은 다른 미디어 간의 이미지를 통합적으로 처리하고 전송하여 이미지 간의 결합 혹은 분리로 새로운 이미지 표현이 가능하게 되었다. 조명 이미지의 아날로그 질감과 영상 이미지의 감각적 감성의 통합 이미지는 방송 콘텐츠 표현의 다양성과 수용자 지각의 다양성을 가져오고 있다.

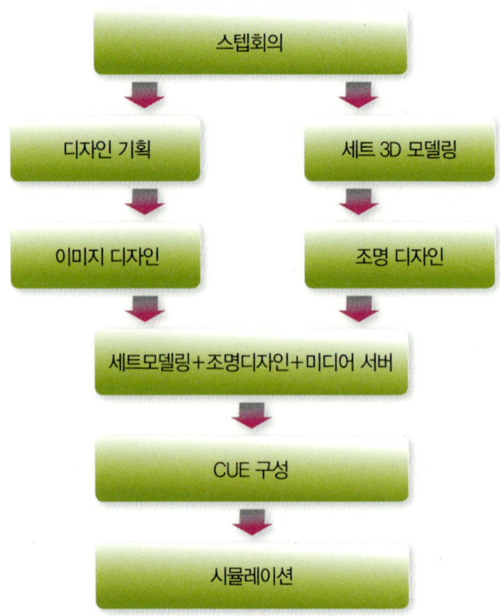

▶ 그림 11-1 디지털미디어 조명 워크플로우

조명과 디지털 미디어의 결합은 방송 콘텐츠의 시각화 방법의 확장을 가지고 왔다. 아날로그 조명의 디자인 방법은 수채화물감, 연필, 조명기구의 모형을 나타낸 자를 이용하여 조명 디자인 작업을 하였다. 디지털 조명에는 디지털 도구를 사용하여 스튜디오 무대를 가상의 공간으로 가지고 와서 3차원적인 모형으로 표현하여 디자인하거나 조명 큐 작업을 실행한다. 또한 그래픽·사진 이미지·동영상 등을 방송 콘텐츠 내용에 맞게 맵핑하여 조명 이미지와 결합시킨다. 이러한 작업을 디지털 조명 디자인이라 한다.

조명 디자인 과정은 [그림11-1]과 같이 두 가지 워크플로우로 진행되어 하나로 통합된다. 하나는 미디어 서버를 통한 조명 디자인이고, 다른 하나는 조명 시뮬레이션을 통한 조명 디자인이다. 스텝 회의를 통해 획득된 디자인 개념은 영상장치·호리존트·모니터에 재현될 이미지를 디자인한다. 이미지 디자인은 미디어 서버와 조명 콘솔을 이용하여 밝기·채도·콘트라스트·크기·회전·포지션·칼라·블러·타일, 키(흑백 & 칼라) 등의 영상 효과와 2차원 또는 3차원 면에 대한 매핑 등, 다양하고 다수의 영상장치의 이미지를 조명 이미지와 통합적으로 표현하기 위해 조정된다. 또한 스텝 회의에서 획득된 개념은 디자인 아이디어를 통해 스케치되고 CAD와 3D 모델링을 통해 디자인된다. 이러한 디지털 모델링은 조명 시뮬레이션을 통해 수정·보완된다. 그리고 최종적으로 통합적인 조명 큐를 완성한다.

02 미디어 서버

디지털 시대의 방송 콘텐츠 시각 비주얼 이미지는 하나의 미디어가 아니라 여러 개의 미디어 사용을 요구한다. 과거의 방법으로는 문화적 향유가 점점 고급화되거나 다양해진 미디어 수용자의 욕구를 충족시킬 수 없기 때문이다. 이러한 수용자의 문화적 충족을 만족시키기 위해 오늘날의 스튜디오 혹은 무대에서는 조명연출에 부가적으로 미디어 서버를 이용하여 LED 또는 프로젝션(Projection)과 결합하여 통합된 조명 이미지를 표현한다.

1 미디어 서버 구성

미디어 서버는 동영상·이미지·음악과 같은 데이터를 저장하여 필요할 때 디지털 정보를 제공받아 사용자의 의도에 따라 변형·합성·효과 등의 작업을 통해서 만들어진 영상을 타임 라인에 저장하여 다양한 출력장치에 내보낼 수 있는 디지털 컨버전스 장비이다. 타임라인과 조명 큐는 조명 콘솔과 연동되어 제어가 가능하다. 미디어 서버는 리얼 타임으로 표현이 가능하기 때문에 외부파일 · 장치 · 제어시스템에서 불러낸 콘텐츠(비디오, 사진)의 변화를 다양하게 연출할 수 있고 또한 즉석에서 연출자가 요구하는 대로 수정할 수 있는 것이다.

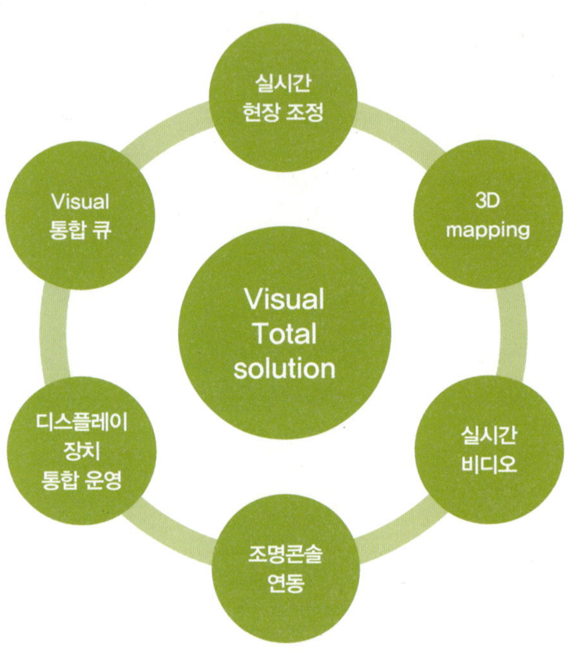

▲ **그림 11-2** 미디어 서버의 조명 통합 솔루션

방송 콘텐츠 제작과 무대 공연 제작 현장에서 다양한 형태의 디지털 영상 장치가 활용되고 있으며, 비주얼 이미지에서 차지하는 비중이 비약적으로 증가하고 있다. 이에 따라 감성적이며 창조적인 비주얼 이미지를 구현하려면 조명과 영상 이미지들의 통합과 제어가 필수적인 과제로 떠올랐다. 각각의 정보들을 효과적으로 제어하고 일관된 영상 톤 속에서 다양성을 표현하기 위한 최적의 장비로 미디어 서버가 활용되고 있는 것이다.

미디어 서버 종류로는 맥시디아(Maxidia), 엑스온(AXON), 히포타이저(Hippotizer), RMS(Robe Medis Server), 판도라 박스(Pandora Box), Arkaos M30 등이 있다. 미디어 서버 시스템 구성은 [그림 11-3]과 같이 미디어 서버 기반으로 네트워크(부조 ↔ 플로어)는 Optical fiber 및 LAN으로 연결되어 있으며, 컨버터는 DVI ↔ Optical로 운용되고, 조명 콘솔은 Grand MA로 연결되어 있다. 비주얼 이미지의 재현은 영상장치 외에 호리즌트, 백색 세트, 샤막(망사막), 인물모형, 크로마(무대 바닥) 등과 같이 다양하게 활용되고 있다.

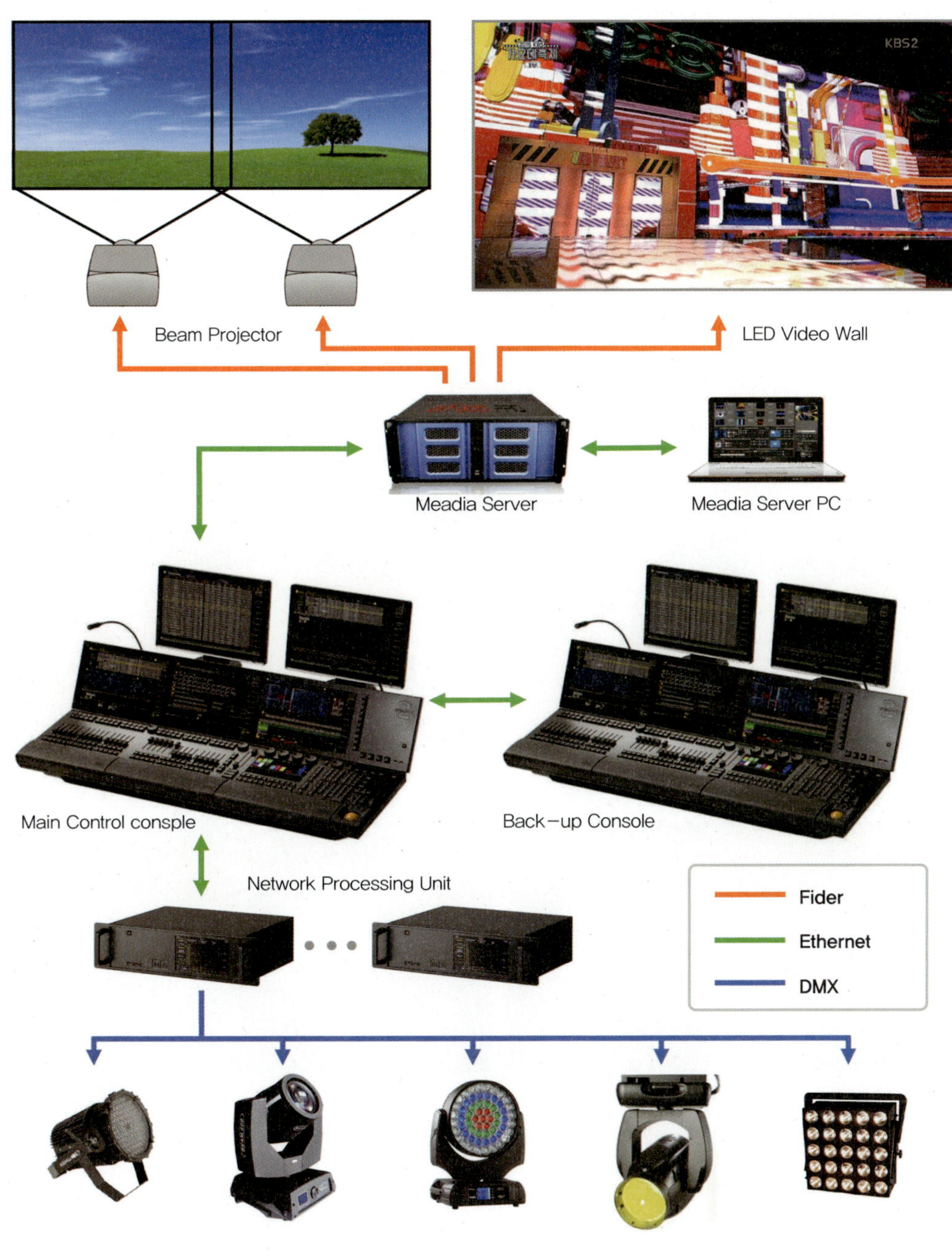

▲ **그림11-3** 미디어 서버 구성도

미디어 서버의 장점은 조명 콘솔과 연동하여 약간의 조작만으로 이미지를 변형시키거나 다른 이미지와 합성하여 원래의 이미지를 방송 콘텐츠 내용에 맞는 이미지로 만들 수 있을 뿐만이 아니라 다양한 정보를 융합하여 새로운 이미지를 만들 수 있다는 것이다. 이러한 작업은 실체의 재현이라는 이미지의 근본 성격이 상상력의 발휘라는 새로운 차원으로 이동한다. 미디어 서버의 활용은 콘텐츠의 내용을 풍부하게 할뿐만 아니라 의미 전달을 강화할 수 있다는 것이다.

미디어 서버는 KBS에서 가요무대 · 국악 한마당 · 천상의 컬렉션 등에서 적용되고 있다. 미디어 서버의 활용은 세 가지의 표현 워크플로우를 통해 이루어진다. 첫째는 프로젝터를 통해 이미지를 표현한다. [그림 11-4]의 (a)나 (b)처럼 미디어 서버를 통해 가공된 이미지를 빔 프로젝터를 통해 스크린에 해당하는 호리존트나 무대 공간에 투사하는 것이다.

(a) 호리존트 이미지 표현

(b) 세트 위 비디오 맵핑

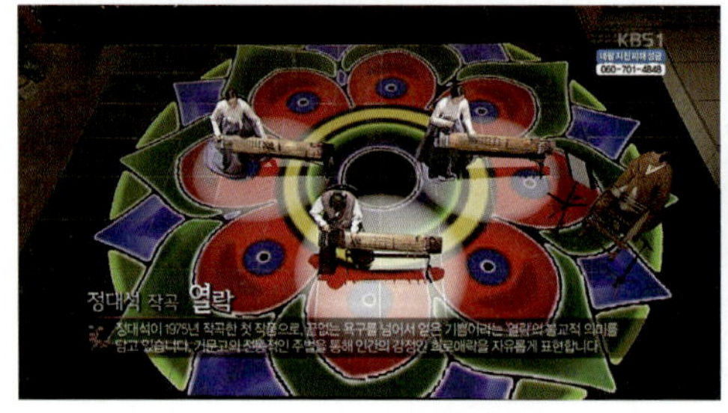

(c) LED video wall

(d) 크로마키를 이용하여 무대 바닥에 표현

▲ **그림 11-4** 미디어 서버를 이용한 조명 이미지 표현

미디어 서버와 조명 콘솔에서 가공된 '선죽교'의 이미지가 무대 공간의 호리존트에 투사되어 표현되고 있다. 그래픽 이미지의 밝기 · 크기 · 색 등이 조정되어 무대 전체의 조명의 색과 결합되어 음악의 감성을 강화하고 있다. 이 방법은 미디어 서버를 이용한 가장

일반적인 표현 방법이다. 또한 (b)와 같이 미디어 서버를 이용하여 세트 위에 비디오 맵핑하여 조명 이미지와 결합되어 표현되는 방법이다. 비디오를 맵핑하는 것이 어렵지만 표현 효과가 크게 나타난다.

(c)의 무대 바닥의 LED wall에 표현된 이미지는 원래의 이미지보다 크기와 색감이 조정되어 표현되었다. 미디어 서버의 이미지를 조명 콘솔을 통해 영상장치인 LED wall의 영상 톤과 조명의 밝기, 색을 조정하여 완성된 영상 이미지이다. 영상 장치의 이미지를 조명 시스템에서 통합 관리하지 않으면 조명의 톤과 영상 그래픽의 톤이 불일치로 영상 이미지의 질적 표현을 담보할 수 없게 된다. (d)는 크로마키를 이용한 화면 합성이다. 가수 중심의 동그란 원을 크로마키로 잘라낸 후 미디어 서버의 꽃 이미지 정보를 조명 콘솔에서 크로마키의 사이즈에 맞게 조정한 후 카메라 이미지와 합성하는 것이다. 카메라 이미지와 미디어 서버 이미지 합성이 잘 되기 위해서는 무대 바닥 조명의 밝기와 평탄도가 중요하다.

03 조명 시뮬레이션

시뮬레이션은 실제로 실행하기 어려운 상황을 실제 환경과 비슷하게 모형한 후, 이를 가상으로 수행해봄으로써 실제 상황에서의 결과를 예측하거나 대비하는 것이다. 이런 시뮬레이션 개념을 조명 디자인에 차용한 조명 시뮬레이션은 컴퓨터에서 도면 설계 프로그램과 전문 시뮬레이션 프로그램 등을 이용하여 실제 스튜디오 상황과 동일하게 세트와 조명기구를 컴퓨터로 재현하고, 네트워크를 통해 조명 이펙트 콘솔과 연결하여 실제와 같이 조명 기구를 제어하여 조명 큐나 이펙트 같은 조명 메모리 작업을 사전에 할 수 있는 시스템이다.

▮ 조명 시뮬레이션의 필요성

어떠한 공연이든 리허설을 거치고서 본 공연을 한다. 교향악단이든지 뮤지컬 배우이든지 또는 노래를 하는 가수이든지 공연을 하는 무대에서 몇 번의 연습을 하게 된다. 조명 디자이너도 이들이 리허설을 하는 동안 조명 큐를 계획하고 프로그래밍을 하게 되는데 문제는 시간과의 싸움이다. 가수와 배우들은 본 무대에 오르기 전에 무대에서 자신들이 부르거나 펼칠 공연을 제3의 장소에서 충분히 연습할 수 있으나 무대와 조명장비가 설치되어 있지 않은 상태에서 조명 디자이너는 어떻게 미리 공연준비를 할 수 있을까?

공연 며칠 전에 무대가 설치되고 배우나 가수가 총 리허설을 할 때가 되어서야 비로소 조명 디자이너는 무대 상황에 맞는 일련의 조명 연출을 할 수 있다. 만약 조명 디자이너도 제3의 장소에서 본 무대와 똑같은 환경을 꾸며놓고 조명 연출 작업을 준비할 수만 있다면 훨씬 더 완성도 높은 고품질의 조명연출이 가능할 수 있지 않을까? 바로 이러한 현장의 요구와 발달된 컴퓨터 환경이 조명 시뮬레이션 프로그램을 탄생시켰다.

조명 시뮬레이션은 본 공연에 앞서서 교향악 단원들이 행하는 실전과 똑같은 음악연주 연습처럼 실제 쇼프로그램 공연에서 사용될 무대와 조명장치를 컴퓨터 안의 가상공간에 똑같이 만들고 이 가상공간 안에 있는 모든 조명 기구들을 실제 공연에서 사용할 조명콘솔로 동작시키면서 공연에서 쓰게 될 조명 큐 플랜(lighting cue plan)을 미리 만들고 수정하는 작업을 말한다.

이렇게 미리 만들어진 조명 큐의 프로그래밍은 곧바로 실제 무대에서도 똑같이 바로 이용할 수 있어서 조명 디자이너에게는 더할 나위 없는 사전제작 장비라 할 수 있다.

② 조명 시뮬레이션 효과와 구성

조명 디자인 과정에서 조명 시뮬레이션을 하는 이유는 첫째, 조명 시뮬레이션 작업 시 미디어 서버와 연동하여 영상 이미지의 선택과 검토 및 사전가공이 가능하다. 둘째, 가상 3D 공간에서 다양한 시도가 가능해지면서 다양한 조명기법 개발 및 영상장치와의 조화에 관한 조명연출을 미리 작업할 수 있다. 셋째, 조명 시뮬레이션과 연계하여 사전에 불필요한 영상장치 또는 조명장비의 과잉 투입을 막아 낭비 요소를 제거할 수 있다. 넷째, 영상장치의 다양한 활용으로 새로운 프로그램 형식을 제안할 수 있다.

조명 시뮬레이션은 [그림 11–5]에서 보는 것처럼 컴퓨터 · 조명 이펙트 콘솔 · 대형 TV모니터 · 시뮬레이션 프로그램 · 미디어 서버 · 허브로 구성되어 있다. 컴퓨터는 조명 디자인과 조명 큐 작업을 표현하는 데 많은 그래픽 자원을 요구하므로 고성능의 컴퓨터가 필요하다. 다중 출력을 가진 고성능의 그래픽카드와 대용량의 램을 필요로 한다. 여러 가지 프로그램을 설치하기보다는 시뮬레이션 전용으로 사용하는 것이 좋다. 동시에 여러 그래픽 프로그램을 운용할 필요성이 자주 있으므로 2대 이상의 컴퓨터 모니터가 필요하다. 조명 이펙트 콘솔은 grandMA를 비롯하여 Artnet 프로토콜을 사용하는 콘솔이라면 다른 콘솔도 가능하다. 최근에는 미디어 서버를 같이 사용하는 경우가 많으므로 미디어 서버의 썸네일을 지원하는 콘솔이면 좀 더 편리하게 운용할 수 있다. 조명 콘솔은 많이 쓰는 grandMA를 비롯하여 Artnet 프로토콜을 사용하는 콘솔이라면 다른 콘솔도 가능하다. 요즘은 미디어 서버를 같이 사용하는 경우가 많으므로 미디어 서버의 썸네일을 지원하는 콘솔이면 좀 더 편리할 것이다.

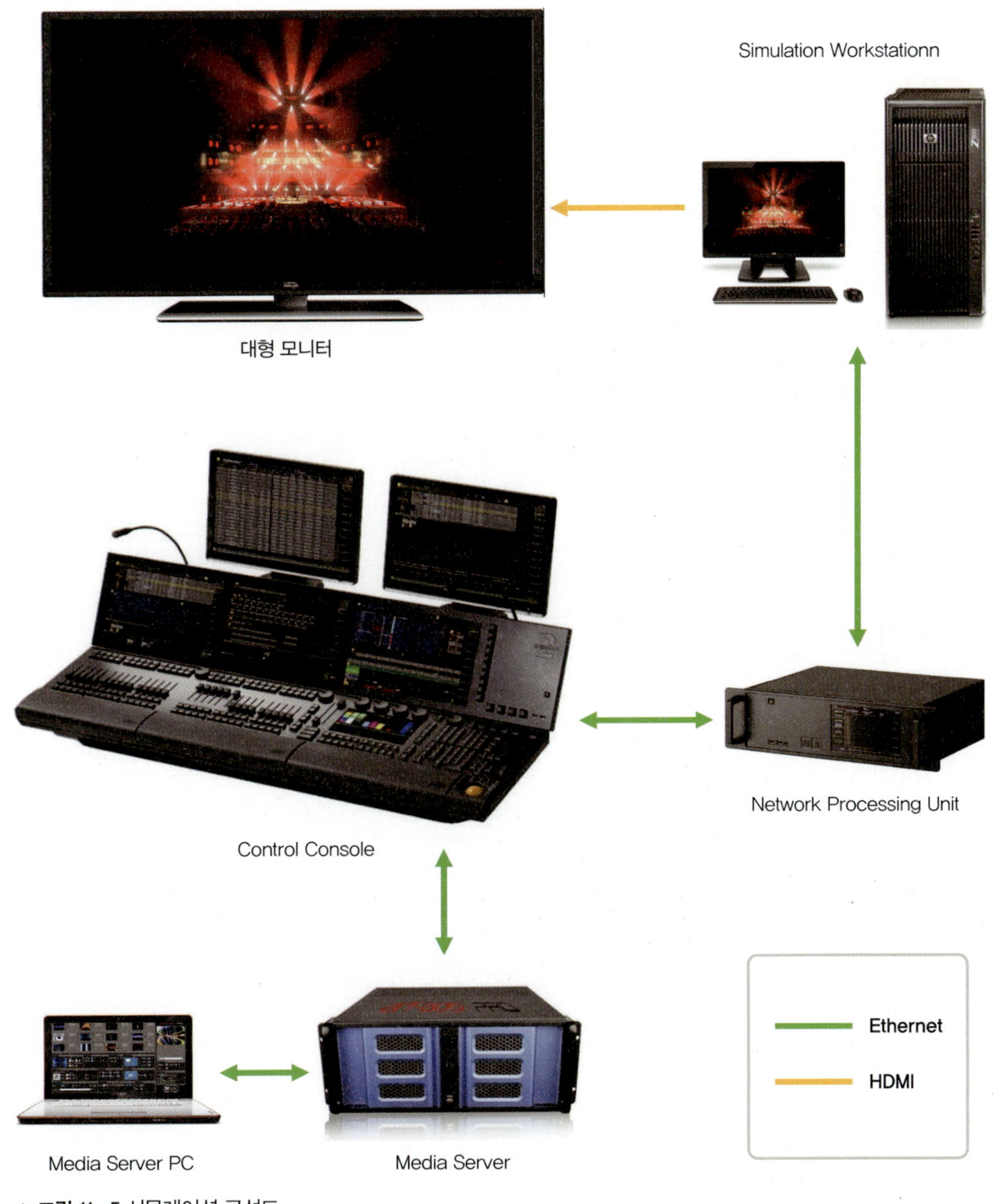

▲ 그림 11-5 시뮬레이션 구성도

프로그램은 시뮬레이션 프로그램을 비롯해 AutoCAD, 3D MAX, 포토샵, 일러스트레이터와 같은 그래픽 프로그램이 필요하다.

AutoCAD는 주로 조명 디자인용으로, 3D MAX는 3차원 세트 디자인용으로, 포토샵과 일러스트레이터는 디자인에 사용될 그림이나 디자이너가 그린 세트 도면을 보고 CAD로 변환하기 위한 용도로 주로 사용한다.

조명 시뮬레이션을 운용할 프로그램은 WYSIWYG, MSD, ESP Vision, Light Converse 등이 있다. 조명 디자인용으로 AutoCAD가 있고 3차원 세트 디자인용인 3D MAX, 일러스트레이터(illustrator)는 디자인에 사용될 그림이나 디자이너가 그린 세트 도면을 보고 CAD로 변환하기 위한 용도로 주로 사용한다. 미디어 서버는 조명과 영상 이미지의 통합 운용에 사용된다. 그리고 시뮬레이션 과정을 디스플레이하는 대형 TV모니터가 필요하다.

3 조명 시뮬레이션 프로그램

시뮬레이션 프로그램은 종류가 다양하지만 기본적인 구성은 비슷하다. 구성 요소 중에서 어떤 부분에 강점이 있느냐에 따라 각 프로그램의 특징이 나뉜다.

구성 요소를 크게 나누어 보면 도면을 그려주는 디자인 부분, 조명 기구를 그리고 패치(patch)를 하는 부분, 실제 조명 빛줄기를 보면서 큐 메모리를 할 수 있는 비주얼라이져(Visualizer) 부분, 조명 디자인에 사용된 각종 도면과 데이터를 출력할 수 있는 페이퍼 워크(paper work) 부분으로 나뉜다.

① Wysiwyg

Cast-soft사에서 출시한 제품으로 조명 시뮬레이션 프로그램의 대명사급으로 알려져 있으며 외국뿐만 아니라 국내에서도 많은 유저들에게 알려져 있는 제품이다.

특징으로는 CAD 기반의 조명 디자인이 가능하며 조명 디자인과 동시에 작업 스케줄 작성이 가능하고 실시간 시뮬레이션이 지원된다. ver.19부터는 Google에서 제작한 3D 드로잉 프로그램인 Sketch Up에서 작업한 3D 물체의 불러오기가 가능해졌다.

컴퓨터요구 사양이 비교적 낮지만 사실성은 좀 떨어진다. 각각의 기능에 따라 5개의 모듈로 나누어진다.

- CAD : 세트와 조명기구 등 도면을 그릴 수 있다.

- DATA : 도면에 사용된 정보들이 표시된다.

- DESIGN : 조명장비를 켜 볼 수 있고 렌더링을 하는 곳이다.

- PRESENTATION : 리포트나 플롯, 이미지 같은 문서를 프린트한다.

- LIVE : 큐를 만들고 빛줄기를 보여 주는 곳이다.

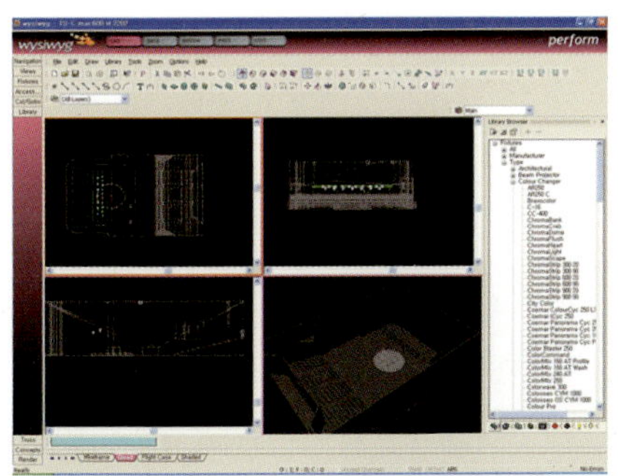
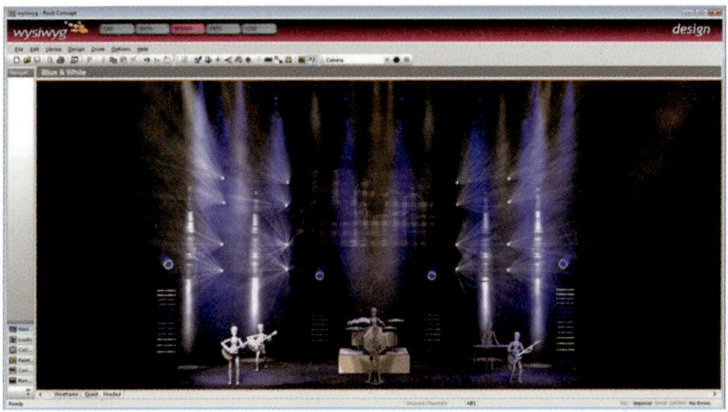

▲ **그림 11-6** Wysiwyg의 렌더링과 시뮬레이션 구현

② MSD(Martin Show Designer)

MAC 시리즈를 제작하고 있는 무빙라이트 전문 제조사인 Martin사에서 출시한 시뮬레이션 프로그램이다. 현재 4.8x 버전까지 출시되어 있고 한 번 구입 후 업데이트는 무료이다. 프로그램 구성은 3D 설계용인 Moduler, 등기구 설치 및 2D 랜더링이 가능한 Show designer, 실시간 시뮬레이션용인 3D Visualizer, 작업 도면 및 장비 스케줄 인쇄용인 Paper, Gobo Editor로 구성되어 있다.

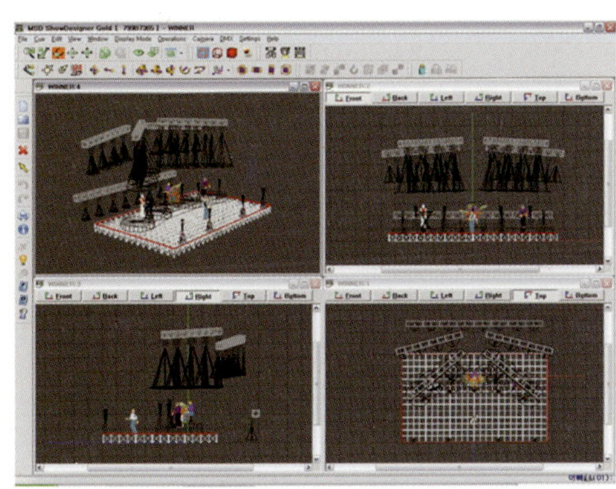

▲ **그림 11-7** Martin Show Designer의 렌더링과 시뮬레이션 구현

③ ESP Vision

미국의 ESP Vision사에서 출시한 프로그램으로 가장 근래에 출시된 프로그램이다. 전문 3D프로그램인 VectorWorks사의 Spotlight 버전과 연동이 되도록 구성되어 있다.

ESP VISON은 세트를 그리는 기능이 약하여 3D MAX나 VectorWorks와 같은 외부 그래픽 프로그램을 이용하여 세트와 조명기구를 그린 후 ESP VISION용 파일로 Export 한 후 ESP로 불러들여 시뮬레이션을 진행한다. 실사에 매우 근접한 실시간 시뮬레이션이 가능하며 유저들의 층이 점점 더 많아지고 있는 프로그램이다. Paper기능이 취약하여 조명 디자인 도면 출력이 힘들지만 조명 빛줄기의 사실성이 뛰어나다.

▲ **그림 11-8** ESP Vision의 시뮬레이션 구현

④ grandMA 3D

grand-MA 콘솔을 제작하고 있는 MA Lighting사에서 무료로 배포하고 있는 시뮬레이션 프로그램이다.

아직까지 일반 상용 프로그램과 비교하여 기능적인 면에서 미흡한 부분이 있지만 무료라는 장점이 있다. grandMA와 연동되어 무빙라이트 위치를 MA3D에서 변경하면 grandMA에서도 위치가 갱신되어 콘솔 운영 시 Stage창에서 무빙라이트의 상황을 볼 수 있다.

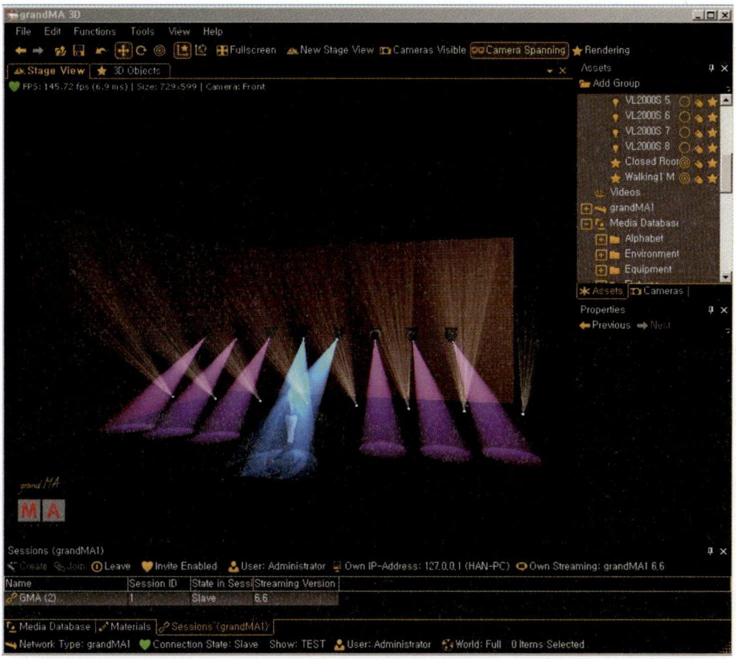

▲ **그림 11-9** grandMA 3D의 시뮬레이션 구현

④ 조명 시뮬레이션 과정

조명 시뮬레이션은 디지털 조명의 특성이 잘 나타나는 작업이다. 컴퓨터 · 조명콘솔 · 대형 모니터 · 미디어 서버가 네트워크를 통해 디지털 정보를 통합적으로 처리하여 작업을 실행한다. 조명 디자이너는 음악에 대한 시각적 상상을 스케치함으로써 아이디어를 구체화시키고 발전시킨다. 이런 구체화 과정에 조명 시뮬레이션의 가상공간에서 상상하여 그리는 것을 여러 각도로 볼 수 있다. 또한 시뮬레이션을 해봄으로써 아이디어가 다른 아이디어로 다이내믹하게 이동하여 분명해지거나 새로운 시각적 이미지를 발생하게 한다.

조명 디자이너는 스텝 회의가 끝난 후 [그림11-10] (a)처럼 각 콘셉트의 음악에 맞는 조명 이미지를 생성하기 위해 필요한 세트디자인 위에 조명을 디자인한다. 이 조명 디자인은 CAD를 이용해 이미지 생성에 필요한 조명기구의 위치, 수량, 종류, 칼라 필터의 종류와 같은 목록 등이 기록된다. 그런 다음 (b)와 같이 사전에 제작된 3D 모델링을 스튜디오로 불러 내 3D MAX를 이용하여 세트를 모델링하고 가상 스튜디오에 로딩한다. (c)와 (d)와 같이 시뮬레이션 프로그램을 이용하여 가상공간의 세트에 조명을 설치하고 조명 시뮬레이션의 최종 목적인 각각의 음악에 대한 조명 큐 작업을 실행한다. 전체적인 조명 시뮬레이션이 완성되면 세트 색에 대한 전체적인 분위기와 각각의 음악에 대한 조명 디자이너의 조명 큐에 대한 생각을 시뮬레이션으로 실행하면서 (e)와 같이 연출자와 협의하여 결정한다.

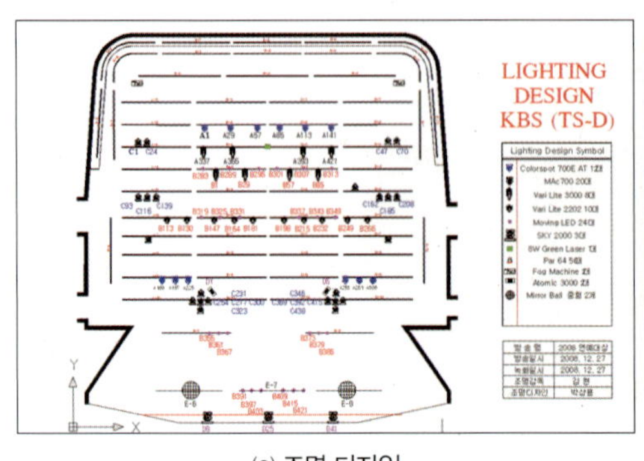
(a) 조명 디자인

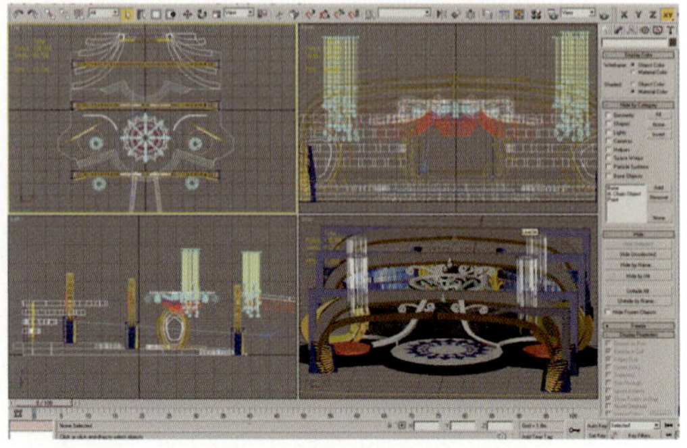
(b) 3D MAX 디자인

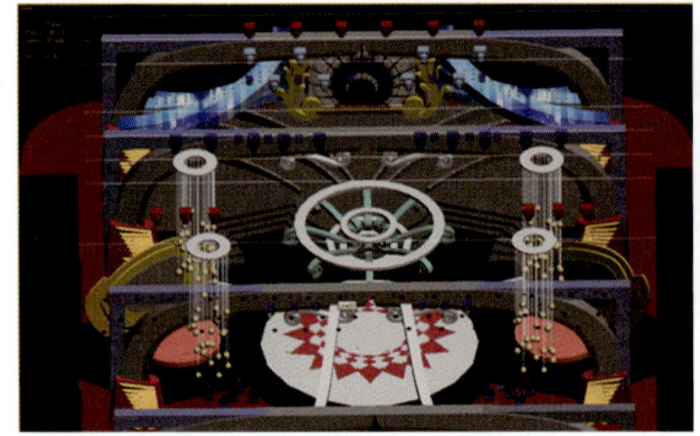
(c) 3D MAX & 조명기구 로딩

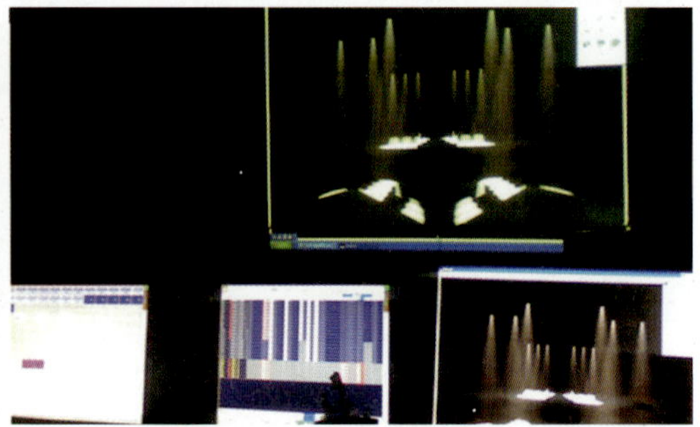
(d) 조명 디자인& 조명 큐

(e) 타 스텝과의 협의

(f) 현장에서의 수정

▲ 그림 11−10 조명 시뮬레이션 과정

협의가 끝나면 조명 기구를 설치할 때, 시뮬레이션의 디자인과 조명기구의 설치, 스튜디오 세트의 물체색과 조명 시뮬레이션의 세트 색 페인팅 등과 같은 각각 음악에 대한 조명 큐의 오차는 (f)처럼 스튜디오 현장에서 수정하고 프로그램을 제작한다.

(a) 7080의 조명 시뮬레이션(좌)과 실제 방송화면(우)

(b) 가요무대의 조명 시뮬레이션(좌)과 실제 방송화면(우)

▲ 그림 11-11 조명 시뮬레이션과 실제 방송 이미지

[그림 11-11]의 (a)는 "7080"의 시뮬레이션 조명 큐와 실제 방송 이미지이다. 시뮬레이션의 빛과 색의 구성이 실제 방송에서 유사하게 구현되는 것을 알 수 있다. (b)는 "가요무대"의 시뮬레이션 작업과 실제 방송 이미지이다. 가요무대 디자인의 특징은 노년층이 주 시청자이기 때문에 조명의 빛선보다는 무대 호리즌트, 무대 바닥, 세트와 같은 스튜디오 공간을 캔버스 삼아 고보·이펙트 조명기구를 이용하여 음악의 시각 이미지를 한 폭의 그림처럼 디자인하여 감성에 호소한다. "가요무대" 시뮬레이션은 화가처럼 그림을 그리는 것이 중요하기 때문에 다양한 시각 이미지들을 화면 구도와 비례에 맞게 구성하는 것이 중요하다.

LED방송조명

방송 콘텐츠 제작의 조명 이미지 표현 방법이 아날로그에서 디지털 개념으로 바뀌고 있다. 디지털 조명의 시작은 반도체 광원인 LED조명에서 시작된다. 촛불로부터 시작된 조명 이미지 표현은 백열 광원이 개발되면서 인공조명의 시대가 본격적으로 시작되었다. 이제는 새로운 LED광원의 등장으로 조명 이미지 표현은 '전기 시대의 빛'에서 '전자 시대의 빛'으로 접어들고 있다. 방송 콘텐츠 제작에서 LED광원은 텅스텐 할로겐 광원이 가져온 제작 프로세스와 다른 개념과 태도를 요구하고 있다.

Chapter

12

Section 01 | LED광원

루미네센스 전계발광을 하는 LED는 전류가 흐르면 빛이 나는 반도체로서 광원개발의 역사에서 백열전구, 형광램프, HID램프에 이어 제4의 광원이라 부르고 있다.

구조적으로는 할로겐, 형광, HID광원과는 매우 다른 특성을 가지고 있다. 기존의 광원과 달리 작은 점광원으로서 유리 전구, 필라멘트 및 수은(Hg)을 사용하지 않는다. 다른 광원들은 필라멘트에 전류를 흐르게 하고 여기서 나오는 가시광선의 빛을 광원으로 사용하는 발광원리와 달리 반도체의 전기 에너지가 바로 빛 에너지로 바뀌기 때문에 열이 나지 않고 효율이 높고, 수명이 길며, 열이 발생하지 않아 환경 친화적이다.

01   LED광원의 발광원리

LED는 화합물 반도체의 일종으로 Ga(갈륨), P(인), As(비소)를 재료로 하여 만든 전기 발광 다이오드 소자이다. 정공(hole)을 다수 캐리어로 구성되어 있는 p형 반도체와 전자(electron)를 다수 캐리어로 구성되어 있는 n형 반도체를 이용한 p-n 접합 구조로 되어 있다.

반도체 p-n 접합 구조에 전압을 가하면 전자 에너지의 레벨이 높은 상태가 되고, 전자가 접합면을 통과하면 에너지 레벨이 낮은 위치에서 정공과 결합할 때 밴드 갭이 생긴다. 이 에너지 레벨의 차이에 해당하는 특정 파장이 빛을 만들어 낸다.

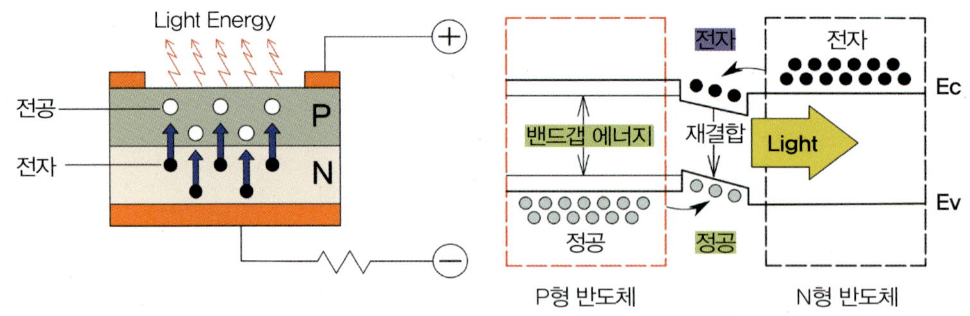

▲ **그림12-1** LED의 발광 원리

LED는 좁은 스펙트럼을 갖는 발광으로 인해 백색 빛을 만들지 못한다. 백색 LED를 만들려면 광색이 다른 두 개 이상의 빛을 혼합하여 이용한다. 현재 백색 LED를 구현하기 위해 가장 널리 사용되는 3가지 방법이 있다.

1 청색 LED＋황색 형광체

가장 일반적인 방법으로 청색 LED에 Y형광체를 도포하여 백색의 가시광선의 빛을 내는
방법이다. GaN계 여기 광원의 청색광과 청색광에 여기된 형광체(phosphor)의 황색 형
광체인 YAG를 여기한다. 이 방식은 청색 LED와 그 보색에 해당하는 황색 형광체와의
조합에 의한 것이므로 발광 효율이 좋다. [그림12-2]에서 보는 바와 같이 청색 LED의
450nm~500nm 근처의 짧은 파장과 형광체의 긴 파장이 560nm부근의 청색 파장이 혼합
되어 백색의 가시광선 빛을 내고 있다.

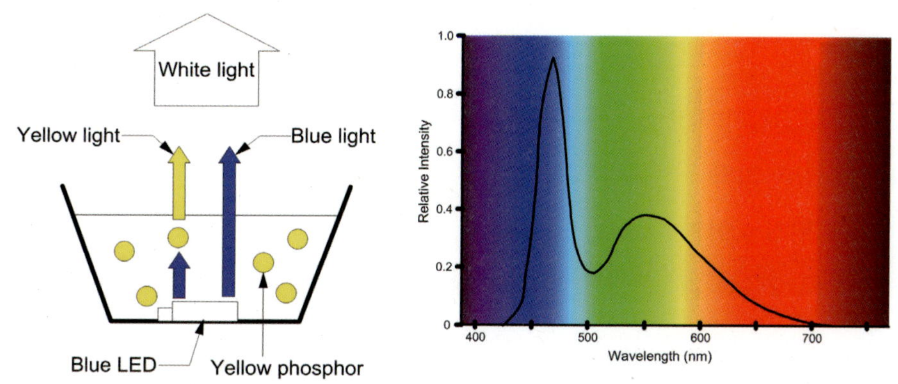

▲ 그림 12-2 Blue LED와 Y-phosphor

청색과 황색의 파장 간격이 넓고 적색 부분의 파장 영역이 부족하기 때문에 LED특성
에서 중요하다고 할 수 있는 연색성 및 색온도 특성이 떨어지게 되어, 백색광에서 적색
이 부족하여 나타나는 쿨화이트(cool white) 빛을 내게 된다. 이것은 방송조명에서 주광
원인 텅스텐 할로겐 광원과 비교되는 이유 중의 하나이다. 이를 보완하고자, 청색 LED
칩을 이용하여 황색 YAG형광체에 적색 형광체를 혼합하거나, YAG에 질화물을 첨가한
nitrido YAG로 대체하기도 한다.

2 청색 LED＋녹색 LED＋적색 LED

청색 LED, 녹색 LED, 적색 LED칩에서 발광한 색을 가법 혼합을 통해 백색을 구현할
수 있다. 이 방법은 실제의 모든 색을 구현하는 데 유리하고 방출하는 파장의 스펙트럼
이 넓어 연색성이 우수하지만, 각각의 칩마다 구동회로가 필요하여 소형화에 부적합하

며 동작 전압의 불균일성과 주변 온도의 밝기에 따라 특성의 차이가 발생한다.

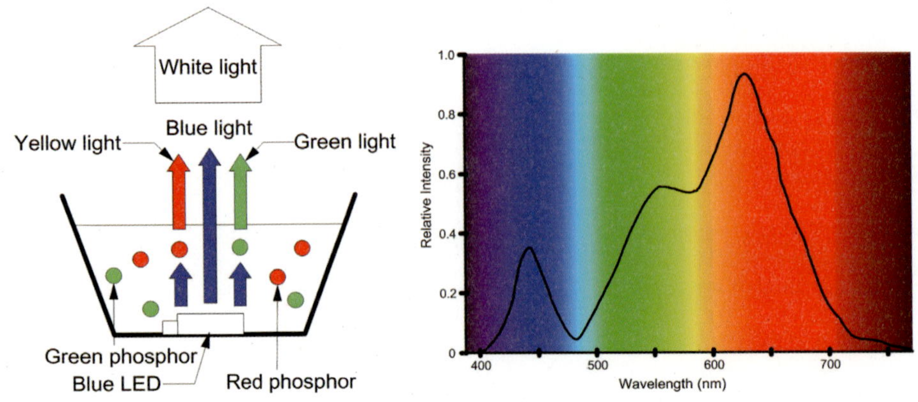

▲ 그림 12-3 Blue LED와 R-phosphor, G-phosphor

그리고 3개의 LED칩이 필요하기 때문에 제조 단가가 비싸고 지향각이 좁은 LED특성으로 인하여 [그림12-3]의 스펙트럼 분포에서 보는 것처럼 각각의 적색, 녹색, 청색의 파장들이 잘 혼합되지 못하여 따로 보이는 색 분리 현상이 나타나기 때문에 이를 제거하기 위해서는 별도의 광학렌즈가 추가로 필요하다는 단점을 가지고 있다.

❸ 자주색(근자외) LED+R · G · B 형광체

3파장형 형광 램프와 같은 원리로 자주색 근자외(UV)LED를 광원에 R, G, B 삼원색 발광의 형광체를 통해 3파장을 합성해서 백색광을 만드는 방법이다. 형광체의 도표 방법에 따른 불균형에 의해서 백색광도 불균형되는 경향이 있다.

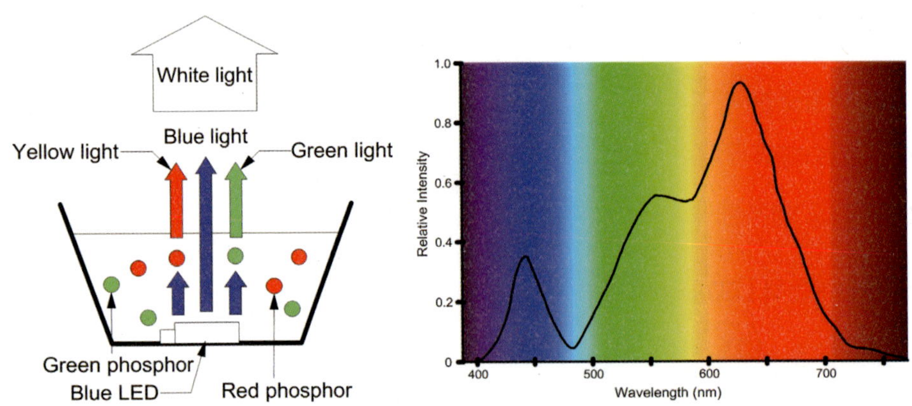

▲ 그림 12-4 근자외(UV) LED와 RGB-phosphor

438

백색 LED 구현 방법에서 살펴본 바와 같이 백색 LED 가시광선의 빛은 형광체와 도포방법에 따라 빛의 특성이 달라진다. 즉, 형광체는 백색 LED에서 직접적으로 빛을 내는 역할을 하는 핵심소재로, 백색 LED 전체의 발광 특성에 큰 영향을 미친다. 형광체란 대표적인 파장 변환 물질로서 외부로부터 흡수된 에너지를 가시광선 영역의 빛 에너지로 변환시키는 무기 발광 물질을 일컫는다.

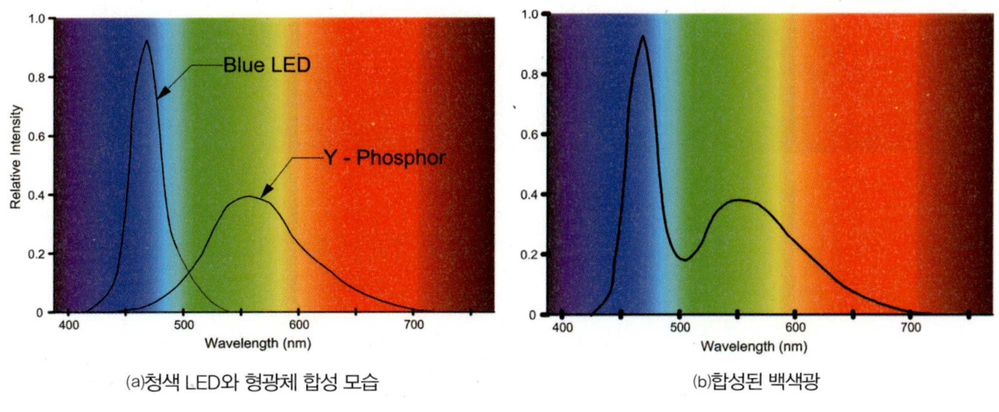

▲ **그림 12-5** LED와 형광체의 합성

[그림12-5]를 보면 청색 LED의 짧은 파장과 도포된 황색 형광체에서 나오는 긴 파장의 합성으로 백색 LED가 만들어진다. 백색 LED와 같은 인공 광원의 발광 스펙트럼은 자연광의 가시광선 스펙트럼 분포처럼 연속적으로 고르게 분포되게 만들어 자연광처럼 피사체를 재현하기 위해서는 연색성지수와 색온도가 중요하다. 백색 LED에서는 형광체의 종류와 도포 방법이 이러한 특성에 따라 크게 좌우된다. 조명용 백색 LED용 형광체는 근자외역 또는 청색역에서 흡수 효율이 높고 여기되는 것이 필요하다. 부활제로는 여기 · 발광 스펙트럼이 모체에 의존하여 변하며 청색광의 흡수가 강한 Ce^{3+} 와 Eu^{2+} 가 사용된다. 형광체로는 황색 형광체, 적색 형광체, 녹색 형광체, 근자외 여기용 형광체가 있다.

청색 LED와 노벨상

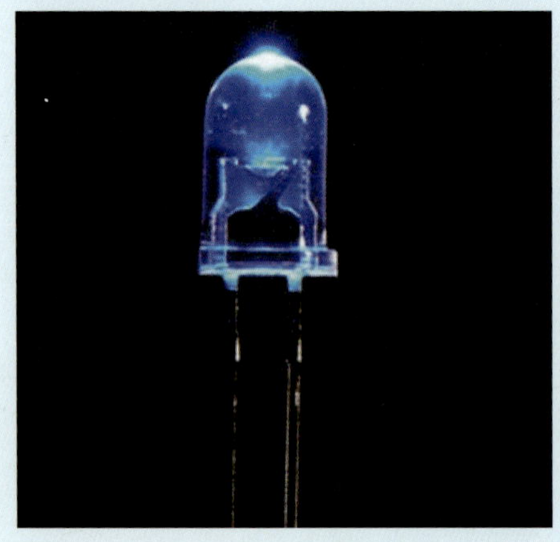 

LED는 1962년 Holonyak이 적색 LED(GaAsP, GaP)를 처음 개발한 이후에 1970년대에 황색 LED(GaAsP), 1980년대 주황색 LED(AlGainP), 1993년 가시광선 중 가장 구현이 힘든 고휘도 청색 LED(GaInN/AlGaN)가 일본 니치아 화학의 나카무라 수지에 의해 구현되었고 1995년에 녹색 LED(GaInN)가 개발되었다. 그리고 1996년에 청색 LED에 YAG 형광체를 결합하여 백색 LED가 개발되어 조명 용도로서 사용될 수 있게 되었다.

청색 LED를 개발한 나카무라 수지는 노벨상을 수상하였다. 스웨덴 노벨상 위원회는 기존 적색과 녹색 LED 조명에 새롭게 청색 LED를 개발함으로써 새로운 화이트 LED 조명의 시대를 열었으며, 이는 백열등에 비해 소비전력은 1/10에 그치며 수명은 100배 이상 지속돼 새로운 빛의 시대를 열게 했다고 선정 이유를 밝혔다.

적색과 녹색 LED 조명은 이미 1960년대 초에 개발되었지만 청색 LED가 개발되기까지 약 30년간 빛의 삼원색 중 하나인 청색의 부재로 기존의 백색 형광등과 전구를 대체할 수 없었으며, 이번 수상은 청색 LED의 개발로 인해 기존 백색 형광등과 전구를 대체하면서 자원 절감과 환경 개선에 미치는 영향을 평가한 것으로 판단된다.

LED 조명기구는 광학·열처리·구동회로에 해당하는 광원모듈, 렌즈·전원에 해당하는 조명기구 하우징, 이들을 통제하고 조정하는 조명시스템이 상호 유기적으로 설계되어 있다.

1 LED와 열

일반적으로 LED는 열이 발생하지 않는 광원으로 생각하지만 LED는 구동할 때 빛과 열을 동시에 방출한다. LED는 발생된 에너지의 20%만 빛으로 발산하고 나머지80%의 에너지는 열로 방출한다.

LED칩에서 발생된 열은 대부분 칩 아래 방향으로 전달되어 서킷보드(circuit board)와 하우징(housing) 그리고 방열판으로 전달되어 대기 중으로 방출된다. 이러한 과정에서 열이 신속하게 처리되지 않으면 LED조명의 전기적·광학적 특성에 악영향을 끼쳐 LED 조명기구의 신뢰성을 떨어뜨리는 문제가 발생한다.

LED 조명의 효율을 높이고 수명을 향상시키기 위해서는 방열처리가 LED 조명기구의 중요한 과제이다. 현재 LED 조명기구의 방열처리는 LED에서 발생한 열을 방열판을 통해 대기 중으로 방출하는 공랭식과 팬을 사용하여 열을 처리하는 팬방식이 있다.

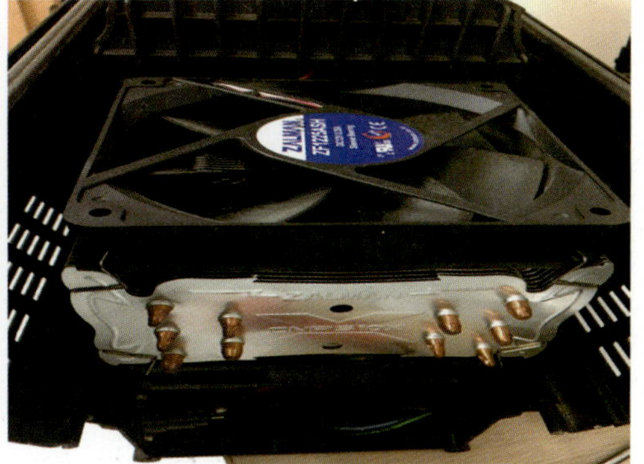

▲ **그림 12-6** LED조명기구의 방열 방식

LED 조명기구의 방열은 방송제작 현장에서 두 가지 문제점이 있다. 하나는 방열처리로 인한 방열판 무게 때문에 LED 조명기구의 무게가 높아져 작업 효율이 떨어진다는 것이다. 다른 하나는 팬 방식은 열을 처리하는 데는 공랭식보다 우수하지만 팬 소음으로 출연자의 오디오 수음 문제가 발생한다. LED 광원이 방송 콘텐츠 제작에 정착하기 위해서는 방열 구조의 소형화와 공랭식 방열의 특성을 높이는 게 중요한 과제이다.

② LED 조명기구의 구조

조명기구는 광원의 형태에 따라 구조가 다르게 구성된다. 확산 · 직광 · 배광 등 광원의 특성을 결정하는 광학적 기능과, 광원을 보호하고 외관적 특성을 나타내는 기계적 기능, 그리고 발광에 필요한 전기를 공급하는 전기적 기능으로 형태가 구성된다.

(a) 텅스텐 할로겐과 LED광원 부분

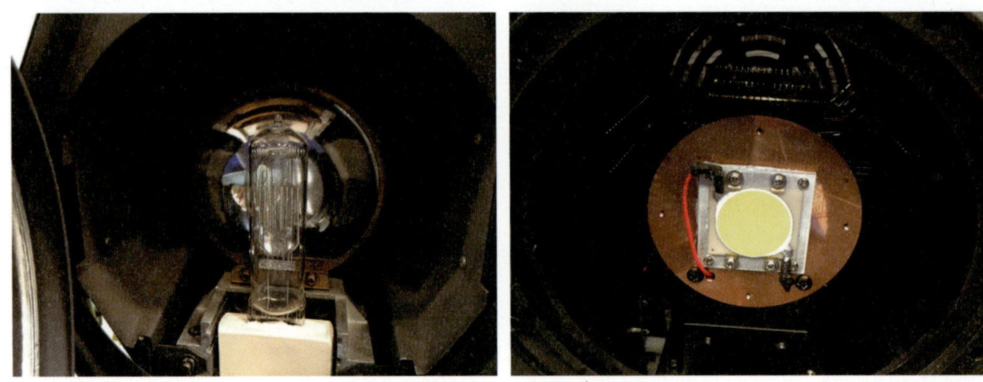

(b) 텅스텐 할로겐과 LED광원의 반사경 유무

▲ **그림 12-7** 텅스텐 할로겐과 LED 광학 파트 구조

텅스텐 할로겐 기반 조명기구 구조는 하나의 점광원 발광과 빛의 집광을 위하여 전원파트와 광학파트로 단순하게 구성된다. 하지만 LED 조명기구는 광학파트 · 냉각파트 · 전자파트로 나누어진다. 광원의 발광도 반도체를 기반으로 수십 개의 발광원을 하나의 점

442

광원으로 구성되어야 하기 때문에 그 특성이 텅스텐 할로겐과 전혀 다른 구성이다.

[그림 12-7] (a)에서 보는 것처럼 두 조명기구의 차이는 광원의 특성에 있다. 텅스텐 할로겐은 단일한 광원으로 빛을 발광하지만 LED는 여러 개의 LED 광원을 집적하여 빛을 내기 때문에 광원의 특성이 다른 이유가 된다. 또한 그림 (b)에서 보는 바와 같이 텅스텐 할로겐은 반사경이 있지만 LED는 반사경이 없다. 반사경은 광원에서 발광한 빛을 모아서 원하는 방향으로 보내주는 역할을 하는 조명기구에서 중요한 부분이다. 텅스텐 할로겐은 반사경이 있어서 빛의 포커싱이 잘 이루어져 국부적 조명이 수월하지만, LED는 반사경이 없고 렌즈가 반사경 역할을 겸하고 있기 때문에 포커싱 부분이 약하다. LED 조명기구의 광 특성 중 배광과 빛의 포커싱은 렌즈의 특성에 의해 좌우된다.

새로운 광원이 도입되면 광원 컨트롤 시스템도 변화를 가져오게 된다. 그 이유는 광원의 발광원리가 다르기 때문이다. 그동안 주요광원으로 방송제작현장에서 사용하던 텅스텐 할로겐 시스템은 [그림12-8]과 같이 이루어져 있다. 조명기구는 조명콘솔에서 해당 번호에 부하를 인가하면 딤머(dimmer)를 거쳐 조명기구에 불이 들어오는 시스템이다.

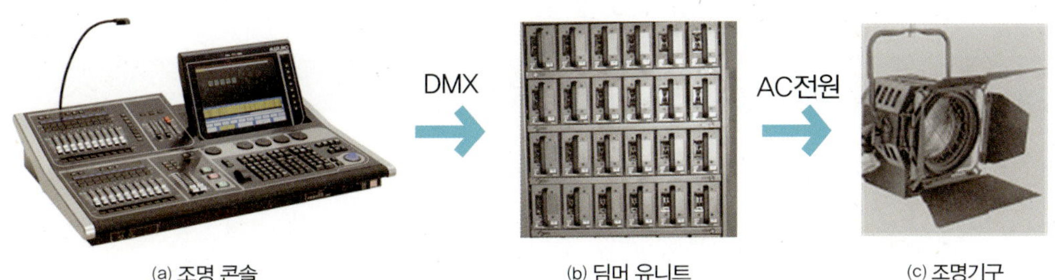

▲그림 12-8 텅스텐 할로겐 조명 컨트롤러 시스템

이러한 컨트롤 시스템은 LED 광원에서는 다르게 구성된다. LED가 반도체의 발광원리를 가지고 있기 때문에 딤머를 통한 AC 디밍 방식 시스템이 아니라 AC 전원을 DC로 전환시켜주는 AC-DC 컨버터가 있고 DMX512라는 표준 신호 규격을 이용하여 조명기구를 컨트롤하게 된다. 그러므로 텅스텐 할로겐 컨트롤 시스템에 있는 딤머 유니트는 필요 없어 직접 LED 조명기구에 연결한다.

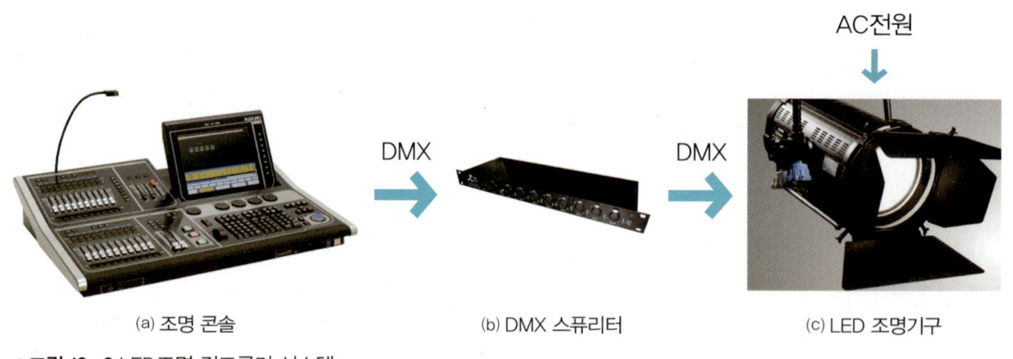

▲**그림 12-9** LED조명 컨트롤러 시스템

그러나 분배 회로수가 많으면 [그림12-9]처럼 중간에 DMX 스플리터(splitter)로 사용하여 컨트롤한다. 컨트롤 시스템의 변화는 조명 설치 작업 효율성 측면에 변화를 가져오고 있다. 텅스텐 할로겐 조명기구는 조명기구에 부하 연결할 때 LED 조명기구보다 간단하다. 텅스텐 할로겐 조명기구는 조명기구를 바턴에 설치한 후 회로 번호에 조명기구의 전원 플러그를 연결하면 되지만 LED 조명기구는 플러그를 연결하고 DMX신호를 연결해야 한다. 또한 부하를 연결한 후 LED 조명기구는 해당 채널 번호를 할당하고(address) 확인해야 하는 절차를 거쳐야 하는 번거로움이 있다. 이러한 이유 때문에 조명 세팅 시간이 LED 조명기구가 텅스텐 할로겐보다 1.5~2배 정도 더 소요된다.

04 LED 조명기구의 경제성과 효율성

LED 조명기구의 경제성과 효율성을 알아보기 위해 현재 방송제작 현장에서 주요 광원으로 사용하고 있는 텅스텐 할로겐 조명기구와 비교 측정하였다. 텅스텐 할로겐 광원에 비해 LED 광원의 장점은 고효율, 친환경이라는 점이다. 텅스텐 할로겐과 LED 조명기구의 소비전력과 효율 비교를 위하여 다음과 같은 조건으로 하였다. 연간 소비전력은 하루 6시간과 연간 365일 사용을 기준으로 하였고, 연간 CO_2 배출량은 지식 경제부 계산 방법을 따랐다. 연간 $TCO_2 = TC \times 44/12$[이산화탄소 분자량/탄소 원자량, TC=해당 연료의 TOE×탄소 배출계수(TC/TOE), 전력의 탄소 배출계수 $-0.1156TC/MWh(0.000424TCO_2/kWh)$]으로 연간 소비 전력$\times 0.424 \div 1000(t)$으로 계산하였다. 조명기구의 정격소비 출력 대비 거리의 밝기는 광속이 다르므로 스포트라이트는 6m, 플러드 라이트는 3m로 하였다.

▼ 표 12-1 텅스텐 할로겐과 LED 조명기구의 효율 비교

구분	정격소비 전력(W)	수명 (H)	연간소비 전력(kWh)	연간CO_2 배출량(TCO_2)	lux	연간 램프 교체율
텅스텐 할로겐	2000	300	4,380	1.85712	600	전압에 따라 5~8개
	1000		2,190	0.92856	250	
	1500		3,285	1.39072		
LED	250	50000	547.5	0.23214		0
	100		219	0.092856	518	
	100		219	0.092856	416	

[표 12-1]에서 보는 것처럼 LED와 텅스텐 할로겐은 조명기구 효율 면에서 많이 차이가 난다. 스포트라이트의 경우 정격소비 전력이 텅스텐 할로겐이 2kW, 1kW 인데 비해 동급 LED인 경우 250W, 100W에 지나지 않는다. 연간소비 전력을 비교하면 2kW의 조명기구는 4,380[kWh], 1kW의 조명기구는 2,190[kWh]이고, LED 250W의 조명기구는 547.5[kWh], 100W는 219[kWh]이다. 2kW 스포트라이트급은 3,833[kWh], 1kW급은 1,971[kWh]의 연간소비 전력이 절약된다. 플러드 라이트의 경우도 1.5kW의 텅스텐 할로겐의 연간소비 전력이 3,285[kWh]인데 비해 LED의 경우는 219[kWh]에 불과하다. 3,066[kWh]의 소비전력이 차이가 난다. 텅스텐 할로겐 대신 LED 조명기구를 사용하였을 때 소비전력의 절약은 경제성에서 우수한 특성을 나타내고 있다.

환경 요소인 탄소 배출량 비교에서도 텅스텐 할로겐 조명기구를 사용하는 것보다 LED 조명기구를 사용했을 때 연간 탄소 배출량이 급격이 줄어드는 것을 알 수 있다. 비교 실험에서 보듯이 LED 조명이 친환경 조명이라는 것을 입증하고 있다. 텅스텐 할로겐과 LED의 소비 전력에서 차이가 있음에도 불구하고 피사체를 투사하였을 때 나타나는 거리당 밝기에 있어서도 우수한 수치를 보여주고 있다. 이러한 데이터는 텅스텐 광원보다 LED 광원이 고효율의 발광을 내고 있다는 것을 알려준다.

방송제작현장에서는 항상 조명기구에서 발생하는 열로 인하여 스튜디오 온도가 높아져 방송제작에 어려움을 겪고 있다. 그래서 LED 조명기구의 발열량이 얼마인지 텅스텐 할로겐 조명기구와 비교하여 측정하였다. 측정을 위하여 텅스텐 할로겐 조명기구는 스포트라이트 2kW와 소프트라이트 1kW를, LED 조명기구는 텅스텐 할로겐 조명기구의 출력에 해당하는 스포트라이트는 250W, 소프트라이트는 150W로 측정하였다. 각 광원의 조

명기구 외부 온도를 측정하기 위해서 측정 공간의 스튜디오 온도를 측정하고(24.5℃) 에이징 시간을 30분으로 하였다. 측정 대상인 조명기구와 온도 측정기와의 거리는 30㎝로 하였다.

▼ **표 12-2** 텅스텐 할로겐과 LED조명기구 발열량 측정(℃)

		LED		텅스텐 할로겐	
		스포트라이트 (250W)	소프트라이트 (150W)	스포트라이트 (2kW)	소프트라이트 (1kW)
본체	상부	43.4	57.9	266	160.9
	뒷면	39.8	47.2	196.3	96.7
	하부	37.1	47.8	49.9	93.0
	렌즈	38.3	44.2	246	146.4
반도어	상단	30.3	34.7	155.3	116
	측면	30.1	28.3	108.6	41.8
	하단	25.8	29.6	39.4	41.1

측정 결과는 [표 12-2]에서 보는 바와 같이 텅스텐 할로겐 조명기구의 상부는 LED 조명기구보다 2㎾ 스포트라이트는 6배, 1㎾ 플러드 라이트는 약 2.8배 정도 발열량 온도가 높은 것으로 나타났다. 조명기구의 뒷면 또한 2㎾ 스포트라이트는 약 5배, 1㎾ 플러드 라이트는 약 2배 정도가 발열량 온도가 높은 것으로 측정되었다. 각 조명기구의 하부는 0.5~1배 정도 차이가 나는데 이것은 텅스텐 할로겐 조명기구의 램프 특성상 열이 위로 발생되고, LED 조명기구는 반도체의 열이 아래쪽으로 발생하기 때문이다. 반도어(barn door) 부분도 텅스텐 할로겐 조명기구가 3~5배 온도가 높은 것으로 나타났다. 이러한 이유는 텅스텐 할로겐은 온도 방사를 하고 전력의 90~95%를 열로 발열하기 때문이다. 방송 스튜디오에서 콘텐츠 제작은 오전에 조명을 설치하고 오후에 녹화나 생방송을 진행한다. 스튜디오 크기에 따라 다르지만 설치 시간은 3~5시간 소요되고, 녹화나 생방송은 준비부터 시작하면 2~3시간 걸린다. 이렇게 장기간 텅스텐 할로겐 조명기구 100~150개를 ON시켜 놓으면 스튜디오 공간의 온도는 매우 높아진다. 때문에 진행자나 연기자의 땀으로 분장이 지워지고, 집중도가 떨어져 제작에 차질이 발생하고, 텅스텐 할로겐 조명기구의 발열로 먼지와 조명 필터 사이에 열화가 진행되어 화재의 위험성에 노출된다. 또한 조명 기구의 외부 고온은 작업자에게 화상의 원인이 된다.

[표 12-2]의 측정 결과에서 보듯이 LED 조명기구의 발열량은 기준 광원인 텅스텐 할로겐보다 매우 낮다. 텅스텐 할로겐 조명기구를 LED 조명기구로 교체하면 텅스텐 할로겐 조명기구의 열로 발생하는 상당 부분을 개선할 수 있다.

첫째, 조명 설치 과정에서 조명기구의 외부 온도가 매우 낮고 스튜디오 공간 환경이 쾌적한 상태에서 조명 설치가 이루어지므로 작업 시간이 줄어들어 작업 효율이 향상되고 작업자의 안전사고 방지 효과가 나타날 것이다.

둘째, 스튜디오 방송 콘텐츠 제작 환경이 개선되므로 이는 곧 콘텐츠의 질적 향상을 가져올 것이다.

셋째, 스튜디오 공간의 온도를 낮추기 위해 사용되는 공조 시스템의 전력량이 줄어들어 경제적인 측면에서 상당한 효과를 가져올 것이다.

05 LED 조명기구의 스펙트럼 분포 특성

공연 무대와 달리 방송제작현장에서 조명기구를 선정하는 데 가장 중요한 요건은 광원의 특성이다. 우리가 보는 영상 이미지는 눈이 아니라 카메라를 통해서 재현된 것이기 때문에 피사체를 비추는 광원의 특성이 중요하다. 피사체의 색은 광원의 특성에 따라 변화하기 때문이다. LED는 텅스텐 할로겐과 다른 발광원리를 가지고 있어 색 재현 특성 개발에 많은 노력을 하고 있다.

광원의 스펙트럼 분포는 색온도와 연색성에 영향을 미친다.

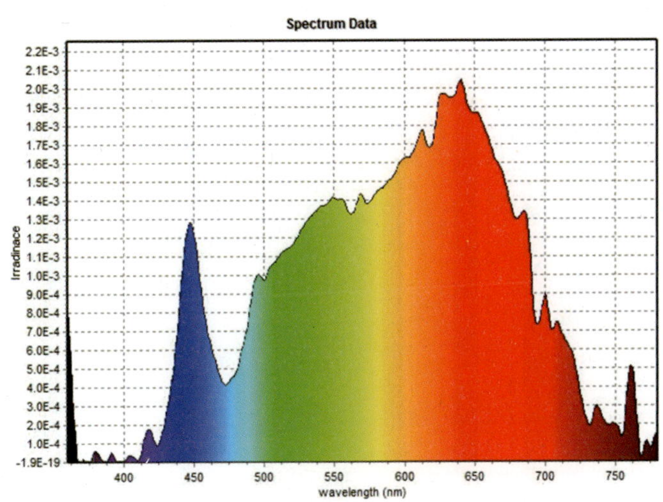

▲그림 12-10 LED스포트라이트 스펙트럼

A사의 LED 스포트라이트의 스펙트럼 분포를 측정하고 색온도와 연색성을 측정한 결과 색온도 3328K, 연색성 96.76Ra로 나타났다. 측정된 스펙트럼 분포를 보면 블루 성분이 색온도와 연색성에 영향을 미친 것으로 파악된다. 텅스텐 할로겐의 색온도가 3100~3200K이고 연색성이 98~99Ra이므로 측정된 LED 스포트라이트가 상대적으로 색온도는 높고 연색성은 낮게 측정되었다.

그림 12-11에서 측정된 LED 스포트라이트 CIExy 색도도와 LED 스포트라이트 연색성 CIE의 정확한 측정을 위하여 3개 회사의 제품을 측정하였지만 각 회사마다 수치는 비슷하였다. 현재 개발된 LED 조명기구의 광원특성인 색온도와 연색성이 초창기보다 많이 향상되어 방송제작 현장에 사용할 때 미세한 보정이 필요하다. 좀 더 개발이 필요한 부분이라 생각한다.

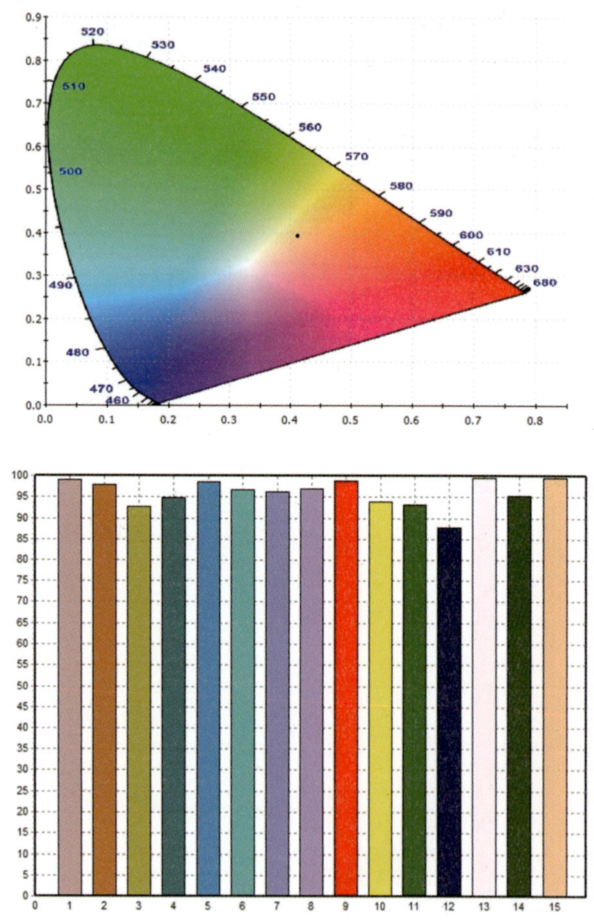

▲그림 12-11 측정된 LED 색도도와 연색성 수치

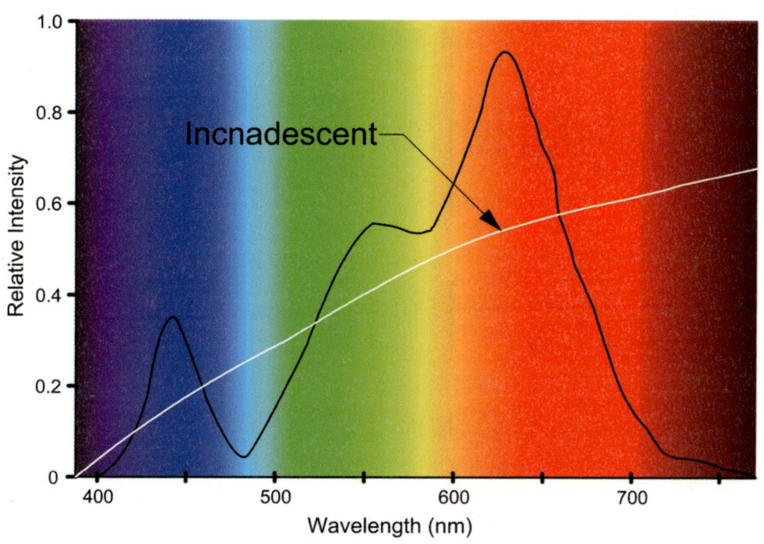

▲그림 12-12 텅스텐과 LED스펙트럼 분포 비교

LED 백색 방송광원은 형광 소재 혼합 방식에 따라 스펙트럼 분포 방식이 결정되고 그와 관련하여 색온도와 연색성이 결정된다. 백색 LED광원의 성패 여부는 450[nm]~550[nm] 사이의 골 부분을 연속 스펙트럼으로 만드는데 있다. 기본적으로 청색 LED를 기본으로 하고 R, G 형광체를 도포하기 때문에 각각의 스펙트럼을 혼합하면 스펙트럼 골 부분은 필수적으로 나타날 수밖에 없는데 R · G · B 비율을 조정하여 골 부분을 텅스텐 광원처럼 완만한 곡선으로 만드는 것이 중요하다.

[그림 12-12]를 보면 주요 광원인 텅스텐 광원은 연속 스펙트럼을 가지고 있지만 LED스펙트럼은 450[nm] 부분에 블루 성분의 피크치가 있고 450[nm]~550[nm]사이에 골이 생겨 스펙트럼 분포에 차이가 발생한다. 이것은 색온도와 연색성에 영향을 미치는 원인이다.

LED 조명의
방송제작 환경

새로운 광원을 채택한 조명기구의 등장은 항상 조명 이미지 표현의 확장을 가지고 왔다. 1930년대에 개발된 엘립소이달(ellipsoidal reflector spotlight) 조명기구는 무대조명의 대명사가 되어 인물 조명과 고보(gobo)와 같은 이미지를 만들어 창의적 표현을 가능하게 하였다.

또한 1980년대에 등장한 무빙라이트 Vari-Lite는 콘서트 조명에 혁명을 가지고 왔다. 무빙라이트는 그동안의 조명 디자이너가 가지고 있던 색의 변화, 고보의 이미지, 빛선의 움직임, 크기 변화의 제약을 한꺼번에 해소했다. 또한 이 모든 것이 메모리화 되어 공연할 때 버튼 하나로 음악에 맞추어 조명 큐를 실행할 수 있게 되었다. LED광원의 등장은 조명 이미지 생성에 많은 변화를 가져오고 있다.

01 방송 LED 조명의 콘텐츠 제작 특성

LED광원을 기반으로 한 조명기구의 등장 또한 조명의 피사체 모델링의 편리성과 조명 이미지 표현의 다양성을 가능하게 만들어 방송 콘텐츠 제작 문화를 바꾸는 계기가 되었다.

LED광원은 LED반도체를 집적하여 발광하는 원리를 가지고 있기 때문에 다음과 같은 특성에 기인하여 방송 콘텐츠 제작 환경에 변화를 가지고 왔다.

첫째, LED광원은 다른 광원과 달리 다양한 형태의 조명기구를 만들 수 있다. LED 유닛의 형태에 따라 소형의 조명기구에서부터 대형의 조명기구, 원형이나 네모, 접을 수 있는 면광원등 사용 용도에 따라 조명기구의 모양을 만들 수 있다. 이것은 그동안 방송 콘텐츠 제작에 사용한 텅스텐 할로겐, HID, 형광 광원과 같은 하나의 광원에서 빛을 발광하는 구조로 만든 텅스텐 할로겐에서는 생각할 수 없는 조명기구의 형태이다.

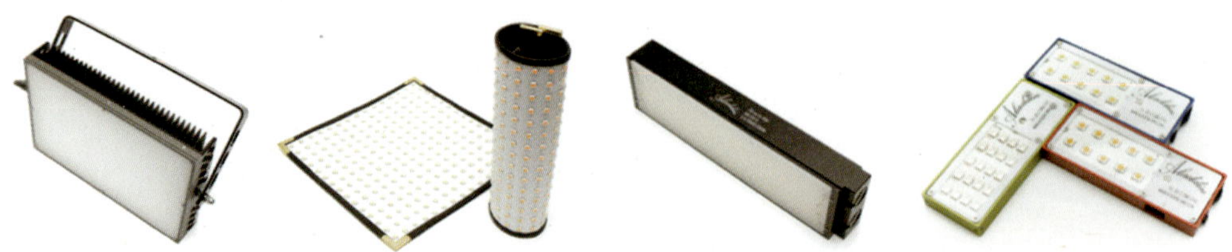

▲그림 12-13 다양한 LED 조명 기구

둘째, 색온도 변환을 자유롭게 조절할 수 있다. 방송 콘텐츠 제작 환경은 색온도를 중요하게 생각한다. 특히 야외 촬영에서 촬영할 때 색온도가 다른 두 개의 광원이 존재하면 카메라 필름의 색온도에 맞추어 한 광원을 조정하게 되는데, LED광원은 색온도 변환이 자유롭기 때문에 쉽게 색온도를 변환할 수 있다.

셋째, 방송 콘텐츠 제작현장에서 조명 이미지 표현 변화에 편리하고, 신속하게 대응할 수 있다. LED 조명기구는 적은 소비전력으로 고효율의 발광을 하기 때문에 어느 장소에서나 전기를 공급받아 촬영을 할 수 있다. 또한 모바일 충전기로 충전이 가능하기 때문에 전원을 연결하는 수단이 없어도 제작이 가능하며 사용자 편의성을 제공하고 있다.

넷째, LED 조명기구는 반도체를 이용한 디지털 조명이기 때문에 RGBW 조합으로 다양한 색 변화를 할 수 있고 디지털 콘솔에서 인물 조명의 조명기구, 이펙트 조명기구, 영상장치를 통합적으로 운영할 수 있는 네트워크를 구축할 수 있다.

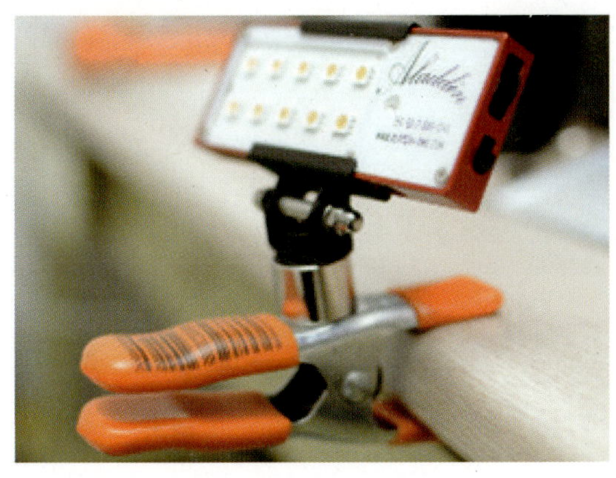

▲ **그림 12-14** LED 조명 기구 충전과 사용 사례

1 인물 모델링 방법의 변화

전통적인 인물 모델링 방법은 3점 조명(three point lighting)으로 한다. 3점 조명은 키라이트, 백라이트, 필라이트로 구성된다. 키라이트는 피사체를 비추는 주 광원으로서 스포트라이트를 사용한다. 필라이트는 주 광원으로 생기는 그림자를 완화시키는 역할을 하고, 백라이트는 피사체 뒤에서 머리카락과 어깨에 조명을 하여 배경과 분리시켜 입체감을 만드는데 사용한다.

이러한 인물 모델링 방법은 방송 콘텐츠 진행자의 깨끗한 이미지를 표현하는 데 한계를 가지고 있다. 강한 키라이트의 빛 때문에 얼굴의 눈, 코, 목에 원치 않은 그림자를 만들기 때문이다. 이러한 문제점을 해결하기 위해서는 밑에서 조명을 하는 언더라이트 조명 기법이 필요한데 그 동안은 이러한 조명 기법을 활용하는 데 한계가 있었다. 텅스텐 할로겐 조명기구는 램프 특성 때문에 소형 조명기구를 만들 수 없었기 때문이다.

▲ **그림 12-15** 소형 LED조명기구를 활용한 조명

하지만 LED광원은 소형 LED 조명기구의 제작이 용이해 [그림 12-15]의 빨간색 표시처럼 공간과 환경의 제약 없이 언더라이트 사용이 가능해져 빛을 이용한 인물 모델링 표현 방법이 좀 더 다양해지고 자유로워졌다. 이것은 방송 콘텐츠 제작의 인물 모델링 방법에 획기적인 변화이다.

교양·정보 프로그램의 방송 진행자의 얼굴 이미지는 비언어 시각 커뮤니케이션으로 작용한다. 깨끗하지 못한 얼굴 이미지는 정보를 전달하는 데 방해(잡음)가 되어 수용자가 정보를 획득하는 데 방해가 되기 때문이다. 방송 진행자는 이러한 조명기법의 확대를 요구하고 있다. 앞으로 소형 LED 조명기구를 활용한 새로운 인물 모델링 기법은 정보를 제공하는 뉴스 프로그램에 더욱 더 가치가 있을 것이다.

이처럼 LED광원은 교양·정보 프로그램뿐만이 아니라 드라마의 제작 패러다임도 바꾸고 있다. 드라마는 스튜디오에 현실과 똑같은 세트라는 공간을 만들어 제작을 한다. 스튜디오는 야외 촬영과 달리 햇빛을 이용한 자연 광원을 사용하지 못하기 때문에 인공 광원을 사용하여 조명으로 환경을 구축한다. 스튜디오에 설치된 세트는 카메라 촬영 때문에 3면으로 제작하는데, 이러한 구조는 공간적 한계를 제공해 조명의 인물 모델링에 제약을 준다.

▲ 그림 12-16 LED조명기구를 활용한 드라마 조명

드라마 콘텐츠 제작에서 소형 LED 조명기구는 환경적 제약을 극복하는 또 다른 방법이다. LED는 텅스텐 할로겐 조명기구에서 할 수 없는 드라마의 극중 인물의 감정 표현을 잘 드러낼 수 있는 감성 도구가 된 것이다.

[그림12-16]에서 보는 바와 같이 LED 조명은 언더라이트와 아이라이트의 이중적 역할을 한다. 그림 (a)와 (b)는 드라마에서 LED 조명기구를 충전하여 스탠드와 테이블 위에 세팅하여 인물 조명을 하고 있는 모습이다. 전원선이 없어 자유롭게 어느 방향에서든지 조명을 할 수 있는 이동성과 편리성을 가지고 있다. 원하는 곳에서 원하는 빛을 줄 수 있어 인물 표현을 세심하게 할 수 있는 장점을 가지고 있다.

소형 LED 조명기구는 드라마에서 활발히 사용하고 있지만 텅스텐 할로겐 조명기구와 동급인 소비 전력이 높은 100W 혹은 250W LED 조명기구는 아직 활용되지 못하고 있다. 소비 전력이 높은 LED 조명기구는 냉각 파트인 방열재로 인하여 무겁고 팬 방식은 소음 문제로 오디오 수음 때문에 스튜디오 드라마 콘텐츠 제작의 기본적인 조명기법에는 여전히 텅스텐 할로겐 조명기구를 사용하고 있다.

세트는 프로그램의 성격을 나타내는 공간이다. 콘텐츠의 내용을 전달하기 위해서 세트라는 배경을 만든다. 조명 디자이너는 프로그램의 분위기를 잘 전달하기 위해서 세트에 채색을 한다. 세트라는 공간 표현에 따라 프로그램의 분위기가 달라질 수 있다.

세트는 기본적으로 세트 고유의 물체색을 가지고 있다. 조명 디자이너는 이러한 물체색에 색광을 더하여 물체색의 명도나 채도를 높여주거나 색의 구성을 달리하여 프로그램의 환경적인 공간을 만들어 프로그램의 분위기를 만들어 나간다.

(a) 텅스텐 할로겐 조명기구 세트 채색

(b) 파 라이트 조명기구 세트 채색

▲그림 12-17 조명기구에 앞에 색 필터를 부착하여 세트 채색

전통적으로 세트의 채색에 필요한 색은 [그림12-17]과 같이 텅스텐 할로겐 스포트라이트나 파 라이트(par light)의 조명기구 앞에 색 필터를 부착하여 얻었다. 하지만 이러한 방법은 세트 채색의 능동적 변화와 색 구성의 자율성에 제약을 가지고 왔다.

텅스텐 할로겐과 파 라이트는 광원을 이용한 색 혼합이 불가능하기 때문에 한 번 조명기구 앞에 필터로 고정된 색은 프로그램 녹화 전이나 녹화 중에 자유롭게 바꿀 수 없다. 또한 세트 채색의 구성을 위하여 색을 비교하면서 선택하는 데 제약이 따른다.

▲ 그림 12-18 LED 조명기구를 이용한 세트 채색

이러한 문제점을 LED조명은 해결할 수 있다. [그림12-18]과 같이 LED BAR나 Moving LED PAR light를 사용하여 자유자재로 색을 변환하여 세트 구성에 적합한 색을 조명 디자인 과정에서 비교하여 채색할 수 있다. 또한 프로그램 녹화 중에도 프로그램 시퀀스 (sequence)에 어울리는 색으로 변환할 수 있다. LED 조명에 의한 세트의 자유로운 표현은 전체 프로그램의 스토리 구조를 탄탄하게 만들어 커뮤니케이션의 작용을 강화한다. 조명 디자이너는 LED조명의 등장으로 시간과 공간의 제약 없이 조명 이미지의 색 표현의 자유성을 얻게 되었다. LED조명의 세트 표현의 자율성은 기존의 표현 방법이 아닌 새로운 표현 방식으로 방송 콘텐츠 제작에 다양한 변화를 가져왔다.

❸ 음악 프로그램의 디지털 조명

음악 프로그램은 음악의 감성을 빛과 색으로 점, 선, 면의 시각적 구성요소를 이용하여 시각 이미지인 조명 이미지를 만든다. 쇼프로그램의 조명 이미지는 이펙트 무빙라이트인 디지털 조명과 조명기구에 인위적인 컬러필터를 사용하여 색을 얻는 방법인 아날로그 방식이 공존하고 있다. 음악 프로그램은 음악의 감성을 빛과 색으로 치환하여 수용자인 시청자에게 전달하기 때문에 빛과 색이 가지는 언어적 · 감성적 · 공간적 의미 작용은 중요하다.

음악 프로그램에서 아날로그 방식의 빛선은 [그림 12-19]와 같이 파 라이트 또는 텅스텐 할로겐 조명기구에 의해 생성되어 왔다. 파 라이트의 빛선은 강한 직선광을 가지고 있어 그동안 음악 프로그램의 빛선의 공간 구성에서 없어서는 안 되는 음악 프로그램의 도구였다. 그러나 파 라이트는 한 번 고정된 색은 바꿀 수 없고 공연 중에 조명기구를 움직일 수 없는 한계를 가지고 있어 조명 디자인의 무한한 잠재적 표현 요소를 가로 막고 있었다.

▲**그림12-19** 파 라이트를 이용한 조명 이미지의 빛선 구성

반도체를 광원으로 가진 디지털 조명인 무빙 LED 파 라이트는 아날로그의 파 라이트가 가지고 있는 빛선의 특징을 가지고 있으면서 RGBW의 색 조합으로 자유롭게 색 변환이 가능한 조명기구이다.

▲**그림12-20** 무빙 LED 파 라이트와 다양한 색 표현

무빙 LED 파 라이트의 등장으로 쇼프로그램의 음악이 내포하고 있는 시각적 감성과 회화적이고 조형적인 의미작용이 강화되었다. 이것은 곧 조명 디자이너뿐만이 아니라 연출자의 음악적 영상 표현의 개념이 확장되었다고 볼 수 있다. 새로운 표현 도구의 등장은 기존의 도구와는 다른 수용 태도를 보인다. 이러한 태도 변화는 조명 이미지 표현에 있어 새로운 방식으로 접근하는 것이다.

고효율·친환경의 LED조명은 방송 콘텐츠 제작 환경에서 텅스텐 할로겐 광원의 대체 광원으로 주목받고 있다. 하지만 LED광원은 방송광원으로 빠르게 확장되지는 못하고 있다. 이것은 다음과 같은 문제를 안고 있기 때문이다.

■ LED광원 특성

LED 조명기구의 광원 특성이 아직 신뢰를 얻지 못했기 때문이다. LED광원의 색온도와 연색성 특성이 기존 광원인 텅스텐 할로겐에 근접하였지만 만족할 만한 수준은 아니기 때문이다.

■ LED 조명기구의 무게

LED조명은 소비전력 감소, 딤머 시스템 불필요에 따른 비용절감, 제작환경개선 등 많은 부분에서 장점이 있지만, LED 조명기구는 동급 출력의 텅스텐 할로겐보다 무거워 조명 세팅에 어려움이 많다.

■ LED 조명기구의 비용

발광특성에 따른 구조 때문에 LED 조명기구의 가격이 동급의 텅스텐 할로겐보다 2배 정도 비싸다.

이러한 문제점을 해결하기 위해 발광 효율과 조명 특성을 좀 더 개선해야 하고, LED광원을 사용한 방송 조명기기의 시장 및 새로운 제품 활성화를 위하여 표준화된 방송용 조명기구의 국가 규격이 필요하다. 이러한 모든 것이 해결될 때 LED광원은 현재 방송제작 현장의 주요 광원인 텅스텐 할로겐의 대체 광원으로 빠르게 정착할 것이다.

참고 문헌

최용군. 『텔레비전 조명 인력의 전문화에 관한 연구』. 중앙대학교 대학원, 1999.

천세기. 『조명 디자인』. 아르게 라이팅 아트, 2000.

권상구. 『시각 디자인의 기초』. 미진사, 2001.

문은배. 『색채의 이해』. 도서출판 국제, 2002.

김춘일 · 박남일. 『조형의 기초와 분석』. 미진사, 2006.

김민경. 『무대 조명의 빛과 색에 관한 연구』. 한양대학교 대학원, 2007.

김진한. 『색채의 원리』. ㈜ 시공사, 2008.

최영주. 『색깔이 속삭이는 그림』. 아트북스, 2008.

김현화. 『20세기 미술사』. 한길아트, 2009.

박우찬. 『사과 하나로 세상을 놀라게 해 주겠다』. ㈜SJ 소울, 2009.

정승익. 『사진 구도』. 한빛 미디어, 2009.

우승현. 『빛의 분석 도구에 기초한 조명 이미지 표현 방법에 관한 연구』. 고려대학교 대학원, 2010.

이충구. 『가상 스튜디오의 방송 영상 프레즌스 향상을 위한 스필 감쇄 기법 연구』. 2013.

이또 야스오 저, 황왕수 역. 『영상 라이팅』. 다보문화, 1992.

블레인 브라운 저, 김창유 역. 『영화 조명 핸드북』. 책과 길, 1992.

제럴드 밀러슨 저, 이향표 역. 『영화 조명 기술』. 영화 진흥 공사, 1993.

F. R 달론느 저, 지명혁 역. 『영화와 빛』. 민음사, 1998.

데이비드 A · 스티븐 펜탁 공저, 이대일 역. 『조형의 원리』. 예경, 2002.

에버 헬러 저, 이영희 역. 『색의 유혹』. 예담, 2005.

찰스 · 신디아 저, 원유홍 역. 『디자인의 개념과 원리』. 안그라픽스, 2006.

구어슈쉬엔 저, 김현정 역. 『그림을 보는 52가지 방법』. 예경, 2007.

마이클 프리먼. 『사진의 완성, 빛 그리고 조명』. 미디어 코프, 2007.

하마모토 다카시 · 이토 마사히로 저, 이동민 역. 『색채의 마력』. 아트북스, 2007.

스에가나 타미오 저, 박필임 역. 『색채 심리』. 예경, 2008.

요하네스 이텐 저, 김수석 역. 『색채의 예술』. 지구 문화사, 2008.

W. 칸딘스키 저, 차봉희 역. 『점 · 선 · 면』. 열화당, 2008.

로스로웰 저, 허인영 · 형태조 공역. 『영상 조명 강의』. 책과 길, 2009.

린다 에식 저, 김광섭 역. 『조명과 디자인 아이디어』. 연극과 인간, 2009.

존 잭크먼 저, 이민주 · 윤용아 역. 『디지털 영상 조명』. 청문각, 2009.

필 헌터 · 스티븐 비버 · 풀 푸쿠아 공저, 김문호 역. 『사진 조명 교과서』. 비즈앤비즈, 2009.

마거릿 리빙스턴 저, 정호경 역. 『시각과 예술』. 두성북스, 2010.

포포 포로덕션. 『디자인을 과하과다』. 우등지, 2010.

코니 말라메드 저, 오병근 역. 『디자이너를 위한 시각 언어』. 예경, 2011.

프란시스 레이드 저, 이경준 역. 『무대 조명 핸드북』. 비즈앤비즈, 2012.

방숙영. 『디지털미디어와 예술』. 이화출판, 2016